《数学中的小问题大定理》丛书（第八辑）

沙可夫斯基定理
——从一道韩国数学奥林匹克竞赛试题的解法谈起

刘培杰数学工作室 编

◎ Sarkovskii 定理的证明
◎ 有关组合的 Sarkovskii 序定理
◎ Sarkovskii 定理的推广
◎ 关于模糊数的 Sarkovskii 定理
◎ Sarkovskii 定理与简单周期轨道
◎ 区间连续自映射极小轨道的存生性
◎ 非线性常微分方程中的分岔和混沌

哈尔滨工业大学出版社
HARBIN INSTITUTE OF TECHNOLOGY PRESS

内 容 简 介

本书从一道韩国奥林匹克数学竞赛试题的解法谈起,详细介绍了有关沙可夫斯基定理的相关知识及内容,如沙可夫斯基定理的证明,沙可夫斯基定理的推广,周期轨,连续自映射,周期轨的连续自映射,沙可夫斯基定理的应用等内容.通过对本书的学习,读者可以对沙可夫斯基定理及相关内容有一定的了解并能更好地将其应用到相关的研究理论中.

本书适合数学专业学生、教师及相关领域研究人员和数学爱好者参考阅读.

图书在版编目(CIP)数据

沙可夫斯基定理:从一道韩国数学奥林匹克竞赛试题的解法谈起/刘培杰数学工作室编. —哈尔滨:哈尔滨工业大学出版社,2025.1. —ISBN 978 - 7 - 5767 - 1851 - 5

Ⅰ.O158

中国国家版本馆 CIP 数据核字第 2025JK8953 号

SHAKEFUSIJI DINGLI:CONG YIDAO HANGUO AOLINPIKE SHUXUE JINGSAI SHITI DE JIEFA TANQI

策划编辑	刘培杰　张永芹
责任编辑	关虹玲
封面设计	孙茵艾
出版发行	哈尔滨工业大学出版社
社　　址	哈尔滨市南岗区复华四道街10号　邮编150006
传　　真	0451—86414749
网　　址	http://hitpress.hit.edu.cn
印　　刷	哈尔滨起源印务有限公司
开　　本	787 mm×1 092 mm　1/16　印张 20.25　字数 357 千字
版　　次	2025 年 1 月第 1 版　2025 年 1 月第 1 次印刷
书　　号	ISBN 978 - 7 - 5767 - 1851 - 5
定　　价	68.00 元

(如因印装质量问题影响阅读,我社负责调换)

一、一道韩国奥数题

世界著名数学家 C. V. Newsom 曾指出:

  数学家较少地关心特定问题的解,较多地关心那些在特殊情况的研究中具有广泛应用的一般模式的发展.

另一位著名数学家 C. C. M. Report 还指出:

  数学作为一门创造性的学科,按 3 个基本步骤运行:(1) 体验一个问题,并从中发现一个模式.(2) 定义一个符号系统来表达这个模式.(3) 把这个符号系统组织为一个系统的语言.

让我们来看一下下面这道试题.

试题 对于 $a \in [1, 2\,019]$,定义数列 $\{x_n\}(n \geqslant 0)$:$x_0 = a$,对于每个非负整数 n,都有

$$x_{n+1} = \begin{cases} 1 + 1\,009 x_n, & x_n \leqslant 2 \\ 2\,021 - x_n, & 2 < x_n \leqslant 1\,010 \\ 3\,031 - 2x_n, & 1\,010 < x_n \leqslant 1\,011 \\ 2\,020 - x_n, & x_n > 1\,011 \end{cases}$$

若存在正整数 k,使得 $x_k = a$,则这样的正整数 k 中的最小值称为数列 $\{x_n\}(n \geqslant 0)$ 的最小正周期.求数列 $\{x_n\}(n \geqslant 0)$ 的所有可能的最小正周期,并求当最小正周期为大于 1 的奇数中的最小值时 a 的值.

(第 32 届韩国数学奥林匹克(2019))

沙可夫斯基定理 —— 从一道韩国奥林匹克数学竞赛试题的解法谈起

虽然这是一道奥数中常见的分段数列问题,但它的解答中却隐含着一个大定理.

解 定义函数

$$f(x)=\begin{cases}1+1\,009x, & x\leqslant 2\\ 2\,021-x, & 2<x\leqslant 1\,010\\ 3\,031-2x, & 1\,010<x\leqslant 1\,011\\ 2\,020-x, & x>1\,011\end{cases} \quad(1)$$

则

$$x_{n+1}=f(x_n) \quad (n=0,1,\cdots)$$

因为 $f:[1,2\,019]\to[1,2\,019]$,所以由 $a\in[1,2\,019]$ 知,对于所有的非负整数 n,均有 $x_n\in[1,2\,019]$.

设集合 $S=\{1,2,\cdots,2\,018\}$.

对于每个 $k\in S$,定义 $I_k=[k,k+1]$,则 f 将 I_1 映射到 $\bigcup_{i=1\,010}^{2\,018}I_i$,将 $I_{1\,010}$ 映射到 $I_{1\,009}\cup I_{1\,010}$,将 $I_{1\,009}$ 映射到 $I_{1\,011}$,将 $I_{1\,011}$ 映射到 $I_{1\,008}$,将 $I_{1\,008}$ 映射到 $I_{1\,012}$,……,将 I_2 映射到 $I_{2\,018}$,将 $I_{2\,018}$ 映射到 I_1,如图 1 所示.

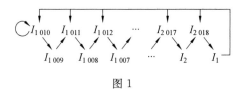

图 1

定义

$$f^{(1)}(x)=f(x)$$
$$f^{(m)}(x)=f^{(m-1)}(x) \quad (m=2,3,\cdots)$$

则对于任意的正整数 n,有 $x_n=f^{(n)}(a)$.

若 n 为数列 $\{x_n\}(n\geqslant 0)$ 的最小正周期,则 $f^{(n)}(a)=a$.

假设 $a\in I_{k_0}$,$k_0\in S$,对于 $r\in\{1,2,\cdots,n\}$,记 $f^{(r)}(a)\in I_{k_r}$,$k_r\in S$,则在图 1 中可得到一个长度为 n 的圈

$$I_{k_0}\to I_{k_1}\to\cdots\to I_{k_n}=I_{k_0}$$

由图 1 知,不存在长度为 $3,5,\cdots,2\,017$ 的圈,存在唯一的一个长度为 2 019 的圈

$$I_{1\,010}\to I_{1\,010}\to I_{1\,009}\to I_{1\,011}\to I_{1\,008}\to\cdots\to I_2\to I_{2\,018}\to I_1\to I_{1\,010} \quad(2)$$

对于任意的整数 $a\in[1,2\,019]$ 知,满足 $x_0=a$ 的数列 $\{x_n\}(n\geqslant 0)$ 的最小正周期为 2 019. 于是,2 019 为最小正周期大于 1 的奇数的最小值.

由 Sarkovskii(沙可夫斯基)定理(源自 Oleksandr Mykolayovych Sarkovskii(亚力山大・米科拉约维奇・沙可夫斯基))知,所有正偶数均为这个数列的最

2

小正周期,所有不小于 2 019 的正奇数与 $1\left(a=\dfrac{3\,031}{3}\right)$ 均为这个数列的最小正周期.

对于圈(2),设 $a_0 \in I_{1\,010}$ 为对应着这个圈的初始条件,则
$$a_0 \in I_{1\,010}, f(a_0) \in I_{1\,010}, f^{(2)}(a_0) \in I_{1\,009}, \cdots,$$
$$f^{(2\,018)}(a_0) \in I_1, f^{(2\,019)}(a_0) \in I_{1\,010}$$

设 $a_0 = 1\,010 + t(t \in [0,1])$.

由于圈(2)中的每个箭头都由式(1)中的函数决定,于是
$$f(a_0) = 1\,011 - 2t$$
$$f^{(2)}(a_0) = 1\,009 + 4t$$
$$\vdots$$
$$f^{(2\,018)}(a_0) = 1 + 4t$$
$$f^{(2\,019)}(a_0) = 1\,010 + 4\,036t$$

因为 $1\,010 + 4\,036t = a_0 = 1\,010 + t$,所以 $t = 0, a_0 = 1\,010$.

从而,对于其他初始条件在周期为 2 019 的唯一的圈(2)中也一定会出现 1 010.

由于只有当 x 为整数时才有
$$f(x) \in \{1, 2, \cdots, 2\,019\}$$
所以使得数列 $\{x_n\}(n \geqslant 0)$ 的最小正周期为 2 019 的初始条件一定为 1 至 2 019 的整数.

二、万哲先院士的介绍

那么什么是 Sarkovskii 定理呢?中国科学院的万哲先院士曾在《数学通报》(1997 年第 2 期)中给出了介绍.

1. 引言

1964 年,Sarkovskii 发表了一篇短文[1],在这篇短文里他证明了一条非常漂亮的关于连续函数的定理. 连续函数在数学里已经被研究了两三百年,Newton(牛顿)和 Leibnitz(莱布尼茨)等大数学家都曾经研究过它,居然还有如此重要的一条定理留到 20 世纪 60 年代才被数学家发现. 这条定理假设的条件很简单,但是结论却很强,后来这条定理就被叫作 Sarkovskii 定理. Sarkovskii 的这篇短文是用俄文写的,发表在乌克兰数学杂志上,在很长一段时间里并没有引起数学界的重视. 1975 年 T. Y. Li(李天岩)和 J. A. Yorke(约克)证明了 Sarkovskii 定理的一个非常特殊的特例,即周期 3 定理. 在 Li 和 Yorke[2] 的文章中,他们还首次使用了"混沌"这个词. 随后 Sarkovskii 定理才引起了数学界的重视,认为是动力系统中十分重要的发现,被写进了许多动力

系统的教科书中. 在这里试图对这一定理做一介绍, 在后文中, 我们将陆续介绍不动点和周期点的定义和性质, 证明 Sarkovskii 定理所需要的连续函数的介值定理, 周期 3 定理, Sarkovskii 定理以及 Sarkovskii 定理的逆定理.

2. 不动点和周期点

设 $f:\mathbf{R} \to \mathbf{R}$ 是定义在实数轴 $\mathbf{R}$ 上并取实数值的函数. 再设 $c \in \mathbf{R}$. 如果 $f(c) = c$, 那么 c 就叫作 f 的一个不动点. 设平面上的点 (c, d) 是曲线 $y = f(x)$ 和直线 $y = x$ 的一个交点, 那么 $d = f(c)$ 且 $d = c$, 因此 $f(c) = c$, 即 c 是 f 的一个不动点. 显然, f 的不动点都可以这样得到. 图 2 说明 $f(x) = x^2$ 只有两个不动点, 即 0 和 1.

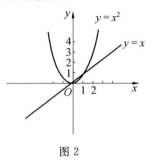

图 2

仍设 $f:\mathbf{R} \to \mathbf{R}$ 是定义在 $\mathbf{R}$ 上并在 $\mathbf{R}$ 中取值的函数. 对于任意 $x \in \mathbf{R}$, 记

$$f^2(x) = f(f(x))$$
$$f^3(x) = f(f(f(x)))$$
$$\vdots$$
$$f^n(x) = \underbrace{f(f(\cdots(f(x))\cdots))}_{n \uparrow f}$$

对任意大于或等于 1 的整数 n.

再设 $c \in \mathbf{R}$. 如果 $f^n(c) = c$, 那么 c 就叫作 f 的周期 n 的周期点, 也说 n 是周期点 c 的一个周期, 如果对于 $k = 1, 2, \cdots, n-1$, 还有 $f^{n-1}(c) \neq c$, 那么 n 就叫作 c 的极小周期, 这时集合 $\{c, f(c), f^2(c), \cdots, f^{n-1}(c)\}$ 叫作 c 的轨道. 显然, f 的周期 1 的周期点即是 f 的不动点; 如果 c 是 f 的周期 n 的周期点, 那么 c 是 f^n 的不动点, 反之亦然. 因此, 求 f 的周期 n 的周期点可以化为求 f^n 的不动点.

设 c 是 f 的极小周期 n 的周期点, 而 m 是 c 的一个周期, $f^m(c) = c$, 那么 m 一定是 n 的倍数, 记作 $n \mid m$. 实际上, 根据除法算式, $m = qn + r$, 其中 $q \geq 0, 0 \leq r < n$. 于是

$$c = f^m(c) = f^{qn+r}(c) = f^r \underbrace{(f^n(\cdots(f^n(x))\cdots))}_{n \uparrow f^n} = f^r(c)$$

因为 n 是 c 的极小周期, 而 $0 \leq r < n$, 所以 $r = 0$, 即 $n \mid m$.

我们再给最终不动点和最终周期点来下定义. 设 $f:\mathbf{R} \to \mathbf{R}$ 是定义在实数轴上并取实数值的函数, $x \in \mathbf{R}$. 如果有一个正整数 n, 使得 $f^n(x)$ 是 f 的不动点 (或周期点), 我们就说 x 是 f 的最终不动点 (或最终周期点). 根据这个定义, 不动点 (或周期点) 分别也是最终不动点 (或最终周期点). 例如, -1 是 $f(x) = x^2$ 的最终不动点.

3. 介值定理

定理 1 (介值定理) 设 f 是定义在闭区间 $[a, b]$ 上的连续函数, 而 p 是

$f(a)$ 和 $f(b)$ 中间的一个值,即 $f(a)<p<f(b)$(如果 $f(a)<f(b)$)或 $f(b)<p<f(a)$(如果 $f(b)<f(a)$),那么 a 和 b 中间一定有一个数 c,即 $a<c<b$,使 $f(c)=p$.

介值定理是连续函数的一个重要性质.它的证明在数学分析和微积分书中都可以找到,我们不打算在此处重复,只作图来说明它的含义(图3).

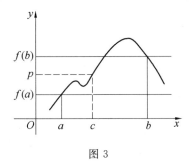

图 3

从介值定理可以推出下面这个推论.

推论 1 设 f 是定义在闭区间 $[a,b]$ 上的连续函数.令 $I=[a,b]$,再令
$$J=\begin{cases}[f(a),f(b)], \text{如果 } f(a)\leqslant f(b)\\ [f(b),f(a)], \text{如果 } f(a)>f(b)\end{cases}$$
那么 $f(I)\supset J$.

利用介值定理可以推出连续函数何时有不动点的两个推论.

推论 2 设 f 是定义在闭区间 I 上的连续实函数,并且 $f(I)\subset I$,那么 f 在 I 中有不动点.

证明 设 $I=[a,b]$,如果 $f(a)=a$ 或 $f(b)=b$,那么 a 或 b 就是 f 的不动点.现在设 $f(a)\neq a,f(b)\neq b$.因为 $f(I)\subset I$,所以 $f(a)>a,f(b)<b$.令 $g(x)=f(x)-x$,那么 $g(x)$ 也是定义在 $[a,b]$ 上的连续函数,而
$$g(a)=f(a)-a>0$$
$$g(b)=f(b)-b<0$$
根据介值定理,有 $c\in[a,b]$,使 $g(c)=0$,即 $f(c)=c$.

推论 3 设 f 是定义在闭区间 I 上的连续实函数,而 $f(I)\supset I$,那么 f 在 I 中有不动点.

证明 设 $I=[a,b]$.因为 $f(I)\supset I$,所以有 $c,d\in I$,使 $f(c)=a,f(d)=b$,如果 $c=a$ 或 $d=b$,那么 a 或 b 是 f 的不动点.如果 $c\neq a,d\neq b$,那么 $a<c\leqslant b$,$a\leqslant d<b$.令 $g(x)=f(x)-x$,那么 $g(x)$ 也是定义在 $[a,b]$ 上的连续函数,而
$$g(c)=f(c)-c=a-c<0$$
$$g(d)=f(d)-d=b-d>0$$
根据介值定理,在 c 和 d 中间有一点 e,使 $g(e)=0$,即 $f(e)=e$.显然 $e\in$

$[a,b]$.

利用函数的图像,可以直观地看出如果连续函数 f 适合推论 2 或推论 3 的假设,那么 f 就有不动点(图 4,图 5).

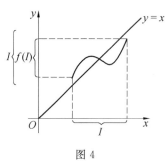

图 4

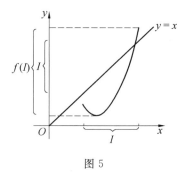

图 5

对于函数的周期点,即使周期值很小,从函数的图像也很难看出来.

例题 考察函数 $f(x)=\begin{cases} x+1, 0 \leqslant x \leqslant 1 \\ -2x+4, 1 < x \leqslant 2 \end{cases}$,

显然 f 是连续函数,它的图像如图 6 所示.

易见 $f(0)=1, f^2(0)=2, f^3(0)=0$. 因此 f 有极小周期 3 的周期点. 但是 f 是否有极小周期 5 的周期点,极小周期 7 的周期点,从图像并不容易看出.

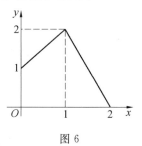

图 6

为了得到函数的周期点,需要推论 3 的一个推广. 先证下述引理.

引理 1 设有闭区间 $I=[a,b], J=[c,d]$. 再设 f 是定义在 I 上的连续函数,而 $f(I) \supset J$. 那么有一个闭区间 $I^* \subset I$ 使 $f(I^*)=J$.

证明 因为 $f(I) \supset J$ 而 $c \in J$,所以有 $x_0 \in [a,b]$ 使 $f(x_0)=c$. 同样,有 $y_0 \in [a,b]$ 使 $f(y_0)=d$. 分 $y_0 \in [a,x_0]$ 和 $y_0 \in [x_0,b]$ 这两种情形来进行讨论(图 7).

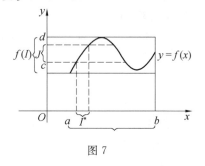

图 7

(1) 设 $y_0 \in [x_0,b]$,令 $x_2 = \inf\{y \in [x_0,b] \mid f(y)=d\}, x_1 = \sup\{x \in [x_0,x_2] \mid f(x)=c\}$. 再令 $I^* = [x_1,x_2]$,那么 $I^* \subset I$, $f(x_1)=c, f(x_2)=d$. 根据推论 1, $f(I^*) \supset J$. 对开区间 (x_1,x_2) 中任意一点 x,如果 $f(x)<c$,因为 $f(x_2)=d$,根据介值定理,有 $x' \in [x_1,x_2]$ 使 $f(x)=c$,但 $x' > x_1$,这与 x_1 的定义相矛盾. 因此 $f(x) \geqslant c$. 同理可证 $f(x) \leqslant d$. 因此 $f(I^*) \subset J$. 所以 $f(I^*)=J$.

(2) 设 $y_0 \in [a,x_0]$,令 $y_1 = \sup\{y \in [a,x_0] \mid f(y)=d\}, y_2 = \inf\{x \in [x_1, x_0] \mid f(x)=c\}$. 再令 $I^* = [y_1,y_2]$,那么 $I^* \subset I$,仿照情形(1)可证 $f(I^*)=J$.

为了方便,我们引进一个记号,假定我们讨论的函数 f 已经固定.设 I 和 J 都是闭区间.如果 $f(I) \supset J$,就记 $I \to J$ 或 $J \leftarrow I$.更进一步,设 I, J, K 都是闭区间,而 $f(I) \supset J, f(J) \supset K$,那么记 $I \to J \to K$,依此类推;设 $I_0, I_1, \cdots, I_{n-1}$ 都是闭区间,那么 $I_0 \to I_1 \to \cdots \to I_n$ 表示 $f(I_k) \supset I_{k+1}$ 对 $k=0,1,\cdots,n-1$ 都成立.

推论 3 可以推广成:

命题 设 f 是定义在闭区间 $[a,b]$ 上的函数,$I_0, I_1, \cdots, I_{n-1}$ 都是包含在 $[a,b]$ 中的闭区间,假定

$$I_0 \to I_1 \to I_2 \to \cdots \to I_{n-1} \to I_0$$

那么方程

$$f^n(x) = x \tag{1}$$

在 I_0 中至少有一个解 x_0,而

$$f^k(x_0) \in I_k \quad (k=0,1,\cdots,n-1) \tag{2}$$

证明 当 $n=1$ 时,命题化为推论 3,因此这时命题成立.

再考察 $n>1$ 的情形.这时有 $I_{n-1} \to I_0$,即 $f(I_{n-1}) \supset I_0$.根据引理 1,有闭区间 $I_{n-1}^* \subset I_{n-1}$ 使 $f(I_{n-1}^*) = I_0$,又有 $I_{n-2} \to I_{n-1}$,即 $f(I_{n-2}) \supset I_{n-1}$,因此 $f(I_{n-2}) \supset I_{n-1}^*$.仍根据引理 1,有闭区间 $I_{n-2}^* \subset I_{n-2}$ 使 $f(I_{n-2}^*) = I_{n-1}^*$.用倒归纳法可证,对 $k=n-2, n-3, \cdots, 1, 0$,有闭区间 $I_k^* \subset I_k$ 使 $f(I_k^*) = I_{k+1}^*$.于是 $f^k(I_0^*) = I_k^*$(对 $k=0,1,\cdots,n-1$),而 $f^n(I_0^*) = I_0$.因为 $I_0^* \subset I_0$,所以 $f^n(I_0^*) \supset I_0^*$.根据推论 3,方程(1)在 I_0^* 中至少有一个解 x_0,因为 $I_0^* \subset I_0$,所以 $x_0 \in I_0$.又 $f^k(x_0) \in f^k(I_0^*) = I_k^* \subset I_k$(对 $k=0,1,\cdots,n-1$),由此知式(2)也成立.

4. 周期 3 定理

定理 2(周期 3 定理) 设 $f: \mathbf{R} \to \mathbf{R}$ 是定义在实数轴 $\mathbf{R}$ 上并取实数值的连续函数.假定 f 有极小周期 3 的周期点,那么对任意 $n \geqslant 1$,f 都有极小周期 n 的周期点.

证明 设 $\{a,b,c\}$ 是 f 的极小周期 3 的轨道,$f(a)=b, f(b)=c, f(c)=a$.不妨设 $a<b<c$ 或 $a<c<b$.我们只讨论前一种情形,后一种情形可以类似地讨论.

设 $a<b<c$.令 $A_0 = [a,b], A_1 = [b,c]$.根据介值定理的推论 1,$f(A_0) \supset A_1, f(A_1) \supset [a,c]$.因此 $f(A_1) \supset A_0, f(A_1) \supset A_1$.于是

$$A_0 \rightleftarrows A_1 \circlearrowleft$$

根据 $A_1 \to A_1$ 及推论 3 可知 f 在 A_1 中有不动点,即极小周期 1 的周期点.

现在设 $n>1$.令

$$I_0 = I_1 = \cdots = I_{n-2} = A_1, I_{n-1} = A_0$$

则命题的假设成立,因此命题的结论也成立,即有 $x_0 \in A_1$ 使 $f^n(x_0) = x_0$,并且

$$f^k(x_0) \in A_1 \quad (k=0,1,\cdots,n-2) \tag{3}$$
$$f^{n-1}(x_0) \in A_0 \tag{4}$$

由 $f^n(x_0)=x_0$ 可知 x_0 是 f 的周期 n 的周期点. 如果 x_0 的极小周期小于 n,那么 $f^{n-1}(x_0)$ 必为 $x_0,f(x_0),\cdots,f^{n-2}(x_0)$ 之一. 由式(3)(4)可知 $f^{n-1}(x_0) \in A_0 \cap A_1$,于是 $f^{n-1}(x_0)=b$. 因此

$$x_0 = f^n(x_0) = f(b) = c$$
$$f(x_0) = f(c) = a \notin A_1$$

这是一个矛盾. 因此 x_0 的极小周期等于 n.

例题中的连续函数 f 有极小周期3的周期点,因此根据周期3定理,对于任意正整数 n,它有极小周期 n 的周期点. 如此简单的一个函数却有如此复杂的现象,这是超出常人想象的,所以 Li 和 Yorke[2] 说,周期3蕴含了混沌.

5. Sarkovskii 定理

我们先来证明一个引理.

引理 2 设 f 是定义在闭区间 I 上的连续实函数,并且 $f(I) \supset I$. 再设 f 有极小周期 $2n+1$ 的周期点 x_0,但是对于任意小于 n 的自然数 m,f 都没有极小周期 $2m+1$ 的周期点. 设在含 x_0 的轨道 $2n+1$ 个点里,x_0 是中间的一个,并记 $x_k = f^k(x_0), k=0,1,\cdots,2n$,那么 $x_0, x_1, \cdots, x_{2n}$ 这些点在实数轴上的排列次序必为以下这两种情况之一($n=3$ 的情况,如图 8 所示)

$$x_{2n} < x_{2n-2} < \cdots < x_2 < x_0 < x_1 < \cdots < x_{2n-3} < x_{2n-1} \tag{5}$$
$$x_{2n-1} < x_{2n-3} < \cdots < x_1 < x_0 < x_2 < \cdots < x_{2n-2} < x_{2n} \tag{6}$$

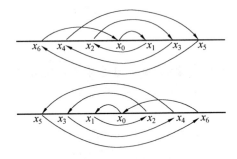

图 8 $n=3$ 的情形

证明 当 $n=1$ 时,引理 2 显然成立,下面我们假设 $n>1$. 设 x_0 是 f 的极小周期 $2n+1$ 的周期点. 令 $x_k = f^k(x_0), k=0,1,\cdots,2n$. 把集合 $\{x_i \mid i=0,1,\cdots,2n\}$ 中的点按大小排列成 $\{z_i \mid i=1,2,\cdots,2n+1\}$,即

$$z_1 < z_2 < \cdots < z_{2n+1}$$

设 $1 \leqslant k \leqslant l \leqslant 2n+1$. 令

$$S_{kl} = \{z_i \mid k \leqslant i \leqslant l\}$$

假定
$$\min\{f(z):z\in S_{kl}\}=z_i$$
$$\max\{f(z):z\in S_{kl}\}=z_j$$

接下来定义一个集函数
$$f^*(S_{kl})=S_{ij}$$

如果 $f^*(S_{kl})\supset S_{ij}$，仿照引理 1 之后所做的约定，记 $S_{kl}\to S_{ij}$。

因为 $f(z_1)>z_1, f(z_{2n+1})<z_{2n+1}$，所以存在一个最大的 i，设为 m，使 $f(z_m)>z_m$。显然 $m\leqslant 2n$。令
$$S_1=S_{m,m+1}=\{z_m,z_{m+1}\}$$
$$S_2=f^*(S_1),\cdots,S_{i+1}=f^*(S_i),\cdots$$

因为 $f(z_m)>z_m, f(z_{m+1})<z_{m+1}$，所以 $S_2=S_{f(z_{m+1}),f(z_m)}\supset S_1$。再利用数学归纳法可推出 $S_{i+1}\supset S_i, i=1,2,\cdots$。因为 x_0 是极小周期等于 $2n+1$ 的周期点，所以 $S_{i+1}\neq S_i$，除非 $S_i=\{z_1,z_2,\cdots,z_{2n+1}\}$。

$S_{1,m}$ 有 m 个点，$S_{m+1,2n+1}$ 有 $2n+1-m$ 个点，而 $m\neq 2n+1-m$。如果 $m>2n+1-m$，因为 $f(z_m)\geqslant z_{m+1}$，所以存在一个 $l(1\leqslant l\leqslant m-1)$ 使 $f(z_l)$ 和 $f(z_{l+1})$ 在 $[z_m,z_{m+1}]$ 的不同侧。如果 $m<2n+1$，同理有 $l(m+1\leqslant l\leqslant 2n)$，使 $f(z_l)$ 和 $f(z_{l+1})$ 在 $[z_m,z_{m+1}]$ 的不同侧。因此，总有 $l(1\leqslant l\leqslant 2n+1)$ 且 $l\neq m$，使 $f(z_l)$ 和 $f(z_{l+1})$ 在 $[z_m,z_{m+1}]$ 的不同侧，于是 $[z_l,z_{l+1}]\to[z_m,z_{m+1}]$。因为 $S_1\subset S_2\subset\cdots$，所以存在一个最小的 $i(1\leqslant i\leqslant 2n)$，设为 $t-1$，使 $S_{t-1}\to[z_l,z_{l+1}]$，即 $f^*(S_{t-1})\supset\{z_l,z_{l+1}\}$。令 $S_t'=\{z_l,z_{l+1}\}$，则 $S_{t-1}\supsetneqq S_t'$。上面定义的 S_t，S_{t-1}，$\cdots$ 今后不会再出现，那么我们把 S_t' 改记成 S_t。于是，我们找到了正整数 m 和 $l(m,l\leqslant 2n$ 且 $m\neq l)$，以及 $\{z_1,z_2,\cdots,z_{2t+1}\}$ 的 t 个子集 $S_i=S_{k_i l_i}(i=1,2,\cdots,t)$，具有以下诸性质

$$S_1=\{z_m,z_{m+1}\},\ S_t=\{z_l,z_{l+1}\} \tag{7}$$
$$S_1\to S_2\to\cdots\to S_{t-1}\to S_t\to S_1 \tag{8}$$
$$S_1\subset S_2\subset\cdots\subset S_{t-1}\supsetneqq S_t \tag{9}$$
$$S_i\neq S_{i+1}\quad(i=1,2,\cdots,t-1) \tag{10}$$

我们要证明 $t=2n$。因为 $S_{t-1}\supsetneqq S_t=\{z_l,z_{l+1}\}$，而 S_{t-1} 至少含 t 个点，所以 $t\leqslant 2n$。假定 $t<2n$。设 I_i 是含 S_i 的最小闭区间，$i=1,2,\cdots,t$。从式 (8) 能够推出
$$I_1\to I_2\to\cdots\to I_t\to I_1$$

如果 t 是奇数，那么由命题可以推出有 $x^*\in I_1$ 使
$$f^t(x^*)=x^*$$
$$f^k(x^*)\in I_{k+1}\quad(k=0,1,2,\cdots,t-1)$$

于是 x^* 的极小周期是 t 的因数，因而是奇数。但我们假定了 f 没有极小周期 $2m+1(1\leqslant m<n)$ 的周期点。因此 x^* 是 f 的不动点。那么

9

$$x^* = f^{t-1}(x^*) \in I_1 \cap I_t$$

由式(5)知,$I_1 = [z_m, z_{m+1}]$,$I_t = [z_l, z_{l+1}]$.但 $m \neq l$,所以 $I_1 \neq I_t$.因此 $I_1 \cap I_t = \{z_m\}$ 或 $\{z_{m+1}\}$,但它们都不是 f 的不动点,这是一个矛盾.如果 t 是偶数,那么 $t \leqslant 2n-2$.由式(8)(9)又有

$$I_1 \to I_1 \to I_2 \to \cdots \to I_t \to I_1$$

与 t 是奇数的情形一致,仍然推出一个矛盾.因此 $t = 2n$.于是由(7)(9)(10)三式可以推出,对于每个 $i = 1, 2, \cdots, 2n-1$,$S_{i+1} \backslash S_i$ 都只含一个点.

已知 $S_1 = \{z_m, z_{m+1}\}$.设 $S_2 \backslash S_1 = \{x_2\}$.有两种可能的情况(图9):

(1) $x_2 < z_m < z_{m+1}$.这时令 $z_m = x_0$,$z_{m+1} = x_1$.因为 $f^*(S_1) = S_2$,所以一定有 $f(x_0) = x_1$,$f(x_1) = x_2$.

(2) $z_m < z_{m+1} < x_2$.这时令 $z_m = x_1$,$z_{m+1} = x_0$.因为 $f^*(S_1) = S_2$,所以 $f(x_0) = x_1$,$f(x_1) = x_2$.

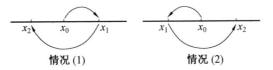

情况(1)　　　　情况(2)

图 9

两种情况的讨论完全一样,因此我们只讨论情况(1).

设 $S_3 \backslash S_2 = \{x_3\}$.于是有 $x_2 < x_0 < x_1 < x_3$ 或 $x_3 < x_2 < x_0 < x_1$.因为 $f(S_2) = S_3$,所以 $f(x_2) = x_3$.我们来证明 $x_3 < x_2 < x_0 < x_1$ 这一情况不能发生.假定 $x_3 < x_2 < x_0 < x_1$ 成立.设 $S_4 \backslash S_3 = \{x_4\}$,那么 $x_3 < x_2 < x_0 < x_1 < x_4$ 或 $x_4 < x_3 < x_2 < x_0 < x_1$,而 $f(x_3) = x_4$.无论哪一种情形都有(图10)

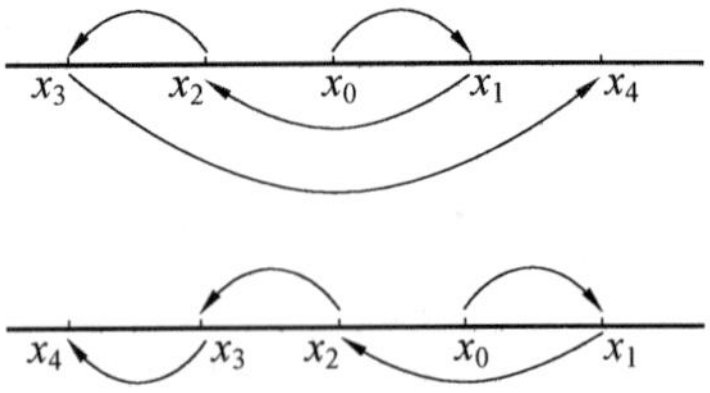

图 10

$$[x_2, x_0] \to [x_3, x_1] \to [x_0, x_1] \to [x_2, x_0]$$

根据命题,$f^3(x) = x$ 在 $[x_2, x_0]$ 中有解 x^*,而 $f(x^*) \in [x_3, x_1]$,$f^2(x^*) \in [x_0, x_1]$.因为 $n > 1$,根据假设,x^* 不能是 f 的极小周期3的周期点,所以 x^* 是 f 的不动点,于是 $x^* \in [x_2, x_0] \cap [x_0, x_1] = x_0$,这也是不可能的.因此 $x_2 < x_0 < x_1 < x_3$.

设 $S_4 \backslash S_3 = \{x_4\}$.于是 $x_4 < x_2 < x_0 < x_1 < x_3$ 或 $x_2 < x_0 < x_1 < x_3 < x_4$,而 $f(x_3) = x_4$.假定 $x_2 < x_0 < x_1 < x_3 < x_4$ 成立.先讨论 $n = 2$ 的情形(图11).

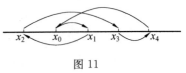

图 11

这时 $f(x_4)=x_0$. 于是有(图12)
$$[x_2,x_0]\to[x_1,x_3]\to[x_2,x_1]\to[x_2,0]$$
由命题可推出矛盾. 再讨论 $n>2$ 的情形.
设 $S_5\backslash S_4=\{x_5\}$,那么有 $x_5<x_2<x_0<x_1<x_3<x_4$ 或 $x_2<x_0<x_1<x_3<x_4<x_5$,而 $f(x_4)=x_5$. 无论哪一种情形都有

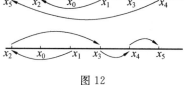

图 12

$$[x_1,x_3]\to[x_2,x_4]\to[x_2,x_1]\to[x_1,x_3]$$
由命题仍推出矛盾. 因此一定有 $x_4<x_2<x_0<x_1<x_3$. 特别地,我们证明了,当 $n=2$ 时,引理2成立.

现在设 $n>2$, $S_{i+1}\backslash S_i=\{x_{i+1}\}$, $i=1,2,\cdots,2n$. 用前面的方法和数学归纳法可以证明
$$x_{2n-2}<\cdots<x_2<x_0<x_1<\cdots<x_{2n-1}$$
证明的细节就留给读者吧!最后,我们来证明
$$x_{2n-2}<\cdots<x_2<x_0<x_1<\cdots<x_{2n-1}<x_{2n}$$
不可能发生. 假定发生,那么 $f(x_{2n})=x_0$,而且有
$$[x_{2n-3},x_{2n-1}]\to[x_{2n-1},x_{2n}]\to[x_{2n-1},x_{2n}]\to[x_{2n-3},x_{2n-1}]$$
由命题仍可推出矛盾. 因此式(5)一定成立(图13).

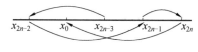

图 13

下面,我们来介绍自然数集 $\mathbf{N}_+=\{1,2,3,\cdots\}$ 上的 Sarkovskii 序 $\triangleleft$. 如果 $m,n\in\mathbf{N}_+$,而 $m\triangleleft n$,就说 m 在 n 的前面,或 n 在 m 的后面. $\mathbf{N}_+$ 上的 Sarkovskii 序就是如下的序

$$3\triangleleft 5\triangleleft 7\triangleleft\cdots\triangleleft$$
$$2\cdot 3\triangleleft 2\cdot 5\triangleleft 2\cdot 7\triangleleft\cdots\triangleleft$$
$$2^2\cdot 3\triangleleft 2^2\cdot 5\triangleleft 2^2\cdot 7\triangleleft\cdots\triangleleft$$
$$2^3\cdot 3\triangleleft 2^3\cdot 5\triangleleft 2^3\cdot 7\triangleleft\cdots\triangleleft$$
$$2^3\triangleleft 2^2\triangleleft 2\triangleleft 1$$

这就是,先按大小排列所有奇数,小的排在大的前面;再按大小排列所有奇数的 2 倍,仍是小的排在大的前面;再按大小排列所有奇数的 2^2 倍,也是小的排在大的前面;如此继续下去;最后按大小排列所有 2 的幂 $2^0=1,2^1=2,2^2=2^3,\cdots$,但这次是大的排在小的前面. 换句话说,对于 $m,n\in\mathbf{N}_+$,设 $m=2^{m_1}\cdot m_2$, $n=2^{n_1}\cdot n_2$, 而 m_2 和 n_2 都是奇数,那么规定 $m\triangleleft n$,如果有下列情形之一成立:(1) $m_1<n_1$ 而 $m_2>1$. (2) $m_1=n_1$, 而 $1<m_2<n_2$. (3) $m_1>n_1$, 而 $m_2=n_2=1$.

定理 3(Sarkovskii 定理) 设 $f:\mathbf{R}\to\mathbf{R}$ 是定义在实数轴 $\mathbf{R}$ 上并取实数值的

连续函数,并且假定 f 有极小周期 k 的周期点. 如果对 Sarkovskii 序来说, $k \triangleleft l$, 那么 f 也有极小周期 l 的周期点.

证明 我们分 k 是 2 的幂和不是 2 的幂这两种情形来证明.

(1) $k = 2^m$, 设 f 有极小周期 2^m 的周期点.

如果 $m = 0$, 那么 $k = 1$. 因为按 Sarkovskii 序, 1 是排在最后面的一个自然数, 所以没有什么是需要证明的.

设 $m > 0$. 我们要证明: 对任意的 $n < m$, f 有极小周期 2^n 的周期点. 只要证明 f 有极小周期 2^{m-1} 的周期点就够了. 对 m 运用归纳法.

如果 $m = 1$, 那么 f 有极小周期 2 的周期点. 设 x_0 是极小周期 2 的周期点, 令 $x_1 = f(x_0)$, 那么 $f(x_1) = x_0$. 如果 $x_0 < x_1$, 令 $I = [x_0, x_1]$; 如果 $x_1 < x_0$, 令 $I = [x_1, x_0]$. 根据介值定理, $f(I) \supset I$, 再根据推论 2, f 在 I 中有不动点.

假定对 $m = r \geq 1$ 的情形, f 有极小周期 2^{r-1} 的周期点. 我们来证明, 当 $m = r + 1$ 时, f 有极小周期 2^r 的周期点. 令 $g = f^2$, 那么 g 有极小周期 2^r 的周期点. 根据归纳法, 假设 g 有极小周期 2^{r-1} 的周期点, 设 x_0 是其中的一个, 即

$$g^{2^{r-1}}(x_0) = x_0$$
$$g^t(x_0) \neq x_0 \quad (\text{对 } t = 1, 2, \cdots, 2^{r-1} - 1)$$

于是

$$f^{2^r}(x_0) = x_0$$
$$f^{2t}(x_0) \neq x_0 \quad (\text{对 } t = 1, 2, \cdots, 2^{r-1} - 1)$$

如果 x_0 的极小周期不等于 2^r, 而等于 s_0, 那么 $s_0 \in \{1, 3, \cdots, 2^r - 1\}$. 但是 $s_0 \mid 2^r$, 这是一个矛盾. 因此, x_0 是 f 的极小周期 2^r 的周期点.

(2) k 不是 2 的幂. 我们再区分以下几种情形.

① $k = 2m + 1$ 是奇数的情形. 设 f 有极小周期 k 的周期点. 当 $m = 0$ 时, 没有什么是需要证明的. 当 $m = 1$ 时, 周期 3 定理已在前文证明. 因此可以设 $m > 1$.

设 $k \triangleleft l$, 我们要证明 f 有极小周期 l 的周期点. 因此不妨设 f 没有极小周期 $2n + 1 (1 \leq n < m)$ 的周期点. 根据引理 2, 我们可以选 f 的一个极小周期 $2m + 1$ 的周期点 x_0, 并令 $x_k = f^k(x_0), k = 0, 1, 2, \cdots, 2m$, 使 $x_0, x_1, \cdots, x_{2m}$ 在实数轴上的排列如式 (5) 或式 (6). 我们只讨论前一种情形, 后一种情形的证明完全类似. 令

$$I_1 = [x_0, x_1]$$
$$I_2 = [x_2, x_0]$$
$$\vdots$$
$$I_{2m-1} = [x_{2m-3}, x_{2m-1}]$$
$$I_{2m} = [x_{2m}, x_{2m-2}]$$

那么有(图 14)

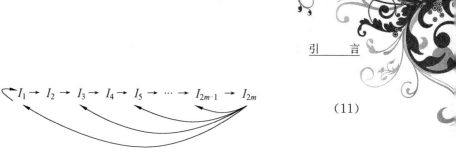

(11)

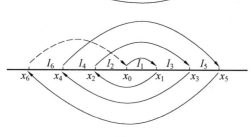

图 14

再分别讨论以下两种情形.

(i) l 是奇数的情形. 这时 $l > k = 2m+1$. 由式 (11) 有
$$I_1 \to I_1 \to \cdots \to I_1 \to I_2 \to I_3 \to \cdots \to I_{2m} \to I_{l-2m+1}$$
根据命题,有 $x^* \in I_1$,使
$$f^l(x^*) = x^* \tag{12}$$
$$f^s(x^*) \in I_1 \quad (s = 0, 1, \cdots, l-2m) \tag{13}$$
$$f^{l-2m+t}(x^*) \in I_{t+1} \quad (t = 1, 2, \cdots, 2m-1) \tag{14}$$

由式(12),x^* 是 f 的周期 l 的周期点. 设 x^* 的极小周期是 p,那么 $p \mid l$. 根据前面对 f 所做的假设,$p \geqslant 2m+1$. 如果 $p < l$,由式(13)(14)可以分别推出 $f^{l-p-2}(x^*) \in I_1$ 和 $f^{l-2}(x^*) \in I_{2m-1}$. 因为 x^* 的极小周期是 p,所以 $f^{l-p-2}(x^*) = f^{l-2}(x^*)$,因为 $I_1 \cap I_{2m-1} \neq 0$. 但 $m > 1$,只有在 $m=2$ 时才有 $I_1 \cap I_{2m-1} = I_1 \cap I_3 \neq 0$. 这时,$I_1 \cap I_3 = \{x_1\}$,因此 x^* 在 x_1 的轨道中. 但 $x^* \in I_1$,所以 $x^* = x_0$ 或 x_1. 因 $l \geqslant (2m+1)+2$,由式(13)推出 $f^3(x^*) \in I_1$,这是一个矛盾. 因此 $p = l$.

(ii) l 是偶数的情形. 设 $l = 2r$,r 是任意自然数. 如果 $r \leqslant m$,由式(11)有
$$I_{2(m-r)+1} \to I_{2(m-r)+2} \to \cdots \to I_{2m} \to I_{2(m-1)+1}$$
利用前文的方法,可以证明 f 有极小周期 l 的周期点. 如果 $r > m$,由式(11)有
$$I_1 \to I_1 \to \cdots \to I_1 \to I_2 \to I_3 \to \cdots \to I_{2m} \to I_{2(r-m)+1}$$
仍利用前文的方法,可以证明 f 有极小周期 l 的周期点.

② $k = 2^m \cdot n$,$m \geqslant 1$,而 n 是大于 1 的奇数. 设 f 有极小周期 k 的周期点. 再设 $k \lhd l$,$l = 2^s \cdot t$,而 t 是奇数. 那么 $s \geqslant m$,而当 $s = m$ 时还有 $t > n$. 令 $g = f^{2^m}$,那么 g 有极小周期 n 的周期点. 如果 $s > m$,根据情形(ii),g 有极小周期 $2^{s-m}t$ 的周期点,于是 f 有极小周期 $l = 2^s \cdot t$ 的周期点. 如果 $s = m$,那么 $t > n$,根据情形(i),g 有极小周期 t 的周期点,于是 f 有极小周期 $l = 2^s \cdot t$ 的周期点.

这样定理 3 就完全被证明了.

最后,我们再给出几点注记.

注记 1 Sarkovskii 定理对于定义在区间 I 上,并在 I 中取值的连续函数也成立,而 I 可以是开区间 (a,b),闭区间 $[a,b]$,半开半闭区间 $(a,b]$,$[a,b)$,或半数轴 $(-\infty,b)$,$(-\infty,b]$,$(a,+\infty)$,$[a,+\infty)$. 这只要仔细检查一下 Sarkovskii 定理的证明就可以了.

注记 2 周期 3 定理是 Sarkovskii 定理的推论.

注记 3 如果连续函数 f 只有有限个极小周期的周期点,那么这些极小周期只能是连续的有限个 2 的幂:$2^0=1,2^1,2^2,\cdots,2^l$. 这也是 Sarkovskii 定理的简单推论.

注记 4 Sarkovskii 定理的逆也是成立的,请看:

6. Sarkovskii 定理的逆

定理 4(Sarkovskii 定理的逆)   对任意自然数 n,都存在一个连续函数 $f:\mathbf{R}\to\mathbf{R}$,它有极小周期 k 的周期点,但是对于任意自然数 $l \lhd k$,它都没有极小周期 l 的周期点.

证明   先构造一个连续函数,它有极小周期 5 的周期点,但是没有极小周期 3 的周期点. 定义一个逐段线性的函数 f 如下:

当 $x\leqslant 1$ 时,$f(x)=3$.

当 $x\geqslant 5$ 时,$f(x)=1$.

$f(2)=5,f(3)=4,f(4)=2$.

f 的图像如图 15 所示.

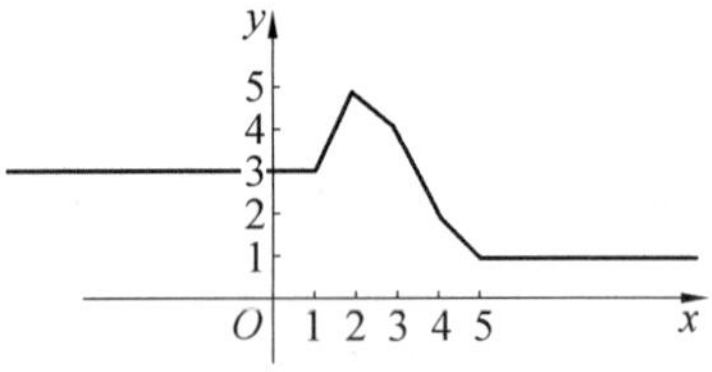

图 15

易证 $1,2,3,4,5$ 都是 f 的极小周期 5 的周期点. 我们再证 f 没有极小周期 3 的周期点. 显然,f 在区间 $(-\infty,1)$ 和 $[1,+\infty)$ 里没有极小周期 3 的周期点. 因为

$$f^3([1,2])=[2,5]$$

$$f^3([2,3])=[3,5]$$

$$f^3([4,5])=[1,4]$$

因此 f 在 $[1,2],[2,3],[4,5]$ 中没有极小周期 3 的周期点. 因为 $f^3([3,4])=[1,5]$,而 f^3 在 $[3,4]$ 上单调递增,所以有唯一的一点 $x_0\in[3,4]$ 使 $f^3(x_0)=x_0$. 又因为 $f([3,4])=[2,4]$,而 f 在 $[3,4]$ 上单调递减,所以有唯一的一点 x_1,使 $f(x_1)=x_1$,那么 $f^3(x_1)=x_1$,因此 $x_0=x_1$. 所以 x_0 不是 f 的极小周期 3 的周期点. 因此 f 没有极小周期 3 的周期点. 定理 4 对 $k=5$ 成立.

上述构造连续函数的方法可以通过推广来构造一个有极小周期 $k=2n+1(n\geqslant 2)$ 的周期点,但没有极小周期 $2n-1$ 的周期点的连续函数. 按下式来定

义一个逐段线性的连续函数

$$f(x)=\begin{cases} n+1, x\leqslant 1 \\ 2n+3-x, x=2,3,\cdots,n \\ 2n+2-x, x=n+1,n+2,\cdots,2n \\ 1, x\geqslant 2n+1 \end{cases}$$

仿上可证,f 在 $(-\infty,1),[1,2],[2,3],\cdots,[n,n+1],[n+2,n+3],\cdots,[2n,2n+1]$ 及 $[2n+1,+\infty)$ 中没有极小周期 $2n-1$ 的周期点,在 $[n+1,n+2]$ 中有唯一一点 x_0 使 $f^{2n-1}(x_0)=x_0$,但 x_0 是 f 的不动点.因此定理 4 对于任意奇数 $k=2n+1(n\geqslant 2)$ 都成立.

再讨论 $k=2^n(n\geqslant 0)$ 的情形.令 $f_0(x)=0$ 对任意 $x\in \mathbf{R}$.显然 $f_0(0)=0$,即 0 是 f_0 的不动点,而当 $x\neq 0$ 时,$f_0(x_0)=0$,$f_0^2(x)=0$.因此 f_0 没有极小周期等于 2 的周期.定义一个逐段线性的连续函数:

当 $x\leqslant 1$ 时,$f_1(x)=2$;$f_1(2)=0$;当 $x\geqslant 2$ 时,$f_1(x)=1$.

f_1 的图像如图 16 所示.

易证,$\{0,2\}$ 是 f_1 的极小周期 2 的周期点.$\dfrac{4}{3}$ 是 f_1 的不动点.其余各点都是 f_1 的最终周期点而不是周期点,因此 f_1 没有极小周期 2^2 的周期点.这个构造函数的方法可以推广如下:

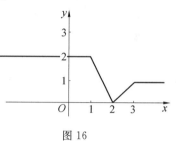

图 16

引理 3 设 $g:\mathbf{R}\to\mathbf{R}$ 是连续函数,当 $x<0$ 时,$g(x)=g(0)$,而当 $x>1$ 时,$g(x)=g(1)$.假定 g 有极小周期 2^n 的周期点,没有极小周期 2^{n+1} 的周期点,定义函数 $f:\mathbf{R}\to\mathbf{R}$(图 17)为

$$f(x)=\begin{cases} g(0)+2, x<0 \\ g(x)+2, 0\leqslant x\leqslant 1 \\ g(1)+4-2x, 1<x\leqslant 2 \\ x-2, 2<x\leqslant 3 \\ 1, x>3 \end{cases} \quad (15)$$

那么 f 是连续函数,有唯一一个不动点,有极小周期 2^{n+1} 的周期点,但没有极小周期 2^{n+2} 的周期点.

证明 显然 $f([0,1])=[2,3]$,而 $f([2,3])=[0,1]$.易证,如果 $x_0\in[0,1]$ 是 g 的极小周期 p 的周期点,那么 x_0 是 f 的极小周期 $2p$ 的周期点,反之亦

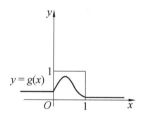

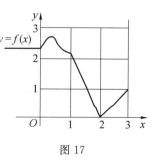

图 17

15

然.因此,f 在 $[0,1]$ 有极小周期 2^{n+1} 的周期点,没有极小周期 2^{n+2} 的周期点,由此推出,f 在 $[2,3]$ 有极小周期 2^{n+1} 的周期点,没有极小周期 2^{n+2} 的周期点.

再看 $[1,2]$ 中的点,显然,f 在 $[1,2]$ 中有一个不动点.因为 f 在 $[1,2]$ 中的斜率小于或等于 -2,所以如果 $x \in [1,2]$ 不是 f 的不动点,那么有正整数 n 使 $f^n(x) \in [0,1] \cup [2,3]$,因此 x 不是 f 的周期点.

$(-\infty, 0)$ 和 $(3, +\infty)$ 中也没有 f 的周期点,这是很显然的.

利用引理 3,结合归纳法就可以对任意正整数 n 构造出连续函数来,它有极小周期 2^n 的周期点,没有极小周期 2^{n+1} 的周期点.

最后,讨论 k 是偶数但不是 2 的幂的情形.引理 3 的证明实际是证明了下面这个引理.

引理 4 设 $g:\mathbf{R} \to \mathbf{R}$ 是连续函数,当 $x<0$ 时,$g(x)=g(0)$,当 $x>1$ 时,$g(x)=g(1)$.按式(15)来定义函数 $f:\mathbf{R} \to \mathbf{R}$,那么 f 是连续函数,有唯一一个不动点,而 f 的其他周期点的极小周期是 g 的周期点的极小周期的 2 倍.

利用引理 4,即可证明定理 4 当 k 是偶数但不是 2 的幂的情形.例如,从一个有极小周期 5 的周期点而没有极小周期 3 的周期点的连续函数出发,利用引理 4 就可以得到有极小周期 10 的周期点而没有极小周期 6 的周期点的连续函数.

注记 1 在定理 4 的证明中用到了这样一个事实.设 $g:\mathbf{R} \to \mathbf{R}$ 是连续函数,当 $x<0$ 时,$g(x)=g(0)$,当 $x>3$ 时,$g(x)=g(3)$.定义

$$f\left(\frac{1}{3}x\right) = \begin{cases} \frac{1}{3}g(0), & x<0 \\ \frac{1}{3}g(x), & 0 \leqslant x \leqslant 3 \\ \frac{1}{3}g(3), & x>3 \end{cases}$$

那么映射 $x \mapsto \frac{1}{3}x$,是从 g 的周期点到 f 周期点的双射,而且对应的周期点有相同的极小周期.

注记 2 定理 4 对于闭区间、开区间、半开半闭的区间,以及半直线也成立.

三、陈关荣教授追忆 Sarkovskii

2022 年 11 月 21 日,乌克兰杰出数学家、乌克兰国家科学院院士 Oleksandr Mykolayovych Sarkovskii 辞世,享年 85 岁.

他的女儿 Olena Sharkovska(奥莱娜·沙可夫斯卡)在 11 月 23 日发给朋友们的一份简短而悲伤的邮件中写道:"我的父亲 Oleksandr Sarkovskii 于 2022 年 11 月 21 日上午 10:40 离世.在过去的十天里,他在基辅的 Feofania 医院接受心脏复苏手术."

引　言

香港城市大学的陈关荣教授于 2022 年 12 月 2 日写了一篇题为《沙可夫斯基 —— 他为无穷多个函数周期排序》的怀念文章. 在这篇文章中, 他介绍了:

我和 Sarkovskii 的初次见面是 1997 年在俄罗斯圣彼得堡举行的第一届"混沌控制"国际会议上. 之后, 又在俄罗斯举办的国际会议上见过他三次. 多年来, 一直不曾忘怀他那文雅谦恭的举止和亲蔼慈祥的笑容. 要介绍 Sarkovskii 的学术贡献, 我们不妨从离散混沌理论讲起.

离散混沌理论最著名的奠基性数学原理就是 T. Y. Li-Yorke 的"周期 3 意味着混沌"定理(LI T Y, YORKE J A. Period three implies chaos[J]. American Mathematical Monthly, 1975, 82: 985-992). 这条定理说的是一个从区间到区间的连续映射如果有周期 3 的解的话, 那么它就是"混沌"的. 具体的通俗表述如下:

考虑一个连续映射 $f:[0,1] \to [0,1]$. 假定存在一点 $a \in (0,1)$, 满足

$$f^3(a) \leqslant a < f(a) < f^2(a)$$

或

$$f^3(a) \geqslant a > f(a) > f^2(a)$$

这里 f^m 是映射 f 的 m 次迭代. 那么:

(1) 对任意一个正整数 $n=1,2,\cdots$, 映射 f 都有周期 n 的解.

(2) 在区间 $[0,1]$ 中存在一个不可数的点集, 使得映射 f 从其中任何一个点出发的迭代结果(数列)既不是周期的, 也不趋向于任何一个周期解, 以致它的最终走向是不可预测的混乱. 由此可以推出, 映射 f 对初始条件具有高度的敏感性. 映射 f 在上述意义下是"混沌"的.

显然, 如果 $f^3(a)=a$, 即映射 f 有周期 3 的解, 这满足定理的条件, 从而定理的结论即为 f 具有所有正周期的解.

1975 年, Yorke 在德国东柏林举行的"第七届非线性振荡国际会议"上报告了这条"Li-Yorke 定理". 那次会议是在 Spree 河的一条船上举办的. 在船上, Sarkovskii 友好地对 Yorke 说: 你这"周期 3 意味着所有周期"的结论呀, 我在 10 年前的文章里就已经证明了, 而且我把其中的周期所隐含的规律都说清楚了."不过, Sarkovskii 说的论文是用俄文发表在乌克兰数学杂志上的(Co-existence of cycles of a continuous mapping of the line into itself, Ukrainian Mathematical Journal, 1964, 16:61-71), Yorke 当然无从知晓.

沙可夫斯基定理——从一道韩国奥林匹克数学竞赛试题的解法谈起

Sarkovskii 定理的大意是，如果把所有的正整数 n 按下面的次序排列起来

$$1 < 2 < 2^2 < 2^3 < \cdots < 2^n < \cdots <$$
$$7 \cdot 2^n < 5 \cdot 2^n < 3 \cdot 2^n < \cdots <$$
$$7 \cdot 2 < 5 \cdot 2 < 3 \cdot 2 < \cdots <$$
$$11 < 9 < 7 < 5 < 3$$

那么，对于一个连续映射 $f: [0,1] \to [0,1]$，如果 f 有周期为 m 的解并且在上面从左至右的次序中 n 排在 m 左侧的话，那么 f 也有周期为 n 的解.

定理中的符号"<"除了表示次序，还表示前后两个周期数的依赖关系. 本质上，Sarkovskii 定理是一个拓扑学结论. 它的确包括了 Li-Yorke 定理中的第一部分，即如果该映射有周期为 3 的解，那么它就有所有其他正整数周期的解. 但是，它完全没有涉及 Li-Yorke 定理中的第二部分，即该映射对初始条件的高度敏感性. 而现代的混沌数学理论正是建立在这个最根本的敏感性条件之上的，与"具有所有周期"这一特性其实关系不大. 因此，今天学术界里说的 Li-Yorke 定理，指的只是它的第二部分. 不过，为了尊重原文的历史性标题，也为了让普通读者容易记住，习惯上大家还是保留原来的说法，即 Li-Yorke 定理是一个关于"周期 3 意味着混沌"的有趣结论.

Sarkovskii 是以他上面这条数学定理闻名于世的.

不过，Sarkovskii 的这个研究成果并非一蹴而就. 早在 1960 年，当 Sarkovskii 还是个在读研究生时，他就研究了诸如 $\sin_n(x) = \sin(\sin_{n-1}(x))$，$n=1,2,\cdots$ 的迭代过程，并总结起来发表了文章《一维迭代过程收敛的充分必要条件》(Necessary and sufficient conditions for the convergence of one-dimensional iterative processes, Ukrainian Mathematical Journal, 1960, 12, no. 4)，证明了在所有指标 $k \geq 2$ 时迭代周期的排序: $2 < 4 < \cdots$. 次年，他又发表了文章《单实变量连续函数的可约性及其相应迭代过程稳态点的结构》(The reducibility of a continuous function of a real variable and the structure of the stationary points of the corresponding iteration process, Dokl. Akad. Nauk SSSR, 1961, 139(5): 1067-1070)，证明了在指标 $k \neq 2^i$ 时对所有 m 的迭代周期的排序: $1 < 2 < \cdots < 2^{m-1} < 2^m < \cdots$. 而上面所说的那条完整的著名定理，是他 1962 年投稿，最后于 1964 年正式发表的.

1967 年，Sarkovskii 第一次出国，来到捷克的首都布拉格参加一个关于非线性振荡的国际会议. 会上，他报告了对一维差分方程

18

$x(n+1)=f(x(n))$ 的研究,其中介绍了上面那条关于不同周期的周期解共存和排序的定理.会议组织者在会议论文集中发表了几乎所有与会报告的全文,但却仅用一页纸以摘要形式刊登 Sarkovskii 的报告(Proc. 4th Conf. on Nonlinear Oscillations, Academia, Prague, 1968, p. 249).组委会负责人对他解释说,你那个结果只是基于最简单差分方程的颇为奇怪的自然数排序,很难与深刻的非线性振荡理论联系起来.而事实上,那个时代的许多数学家对一维动力系统都带有类似的偏见.于是,这条漂亮的定理就像睡美人一样沉睡了十多年,直到 Sarkovskii 遇见 Yorke 之后,因为它支持了离散混沌理论,才引起数学界的广泛兴趣和关注.

Sarkovskii 定理后来被翻译为英文(STEFAN P, A theorem of Sarkovskii on the existence of periodic orbits of continuous endomorphisms of the real line[J], Commun. Math. Phys., 1977, 54: 237-248).顺便提一下,Sarkovskii ordering 的称谓,这个称谓首先出自德国数学家 Peter Kloeden 的文章《关于沙可夫斯基共存周期排序》(KLOEDEN P. On Sarkovskii's cycle coexistence ordering[J]. Bull. Austral. Math. Soc., 1979, 20: 171-177).

1994 年 6 月,数学家们在西班牙 La Manga 召开了题为"Sarkovskii 定理之后 30 年:新视觉"(Thirty years after Sarkovskii's theorem: New perspectives) 的国际会议,特别回顾并表彰了 Sarkovskii 的杰出贡献.

1995 年,著名俄裔美国数学家 Yakov G. Sinai(西奈)在他的专著《遍历理论的现代问题》(*Modern Problems of Ergodic Theory*)第 11 章"沙可夫斯基序和费根鲍姆数的普适性"中写道:"大约 20 年前,我持有一种平常心态,认为一维动力系统的结构相对简单,可以被完全理解;此外,对一维成立的论断一般在高维情形都没有类似结果.但后来的发展表明,这两种看法都是错误的.一是在这里发现了令人惊讶和意想不到的新模式,二是其中一些结果可以很自然地转移到任何维度的案例中."

Sarkovskii 毕生的数学研究集中在动力系统理论、微分和差分方程、数学物理和拓扑学.他一生发表了约 250 篇论文和 7 本专著,留下了上面提及的著名的 Sarkovskii ordering,以及 Sarkovskii space, Sarkovskii set, Sarkovskii stratification, maximum period in the sense of Sarkovskii 等.他发展了一维动力系统的拓扑理论基础,研究了各种点集吸引流域的拓扑结构,并建立了动力系统简单性和复杂性的一些判别标准.他在任意紧集上的动力系统的一般理论中获得了一批基本结果.特别是,他证明了动力系统吸引子的不可压缩性.他还描述了几乎所有动力系统的全局稳定性类型,并为具有不同渐近线的轨道组成的集合给出了精确的界限描述.更重要的是,他开创了动力系统理论的一个新方向——组合动力学.此外,他还研究了数学物理的无限维动力系统和非线性边值问题,并提出了一个"理想湍流"概念,用确定性数学系统来模拟时间和空间中复杂的湍流特性.

Sarkovskii 毕生培养了 17 名博士学生.他们的研究领域分布在动力系统理论、稳定性理论、微分和差分方程理论泛函微分方程理论和数学物理边值问题等方面.

Sarkovskii 于 1936 年 12 月 7 日出生在乌克兰基辅,自小喜欢数学.1951 年,他在中学参加过基辅青年数学家奥林匹克竞赛并获得一等奖.1953—1958 年,他进入了基辅的国立 Taras Shevchenko 大学,就读于数学力学学院.毕业后,1958—1961 年间他在基辅的乌克兰科学院数学研究所读研究生.1961 年,他以题为《一维迭代过程的若干理论问题》(Some problems of the theory of one-dimensional iterative processes) 的毕业论文获博士学位,后来于 1967 年以《关于离散动力系统的 ω- 极限集》(On ω-limit sets of the discrete dynamical systems) 为题的博士论文获国家科学博士学位.

1961 年,Sarkovskii 获得博士学位之后,毕生都在基辅的乌克兰科学院数学研究所工作,直至离世.期间,1964—1983 年、1999—2000 年以及 2014 年以后,他也在母校国立 Taras Shevchenko 大学兼任数学教授.Sarkovskii 在乌克兰科学院数学研究所工作期间,于 1974—1987 年担任微分方程研究室主任,1987—2017 年担任动力系统理论研究室主任.2017 年他 80 岁,正式退休,成为荣休资深研究员.

1978 年,Sarkovskii 被选为乌克兰学院通讯院士,2006 年成为正式院士.他获得的主要荣誉包括:

(1) 乌克兰国家科学院 Bogolyubov 奖(1994).

(2) 乌克兰国家科学院 Lavrentyev 奖(2005).

(3) 乌克兰国家科学技术奖(2010).

(4) 国际差分方程学会 Bernd Aulbach 奖(2011).

(5) 捷克 Silesia 大学荣誉博士学位(2014).

多年来,Sarkovskii 一直是我们目前主编的《国际分叉与混沌杂志》(international journal of bifurcation and chaos) 的荣誉编辑.不幸的是,从现在起我与他联络的通信邮址 asharkov@imath.kiev.ua 变成了一个静默的历史记号.今天,我谨以这篇短文感谢他的支持和贡献,并表达对他的崇敬和怀念.

目录

第一编 Sarkovskii 定理的证明

第一章 熊金城教授的简证 // 3
第二章 王秀文的证明 // 7
 第一节 引言 // 7
 第二节 Li-Yorke 定理 // 8
 第三节 Sarkovskii 定理及其证明：n 为奇数 // 11
 第四节 Sarkovskii 定理及其证明：n 为偶数 // 14
第三章 关于 Sarkovskii 序的一些定理 // 17
 第一节 Sarkovskii 定理的一个证明 // 18
 第二节 函数族中超稳周期轨出现的顺序 // 23
 第三节 有关组合的 Sarkovskii 序定理 // 28
 第四节 圆周自映射的相应结果 // 32
 第五节 对段线上自映射的进一步研究 // 33
第四章 来自一位印度自由职业者的证明 // 36
 第一节 引言 // 36
 第二节 数学预备知识 // 37
 第三节 主要定理 // 42
 第四节 Sarkovskii 定理的进一步讨论 // 45

第二编　Sarkovskii 定理的推广

第一章　模糊数及其应用 // 49

第一节　准备知识——凸模糊集与区间数 // 49
第二节　模糊数的定义 // 51
第三节　模糊数的算术运算 // 52
第四节　模糊正整数 // 55
第五节　其他类型的模糊整数 // 57
第六节　模糊数在统筹方法上的应用 // 60
第七节　模糊数的其他应用 // 62
第八节　模糊集合的势 // 62

第二章　关于模糊数的 Sarkovskii 定理 // 64

第三章　关于 n 个符号系统组合的 Sarkovskii 序定理 // 68

第四章　关于组合的 Sarkovskii 序定理 // 74

第五章　连续函数中单峰轨道系列的完整性及 Sarkovskii 定理的推广 // 81

第一节　充实的单峰函数及其轨道系列的完整性 // 82
第二节　连续函数中单峰轨道系列的完整性 // 86
第三节　$C^0(I,\mathbf{R})$ 的序分类及 Sarkovskii 定理的推广 // 87

第三编　周期轨

第一章　引言 // 93

第二章　Sarkovskii 定理与简单周期轨道 // 96

第一节　引言 // 96
第二节　动力系统的周期性质 // 98
第三节　Sarkovskii 定理及其补充定理的证明 // 105

第三章　完备稠序线性序拓扑空间上的奇周期轨序关系 // 111

第一节　引言 // 111
第二节　预备知识 // 112
第三节　奇周期轨序关系的证明 // 112
第四节　奇周期轨序关系的一个应用 // 117

第四章　周期轨间蕴含关系的判定算法 // 122

第一节　引言 // 122

第二节　算法的原理 // 124
第三节　程序的说明 // 132
第四节　若干计算结果 // 138

第四编　连续自映射

第一章　线段自映射有异状点的一个充要条件 // 145
第一节　前言 // 145
第二节　预备及几个引理 // 146
第三节　主要定理的证明 // 149

第二章　线段自映射的非游荡集等于周期点集的一个充分条件 // 152
第一节　前言 // 152
第二节　若干引理 // 153
第三节　主要结果的证明 // 155

第三章　区间连续自映射极小轨道的存生性 // 160
第一节　引言及结果 // 160
第二节　定义及基本引理 // 161
第三节　定理的证明 // 161

第五编　4－周期轨的连续自映射及 Sarkovskii 定理的应用

第一章　圆周上有 4－周期轨的连续自映射的周期集 // 167
第一节　简介 // 167
第二节　预备知识 // 168
第三节　映射的相对共轭类 // 170
第四节　映射的相对同伦类 // 173
第五节　$\varphi_{(n_0 n_1 n_2 n_3)}$ 的周期集 // 177
第六节　$\psi_{(n_0 n_1 n_2 n_3)}$ 的周期集 // 179
第七节　标准映射的周期集 // 183
第八节　所有 4 周期连续映射的同伦最小周期集 // 191

第二章　分岔、混沌、奇怪吸引子、湍流及其他——关于确定论系统中的内在随机性 // 193
第一节　引言 // 193
第二节　保守系统中的随机性 // 197
第三节　最简单的耗散系统——一维线段的非线性映象 // 206

第四节　非线性常微分方程中的分岔和混沌 // 225

第五节　奇怪吸引子 // 240

第六节　条条道路通湍流 // 252

第七节　分岔和混沌的实验研究 // 258

第八节　结束语 // 266

参考文献 // 270

第一编
Sarkovskii 定理的证明

熊金城教授的简证

第一章

本章主要介绍关于线段连续自映射周期点存在性的 Sarkovskii 定理的一个简要证明.

一、定理的陈述和引言

Sarkovskii[1] 证明了下述饶有兴趣的定理.

定理 令 ◁ 表示正整数集 $\mathbf{N}_+$ 的如下顺序

$$3 \triangleleft 5 \triangleleft 7 \triangleleft \cdots \triangleleft 2 \cdot 3 \triangleleft 2 \cdot 5 \triangleleft 2 \cdot 7 \triangleleft \cdots \triangleleft 2^2 \cdot$$
$$3 \triangleleft 2^2 \cdot 5 \triangleleft \cdots \triangleleft 2^3 \triangleleft 2^2 \triangleleft 2 \triangleleft 1$$

令 I 为线段,$f:I \to I$(或 $f:I \to R$)为连续映射. 若 $n \triangleleft k$,且 f 有以 n 为周期的周期点,则 f 有以 k 为周期的周期点.

这一定理引起了许多人的兴趣. Stefan(施特番)[3] 细致地澄清了 Sarkovskii[1] 的证明. Li 和 Yorke[2] 独立地证明了部分结论. Block(布洛克),Guckenheimer,Misiurewicz 和 Young(杨)[4] 给出了一个简短而自然的证明,这一证明由 Nitecki 重述. 此外,据知 Ho 和 Maris 以及 Straffin 都有独立的证明. 中国科学技术大学数学系的熊金城教授早在 1982 年就另行给出了上述定理的一个简要证明.

二、定义和记号

本章始终假设 I 为线段(即区间,亦即直线 R 的连通子集). 记 $C^0(I)$ 为从 I 到 I 的连续映射的集合. $\mathbf{N}_+$ 为正整数集. 设 $f \in C^0(I)$. f^0 表示 I 的恒同映射. 对于 $n \in \mathbf{N}_+$ 归纳地定义 $f^n = f \circ f^{n-1}$. 设 $x \in I$. 若对于某个 $m \in \mathbf{N}_+, f^m(x) = x$,则称 x 为 f 的周期点;称 $\min\{m \in \mathbf{N}_+ : f^m(x) = x\}$ 为 x 的周期;称 $\{f^i(x) : i \geqslant 0\}$ 为 x 的周期轨迹. 周期为 1 的周期点称为

不动点. 记 PP(f) 为一正整数集: $n \in$ PP(f), 当且仅当 f 有一周期点以 n 为周期. 令 J,K ⊂ I 为紧致区间. 若 $f^n(J) \supset K$, 则记作 $J \xrightarrow{N_+} K$. $J \xrightarrow{N_+} K$ 简记作 $J \longrightarrow K$. $J \xrightarrow{N_+} J$ 简记作 $J \downarrow^n$. $J \longrightarrow J$ 简记作 $J \downarrow$.

三、引理

下述引理 1 和引理 2 的证明是初等的. 引理 3 可由引理 1 和引理 2 简单地推出（参见相关文献[2,4]）.

引理 1 设 $f \in C^\circ(I), J \subset I$ 为紧致区间. 若 $J \to J$, 则 J 中有 f 的不动点.

引理 2 设 $f \in C^\circ(I), J_1, J_2 \subset I$ 为紧致区间. 若 $J_1 \to J_2$, 则存在紧致区间 $J_1' \subset J_1$, 使得 $f(J_1') = J_2$.

引理 3 设 $f \in C^\circ(I); J_0, J_1, \cdots, J_{n-1} \subset I$ 为紧致区间. 并设 $J_0 \xrightarrow{m_1} J_1 \xrightarrow{m_2} \cdots \xrightarrow{m_{n-1}} J_{n-1} \xrightarrow{m_n} J_0$. 令 $k_i = \sum_{i=1}^i m_i$, 则存在 f^{k_n} 的不动点 $y \in J_0$, 使得对于任意 $i = 1, 2, \cdots, n-1, f^{k_i}(y) \in J_i$.

引理 4 设 $f \in C^\circ(I), \mathbf{N}_+ \neq$ PP(f), 则对于任意 $x \in I$.

(1) 若 $f(x) < x$, 记 $m_1 = \max\{f([f(x), x])\}$, 则对于任意 $z \in [x, m_1]$, $f(z) < x$.

(2) 若 $x < f(x)$, 记 $m_2 = \min\{f([x, f(x)])\}$, 则对于任意 $z \in [m_2, x]$, $f(z) > x$.

证明 (1) 假设存在 $z \in [x, m_1]$, 使得 $f(z) \geqslant x$. 并设 $u \in [f(x), x]$, 使得 $f(u) = m_1$, 则 $[x, z] \rightleftarrows [u, x] \downarrow$.

根据引理 3, 对于任意 $k > 1$, 存在 f^k 的不动点 $y \in [x, z]$, 使得 $f^i(y) \in [u, x], i = 1, 2, \cdots, k - 1$. 显然, y 的周期为 k, 即 $k \in$ PP(f). 这表明 $\mathbf{N}_+ =$ PP(f), 矛盾.

(2) 的证明类此.

四、定理的证明

预备定理 设 $f \in C^\circ(I), n \in$ PP(f). 则:

(1) 若 $n > 2$, 则 $2 \in$ PP(f).

(2) 若 $n > 1$ 为奇数, 则 $3 \in$ PP(f^2).

(3) 若 $n > 1$ 为奇数, 则对于任意 $k \in \mathbf{N}_+, n + 2k \in$ PP(f).

证明 设 $x_1 < x_2 < \cdots < x_n$ 为 f 的周期为 $n > 1$ 的周期点 x 的周期轨迹, 并记 $J_{rs} = [x_r, x_s]$. 我们先证明如下论断.

论断 如果 $\mathbf{N}_+ \neq$ PP(f), 则当 n 为偶数时, $J_{1d_1} \rightleftarrows J_{d_2n}$, 其中 $d_1 = \dfrac{n}{2}, d_2 =$

$\frac{n}{2}+1$;当 $n>1$ 为奇数时,$J_{1d} \rightleftarrows J_{dn}$,其中 $d=\frac{n+2}{2}$.

为证此,设 $f(x_i)=x_1, m_1=\max\{f(J_{ji})\}$. 根据引理 4,易见 $f([x_1,m_1])$ 中任意一点均小于或等于 m_1. 从而 $x_1, f(x_1), \cdots, f^{n-1}(x_1) \leqslant m_1$. 特别地,有 $x_n \leqslant m_1$. 因此 $J_{1i} \to J_{1n}$ 如果 $i \leqslant \frac{n}{2}$,由前述内容并注意 J_{1i} 和 J_{in} 中 x_k 的个数,可见 $J_{in} \rightleftarrows J_{1i} \downarrow$. 这蕴含 $\mathbf{N}_+ = PP(f)$. 因此 $i > \frac{n}{2}$. 注意,当 n 为偶数时 J_{1d_1} 和 $J_{d_2 n}$ 中 x_k 的点数,易见 $J_{1d_1} \leftarrow J_{d_2 n}$;再注意,当 $n>1$ 为奇数时,J_{1d} 和 J_{dn} 中 x_k 的点数,易见 $J_{1d} \leftarrow J_{dn}$. 论断其余部分的证明完全类似. 下面我们来证明预备定理.

(1) 设 $n \in PP(f), n>2$. 假如 $2 \notin PP(f)$,则无论 n 为奇数或偶数,均易见上述论断蕴含 $2 \in PP(f)$,矛盾.

(2) 设 $n \in PP(f), n>1$ 为奇数. 假如 $3 \notin PP(f^2)$,则 $3 \notin PP(f)$. 由于 n 为奇数,x 仍为 f^2 的周期为 n 的周期点. 对 f 和 f^2 应用论断,有 $J_{1d} \overset{2}{\rightleftarrows} J_{dn}$. 这蕴含 $3 \in PP(f)$,矛盾.

(3) 设 $n \in PP(f), n>1$ 为奇数. 不妨设 n 为 $PP(f)$ 中大于 1 的最小奇数. 若对于某个 $k>0, n+2k \notin PP(f)$. 设 $f^p(x_d)=x_1, 0<p<n$. 若 p 为偶数,根据论断 $J_{1d} \overset{p}{\rightleftarrows} J_{dn}$. 这蕴含 f^{p+1} 有不动点 $y \in J_{1d}$. y 的周期 $m>1$ 应整除 $p+1$. 根据对 n 的假定,易见 $p=n-1$. 设 $f^q(x_d)=x_n, 0<q<n$. 同理,当 q 为偶数时,$q=n-1$. 因此 p,q 中有一个是奇数,不失一般性,设 p 为奇数. 这时有 $J_{dn} \rightleftarrows J_{1d} \downarrow^p$. 根据引理 3,对于任意 $k>0$,存在 f^{m+2k} 的不动点 $y \in J_{1d}$,使得 $f^{2r+1}(y) \in J_{dn}, r=0, \cdots, k+\frac{n-p}{2}-1$. 设 y 的周期为 m, m 整除 $n+2k$,为奇数,故 $m>2k, m \geqslant n$. 从而 $m>\frac{n+2k}{2}$. 因此 $m=n+2k \in PP(f)$,矛盾.

定理的证明 假设定理的条件成立. 显然 $1 \in PP(f)$. 再设 $k>1$. 若 $n=2^m$,则可令 $k=2^r, 0<r<m$. 这时 $n \in PP(f)$ 蕴含 $2^{m-r+1} \in PP(f^{2^{r-1}})$. 根据预备定理中的(1),$2 \in PP(f^{2^{r-1}})$,从而 $k \in PP(f)$. 若 $n=2^m P, P>1$ 为奇数,则可分三种情形进行讨论.

(1) $k=2^m q, q>P$ 为奇数. 这时 $n \in PP(f)$ 蕴含 $P \in PP(f^{2^m})$. 根据预备定理中的(3),$q \in PP(f^{2^m})$. 故 $k \in PP(f)$.

(2) $k=2^s q, s>m, q>1$ 为奇数. 这时 $n \in PP(f)$ 蕴含 $p \in PP(f^{2^{s-1}})$. 根据预备定理中的(2),$3 \in PP(f^{2^s})$. 再根据预备定理中的(3),$q \in PP(f^{2^s})$. 故 $k \in PP(f)$.

(3) $k = 2^s$,这时当 $s > m$ 时,$n \in PP(f)$ 蕴含 $p \in PP(f^{2^{s-1}})$;当 $1 < s \leqslant m$ 时,$n \in PP(f)$ 蕴含 $2^{m-s+1}p \in PP(f^{2^{s-1}})$. 根据预备定理中的(1),$2 \in PP(f^{2^{s-1}})$,从而 $k \in PP(f)$.

证毕.

五、附记

设 $f: I \to R$ 为连续映射,$x \in I$. 记 $f^1(x) = f(x)$,若 $f^1(x) \in I$,则记 $f^2(x) = f(f^1(x))$,$\cdots$,若 $f^{m-1}(x)$ 有意义,且 $f^{m-1}(x) \in I$,则记 $f^m(x) = f(f^{m-1}(x))$. 对于 $n > 0$,若 $f^n(x)$ 有意义,且 $f^n(x) = x$,$f^i(x) \neq x$,$1 \leqslant i < n$,则称 x 为 f 的周期点,并称 n 为 x 的周期.

在将周期点及其周期的定义做了这种推广之后,若将本章定理中"$f: I \to I$"换成"$f: I \to R$",所得新命题仍然成立. 因为,若设 $x \in I$ 为 f 的周期点,则其周期为 n. 令 x_1 和 x_n 分别为 $x, f(x), \cdots, f^{n-1}(x)$ 中最小和最大的点. 再令 $J = [x_1, x_n]$,定义映射 $g: J \to J$,使得对于任意 $y \in J$,有

$$g(y) = \begin{cases} x_n, & f(y) \geqslant x_n \\ f(y), & f(y) \in J \\ x_1, & f(y) \leqslant x_1 \end{cases}$$

易见 g 的周期为 k 的周期点必为 f 的周期为 k 的周期点. 对 g 应用原定理即可证明替换之后的命题.

王秀文的证明

第二章

如果说熊教授给出的证明过于简洁,那么华中师范大学王秀文硕士的学位论文即以《Sarkovskii's 定理》为题,在其指导教师饶辉教授的指导下,基于 L. Block, J. Guckenheimer, M. Misiurewics 和 L. S. Young 的一篇文章的思想,给出了 Sarkovskii 定理一个自然而又直接的证明.

第一节 引 言

先秦时期我国著名的哲学家庄子曾经叙述了一个离散动力系统问题:"一尺之锤,日取其半,万世不竭."这里除了包含古人关于"无穷"的思想,还可以用离散动力系统的语言描述为从 1 开始每次除以 2,这样无穷次,最后的数将趋近 0. 这个结果在计算之前就可以被预测到.

庄子的问题可以用简单的线性函数 $f(x)$ 来表示.大家知道,线性函数的图像是一条直线,这条直线和 Descartes(笛卡儿)发明的 xy-直角坐标系的东北-西南方形对角线有一个交点,这个交点的横坐标和纵坐标相等,所以该点的函数值与自变量相等,这个点就叫作这个函数的"不动点".

我们也可以借助图形进行迭代:首先,在 x 轴上代表初始值 x_0 的那个点沿着竖线走,直到和函数图像相交,在交点处向左或向右转弯沿着横线走,一直走到和对角线相交,这个交点就代表第一个迭代点 x_1. 然后从这个点沿着竖线走,一直走到和函数图像相交,在交点处向左或向右转弯沿着横线走,直到和对角线相交,这个交点则代表第二个迭代点 x_2. 像这样走下去,我们可以得到 $x_1,x_2,x_3,\cdots$,这些迭代点都在对角线上. 很容易发现,无论从哪个初始点出发,对角线上的迭代点要么趋向原点,要么趋向无穷远点(图1).

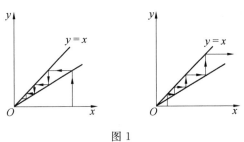

图 1

对于线性函数的迭代,我们可以预测到最后的迭代结果,对于非线性的迭代,我们能否预测它的走向呢? 我们来看一下"电子计算机之父"Von Neumann(冯·诺依曼)和"氢弹之父"波兰人 Ulam(乌拉姆)考虑的概率问题:取迭代函数为映射 $f(x)=4x(1-x)$,任取 $[0,1]$ 区间内的子区间 $[a,b]$,这些迭代点的无穷序列的每个点跳进这个子区间的概率是多少呢? 他们发现,对所有的子区间 $[a,b]$,这些概率值不仅存在,而且还等于位于 $[a,b]$ 上方的一个"曲边矩形"的面积,并且对于"几乎处处"所取的初始点 x_0 都一样,即概率值只依子区间而定,而与初始点的选取无关. 这个矩形上边的形状像一条下垂的绳子,实际上是 $y=1/(\pi(x(1-x))^{1/2})$ 的图像(图2).

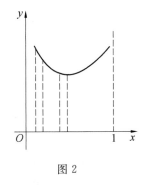

图 2

从这个图像我们可以看出它在左边半个区间内是递减函数,在右边半个区间内是递增函数,而且当 x 值越靠近两端点 0 和 1 时函数值越大,都趋近无穷. 我们还可以看出对于两个子区间,即使有相同的长度,却不一定能产生相同的概率,其中越靠近端点的那个区间得到的概率越大.

Von Neumann 和 Ulam 找到了 $f(x)=4x(1-x)$ 这个动力系统的不变测度,告诉我们:"无序"排列的迭代点列在概率的意义下可以是"有序"的.

本章将要讨论的 Sarkovskii 定理从另一个侧面说明了这种有序性:区间上的连续函数的动力系统、周期点的出现必然遵循 Sarkovskii 序.

第二节 Li-Yorke 定理

首先,我们证明 Li-Yorke 定理,即 3-周期蕴含一切周期. 先来看以下几个基本内容.

不动点 对映射 f 和点 x,若满足 $f(x)=x$,则称 x 为 f 的不动点.

定义 $f^p = f \circ f \circ \cdots \circ f$,即 f 迭代 p 次.

p-周期点 对映射 f 和点 x,若满足 $f^p(x)=x$,则称 x 为 f 的 p-周期点.

严格 p-周期点 对映射 f 和点 x,若满足 $f^p(x)=x$,且 $f^l(x) \neq x$,$\forall 1 \leqslant l < p$,则称 x 为 f 的严格 p-周期点.

定理 1 我们引用记号 $I_1 \to I_2$,如果 $f(I_1) \supset I_2$. 下面来看 Li-Yorke 定理的具体内容.

Li-Yorke 定理 设 $f: \mathbf{R} \to \mathbf{R}$ 为连续函数. 如果 f 含有 3-周期点,那么 f 有任意周期点.

要证明 Li-Yorke 定理需要如下两个引理.

引理 1 如果 I, J 均为闭区间,$I \subset J$ 且 $f(I) \supset J$,那么 f 在 I 内有不动点.

证明 不妨设 $f(x)$ 在 I 上的最大值为 $f(a)$,最小值为 $f(b)$,则有 $a < f(a), b > f(b)$,令 $F(x) = x - f(x)$,那么 $F(a) < 0, F(b) > 0$,由介值定理我们可以得到 $\exists x \in I$,使得 $f(x) = x$.

我们也可以借助图 3 来理解.

引理 2 假设 $A_0, A_1, \cdots, A_n$ 是闭区间,$f(A_i) \supset A_{i+1} (i = 0, 1, \cdots, n-1)$,那么 $\exists x \in A_0$,满足 $f^i(x) \in A_i (i = 1, 2, \cdots, n-1)$.

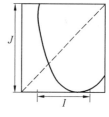

图 3

证明 因为 $f(A_0) \supset A_1$,存在 A_0 的一个子区间 J_0,使得 $f(J_0) = A_1$. 类似地,$f(A_1) \supset A_2$,存在 A_1 的某个子区间经过 f 作用映满 A_2,即存在 $J_1 \subset J_0$,使得 $f(J_1) \subset A_1, f^2(J_1) \subset A_2$.

同样地,存在 $J_2 \subset J_1$,使得 $f^2(J_2) \subset A_2, f^3(J_2) = A_3, \cdots\cdots$,存在 $J_{n-1} \subset J_{n-2}$,使得 $f^{n-1}(J_{n-1}) \subset A_{n-1}, f^{n-1}(J_{n-1}) = A_n$.

按照这样的方式,我们可以找到一个嵌套的区间列,经 f 作用依次映满 $A_i (i = 0, 1, \cdots, n-1)$.

又因为 $J_{n-1} \subset J_{n-2} \subset \cdots \subset J_2 \subset J_1 \subset J_0 \subset A_0$,所以 $\exists x \in A_0$,满足 $f^i(x) \in A_i (i = 1, 2, \cdots, n-1)$.

Li-Yorke 定理的证明 我们令 $a, b, c \in \mathbf{R}$,不妨设 $a < b < c$,且 $f(a) = b, f(b) = c, f(c) = a$. 另外一种情形 $f(a) = c$ 的处理方法一样.

令 $I_0 = [a, b], I_1 = [b, c]$,由假设我们可以知道
$$f(I_0) = [b, c] \supset I_1, f(I_1) = [a, c] \supset I_0 \cup I_1$$
如图 4 所示,f 在 b 和 c 之间有不动点.

因为 $f^2(a) = c, f^2(b) = a, f^2(c) = b$.

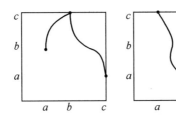

图 4

所以 f^2 在 a 和 b 之间有不动点,也就是说 f 有严格 $2-$ 周期点.

接下来的任务是证明 f 有严格 $n-$ 周期点,这里 $n>3$.

我们如下定义一个嵌套的区间列 $A_0, A_1, \cdots, A_{n-2} \subset I_1$.

设 $A_0 = I_1$,由于 $f(I_1) \supset I_1$,存在子区间 $A_1 \subset A_0$,使得 $f(A_1) = A_0 = I_1$;$\exists A_2 \subset A_1$,使得 $f(A_2) = A_1$,继而有 $f^2(A_2) = A_0 = I_1$;$\exists A_3 \subset A_2$,使得 $f(A_3) = A_2$,继而有 $f^3(A_3) = A_0 = I_1$,……,$\exists A_{n-2} \subset A_{n-3}$,使得 $f(A_{n-2}) = A_{n-1}, f^{n-2}(A_{n-2}) = A_0 = I_1$.

如此,$A_{n-2} \subset A_{n-3} \subset \cdots \subset A_2 \subset A_1 \subset A_0 = I_1$.

由引理 2 可以得到,如果 $x \in A_{n-2}$,那么 $f(x), f^2(x), \cdots, f^{n-2}(x) \in A_0$.

由于 $f(I_1) \supset I_0$,存在一个子区间 $A_{n-1} \subset A_{n-2}$,使得 $f^{n-2}(A_{n-1}) \subset I_1, f^{n-1}(A_{n-1}) = I_0$. 又因为 $f(I_0) = I_1$,我们有 $f^n(A_{n-1}) = I_1$.

至此,$A_{n-1} \subset A_{n-2} \subset A_{n-3} \subset \cdots \subset A_2 \subset A_1 \subset A_0 = I_1$,所以 $f^n(A_{n-1}) \supset A_{n-1}$. 根据引理 1 我们知道,$f^n$ 在 A_{n-1} 中有不动点 p.

我们证明 p 是严格 $n-$ 周期点. 若 n 不是严格周期,则 $p, f(p), \cdots, f^{n-1}(p)$ 不互异,且每个点重复 k 次,$k \mid n$.

若 $k \nmid n$,则 $\exists l < n$,使得
$$f^l(p) = p, n = al + b$$
$$f^n(p) = f^{al+b}(p) = f^b \cdot f^{al}(p) = f^b(p) = p \quad (b < l)$$
所以 $b = 0$. 于是,$k \mid n$.

若 $p, f(p), \cdots, f^{n-1}(p)$ 不互异,则 $\exists i < n-1$,满足 $f^i(p) = f^{n-1}(p)$,$f^i(p) \in I_1, f^{n-1}(p) \in I_0$,所以
$$f^i(p) = b = f^{n-1}(p)$$
$$p = f^n(p) = c, f(p) = a \in I_1$$
而 $a \in I_0$,矛盾.

所以,p 是严格 $n-$ 周期点.

p 的前 $n-2$ 次迭代都在 I_1 中,第 $n-1$ 次迭代在 I_0 中,第 n 次迭代又回到了 p. 如果 $f^{n-1}(p)$ 在 I_0 内部,那么 p 有严格周期 n. 如果 $f^{n-1}(p)$ 恰好在 I_0 的边界上,那么 $p = b$ 或者 $p = c$. 这时,p 为 $3-$ 周期点. 我们以这样的方式可以找

10

到 f 的任意周期点.

第三节　Sarkovskii 定理及其证明:n 为奇数

对于 **R** 上的连续映射 f,Sarkovskii 定理给出了根据它的某一个周期判断其他周期的序列,即下面的 Sarkovskii 序

$$3 \triangleright 5 \triangleright 7 \triangleright \cdots \triangleright 2 \cdot 3 \triangleright 2 \cdot 5 \triangleright \cdots \triangleright 2^2 \cdot 3 \triangleright 2^2 \cdot 5 \triangleright \cdots \triangleright 2^3 \cdot$$
$$3 \triangleright 2^3 \cdot 5 \triangleright \cdots \triangleright 2^3 \triangleright 2^2 \triangleright 2 \triangleright 1$$

这个序列首先列出了所有的奇数,然后是奇数的 2 倍,接着是奇数的 2^2 倍,……,再加上 2 的乘方就包含了所有的正整数.

定理 2　假设 $f:\mathbf{R} \to \mathbf{R}$ 连续,f 有严格 k-周期点,则对于任意的整数 l,$k \triangleright l$,f 有严格 l-周期点.

一、构造基本区间链

基本区间　我们称 $J_l = [x_l, x_{l+1}] (l=1,2,\cdots,n-1)$ 为基本区间.

如果我们找到区间列 $I_1 \to I_2 \to \cdots \to I_n \to I_1$,引理 1 说明 f^n 在 I_1 内有不动点.

假设 f 有严格 n-周期点,$n \geqslant 3$ 为奇数,并且 f 没有小于 n 的奇周期点. 设 x 为 f 的严格 n-周期点. 令 $x_1, x_2, \cdots, x_n$ 为 x 的轨道上从左至右,从小到大排列的点. 经过 f 的作用,得到 $x_1, x_2, \cdots, x_n$ 的一个置换. 显然 $f(x_n) < x_n$,设 i 为满足 $f(x_i) > x_i$ 的最大整数,令 $I_1 = [x_i, x_{i+1}]$. 由于 $f(x_{i+1}) < x_{i+1}$,我们可以得到 $f(x_{i+1}) \leqslant x_i$,进而有 $f(I_1) \supset I_1$,即 $I_1 \to I_1$.

引理 3　$f^{n-1}(I_1) \supset [x_1, x_n]$.

证明　首先,由 $x_i \in I_1$,可得 $f(x_i) \in f(I_1)$. 又 $x_i \in I_1 \subset f(I_1)$,从而有
$$x_i, f(x_i) \in f(I_1)$$
用 f 作用上式两端,得到 $f(x_i), f^2(x_i) \in f^2(I_1)$. 又因为 $x_i \in I_1 \subset f(I_1) \subset f^2(I_1)$,从而有 $x_i, f(x_i), f^2(x_i) \in f^2(I_1)$.

由此,可以归纳地得到
$$x_i, f(x_i), \cdots, f^{n-1}(x_i) \in f^{n-1}(I_1)$$
$x_i, f(x_i), \cdots, f^{n-1}(x_i) \in f^{n-1}(I_1)$,即 $f^{n-1}(I_1)$ 包含 x 的轨道,再由 f 连续可得 $f^{n-1}(I_1) \supset [x_1, x_n]$.

注意:这个引理在 n 为偶数时也成立.

因为 x 不是 2-周期点,那么不可能同时发生 $f(x_{i+1}) = x_i$ 和 $f(x_i) = x_{i+1}$. 因此,$f(I_1)$ 至少包含另外一个基本区间 $I_2 = [x_j, x_{j+1}]$,且 $I_1 \to I_2$.

我们选择 $I_3, I_4, \cdots$，使得 $f(I_j) \supset I_{j+1}$.

引理 4　记 J_i 为 $[x_1, x_n]$ 中的基本区间，则存在基本区间 $J \in J_1, J_2, \cdots, J_{n-1}, J \neq I_1$，使得 $f(J) \supset I_1$.

证明　取区间 I_1 的中点 M，因为 n 是奇数，所以 I_1 两端必定有不同个数的 x_l. 经过 f 作用，x_l 不可能全部换边，而 I_1 的两个端点都换边，所以部分 x_l 换边，部分 x_l 不换边.

我们将换边的点用圆形标记，不换边的点用正方形标记(图5). 在 I_1 中的某一端必存在相邻的 x_l，它们有不同的标记. 这两个不同的标记所夹的区间即为满足引理4要求的 J.

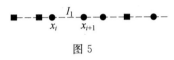

图 5

注意：这个引理在 n 为偶数时不成立.

我们构造图 Γ(图 6)，这个图的顶点由基本区间 $J_1, J_2, \cdots, J_{n-1}$ 组成，边由覆盖关系决定，有边从 J_l 到 $J_k(J_l \to J_k)$ 当且仅当 $f(J_l) \supset J_k$. 由引理1知，从 I_1 出发可以达到 Γ 的任何顶点.

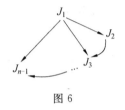

图 6

引理3说明从 I_1 出发可以到达 Γ 图中的任意 J_k. 引理4说明总存在某个 J 到达 I_1. 这样我们总可以找到这样的路径 $L: I_1 \to I_2 \to \cdots \to I_k \to I_1, I_k = J$. 设 k 为使路径最短的整数.

引理 5　$k = n - 1$.

证明　若不然，$k \leqslant n - 2$.

当 k 为奇数时，$I_1 \to I_2 \to \cdots \to I_k \to I_1, \exists x \in I_1$，使得 $f^k(x) = x$.

当 k 为偶数时，$I_1 \to I_2 \to \cdots \to I_k \to I_1 \to I_1, \exists x \in I_1$，使得 $f^{k+1}(x) = x$.

若 x 为 I_1 的边界点，n 为 x 的最小奇周期，则不可能有 $x = f(x)$.

若 x 为 I_1 的内点，如果 $x = f(x)$，那么 $x \in I_1^\circ, I_2^\circ, \cdots, I_k^\circ$，这与 $I_1^\circ \cap I_2^\circ = \varnothing$ 矛盾.

故 x 不是 f 的不动点.

x 轨道的最小正周期 $p \mid k$ 或者 $k + 1$，所以 p 为奇数
$$p \leqslant k + 1 \leqslant n - 2 + 1 = n - 1 < n$$

这意味着，f 有小于 n 的奇周期点 x，这与前面的假设矛盾.

因此，$k = n - 1$.

这个引理说明路径 L 遍历了所有基本区间，$I_l \to I_{l+p}(p \geqslant 2)$ 不能发生.

二、完善 Γ 图

既然 k 是符合题意的最小正整数，对于任意 $j > l + 1$ 不能出现 $I_l \to I_j$，否则 I_l 可以直接"跳到" I_j 使覆盖链变短.

引理 6 图 7 所示的为 x 轨道的一种情形.

图 7

证明 $k=n-1, I_1 \to I_2 \to \cdots \to I_{n-1} \to I_1$ 遍历所有的基本区间.

设 I_1 的左端点为 y_1,记 $y_2=f(y_1), y_3=f^2(y_1),\cdots, y_n=f^{n-1}(y_1)$.

$f(I_1)$ 只能覆盖 I_1 和 I_2,否则 I_t 可以直接"跳过" I_2 而到达其他基本区间,使链变短,这意味着 I_1 和 I_2 相邻.不失一般性,设 I_2 在 I_1 的左边,则 $I_1 = [y_1, y_2], I_2 = [y_3, y_1]$.

同理,$f(I_2)$ 只能覆盖 I_3,从而 $I_3 = [y_2, y_4], y_2 = f(y_1)$ 是 I_3 的左端点,y_4 只能是 I_3 的右端点.

……

$I_k = [y_{k-1}, y_{k+1}]$ 或 $[y_{k+1}, y_{k-1}]$,$2 \leqslant k \leqslant n-1$,$k$ 为奇数时取前者,k 为偶数时取后者.

$I_{n-1} = [y_n, y_{n-2}]$.

最后,$f(I_{n-1})$ 覆盖了所有下标为奇数的基本区间,$f(I_{n-1}) \supset [y_1, y_{n-1}]$.其中 y_1 为 I_1 的左端点,y_{n-1} 为最右边的端点.

这样,图 Γ 的结构就完全清楚了.

事实上,x 的轨道只有两种情形,第一种如图 8 所示 I_2 位于 I_1 的右边,另一种是 I_2 位于 I_1 的左边.

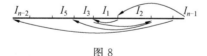

图 8

通过引理 6,我们可以将图 6 补充得更加完整,如图 9 所示.

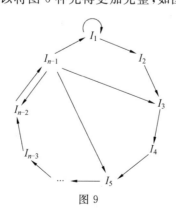

图 9

引理 7 设 f 有严格 n - 周期点,$n \geqslant 3$ 为奇数,$m > n$,则 f 有严格 m - 周期点.

证明 我们构造 m 条边的链
$$\underbrace{I_1 \to I_2 \to \cdots \to I_{n-1} \to I_1 \to I_1 \to \cdots \to I_1}_{m\text{条边}}$$

由引理 1,存在 $x \in I_1$,使得 $f^m(x) = x$.

所以 x 轨道的最小正周期 $p \mid m$.

x 不在 I_1 的边界上,否则 x 的轨道在 I_1 上至少停留 3 次,这样 x 就是 2 - 周期点或 3 - 周期点,无论哪种情形都与 f 没有小于 n 的奇周期点矛盾,所以必为 I_1 的内点. 若 $\dfrac{m}{p} > 1$,则 $I_1 \to I_2 \to \cdots \to I_{n-1} \to I_1$ 会重复 $\dfrac{m}{p}$ 次,至少重复两次,这与我们的构造矛盾. 因此,$m = p$,即 f 有 m - 周期点.

引理 8 若 f 有严格 n - 周期点,$n \geqslant 3$ 为奇数,m 为偶数,且 $m < n$,则 f 有严格 m - 周期点.

证明 当 $m = 2$ 时,从图 9 可以看出
$$I_{n-1} \to I_{n-2} \to I_{n-1}$$
所以存在 2 - 周期点.

当 $m = 4$ 时,在 I_1 和 I_2 之间插入两个基本区间
$$I_{n-1} \to I_{n-4} \to I_{n-3} \to I_{n-2} \to I_{n-1}$$
所以存在 4 - 周期点.

……

按照这样的方法,我们可以证明 f 有小于 n 的偶周期点.

至此,n 为奇数时,Sarkovskii 定理得证.

第四节 Sarkovskii 定理及其证明:n 为偶数

引理 9 若 f 有严格 n - 周期点,则 f 有严格 2 - 周期点.

证明 与引理 4 不同,I_1 两端的点可能全部换边,也可能部分换边.

(1)x_i 全部换边. 根据 f 的连续性知
$$f([x_1, x_i]) \supset [x_{i+1}, x_n] \text{ 且 } f([x_{i+1}, x_n]) \supset [x_1, x_i]$$
所以,f 在 $[x_1, x_i]$ 上有 2 - 周期点.

(2)x_i 部分换边. 引理 6 之前的引理依然成立. 这时 x 的轨道如图 10 所示. 前半部分的证明方法与引理 6 的证明方法一样. 不同的是 $I_{n-1} = [y_{n-2}, y_n]$. 最后,$f(I_{n-1})$ 覆盖了所有下标为偶数的基本区间,$f(I_{n-1}) \supset [y_{n-1}, y_1]$. 其中,$y_1$ 为 I_1 的左端点,y_{n-1} 为最左边的端点.

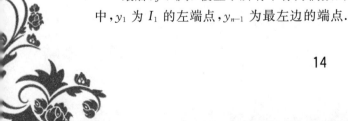

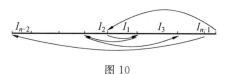

图 10

与图 9 对应的图为(图 11)：

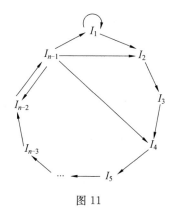

图 11

由图 11 知 $I_{n-1} \to I_{n-2} \to I_{n-1}$，故 f 存在 2 — 周期点.

引理 10 若 f 有严格 $n=2^m$ — 周期点，则 f 有严格 $k=2^l$ — 周期点，$2 \leqslant l < m$.

证明 作辅助函数
$$g = f^{k/2} = f^{2^{l-1}}$$
$$f^{2^m}(x) = x \Rightarrow f^{2^{l-1}} \circ f^{2^{m-l+1}}(x) = x \Rightarrow g^{2^{m-l+1}}(x) = x$$

因为 $m-l+1 \geqslant 2$，x 的最小 g — 正周期为 $2^{m-l+1} \geqslant 4$.

由前文知，$\exists y$ 使得 $g^2(y) = y$ 且 $g(y) \neq y$.

$f^k(y) = y$ 且 $f^{k/2}(y) \neq y \Rightarrow y$ 的最小 f — 正周期为 $k = 2^l$.

若不然，y 的最小 f — 正周期 $p \mid 2^l$，$p \mid 2^{l-1} = k/2$，与 $f^{k/2}(y) \neq y$ 矛盾.

定理 3 $g = f^2$，y 的 g 最小正周期 $p = n \Leftrightarrow y$ 的 f 最小正周期 $p' = 2n$.

证明 $g^n(y) = y \Rightarrow f^{2n}(y) = y \Rightarrow p' \mid 2n$.

若 $\dfrac{2n}{p'} > 1$，则
$$f^{2n}(y) = f^{p' \cdot \frac{2n}{p'}}(y) = f^{\frac{2n}{p'}}(y) = y \Rightarrow g^{\frac{n}{p'}}(y) = y$$

这与 y 的 g 最小正周期 $p = n$ 矛盾.

反之，$f^{2n}(y) = y \Rightarrow g^n(y) = y \Rightarrow p \mid n$.

若 $\dfrac{n}{p} > 1$，则
$$g^n(y) = g^{\frac{n}{p}}(y) = y \Rightarrow f^{\frac{2n}{p}}(y) = y$$

这与 y 的 f 最小正周期 $p'=2n$ 矛盾.

引理 11 若 f 有严格 $p \cdot 2^m$-周期点,那么 f 有严格 $q \cdot 2^m$-周期点,p,q 均为奇数,$p \geqslant 3$,且 $q > p$.

证明 对 m 进行归纳. 当 $m=0$ 时,命题成立.

假设 $m=k-1$ 时,命题成立.

下证 $m=k$ 时结论仍成立. 假设辅助函数 $g=f^2$. f 有 $p \cdot 2^k$-周期点 $\Rightarrow \exists y$ 使 $f^{p \cdot 2^k}(y)=y$,由定理 3 知,y 的 g 最小正周期为 $p \cdot 2^{k-1} \Rightarrow g$ 有 $p \cdot 2^{k-1}$-周期点,由归纳第二步得,g 有 $q \cdot 2^{k-1}$-周期点,再由定理 3 知,y 为 f 的 $q \cdot 2^k$-周期点.

引理 12 若 f 有严格 $p \cdot 2^m$-周期点,p 为奇数($p \geqslant 3$),那么 f 有严格 $q \cdot 2^m$-周期点,q 为偶数.

证明 与引理 11 相同,这里不再赘述.

引理 13 若 f 有严格 $p \cdot 2^m$-周期点,p 为奇数($p \geqslant 3$),那么 f 有严格 2^l-周期点,$l \leqslant m$.

证明 由引理 10 知,我们只需要证明若 f 有严格 $p \cdot 2^m$-周期点,p 为奇数,那么 f 有严格 2^m-周期点. 后面的证明与引理 11 类似.

综上,Sarkovskii 定理得证.

补充说明

(1) 如果 f 有 n-周期点,$n \neq 2^t$,t 为正整数,那么 f 有无数个周期. 如果 f 的周期有有限个,那么 f 有严格 2^t(t 为正整数)-周期点.

(2) 在 Sarkovskii 序列中 3 是"最大"的周期,它的存在预示着其他任意周期的存在.

(3) Sarkovskii 定理的"逆"也成立. 对于 $\forall k \geqslant 1$,存在连续函数 $f: \mathbf{R} \to \mathbf{R}$,$f$ 有严格 m-周期点当且仅当 $k \triangleright m$.

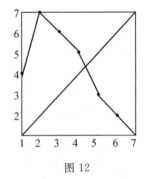

图 12

(4) 在 Sarkovskii 序中,若有 k-周期点,则 k 之后的周期存在,但 k 之前的周期未必存在.

例如,映射 $f:[1,7] \to [1,7]$ 满足 $f(1)=4$,$f(2)=7$,$f(3)=6$,$f(4)=5$,$f(5)=3$,$f(6)=2$,$f(7)=1$,它有 7-周期点但没有 5-周期点. 又

$$f^5(1)=2, f^5(2)=3, f^5(3)=4, f^5(4)=7$$
$$f^5(5)=1, f^5(6)=5, f^5(7)=6$$

由图 12 可以看出,f 只可能在 $[4,5]$ 有 5-周期点,而 f^5 在 $[4,5]$ 严格单调递减,且 f 在 $[4,5]$ 有唯一的不动点. 所以 f 没有 5-周期点.

关于 Sarkovskii 序的一些定理

第三章

数学家对定义在区间上的连续函数的研究,少说也有三百年了吧!令人惊异的是,它的一些非常美丽而又相当深刻的规律,在近几十年中才刚刚被人们揭示出来.1964 年,由 Sarkovskii[1] 所提出的关于连续函数"周期点"出现顺序的有趣定理,便是其中一个突出的例子.

以下设 $f:I \to \mathbf{R}$ 是线段 I 到实数轴 $\mathbf{R}$ 的连续映射.若 $f(I) \subset I$,则称 f 为 I 上的连续自映射.对于正整数 n,归纳地定义

$$f^n(x) = f(f^{n-1}(x)), f^0(x) = x$$

其中,f^n 叫作 f 的 n 次迭代.显然,当 f 为 I 上的自映射时,f^n 有意义,且也是 I 上的自映射.

若存在 $x_0 \in I$,使 $f^n(x_0)$ 有意义且

$$f^n(x_0) = x_0$$

就说 x_0 是 f 的一个周期点.使上式成立的最小正整数 n 叫作周期点 x_0 的周期.此时,称 x_0 为 f 的 n-周期点.通常,f 的所有周期点之集记作 $P(f)$,而 f 的所有周期点的周期之集记作 $PP(f)$.1-周期点也叫不动点.

由连续函数的介值定理易知:若 f 有 2-周期点,则 f 必有不动点.这启发人们提出更进一步的问题:若对某个 n,f 有 n-周期点时,能否断定 f 也有某些 k-周期点?

Sarkovskii[1] 在他的文章中提出了一种把正整数重新排序的方法:先自小而大排列所有奇数 $3,5,7,\cdots$,接着是它们的 2 倍 $3 \times 2, 5 \times 2, 7 \times 2, \cdots$;然后是它们的 2^2 倍;然后是 2^3 倍,2^4 倍,$\cdots\cdots$,2^n 倍;最后由大至小排出所有 2 的方幂,直到 $4,2,1$ 为止.换言之,若用记号"$\triangleleft$"表示这种顺序,就是下列几条规则:

17

记 p,q 为大于 1 的奇数,k,l 为非负整数,则:

(1) 若 $n=p\cdot 2^k$ 而 $m=2^l$,则 $n\triangleleft m$.

(3) 若 $n=p\cdot 2^k$ 而 $m=q\cdot 2^l$,$k<l$,则 $n\triangleleft m$.

(4) 若 $n=p\cdot 2^k$,$m=q\cdot 2^k$,$p<q$,则 $n\triangleleft m$.

(5) 若 $n=2^k$,$m=2^l$,$k<l$,则 $m\triangleleft n$.

正整数之间的这种顺序,叫作 Sarkovskii 序. 下述定理揭示出,区间上的连续自映射的周期点的出现顺序与 Sarkovskii 序之间极为有趣的关系.

定理 1 设 $f:I\to \mathbf{R}$ 是线段 I 上的连续函数,m 和 n 是正整数,且按 Sarkovskii 序有 $m\triangleleft n$. 若 f 有 m-周期点,则 f 也必有 n-周期点,换言之:$m\in PP(f)$ 蕴含 $n\in PP(f)$.

这个令人惊奇的定理最初发表于 1964 年[1]. 但没有引起广泛的注意. 1975 年,T. Y. Li 和 J. A. Yorke[2] 独立地证明了定理 1 的一个特例 —— 若 f 有 3-周期点,则 f 有任意的 n-周期点 —— 这引起了大家的讨论,并发现了 Sarkovskii[1] 的文章. P. Stefan[3] 详细地介绍了 Sarkovskii[1] 的工作,并澄清了 Sarkovskii[1] 证明过程的若干含糊之处. 之后,Osikawa[6],Block[4],Ho[7] 和熊金城[8] 等人相继给出了这一定理的不同证法. 中国科学院成都分院的张景中院士和杨路研究员于 1987 年在上述相关文献的基础上,给出了一个较为简明的证法.

与 Sarkovskii 序有关的定理,除定理 1 之外,还有好几个. 本章还将介绍:单参数函数族超稳定周期轨出现顺守的 Sarkovskii 序定理,有关小扰动的 Sarkovskii 定理,有关组合的某种排序的 Sarkovskii 定理,以及圆周上连续自映射的 Sarkovskii 定理.

围绕着 Sarkovskii 定理和 Sarkovskii 序,已有对周期轨的序结构进行的研究. 对这方面的一些初步结果,我们也将略加介绍.

第一节　Sarkovskii 定理的一个证明

我们来给出定理 1 的证明. 这个证明的特点是把 Sarkovskii 定理的组合学根据和分析学根据完全分开了.

为叙述方便,引入一个记号:设 φ 是有序集 M 到自身的映射,$\triangle_1$ 和 $\triangle_2$ 是 M 的两个区间,如果有

$$[\min\varphi(\triangle_1),\max\varphi(\triangle_2)]\supset\triangle_2 \tag{1}$$

则记作 $\triangle_1\xrightarrow{\varphi}\triangle_2$. 若 $\triangle_1\xrightarrow{\varphi}\triangle_1$,也记作 $\triangle_1\xcurvearrowright^{\varphi}$ 或 $\xcurvearrowright^{\varphi}\triangle_1$. 当不致混淆时,也可以省去记号 φ 而记作 $\triangle_1\to\triangle_2,\triangle_1\xcurvearrowright$ 等.

第一编　Sarkovskii 定理的证明

下面的几个分析引理是平凡的,但几乎 Sarkovskii 定理的每个证明都要用到这几条引理,其证明从略.

如前所述,终本章 $f: I \to \mathbf{R}$ 为连续映射. 在引理中如无特别声明 $\to, \hookleftarrow, \hookrightarrow$ 均对 f 而言.

引理 1　设 $[a,b] \subset I$,若 $[a,b] \hookleftarrow$,则 $\exists x_0 \in [a,b]$,使 $f(x_0)=x_0$.

引理 2　设 $[a,b], [c,d]$ 为 I 的子区间,且有 $[a,b] \to [c,d]$,则有闭区间 $\triangle \subset [a,b]$,使 $f(\triangle)=[c,d]$,且 $\triangle$ 的任一真子区间无此性质.

引理 3　若有 I 的一串闭子区间 $\triangle_0, \triangle_1, \cdots, \triangle_{n-1}$ 使得
$$\triangle_0 \to \triangle_1 \to \triangle_2 \to \cdots \to \triangle_{n-1} \to \triangle_0$$
则 $\exists x_0 \in \triangle_0$,使 $f^n(x_0)=x_0$,且对 $k=0,1,\cdots,n-1$ 有 $f^k(x_0) \in \triangle_k$.

引理 4　若 I 的闭子区间 $\widetilde{\triangle}_1$ 和 $\widetilde{\triangle}_2$ 无公共内点,且有 $\hookrightarrow \widetilde{\triangle}_1 \rightleftarrows \widetilde{\triangle}_2$,则对任意的正整数 N, $N \in PP(f)$(即 f 有 $N-$周期点).

证明　在引理 3 中,取 $\triangle_0 = \widetilde{\triangle}_2, \triangle_1 = \widetilde{\triangle}_2 = \cdots = \triangle_{N-1} = \widetilde{\triangle}_1, n=N_1$,则 $\exists x_0 \in \widetilde{\triangle}_2$,使 $f^N(x_0)=x_0$,且当 $0 < k \leqslant N-1$ 时, $f^k(x_0) \in \widetilde{\triangle}_1$.

若 $\widetilde{\triangle}_1 \cap \widetilde{\triangle}_2 = \varnothing$,显然 x_0 为 f 的 $N-$周期点.

若 $\widetilde{\triangle}_1, \widetilde{\triangle}_2$ 有公共端点,设 $\widetilde{\triangle}_1 = [a,b], \widetilde{\triangle}_2 = [b,c]$,应用引理 1 和引理 2,设 $\triangle^*$ 是 $\widetilde{\triangle}_1$ 的一个满足条件,则
$$f(\triangle^*) = [a,c] \tag{2}$$
的最小子区间,即 $\triangle^*$ 的任一真子区间 $\widetilde{\triangle}^*$ 不再满足 $f(\widetilde{\triangle}^*)=[a,c]$. 若 b 不是 $\triangle^*$ 的端点,则 $\triangle^*$ 与 $\widetilde{\triangle}_2$ 不相交,用 $\triangle^*$ 代替 $\widetilde{\triangle}_1$ 即得所要求的结论.

若 $\triangle^* = [a^*, b]$,由式(2)及 $\triangle^*$ 的最小性,必有 $f(b)=c$ 或 $f(b)=a$.

先讨论 $f(b)=c$ 的情形. 由 $\widetilde{\triangle}_2 \to \widetilde{\triangle}_1$ 可知,必有 $b^* \in [b,c]$ 使 $f(b^*)=a^*$,由连续性,有 $c^* \in (b, b^*)$ 使 $f(c^*)=b$. 故可用 $[a^*, b]$ 和 $[c^*, b^*]$ 代替 $\widetilde{\triangle}_1$ 和 $\widetilde{\triangle}_2$,由于 $[a^*,b] \cap [c^*, b^*] \neq \varnothing$,故得所要求的结论.

若 $f(b)=a<a^*$,由 $\widetilde{\triangle}_2 \to \widetilde{\triangle}_1$ 可知,有 $b^* \in [b,c]$ 使 $f(b^*)=b$,由连续性,有 $c^* \in (b, b^*)$ 使 $f(c^*)=a^*$. 故可用 $[a^*, b]$ 和 $[c^*, b^*]$ 代替 $\widetilde{\triangle}_1$ 和 $\widetilde{\triangle}_2$,由 $[a^*, b] \cap [c^*, b^*] \neq \varnothing$,结论亦真.

剩下一种情形: $f(b)=a=a^*$,由 $\triangle^*$ 的定义可知 $f(a)=c$. 若在 $\{x_0, f(x_0), f^2(x_0), \cdots, f^{N-1}(x_0)\}$ 中, b 不出现,显然 x_0 是 $N-$周期点. 若 b 出现而 x_0 不是 $N-$周期点,则 b 在 $\{x_0, f(x_0), \cdots, f^{N-1}(x_0)\}$ 中至少出现两次,从而 $f^2(b)=c$ 至少出现两次,此与 $\{f(x_0), f^2(x_0), \cdots, f^N(x_0)\} \subset \widetilde{\triangle}_1$ 矛盾. 引理 4 证毕.

推论 1 若 f 有 $3-$ 周期点,则对任意正整数 N,f 有 $N-$ 周期点.

下面的引理 5 和引理 6 可以看成 Sarkovskii 定理组合学方面的根据.

引理 5 设 $\varphi:M\to M$ 是有限点集 $M\subset \mathbf{R}$ 上的一个置换,$M=\{x_1,x_2,\cdots,x_n\}$,$n\geqslant 3$,且设 $x_1<x_2<\cdots<x_n$. 若 $\varphi^k(x_1)(k=0,1,2,\cdots,n-1)$ 各不相同,则下列两情形必居其一:

(i) 有 $x_i<x_j\leqslant x_k<x_l$,使

$$\overset{\varphi}{\hookrightarrow}[x_i,x_j]\underset{\varphi}{\overset{\varphi}{\rightleftarrows}}[x_k,x_l] \quad (\text{或}[x_i,x_j]\underset{\varphi}{\overset{\varphi}{\rightleftarrows}}[x_k,x_l]\overset{\varphi}{\hookleftarrow})$$

(ii) 有 $x_1<x_k<x_{k+1}<x_n$,$|n-2k|\leqslant 1$,使

$$[x_1,x_k]\underset{\varphi}{\overset{\varphi}{\rightleftarrows}}[x_{k+1},x_n]$$

证明 设 $\varphi(x_r)=x_1$,$\varphi(x_s)=x_n$,分两种情形进行讨论.

(1) 若 $\min\{r,n-s+1\}\leqslant \dfrac{n}{2}$,不失一般性,设 $r\leqslant \dfrac{n}{2}$,记

$$x_k=\max\{\varphi(x_1),\varphi(x_2),\cdots,\varphi(x_r)\}$$

显然有 $k>r$(否则无法使 $\varphi^k(x_1)(k=0,1,\cdots,n-1)$ 各不相同),于是得

$$\overset{\varphi}{\hookrightarrow}[x_1,x_r]\overset{\varphi}{\to}[x_r,x_k] \tag{3}$$

另外,总会有 $[x_r,x_k]\overset{\varphi}{\to}[x_1,x_r]$,这是因为:

若 $k<n$,不可能有 $\max\limits_{r\leqslant j\leqslant k}\{\varphi(x_j)\}\leqslant x_k$,否则无法保证 $\varphi^k(x_1)(0\leqslant k<n)$ 各不相同.

若 $k=n$,由于 $r=\dfrac{n}{2}$,在 $[x_r,x_k]$ 中有 $n-r+1>r$ 个,在 φ 作用下,不可能都变到 $[x_1,x_r]$ 之中.

情形(1)得证.

(2) 若 $\min\{r,n-s+1\}>\dfrac{n}{2}$(此时必有 $n>3$),分两种情况进行考察.

① 若 n 为偶数,显然有

$$\max\{\varphi(x_1),\varphi(x_2),\cdots,\varphi(x_{\frac{n}{2}})\}=x_n \quad (\text{因 } s\leqslant \dfrac{n}{2})$$

且有

$$\min\{\varphi(x_1),\varphi(x_2),\cdots,\varphi(x_{\frac{n}{2}})\}\leqslant x_{\frac{n}{2}+1}$$

这是因为置换 φ 不可能把 $[x_1,x_{\frac{n}{2}}]$ 中的 $\dfrac{n}{2}$ 个点变成 $(x_{\frac{n}{2}+1},x_n]$ 中的 $\dfrac{n}{2}-1$ 个点. 由此便证明了 $[x_1,x_{\frac{n}{2}}]\overset{\varphi}{\to}[x_{\frac{n}{2}+1},x_n]$. 同理有 $[x_1,x_{\frac{n}{2}}]\overset{\varphi}{\leftarrow}[x_{\frac{n}{2}+1},x_n]$.

② 若 $n=2m+1$,不可能同时有下列两式成立

$$\begin{cases} \min\{\varphi(x_1),\varphi(x_2),\cdots,\varphi(x_m)\} > x_{m+1} \\ \max\{\varphi(x_{m+2}),\varphi(x_{m+3}),\cdots,\varphi(x_n)\} < x_{m+1} \end{cases} \tag{4}$$

否则,$\varphi^k(x_1)$ 永取不到 x_{m+1}. 不失一般性,设

$$\min\{\varphi(x_1),\varphi(x_2),\cdots,\varphi(x_m)\} \leqslant x_{m+1} \tag{5}$$

由 $n-s+1 > \dfrac{n}{2}$ 知 $s \leqslant m$,但 $\varphi(x_s) = x_n$,故得

$$[x_1, x_m] \xrightarrow{\varphi} [x_{m+1}, x_n] \tag{6}$$

另外,φ 不可能把 $[x_{m+1}, x_n]$ 中的 $m+1$ 个点变成 $[x_1, x_m]$ 中的 m 个点,故

$$\max\{\varphi(x_{m+1}),\varphi(x_{m+2}),\cdots,\varphi(x_n)\} \geqslant x_m \tag{7}$$

由 $r > \dfrac{n}{2}$,即 $r \geqslant m+1$,但 $\varphi(x_r) = x_1$,即知有 $[x_1, x_m] \xleftarrow{\varphi} [x_{m+1}, x_n]$. 情形(2)得证. 引理 5 证毕.

由此立即可以得到:

推论 2 若 f 有 N -周期点($N > 2$),则 f 必有 2 -周期点.

证明 把 f 在 N -周期轨 $\{x_1, x_2, \cdots, x_N\}$ 上的限制看成引理 5 中的置换 φ. 在情形(i)下,由引理 4,f 必有 2 -周期点. 在情形(ii)下,应用引理 3 即可. 推论 2 证毕.

推论 3 若 f 有 N -周期点,$N > 1$ 为奇数,则 f^2 有 3 -周期点.

证明 当 $N = 3$ 时,f 的 3 -周期点也是 f^2 的 3 -周期点,结论显然. 以下设 $N > 3$.

对 f 和 f^2 应用引理 5,若情形(i)发生,则由引理 4,结论显然. 以下设对 f 和 f^2 均有情形(ii)发生. 设 $N = 2m+1$,而 f 的 N -周期轨为 $\{x_1 < x_2 < \cdots < x_N\}$,则此亦为 f^2 的 N -周期轨. 为确定起见,设

$$[x_1, x_m] \xrightarrow{f} [x_{m+1}, x_N] \tag{8}$$

而对 f^2 总有

$$[x_1, x_m] \xleftarrow{f^2} [x_{m+1}, x_N] \tag{9}$$

应用引理 3 可知,有 $x_0 \in [x_1, x_m]$ 使 $f^3(x_0) = x_0$,由式(8)(9)知 x_0 只能是 f 的 3 -周期点,从而也是 f^2 的 3 -周期点. 证毕.

引理 6 设 $\varphi: M \to M$ 是有限点集 $M \subset \mathbf{R}$ 上的一个置换,$M = \{x_1, x_2, \cdots, x_p\}$,$p \geqslant 3$ 为奇数,且设 $x_1 < x_2 < \cdots < x_p$. 若 $\varphi^k(x_1)(k = 0, 1, \cdots, p-1)$ 各不相同,则有互不相同的 $\triangle_0, \triangle_1, \cdots, \triangle_k$,使

$$\xrightarrow{\varphi} \triangle_0 \xrightarrow{\varphi} \triangle_1 \xrightarrow{\varphi} \cdots \to \triangle_{k-1} \xrightarrow{\varphi} \triangle_k \xrightarrow{\varphi} \triangle_0 \tag{10}$$

这里 $1 \leqslant k \leqslant p-2$,$\triangle_j = [x_{l_j}, x_{l_j+1}]$,$1 \leqslant l_j \leqslant p-1(0 \leqslant j \leqslant k)$.

证明 只需指出下列几点显见的事实.

(1) 有 x_{l_0} 和 x_{l_0+1},使 $\varphi(x_{l_0})-x_{l_0}$ 的符号和 $\varphi(x_{l_0+1})-x_{l_0+1}$ 的相反,因而 $[x_{l_0},x_{l_0+1}]\stackrel{\varphi}{\to}[x_{l_0},x_{l_0+1}]$,即取 $[x_{l_0},x_{l_0+1}]$ 为 $\triangle_0$.

(2) 由 $\varphi^k(x_1)$ 各不相同,可知(1)蕴含下列事实:在 M 中有一串闭区间 V_1, $V_2,\cdots,V_r=[x_1,x_p]$,满足 $\triangle_0\subset V_1\subset V_2\subset\cdots\subset V_{\tilde{k}}$,且
$$\triangle_0\to V_1\to V_2\to\cdots\to V_{\tilde{k}}$$
由于 V_j 比 V_{j-1} 至少多一个点,故可使 $\tilde{k}\leqslant p-2$.

(3) 存在不同于 $\triangle_0$ 的 $\triangle^*=[x_i,x_{i+1}]$,使
$$\triangle^*\to V_0$$
这是因为 p 为奇数,$[x_1,x_{l_0}]$ 和 $[x_{l_0+1},x_p]$ 中点数不同.不妨设 $[x_1,x_{l_0}]$ 中的点数较多,则 $[x_1,x_{l_0}]\to\triangle_0$,因而有 $\triangle^*\subset[x_1,x_{l_0}]$,使 $\triangle^*\to\triangle_0$.此 $\triangle^*$ 可取作 $\triangle_k$,k 的具体数值待定.

(4) 由于 $\triangle_k\subset[x_1,x_p]=V_{\tilde{k}}$ 而 $V_{\tilde{k}-1}\to V_{\tilde{k}}$,故有 $\triangle_{k-1}\subset V_{\tilde{k}-1}$ 使 $\triangle_{k-1}\to \triangle_k$.递推下去,即可得到满足(10)的诸 $\triangle_j$.必要时把相同的去掉一些,即为所求.引理 6 证毕.

推论 4 若 f 有 p-周期点,$p\geqslant 3$ 为奇数,则对于一切 $N>p$,f 有 N-周期点.

证明 应用引理 6,可知有闭区间 $\triangle_0,\triangle_1,\cdots,\triangle_k(k\leqslant p-2)$,两两无公共内点,使
$$\underbrace{\triangle_0\to\triangle_0\to\cdots\to\triangle_0}_{N-k\text{个}\triangle_0}\to\triangle_1\to\triangle_2\to\cdots\to\triangle_k\to\triangle_0 \qquad (11)$$
且它们的端点都是 f 的某个 p-周期轨上的点.由引理 3,有 $x_0\in\triangle_0$,使 $f^N(x_0)=x_0$,且当 $j=0,1,\cdots,N-k-1$ 时,$f^j(x_0)\in\triangle_0$,而当 $j=N-k,\cdots,N-1$ 时,有 $f^j(x_0)\in\triangle_{j+1-(N-k)}$.由于 $N-k>p-k\geqslant 2$,$\triangle_k$ 与 $\triangle_0$ 又没有公共内点.故 x_0 只能是 $\triangle_0$ 的内点,从而 x_0 是 N-周期点.推论 4 证毕.

现在我们不难完成 Sarkovskii 定理的证明了.

设按 Sarkovskii 序有 $m\triangleleft n$,我们分几种情形来证明 $m\in PP(f)$ 蕴含 $n\in PP(f)$.

(1) 若 $m=2^k$,$k\geqslant 1$,显然只要对 $k>1$ 证明 $2^{k-1}\in PP(f)$ 就够了.此时,显然有 $4\in PP(f^{2^{k-2}})$,由推论 2 知 $2\in PP(f^{2^{k-2}})$,故 $2^{k-1}\in PP(f)$.

(2) 若 $m=p$,$p\geqslant 3$ 为奇数.由推论 1,不妨设 $p>3$ 为 $PP(f)$ 中按 Sarkovskii 序的首元素.由推论 4 及已证的 $m=2^k$ 的情形,不妨只考虑 $n=2^l q<p$,且 $l\geqslant 1$,$q>1$ 之情形.由推论 3,f^2 有 3-周期点,故 f^2 有 $2^{l-1}q$-周期点.若 $l>1$,则 f^2 的 $2^{l-1}q$-周期点显然是 f 的 $2^l q$-周期点.若 $l=1$,则 f^2 的 q-周期点只能是 f 的 $2q$-周期点或 q-周期点.由于 $q<p$ 且 p 为 $PP(f)$ 之首元素,故 f 无 q-周期点,从而有 $2q$-周期点.情形(2)得证.

(3) 若 $m=2^k p, p \geqslant 3$ 为奇数且 $k \geqslant 1$. 由 $2^k p \in PP(f)$ 知 $p \in PP(f^{2^k})$. 由于 f^{2^k} 的 $2v$ － 周期点显然是 f 的 $2^{k+1}v$ － 周期点,结合情形(1)(2),剩下要证的只有 $n=2^k q, q$ 为大于 p 的奇数这一种情形了. 仍不妨设 m 是 $PP(f)$ 中的首元素. 这时, f^{2^k} 的 q － 周期点必为 f 的 $2^{k-l}q$ － 周期点. 由于当 $l \geqslant 1$ 时这不可能, 故 f 有 $2^k q$ － 周期点. 情形(3) 证毕.

定理1可以用另一种方式叙述:令

$$\mathfrak{G}(n) = \{k \mid k \in \mathbf{Z}_+, n \triangleleft k, \text{或} k=n\}$$

$$\mathfrak{G}(2^\infty) = \{2^k \mid k=0,1,2,\cdots\}$$

则定理1可叙述为:对任意一个 I 上的连续自映射 f,有某个 $t \in \mathbf{Z}_+ \cup \{2^\infty\}$ 使 $PP(f) = \mathfrak{G}(t)$.

反过来可以证明,对每个这样的 t 确有 $f \in C^0(I,I)$,使 $PP(f)=\mathfrak{G}(t)$. 这样就彻底回答了 I 上连续自映射周期点周期之集的构造问题.

第二节　函数族中超稳周期轨出现的顺序

Sarkovskii 序对函数周期轨的影响不仅仅体现在定理1,它还体现在某些函数族中超稳定周期轨道的出现顺序上.

设 x_0 是可微函数 f 的 n － 周期点,如果

$$|(f^n(x))'|_{x_0}| < 1 \tag{12}$$

则称 x_0 是 f 的稳定周期点. $\{x_0, f(x_0), f^2(x_0), \cdots, f^{n-1}(x_0)\}$ 称为 f 的稳定周期轨[①]. 如果进一步有

$$|(f^n(x))'|_{x_0}| = 0 \tag{13}$$

则称 x_0 为超稳定周期点, $\{f^j(x_0) \mid j=0,1,\cdots,n-1\}$ 叫作超稳定周期轨.

稳定的和超稳定的周期轨,往往对应于实际问题中易于观察到和易于计算出来的周期现象. 因而受到各领域实际工作者的关心. 在对生态学中的某个虫口差分方程

$$x_{n+1} = 1-\mu x_n^2 \quad (|x| \leqslant 1, 0 \leqslant \mu \leqslant 2) \tag{14}$$

的研究中,人们通过数值计算研究了函数族

$$f_\mu(x) = 1-\mu x^2 \quad (|x| \leqslant 1, 0 \leqslant \mu \leqslant 2) \tag{15}$$

当 μ 变化时动力系性质的改变情形. 发现当 μ 由 0 开始增长时, $f_\mu(x)$ 依次具有超稳定的 $2,4,8,16,\cdots,2^n,\cdots$ 的周期轨,然后又出现 $2^k p$ 的超稳周期轨,最后出现超稳定的 3 － 周期轨. 超稳定周期轨的出现顺序与 Sarkovskii 序相符,这是不

[①] 有些地方也用其他方法定义更广泛意义下的稳定周期轨.

是普遍现象呢？下面的定理 2 对此给出了肯定的答复.

为了叙述方便，我们对所讨论的函数族的性质先做一些说明.

我们称函数族 $f_r(x)(r\in[\alpha,\beta],x\in[a_r,b_r])$ 为 C^1-单峰族，如果有以下 4 个条件成立：

(i) 对任意 $r\in[\alpha,\beta]$，$f'_r(x)$ 连续.

(ii) 对任意 $r\in[\alpha,\beta]$，$f_r(a_r)=f_r(b_r)=a_r$.

(iii) 对任意 $r\in[\alpha,\beta]$，有 $c_r\in(a_r,b_r)$ 使得
$$f'_r(c_r)=0, f_r(c_r)=[a_r,b_r]$$
而当 $x\in[a_r,c_r)$ 时 $f'_r(x)>0$，当 $x\in(c_r,b_r]$ 时 $f'_r(x)<0$.

(iv) $a_r,b_r,f_r(x),f'_r(x)$ 都是 r 的连续函数. 此外，要是还有 $f_\alpha(c_\alpha)<c_\alpha$，且 $f_\beta(c_\beta)=b_\beta$，则称 $f_r(x)$ 是满的 C^1-单峰族.

如果 $[\alpha,\beta]=[0,1],[a_r,b_r]=[0,1],c_r=\frac{1}{2}$，我们就说 $f_r(x)$ 是规范化了的. 显然，C^1-单峰族一定可以经过 C^1 拓扑共轭进行规范化，即可以找到微分同胚族 $h_r:[0,1]\to[a_r,b_r]$，使得
$$h_r^{-1}\circ f_r\circ h_r=g_r$$
是规范化了的 C^1-单峰族，且仍保持满的性质.

如果在定义中，把条件(ii)改为 $f_r(a_r)=f_r(b_r)=b_r$，(iii)和(iv)中的不等式改为反向，(iv)中 $f_\beta(c_\beta)=b_\beta$ 改为 $f_\beta(c_\beta)=a_\beta$，则得到 C^1-单谷族. 易知 C^1-单谷族可经过 C^1 拓扑共轭化为 C^1-单峰族.

定理 2 设 $f_r(x)$ 是满的 C^1-单峰族，则对任意正整数 n，有 r_n 使 $f_{r_n}(x)$ 有超稳定 n-周期轨. 并且若按 Sarkovskii 序有 $n\triangleleft m$，则 r_n 的最小值必大于 r_m 的最小值.

Collet[12] 给出了这一定理的符号动力系的叙述形式与证明. Arneodo 提供了初等的证明方法，下面的证明是在 Arneodo 的基础上加以改写的.

证明 不失一般性，我们不妨设 $f_r(x)$ 是已经规范化了的、满的 C^1-单峰族. 这样，当且仅当 $x=\frac{1}{2}$ 是 $f_r(x)$ 的 n-周期点时，$f_r(x)$ 才具有超稳定周期轨.

我们把整个证明分成几个引理及它们的推论.

引理 7 存在 $r_0\in(0,1)$，使 $f_{r_0}\left(\frac{1}{2}\right)=\frac{1}{2}$，且存在 $\delta>0$ 使得对一切 $r\in[r_0,r_0+\delta)$，有：

(1) 有 $x_r^*=f_r(x_r^*),x_r^*>\frac{1}{2}$.

(2) 当 n 为奇数时，$\frac{1}{2}<x_r^*<f_r^n\left(\frac{1}{2}\right)<f_r\left(\frac{1}{2}\right)$.

(3) 当 n 为偶数时，$\frac{1}{2} < f_r^n\left(\frac{1}{2}\right) < x_r^*$.

证明 由前述条件(iv)及介值定理,确有 $r_0 \in (0,1)$ 使 $f_{r_0}\left(\frac{1}{2}\right) = \frac{1}{2}$. 所有这样的 r_0 组成闭集,由 $f_1\left(\frac{1}{2}\right) = 1 > \frac{1}{2}$,可知存在这样的 r_0 及足够小的 $\delta > 0$,使得当 $r \in (r_0, r_0 + \delta)$ 时有 $f_r\left(\frac{1}{2}\right) > \frac{1}{2}$. 又因为 $f_r(1) = 0 < 1$,故在 $\left(\frac{1}{2}, 1\right)$ 内有 x_r^* 使 $f_r(x_r^*) = x_r^*$,此即(1). 由于 f_r 在 $\left[\frac{1}{2}, 1\right]$ 上递减,所以这样的 x_r^* 对给定的 r 还是唯一的.

由此还可推知

$$f_r\left(\frac{1}{2}\right) > f_r(x_r^*) = x_r^* > \frac{1}{2} \tag{16}$$

另外,还有

$$f_r^2\left(\frac{1}{2}\right) - \frac{1}{2} = f_r^2(x_r^*) - \frac{1}{2} + f_r^2\left(\frac{1}{2}\right) - f_r^2(x_r^*) =$$

$$x_r^* - \frac{1}{2} + \left(\frac{1}{2} - x_r^*\right)(f_r^2)'|_{\xi \in \left(\frac{1}{2}, x_r^*\right)}$$

因 $(f_r^2)'|_{\frac{1}{2}} = 0$,故当 $r \to r_0$ 时有 $x_r^* \to \frac{1}{2}$,从而 $(f_r^2)'|_\xi \to 0$,可见当 $\delta > 0$ 足够小时,有

$$f_r^2\left(\frac{1}{2}\right) > \frac{1}{2} \tag{17}$$

由式(16)(17)及 f_r 在 $\left[\frac{1}{2}, 1\right]$ 上递减即得(2)(3). 引理 7 证毕.

以下把引理 7 中断言存在的 r_0 中的最大者记为 $r_{0,H}$,而 x_r^* 专记 $\left(\frac{1}{2}, 1\right)$ 内 f_r 的唯一不动点.

推论 5 存在 $r_3 \in (r_{0,H}, 1)$,使 $f_{r_3}^3\left(\frac{1}{2}\right) = \frac{1}{2}$,且 $f_{r_3}\left(\frac{1}{2}\right) > \frac{1}{2}$,$f_{r_3}^2\left(\frac{1}{2}\right) < \frac{1}{2}$.

证明 由满的 $f_r(x)$ 有 $f_1^3\left(\frac{1}{2}\right) = 0 < \frac{1}{2}$,由引理 7 中的(2),对充分接近 $r_{0,H}$ 的 r 有 $f_r^3\left(\frac{1}{2}\right) > \frac{1}{2}$,故存在 r_3 使 $f_{r_3}^3\left(\frac{1}{2}\right) = \frac{1}{2}$. 由于 $r_{0,H}$ 是 r_0 中的最大者,故不能有 $f_{r_3}\left(\frac{1}{2}\right) \leqslant \frac{1}{2}$. 另外,当 $f_{r_3}^2\left(\frac{1}{2}\right) \geqslant \frac{1}{2}$ 时,由

$$\frac{1}{2} \leqslant f_{r_3}^2\left(\frac{1}{2}\right) < x_*$$

可得 $f_{r_3}^3\left(\frac{1}{2}\right) > x_* > \frac{1}{2}$. 推论 5 证毕.

推论 6 存在 $r_1 \in (r_{0,H}, r_3)$, 使 $f_{r_1}^2\left(\frac{1}{2}\right) = \frac{1}{2}$.

证明 由引理 7 中的 (3), 取 $n = 2$, 及推论 5 中的 $f_{r_3}^2\left(\frac{1}{2}\right) < \frac{1}{2}$, 以及 $r_{0,H}$ 的最大性即得.

推论 7 若存在 r 使得对某个 $n > 1$ 有 $f_r^n\left(\frac{1}{2}\right) = \frac{1}{2}$ 而 $f_r\left(\frac{1}{2}\right) \neq \frac{1}{2}$, 则有 $r_1 \in (0, r)$, 使得 $f_{r_1}^2\left(\frac{1}{2}\right) = \frac{1}{2}$, 但 $f_{r_1}\left(\frac{1}{2}\right) > \frac{1}{2}$.

证明 由 $f_r^n\left(\frac{1}{2}\right) = \frac{1}{2}$ 及 $f_r\left(\frac{1}{2}\right) \neq \frac{1}{2}$, 显然只能有 $f_r\left(\frac{1}{2}\right) > \frac{1}{2}$. 我们断言必有 $f_r^2\left(\frac{1}{2}\right) \leqslant \frac{1}{2}$ (若不然, 由 $f_r^2\left(\frac{1}{2}\right) > \frac{1}{2}$ 及 $f_r\left(\frac{1}{2}\right) > x_r^* > \frac{1}{2}$ 知, f_r 把 $\left[\frac{1}{2}, f_r\left(\frac{1}{2}\right)\right]$ 映到 $\left(\frac{1}{2}, h_r\left(\frac{1}{2}\right)\right)$ 的内部, 从而不可能有 $f_r^n\left(\frac{1}{2}\right) = \frac{1}{2}$). 若 $f_r^2\left(\frac{1}{2}\right) = \frac{1}{2}$, 则结论已真. 若 $f_r^2\left(\frac{1}{2}\right) < \frac{1}{2}$, 在 $(0, r)$ 中取最大的使 $f_{r_0}\left(\frac{1}{2}\right) = \frac{1}{2}$ 的 r_0, 由引理 7, 对足够小的 $\delta > 0$ 有 $f_{r_0+\zeta}^2\left(\frac{1}{2}\right) > \frac{1}{2}$, 再利用介值定理, 即知推论 7 为真.

以下 r_1, r_3 均保持它们在以上推论中的用法: 即 r_1 满足 $f_{r_1}^2\left(\frac{1}{2}\right) = \frac{1}{2}$, r_3 满足 $f_{r_3}^3\left(\frac{1}{2}\right) = \frac{1}{2}$, 但 $f_{r_1}\left(\frac{1}{2}\right) \neq \frac{1}{2}$, $f_{r_3}\left(\frac{1}{2}\right) \neq \frac{1}{2}$. 并用 $r_{1,H}, r_{1,L}, r_{3,H}, r_{3,L}$ 分别记其最大者和最小者.

引理 8 存在 $\tilde{r} \in (r_{0,H}, r_{3,L})$, 使得

$$f_{\tilde{r}}^3\left(\frac{1}{2}\right) = x_{\tilde{r}}^* \tag{18}$$

证明 因 $f_{r_{3,L}}^3\left(\frac{1}{2}\right) = \frac{1}{2} < x_{r_{3,L}}^*$, 又由引理 7 中的 (2), $f_{r_{0,H}+\delta}^3\left(\frac{1}{2}\right) > x_{r_{0,H}+\delta}^*$, 再应用介值定理即可.

以下用 $x_r^{*'}$ 记 $\left(0, \frac{1}{2}\right)$ 内满足 $f_r(x_r^{*'}) = x_r^*$ 的那个唯一的 x, 则有:

推论 8 对引理 8 中的 $\tilde{r}$ 而言, $f_{\tilde{r}}^2\left(\frac{1}{2}\right) = x_{\tilde{r}}^{*'}$. 若设 $\tilde{r}_L$ 是这样的 $\tilde{r}$ 中的最小

者.则对 $r \in [0, \tilde{r}_L]$,奇数 $p > 1$,f_r 没有超稳定的 p — 周期轨.

证明 对 $r = 0$ 或 $\tilde{r}_L$,f_r 显然无超稳定周期轨. 若对某个 $r = \hat{r} \in (0, \tilde{r}_L)$ 有奇数 $p \geqslant 3$ 使得

$$f_{\hat{r}}^p\left(\frac{1}{2}\right) = \frac{1}{2} \tag{19}$$

且 $f_{\hat{r}}\left(\frac{1}{2}\right) \neq \frac{1}{2}$,则必有 $f_{\hat{r}}^2\left(\frac{1}{2}\right) < x_{\hat{r}}^{*'}$. 否则,由

$$f_{\hat{r}}(x_{\hat{r}}^{*'}) = f_{\hat{r}}(x_{\hat{r}}^*), f_{\hat{r}}^2\left(\frac{1}{2}\right) < x_{\hat{r}}^*$$

将导出

$$f_{\hat{r}}^{p-1}\left(\frac{1}{2}\right) \in [x_{\hat{r}}^{*'}, x_{\hat{r}}^*]$$

从而

$$f_{\hat{r}}^p\left(\frac{1}{2}\right) \geqslant x_{\hat{r}}^* > \frac{1}{2}$$

这与式(19)矛盾,因此必有

$$f_{\hat{r}}^2\left(\frac{1}{2}\right) < x_{\hat{r}}^{*'} < \frac{1}{2} \tag{20}$$

另外,若以 $\hat{r}_0$ 记 $[0, \hat{r}]$ 中的 r_0 的最大者,由引理 7,对足够小的 $\delta > 0$ 有

$$f_{\hat{r}_0 + \delta}^2\left(\frac{1}{2}\right) > \frac{1}{2} > x_{\hat{r}+\delta}^{*'} \tag{21}$$

从而存在 $r' \in (\hat{r}_0 + \delta, \hat{r}) \subset (0, \tilde{r}_L)$ 使 $f_{r'}^2\left(\frac{1}{2}\right) = x_{r'}^{*'}$,这与 $\tilde{r}_L$ 的最小性矛盾. 推论 8 证毕.

以下我们用 $r_{2n+1}(n \geqslant 1)$ 记满足条件

$$f_{r_{2n+1}}^{2n+1}\left(\frac{1}{2}\right) = \frac{1}{2} \quad \left(\text{对 } m < 2n+1, f_{r_{2n+1}}^m\left(\frac{1}{2}\right) \neq \frac{1}{2}\right) \tag{22}$$

的参数值 r,分别以 $r_{2n+1,H}$ 和 $r_{2n+1,L}$ 记其中的最大者和最小者,则我们有:

推论 9 $r_{2n+1,L} > r_{2n+3,L}$.

证明 对 $n = 1, 2, \cdots$ 应用数学归纳法,我们只要能证明在 $(0, r_{2n+1,L})$ 内有 r_{2n+3} 就够了.

由推论 8 的证明,我们已知(参看式(20))

$$f_{r_{2n+1,L}}^{2n+3}\left(\frac{1}{2}\right) = f_{r_{2n+1,L}}^2\left(\frac{1}{2}\right) < x_{r_{2n+1,L}}^{*'} < \frac{1}{2} \tag{23}$$

设 $\hat{r}_0$ 为 $(0, r_{2n+1,L})$ 中的 r_0 的最大者,由引理 7,存在足够小的 $\delta > 0$ 使

$$f_{\hat{r}_0 + \delta}^{2n+3}\left(\frac{1}{2}\right) > \frac{1}{2} \tag{24}$$

结合式(23)与(24),即可断言存在 $r_{2n+3} \in (0, r_{2n+1,L})$ 使 $f_{r_{2n+3}}^{2n+3}\left(\frac{1}{2}\right) = \frac{1}{2}$. 由归纳假设可知,对 $m < 2n+3$ 不会有 $f_{r_{2n+3}}^{2n+3}\left(\frac{1}{2}\right) = \frac{1}{2}$,推论 9 证毕.

由推论 9 及推论 5,定理 2 中 n 为奇数的部分已获证. 为处理 $n = 2^k p (k \geqslant 1, p \geqslant 3$ 为奇数)的情形,我们需要:

引理 9 设 $\bar{r}_L$ 如推论 8 中所述,即满足 $f_r^2\left(\frac{1}{2}\right) = x_r^{*'}$ 的 $\bar{r}$ 中的最小者,$\bar{r}_0$ 是 $[0, \bar{r}_L]$ 中的 r_0 的最大者,则对于足够小的 $\delta (\delta > 0)$

$$g_r(x) = f_r^2(x) \quad (r \in [\bar{r}_0 + \delta, \bar{r}_L], x \in [x_r^{*'}, x_r^*])$$

是满的 C^1 — 单谷族.

证明 只需验证满的单谷族的定义中的以下条件:

(i) $g_r(x_r^{*'}) = g_r(x_r^*) = x_r^*$,这显然成立.

(ii) $g_r\left(\frac{1}{2}\right) \in [x_r^{*'}, x_r^*]$,这由 $\bar{r}_L$ 的最小性保证. 又当 $x \in \left[x_r^{*'}, \frac{1}{2}\right)$ 时,$g_r'(x) < 0$,而当 $x \in \left(\frac{1}{2}, x_r^*\right]$ 时,$g_r'(x) > 0$,这由 $f_r'(x)$ 在 $\left[x_*, f_r\left(\frac{1}{2}\right)\right]$ 上为负保证.

(iii) $g_{r_0+\delta}\left(\frac{1}{2}\right) > \frac{1}{2}$,$g_{\bar{r}_L}\left(\frac{1}{2}\right) = x_{\bar{r}_L}^{*'}$. 这由引理 7 及 $\bar{r}_L$ 的定义保证.

引理 9 证毕.

对族 $g_r(x)$ 使用引理 7 至推论 9 诸命题,即可证明定理 2 中 n 或 m 为 $2p (p \geqslant 3$ 为奇数)之情形. 再反复应用引理 9,对 $f_r^4, f_r^8, \cdots, f_r^{2^k}, \cdots$ 使用引理 7 至推论 9,即可知定理 2 中 n 与 m 均为非 2 方幂的情形成立. 剩下的只需要考虑 $m = 2^k$ 的情形.

由推论 6 及 7,存在 r_1 中的最小者 $r_{1,L}$,使得当 $r \in [0, r_{1,L})$ 时 f_r 至多只有超稳定不动点. 再在 $[r_{1,L}, \bar{r}_L]$ 上考虑族 $f_r^2(x)$,应用推论 6,7,即可断言存在最小的 $r_{1,L}'$,使 $f_{r_{1,L}'}$ 有超稳定 4 — 周期轨,而当 $r \in [0, r_{1,L}')$ 时,f_r 至多只有超稳定的 1 或 2 — 周期轨. 依此做数学归纳,即可完成定理 2 中 $m = 2^k$ 情形的证明. 详细步骤从略.

第三节 有关组合的 Sarkovskii 序定理

运用符号动力系的某些概念,可以给 Sarkovskii 定理以组合学的形式. 这种组合形式的 Sarkovskii 定理表面上不涉及连续性,但从它易导出关于连续函数的 Sarkovskii 定理,即定理 1[12]. 在这一节中,我们用两种不同的形式来表达有关组合的 Sarkovskii 序定理,并采用与 Collet[12] 文章中相反的路线,从定理 1 及其证明过程来导出有关组合的定理.

考虑由字母 R 和 L 组成的无穷序列

$$I = I_1 I_2 I_3 \cdots I_n \cdots \quad (I_j = R \text{ 或 } L) \tag{25}$$

的全体 M. 在 M 上定义一个自映射 $S: M \to M$

$$S(I) = I_2 I_3 \cdots \tag{26}$$

即 $S(I)$ 是把 I 的首项去掉而得到的. 如果有正整数 k 使

$$S^k(I) = I \tag{27}$$

则称 I 为周期列. 若 k^* 是使式(27)成立的最小的正整数,则称 I 为 k-周期列.

显然,若 I 为 k-周期列,则 I 由一些完全相同的、长为 k 的"段"组成,即

$$I = \underline{A}\ \underline{A}\ \underline{A} \cdots = \underline{A}^\infty \tag{28}$$

这里,$\underline{A}$ 是由 R 和 L 组成的 k 个字母的有限列. 而且 $\underline{A}$ 不能再分成两个或两个以上的相同的片段.

试问,k-周期列有多少? 这完全是一个组合问题. 设 k-周期列有 N_k 个,显然 $N_k \leqslant 2^k$. 或者更准确地,有

$$\sum_{d|k} N_d = 2^k \tag{29}$$

我们在 M 中引入一个序关系:规定两个序列

$$I = I_1 I_2 \cdots I_n \cdots$$
$$J = J_1 J_2 \cdots J_n \cdots$$

的大小关系如下:

(1) 约定两个字母之间 $R > L$.

(2) 若 $I_1 > J_1$,则认为 $I > J$.

(3) 若对 $t = 1, 2, \cdots, n$ 均有 $I_t = J_t$,而 $I_{n+1} > J_{n+1}$,则当 $I_1, I_2, \cdots, I_n$ 中有偶数个 R 时,认为 $I > J$,有奇数个 R 时,$I < J$.

容易验证,这里规定的">"关系,满足传递性和对称性,是 M 上的一个全序.

有了序关系,我们即可引入"极大序列"的概念. 我们称序列 $I \in M$ 为极大序列,如果对任意正整数 k,均有

$$S^k(I) \leqslant I \tag{30}$$

对于给定的正整数 n,极大的 n-周期序列可能有若干个,但总不超过 $\dfrac{2^n}{n}$ 个. 这中间有一个最小的,我们称之为最小极大 n-周期列,专用记号 P_n 来记它. 诸 P_n 之间的大小关系与 Sarkovskii 序紧密相关.

定理 3 当且仅当按 Sarkovskii 序 $n \triangleleft m$ 时,有 $P_n > P_m$,这里 P_k 记 M 中

的最小极大 k — 周期列.

Collet[12] 介绍了用纯组合的方法证明定理 3 的步骤,但那是颇费周折的.下面我们给定理 3 以另一种表述形式,并借助定理 1 及其证明过程简单地得到定理 3.

考虑由 0 和 1 组成的无穷序列

$$D = D_1 D_2 \cdots D_n \cdots \quad (D_i = 0 \text{ 或 } 1) \tag{31}$$

的全体之集 M^*. 引入 M^* 到自身的映射 $T: M^* \to M^*$ 如下

$$T(D) = \begin{cases} D_1 D_2 \cdots D_n \cdots, & D_1 = 0 \\ \overline{D}_2 \overline{D}_3 \cdots \overline{D}_n \cdots, & D_1 = 1 \end{cases} \tag{32}$$

这里 $\overline{D}_i$ 的意义是:若 $D_i = 0$, 则 $\overline{D}_i = 1$, 若 $D_i = 1$, 则 $\overline{D}_i = 0$.

然后引进 M^* 上的一个全序关系:

(1) 如通常一样, $1 > 0$.

(2) 对两个序列 $D, E \in M^*$

$$D = D_1 D_2 \cdots D_n \cdots$$
$$E = E_1 E_2 \cdots E_n \cdots$$

按字典排序法约定其大小,即 $D_1 > E_1$ 时认为 $D > E$, 若对 $j = 1, 2, \cdots, n$ 且 $D_j = E_j$, 则当 $D_{n+1} < E_{n+1}$ 时认为 $D > E$.

类似地, T 的 k — 周期点叫作 M^* 中的 k — 周期列. 若对任意正整数 k 有 $T^k D \leqslant D$, 则 D 叫作极大列. 最小的极大 n — 周期列记作 Q_n. 这时, 定理 3 可在 M^* 中表述为:

定理 3^* 当且仅当按 Sarkovskii 序 $n \triangleleft m$ 时, 有 $Q_n > Q_m$, 这里 Q_k 记 M^* 中的最小极大 n — 周期列.

为了说明定理 3^* 和定理 3 的等价性, 我们来建立 M^* 和 M 之间的保序一一对应. 引入映射 $H: M \to M^*$. 按下列规则确定 $H(I)$. 设

$$I = I_1 I_2 \cdots I_n \cdots$$
$$H(I) = D_1 D_2 \cdots D_n \cdots$$

则当 $I_1 = L$ 时 $D_1 = 0$, $I_1 = R$ 时 $D_1 = 1$; 又当 $I_1, I_2, \cdots, I_n$ 中 R 的个数为偶数时, $I_{n+1} = L$ 时, $D_{n+1} = 0$; $I_{n+1} = R$ 时, $D_{n+1} = 1$. 当 $I_1, I_2, \cdots, I_n$ 中有奇数个 R 时, $I_{n+1} = L$ 时, $D_{n+1} = 1$; $I_{n+1} = R$ 时, $D_{n+1} = 0$.

直接按此规则确定 $H(I)$ 似乎对每个 D_n 都要考虑 $I_1, I_2, \cdots, I_n$ 的情形, 不太方便, 可以等价地采用下列规则:

(1) 把 I 分成若干段, 每一段或者由若干个连续的 L 组成, 或者由两个 R 中间夹着若干个连续的 L 组成, 或者由一个 R 后面跟着无穷多个连续的 L 组成, 即 $LL \cdots L, RLL \cdots LR, RLL \cdots$ 这三种. 其中 $RLL \cdots LR$ 段中间的 L 可能有 0 个. 它们分别叫作 L 段, RLR 段和 RL^∞ 段.

(2) 把 L 段换成同样长的一串 0,RLR 段换成同样长的这样的段：$11\cdots10$，即除了最后一个是 0 之外全为 1，最后，RL^∞ 段全部换成 1，即得 $H(I)$.

例如，当
$$I = LL, RR, LLL, RLLLR, RR, RLLLL\cdots$$
时有
$$H(I) = 00, 10, 000, 1110, 10, 11111, \cdots$$

反过来，求 $H^{-1}(D)$ 的办法也很明显了：把 D 分成 $00\cdots0$ 段，$111\cdots10$ 段和 $1111\cdots$ 段，分别换成长度不变的 L 段，RLR 段和 $RLLL\cdots$ 段即可.

易验证 H 是 M 到 M^* 的保序一一对应. 进一步可检验下述等式
$$H^{-1} \circ T \circ H = S \tag{33}$$
成立. 即有如下交换图（图 1）成立.

$$\begin{array}{ccc} M & \xrightarrow{S} & M \\ {\scriptstyle H}\downarrow & & \uparrow{\scriptstyle H^{-1}} \\ M^* & \xrightarrow{T} & M^* \end{array}$$

图 1

这样，在 H 下，周期列对应于周期列，且其周期不变，从而有
$$H(P_n) = Q_n \tag{34}$$
由 H 的保序性，可知定理 3 与定理 3^* 互相蕴含.

为了证明定理 3^*，我们需要两个简单的引理：

引理 10 对 Sarkovskii 定理（定理 1）可做如下补充：当 $n \triangleleft m$ 时，不但 f 有 n-周期轨蕴含 f 有 m-周期轨，而且就在含 f 的 n-周期轨的最小区间内必有 f 的 m-周期轨.

为了证明引理 10，只要仔细看看定理证明的全过程就够了. 在证明过程中，我们断言 m-周期轨的存在时，总是直接或间接应用引理 3，而引理 3 中的区间 $\triangle_k$ 的端点，又都是 f 的 n-周期轨中的点，这就说明了引理 10 的正确性.

引理 11 设映射 $h: M^* \to [0, 1]$ 定义为
$$h(D) = \sum_{k=1}^{\infty} \frac{D_k}{2^k} \tag{35}$$
$$(D \in M^*, D = D_1 D_2 \cdots D_n \cdots)$$
则：

(1) 若 $D < E$，则 $h(D) \leqslant h(E)$，等号仅当 D 与 E 前 m 项相同，并且
$$D_{m+1} D_{m+2} \cdots = 01111\cdots$$
$$E_{m+1} E_{m+2} \cdots = 10000\cdots$$
时成立.

(2) 若令 $\varphi:[0,1] \to [0,1]$ 为

$$\varphi(x) = \begin{cases} 2x, 0 \leqslant x \leqslant \dfrac{1}{2} \\ 2(1-x), \dfrac{1}{2} < x \leqslant 1 \end{cases} \tag{36}$$

则有

$$\varphi \circ h = h \circ T \tag{37}$$

引理 11 的两条结论均不难按定义直接检验,故证明略.

现在可以证明定理 3^* 了. 由引理 11 中的(1),可知 h 在 M^* 的周期列子集上是单射,由(2)知 h 把 M^* 的 $k-$周期列映为 φ 的 $k-$周期点. 特别地,$h(Q_n)$ 是 φ 的 $n-$周期点,设 $x_1 = h(Q_n)$,则在周期轨 $\{x_1, \varphi(x_1), \varphi^2(x_1), \cdots, \varphi^n(x_1)\}$ 中,x_1 最大. 由引理 10,及 $n \triangleleft m, \varphi$ 至少有一个 $m-$周期轨 $\{y_1, \varphi(y_1), \varphi^2(y_1), \cdots, \varphi^m(y_1)\}$ 满足 $\max\limits_{j=1,\cdots,m}\{\varphi^j(y_1)\} < x_1$,因而有 $h(Q_m) < x_1$,即 $Q_m < h^{-1}(x_1) = Q_n$,定理 3^* 得证.

定理 3 和定理 3^* 均可推广到多于两个符号的排列组合问题上去,此处不再赘述.

第四节　圆周自映射的相应结果

一维连通流形只有线段和圆周两种拓扑类型. 人们自然要问,关于圆周 S^1 的连续自映射,有没有相应于 Sarkovskii 定理的结果呢? 近几年来有几位作者在这个方向取得了如下进展(这里记号 $\mathfrak{G}(s)$ 如第一节的末尾所述,而 $\varphi \in C^0(S^1, S^1)$):

(1) 若 $1 \in PP(\varphi)$,则 $PP(\varphi) = B \cup S$. 这里
$$B = \{n \in \mathbf{Z}_+ \mid n \geqslant b\}, S = \mathfrak{G}(s)$$
其中 $b \in \mathbf{Z}_+, S \in \mathbf{Z}_+ \cup \{2^\infty\}$.

(2) 若 $|\deg \varphi| \geqslant 2^{①}$,则 $PP(\varphi) = \mathbf{Z}_+$,但有一个例外:当 $\deg \varphi = -2$ 时,可能有 $PP(\varphi) = \mathbf{Z}_+ \setminus \{2\}^{[4]}$.

(3) 若 $\deg \varphi = 0$,则 $PP(\varphi) = \mathfrak{G}(n), n \in \mathbf{Z}_+ \cup \{2^\infty\}^{[4]}$.

(4) 若 $\deg \varphi = -1$,则 $PP(\varphi) = \mathfrak{G}(n), n \in \mathbf{Z}_+ \cup \{2^\infty\}$.

剩下的是 $\deg \varphi = 1$ 这个最复杂的情况. 直到 1982 年,Misiurewicz 获得了下述完整的结果:

---

① 记 $\deg \varphi$ 为 φ 的映射度.

定理 4 对每个 $\varphi \in C^0(S^1,S^1), \deg \varphi = 1$, 存在实数 a,b 和 $l,r \in \mathbf{Z}_+ \cup \{2^\infty\}, a \leqslant b$, 并使
$$PP(\varphi) = M(a,b) \bigcup S(a,l) \bigcup S(b,r)$$
这里
$$M(a,b) = \left\{ n \in \mathbf{Z}_+ \mid \exists k \in \mathbf{Z} \text{ 使 } a < \frac{k}{n} < b \right\}$$
$$S(a,l) = \begin{cases} \varnothing, \text{如果 } a \text{ 是无理数} \\ \{ns : s \in \mathfrak{G}(l)\}, \text{如果 } a = \frac{k}{n} \end{cases}$$
这里 k 和 n 互素. 类似地可定义 $S(b,r)$.

反之, 对任意有形式 $M(a,b) \bigcup S(a,l) \bigcup S(b,r)$ 的正整数集 A, 必有 $\varphi \in C^0(S^1,S^1)$, 使 $PP(\varphi) = A$.

第五节 对段线上自映射的进一步研究

关于线段上的连续自映射, 围绕着 Sarkovskii 定理的研究正在不断深入. 一方面, 着眼于考察周期轨在扰动下的稳定性与分歧, 另一方面, 则着眼于周期轨的序结构问题.

Block 以简洁的手法得到了所谓周期轨在 Sarkovskii 定理中的稳定性定理.

定理 5 设 $f \in C^0(I,R), m \in PP(f)$ 且 $m \triangleleft n$. 则有 $\varepsilon > 0$, 使得对一切 $g \in C^0(I,R)$, 只要存在包含 f 的某个 m-周期轨的区间 $\triangle$ 使
$$\sup_{x \in \triangle \subset I} |f(x) - g(x)| < \varepsilon$$
就有 $n \in PP(g)$.

这显然是定理 1 的加强.

在第二节中讨论过单峰函数族的某种 Sarkovskii 序性质. 对于更一般的函数族, Block 和 Hart 在 1982 年发表了一个结果. 令 $G(n)$ 表示 $C^1(I,I)$ 中所有这样的映射的集合: 它们具有 n-周期点, 但对任意 $m \triangleleft n$, 它们没有 m-周期点. 则他们的结果可以表述为:

定理 6 设 f_s 是 $C^1(I,I)$ 中映射的一个单参数族, $0 \leqslant s \leqslant 1$, 它对参数 s 连续可微, 并且有 $f_0 \in G(n)$ 和 $f_1 \in G(m)$, 则对任意满足 $n \triangleleft k \triangleleft m$ 的正整数 k 必存在 s_k 使得 $f_{s_k} \in G(k)$, 且 $i \triangleleft j$ 蕴含 $s_i < s_j$.

把 $C^r(I,I)$ 分为集合 $G(n)$, 叫作空间 $C^r(I,I)$ 的 Sarkovskii 分层[17]. Block[17] 等人还考虑了涉及异状的另一种分层: 记 $H(n)$ 为具有 n-周期异状

点的映射之集.值得一提的是,$C^0(I,I)$中的映射有非2方幂周期点的充要条件是它有异状点.在 Block[17] 等人的文章中,对于满足条件 $\frac{f'''}{f'} - \frac{3}{2}\left(\frac{f''}{f'}\right)^2 < 0$ 的 $C^3(I,I)$ 中的单峰映射所成之空间 $\mathscr{E}$,建立了:

定理 7[17]　在 $\mathscr{E}$ 中,对任意 $r \geqslant 0$ 和奇数 $m > 1$,$G(m \cdot 2^r) \subset H(2^r)$,并且 $H(2^r)$ 是闭子集,$H(2^r) \setminus \bigcup_m G(m \cdot 2^r)$ 是 $\bigcup_m G(m \cdot 2^r)$ 的边界.

下面介绍有关周期轨的序结构的结果.文献[3]中早已指出最小奇周期轨的简单序结构:

定理 8[3]　设 $f \in C^0(I,I)$,$PP(f)$ 中最小的大于 1 的奇数为 n,则 f 的 $n-$周期轨或者有

$$f^{n-1}(x) < f^{n-3}(x) < \cdots < f^2(x) < x < f(x) <$$
$$f^3(x) < \cdots < f^{n-4}(x) < f^{n-2}(x) \quad (*)$$

或者满足上述不等式的反向不等式.

后来,文献[9]和[17]中引入了一般的简单周期轨概念.按照文献[17],点集 $S = \{x_1, x_2, \cdots, x_n\} \subset I$ 叫作在 f 下为一阶可分的,如果 $n = 2m$,$x_i < x_{i+1}$,且 f 把 $S_1 = \{x_1, x_2, \cdots, x_m\}$ 和 $S_2 = \{x_{m+1}, x_{m+2}, \cdots, x_{2m}\}$ 互映.如果 S 是在 f 下一阶可分的,且 S_1, S_2 在 f^2 下 $r-1$ 阶可分,则称 S 在 f 下是 r 阶可分的.在这样的术语基础上,建立了:

定义 1[17]　设 P 是 $f \in C^0(I,I)$ 的 $m \cdot 2^r -$周期轨,m 是奇数.我们称 P 是简单的,如果同时有:

(1) 若 $r > 0$,则 P 在 f 下是 r 阶可分的.

(2) 若 $m > 1$,$P = P_1 \bigcup P_2 \bigcup \cdots \bigcup P_{2^r}$,这里 P_1 是 P 中最小的 m 个点,P_2 是其次较小的 m 个点,……,则每个 P_k 是 f^{2^r} 的满足式($*$)或其反向不等式的 $m-$周期轨.

文献[17]还证明了:

定理 9　若 $f \in C^0(I,I)$ 有 $n-$周期轨,则必有简单 $n-$周期轨.

与文献[17]几乎同时,文献[9]中引入了 $S-$极小轨道的概念.

定义 2[9]　映射 $f \in C^0(I,I)$ 的一个 $n-$周期轨叫作 Sarkovskii 极小或 $S-$极小,如果对于任意满足条件 $m \triangleleft n$ 和 $1 < m < n$ 的正整数 m,映射 f 不具有 $m-$周期轨.

在文献[9]中,通过细致的分析和讨论,弄清楚了 $S-$极小周期轨的序结构.事实上,$S-$极小周期轨必然是简单的.

关于不同周期的周期轨之间的相互关系,有下列简单而又有趣的结果.

定理 10　若 $f \in C^0(I,I)$,$PP(f) = \{1, 2, 4, \cdots, 2^n\}$,则对 f 的任一个 2^m-周期轨($m \leqslant n$),必存在其周期分别为 $1, 2, 4, \cdots, 2^m$ 的 $m+1$ 个周期轨,使得其

中每个2^k-周期轨的2^k个周期点必定被$f^{2^{(k-1)}}$的2^k-1个不动点所分隔. 这里$k=1,2,\cdots,m$.

当$m=3$时,如图2所示.

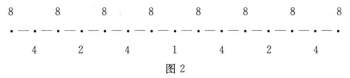

图 2

看来,周期轨道的序结构这一课题有丰富的内涵. 它的秘密还远远未被彻底地揭示出来.

来自一位印度自由职业者的证明

下面介绍来自印度的 Sarkovskii 定理的证明及推广.

以往人们对印度科学界的印象还停留在诺贝尔物理学奖得主 Chandrasekhar(钱德拉塞卡)和天才早逝的数学家 Ramanujan(拉马努金),殊不知印度的理科人才是很多的,这里我们介绍一位在印度从事自由职业的人,以及他关于 Sarkovskii 定理的证明. 这位印度人就是哈门德拉·库马尔·曼迪亚. 他曾就读于印度的卡利亚尼大学,获得了纯数学的硕士学位,他还在孟加拉工程科学大学获得过博士学位. 他当时的研究方向即为离散动力系统和混沌,并且还曾出版过一本专著,书名叫《一维系统中的混沌:符号动力学,映射序列,一致收敛和沙可夫斯基定理》.

这里我们介绍他给出的 Sarkovskii 定理的证明及推广. 使国内读者感受一下来自另一个文明古国印度的数学家对这一现代数学定理的不同处理手法. 毕竟我们在欧美的数学文献中浸润得太久了,是时候该换换口味了.

第一节 引 言

1964 年,乌克兰数学家 Sarkovskii 在区间连续图上提供了一个壮观而又美丽的结果. 他给出了一个完整的答案,特定时期的存在意味着其他时期的存在. 这是离散动力学中一个重要的定理. 整个 Sarkovskii 定理分为 3 个部分,分别为定理 1,定理 2 和定理 3. 在本章中,Sarkovskii 定理指的是上述 3 个定理. 同样值得注意的是,Sarkovskii 定理最显著的特征之一是它声明了一个周期三点的存在意味着每个周期点的存在. 我们已经知道,在1975年,T. Y. Li 和 J. Yorke 发表了令人吃惊的成果,如果 $f:\mathbf{R}\to\mathbf{R}$ 有一个周期为 3 的点,那么它有所有其他周期的点. 但是 Li 和 Yorke 论文中的证明与 Sarkovskii 原始论文中的并不同. 在 Sarkovskii 的原始论文中,证明是非常复杂的. 在过去的 50 年里,这个美丽的定理出现了各种各样的证明,找出 Sarkovskii 定理的替代证明本身就是一个研究方向.

在这一章中,我们对 Sarkovskii 定理给出了一个完全不同的证明,并通过讨论一些重要的结果和推广来结束我们的工作.

本章基于以下已发表的论文:

BHAUMIK I,CHOUDHURY B S. On Sarkovskii's theorem[J]. International Journal of Pure and Applied Mathematics,2010,64(1):133-143.

第二节　数学预备知识

在这一节,我们给出了一些定义和引理,这些是本章所必需的. 我们从一些基本的定义开始.

定义 1(Sarkovskii 序)　自然数的 Sarkovskii 序定义如下

$$1 \triangleleft 2 \triangleleft 2^2 \triangleleft 2^3 \triangleleft \cdots \triangleleft 2^2 \cdot 7 \triangleleft 2^2 \cdot 5 \triangleleft 2^2 \cdot 3 \triangleleft \cdots \triangleleft 2 \cdot 7 \triangleleft 2 \cdot 5 \triangleleft 2 \cdot 3 \triangleleft \cdots \triangleleft 7 \triangleleft 5 \triangleleft 3$$

定义 2(二重算子)　设 $f:I'\to I'$ 是一个映射,其中 $I'=[1,0]$ 为单位区间. 那么 f 的二重算子的定义为

$$D_f(x)=\begin{cases}\dfrac{2}{3}+\dfrac{1}{3}f(3x),&0\leqslant x<\dfrac{1}{3}\\(2+f(1))\left(\dfrac{2}{3}-x\right),&\dfrac{1}{3}\leqslant x<\dfrac{2}{3}\\x-\dfrac{2}{3},&\dfrac{2}{3}\leqslant x\leqslant 1\end{cases}$$

我们使用如下的记法.

在本章中,f 始终是闭合区间内的连续映射. 令 I 为一个闭区间,$f:I\to I$ 是一个连续映射,那么如果集合 $P=\{x_1,x_2,\cdots,x_n\}$,使得 $f(x_1)=x_2,f(x_2)=x_3,\cdots,f(x_n)=x_1$,那么它就称为 n 周期的一个循环或 n 周期的轨道. 如果 k 和 L 是闭区间,使得 $f(k)\supset L$,我们称 $f(k)$ 覆盖 L,用 $k\to L$ 表示. 同样,$f^n(x)$ 由 $f'(x)=f(x)$ 和 $f^n(x)=f(x)\circ f^{n-1}(x)$ 所定义,其中 $n\geqslant 2$. 我们也用 $\mathrm{Per}(f)$ 表示 f 所有周期的集合. 如果 A 是一个集合,那么 A 的内部由 $\mathrm{Int}(A)$ 表示. 最后,如果 m 和 n 是两个正整数,那么 m 和 n 的最大公约数可以表示为 $\gcd(m,n)$.

我们现在给出对本章非常有用的中值定理的陈述.

中值定理 设 f 在闭区间 $[a,b]$ 的每个点上是连续的. 同样设 x_1, x_2 是 $[a,b]$ 中的任意两点, 使得 $f(x_1) \neq f(x_2)$. 那么在区间 (x_1, x_2) 中, f 取 $f(x_1)$ 和 $f(x_2)$ 之间的任意值.

此外, 我们还需要以下众所周知的引理, 并给出这些引理不同的证明.

引理 1 设 I 是一个闭区间, $f(I)$ 覆盖 I, 即 $I \to I$, 那么 f 在 I 中有一个不动点.

证明 设 $I = [a,b]$, 那么 $f([a,b]) \supset [a,b]$. 因为 f 是连续的, 由中值定理, 在 I 中存在点 a_1 和 b_1 使得 $f(a_1) = a, f(b_1) = b$.

同样地, $a \leqslant a_1, a \leqslant b_1, b \geqslant b_1, b \geqslant a_1$.

我们现在考虑连续函数 $f(x) - x$, 可得 $f(a_1) - a_1 \leqslant 0, f(b_1) - b_1 \geqslant 0$. 由于 $f(x) - x$ 是一个连续函数, 我们从上面的参数得到, $f(x) - x$ 的图像必须至少一次在 a_1 和 b_1 之间 (或 b_1 和 a_1 之间) 截直线 $f(x) - x = 0$. 因此 f 是 I 中的一个不动点.

引理 2 如果 I 和 J 是闭区间, $I \subset J, f(I)$ 覆盖 J, 即 $I \to J$, 那么 f 在 I 中有一个不动点.

证明 设 $I = [a_1, b_1], J = [a_2, b_2]$. 因为 $I \to J$, 由中值定理, 在 I 中存在点 a_3 和 b_3 使得 $f(a_3) = a_2, f(b_3) = b_2$. 因此, $a_2 \leqslant a_3, b_2 \geqslant b_3$. 我们现在考虑连续函数 $f(x) - x$. 则 $f(a_3) - a_3 = a_2 - a_3 \leqslant 0, f(b_3) - b_3 = b_2 - b_3 \geqslant 0$. 因此 $f(x) - x$ 必须至少一次在 a_3 与 b_3 之间 (或 b_3 与 a_3 之间) 截直线 $f(x) - x = 0$. 因此 $f(x)$ 在 I 上有一个不动点.

引理 3 如果 K 和 L 是闭区间, $f(K)$ 覆盖 L, 即 $K \to L$, 则存在一个闭子区间 $K_1 \subset K$ 使得 $f(K_1) = L$.

证明 设 $K = [a,b], L = [c,d]$. 由中值定理, 在 K 上至少存在一个点 a_1 使得 $f(a_1) = c$, 在 K 上至少存在一个点 b_1 使得 $f(b_1) = d$. 我们取 $S_1 = \{x : x \in k, f(x) = c\}, S_2 = \{x : x \in k, f(x) = d\}$. 那么 $S_1 \cap S_2 = \varnothing$.

有两种可能性, $\max S_1 < \min S_2$ 或者 $\max S_1 > \min S_2$.

(1) 令 $\max S_1 < \min S_2$.

我们现在考虑闭区间 $k_1 = [\max S_1, \min S_2]$. 那么显然 $f(k_1) = L$.

(2) 令 $\max S_1 > \min S_2$.

这里我们考虑闭区间 $[\min S_2, \max S_1]$. 设 p 和 q 是 $[\min S_2, \max S_1]$ 上的两点, 使得 $f(p) = c, f(q) = d$, 且在 S_1 和 S_2 的 $[p,q]$ 中不存在点.

引理 4 设 $J_0, J_1, \cdots, J_{n-1}$ 是闭区间, 使得 $J_i \subset f(J_{i-1}), i = 1, 2, \cdots, n-1$, $f(J_{n-1}) \supset J_0$. 那么存在 f^n 的一个不动点 p, 使得 $f^i(p) \in J_i, i = 0, 1, 2, \cdots, n-1$.

证明 设 $J_0 = A_n$. 给定 $f(J_{n-1}) \supset J_0 = A_n$. 那么由引理 3 我们得到 J_{n-1} 的闭子区间 A_{n-1} 使得 $f(A_{n-1}) = A_n$. 类似地, 有 $f(J_{n-2}) \supset J_{n-1}$. 再次应用引理 3,

我们得到 J_{n-2} 的一个闭子区间 A_{n-2} 使得 $f(A_{n-2})=A_{n-1}$. 同理,我们得到 J_i 的一个闭子区间 A_i 使得 $f(A_i)=A_{i+1}$, $i=0,1,2,\cdots,n-1$, 还要注意 $f(A_0)=A_1$, $f^2(A_0)=A_2,\cdots,f^n(A_0)=A_n$, 即 $f^n(A_0)=A_n=J_0 \supset A_0$. 因此,由引理1,在 A_0 上存在一点 p 使得 $f^n(p)=p$.

因为 $p \in A_0 \Rightarrow f^i(p) \in f^i(A_0)$, $i=0,1,2,\cdots,n-1$.

我们得出结论 $f^i(p) \in A_i \subset J_i$, $i=0,1,2,\cdots,n-1$.

引理 5 如果 y 是 f 的一个周期点,具有最小周期 m,那么它就是 f^n 的一个周期点,具有最小周期 $\dfrac{m}{\gcd(m,n)}$.

证明 设 f^n 的最小周期是 k,那么
$$(f^n)^k(y)=y \Rightarrow f^{nk}(y)=y \Rightarrow m \mid nk \Rightarrow$$
$$nk=mr \quad (\text{对某个 } r \in \mathbf{Z})$$

设 $\gcd(m,n)=d$. 那么存在整数 u 和 v, 使得 $m=du$, $n=dv$, $\gcd(u,v)=1$. 现在
$$nk=mr \Rightarrow dvk=dur \Rightarrow vk=ur \Rightarrow$$
$$u \mid vk (\text{但 } \gcd(u,v)=1) \Rightarrow$$
$$u \mid k \Rightarrow$$
$$\frac{m}{d} \mid k$$

现在
$$(f^n)^{\frac{m}{d}}(y)=f^{\frac{mn}{d}}(y)=f^{mv}(y)=(f^m)^v(y)=y$$

因为 f^n 的最小周期是 k, $k \mid \dfrac{m}{d}$.

因此,我们得到 $k=\dfrac{m}{d}$, 即 y 是 f^n 的一个周期点,最小周期是 $\dfrac{m}{\gcd(m,n)}$.

引理 6 如果 y 是 f^n 的一个周期点,具有最小周期 k, 那么它也是 f 的一个周期点,具有最小周期 $\dfrac{kn}{s}$, 其中 $s \mid n$, 且相对于 k 是质数.

证明 由给定条件 $(f^n)^k(y)=y \Rightarrow f^{nk}(y)=y$. 对于 y, 设 f 的最小周期为 d. 因此 $f^d(y)=y$, $d \mid nk$. 那么 $nk=ds$, 对某个 $s \in \mathbf{Z}$. 由引理5,我们得到
$$k=\frac{d}{\gcd(d,n)}=\frac{\dfrac{kn}{s}}{\gcd\left(\dfrac{kn}{s},n\right)}$$

因此
$$\frac{n}{s}=\gcd\left(\frac{kn}{s},n\right)=\gcd\left(\frac{n}{s}k,\frac{n}{s}s\right)$$

即
$$\frac{n}{s} = \frac{n}{s}\gcd(k,s)$$

因此
$$\gcd(k,s) = 1$$

因为 $\frac{nk}{s} = d$ 是一个正整数且 $\gcd(k,s) = 1$,显然 $s \mid n$. 最后,$\gcd(k,s) = 1$ 意味着 k,s 均为素数.

引理 7 如果 f 是一个周期点,其最小周期 $m \geq 3$,那么 f 是最小周期为 2 的一个周期点.

证明 首先,我们证明如果 f 有一个周期点,最小周期 $m \geq 3$,那么它有一个小于 m 的不固定的周期点,设 $x_1 < x_2 < \cdots < x_m$ 是 f 的 m-周期轨道. 我们现在应用有向图的证明,考虑 $p - 1$ 个顶点 $1, 2, \cdots, p - 1$,这样,如果 $[x_i, x_{i+1}]$ 覆盖 $[x_j, x_{j+1}]$,则第 i 个顶点与第 j 个顶点相连. 因为集合 $\{x_1, x_2, \cdots, x_m\}$ 形成了一个 f 的 m-周期轨道,$m \geq 3$,每个顶点 i 必须至少与一个顶点 j 相连,使得 $i \neq j$. 我们现在讨论如何选择一条边. 从第一个顶点开始,选择一条边,以上述定义的方式将第一个顶点联结到另一个顶点. 然后我们把这个顶点和另一个顶点联结起来,得到另一条边. 一个接一个地继续这个过程,我们注意到,在最多 $m - 1$ 个顶点之后,它必须返回到先前获取的顶点. 因此,这一过程给出了一个循环,它至少经过 2 个顶点,至多经过 $m - 1$ 个顶点. 也就是说,我们得到 $i_1, i_2, \cdots, i_q$ 使得 $2 \leq q \leq m - 1$. 因此,如果我们现在取 $A_k = [x_{i_k}, x_{i_{k+1}}]$,$A_k$ 覆盖 $A_{k+1}, k = 1, 2, \cdots, q$,那么 A_q 覆盖 A_1. 我们现在用两种不同的方法证明这个结果.

(1) 由于 $f(A_1) \supset A_2$,由引理 3,存在一个区间 $I_1 \subset A_1$ 使得 $f(I_1) = A_2$. 则
$$f^q(I_1) = f^{q-1}(f(I_1)) = f^{q-1}(A_2)$$

还要注意
$$f^{q-1}(A_2) \supset f^{q-2}(A_3) \supset \cdots \supset f(A_q) \supset A_1$$

即
$$f^q(I_1) \supset A_1 \supset I_1$$

因此
$$f^q(I_1) \supset I_1$$

由引理 1,f^q 在 I_1 中有一个不动点 y. 显然 y 是 f 的一个周期点,其最小周期是 q 的一个因子,因此小于 m.

(2) 因为 $A_1 \to A_2 \to \cdots \to A_q \to A_1$,由引理 4,在 f^q 的 A_1 中存在一个不动点 y. 由同样的原因知,y 是 f 的一个周期点,它的最小周期是 q 的因子,因此小

于 m.

现在,我们通过证明 y 不是 f 的不动点来结束这个证明. 在这两种情形下,可以注意到 $y \in A_1 \Rightarrow f(y) \in A_2$. 因为 $f(y)$ 不属于 A_1,有 $q \geqslant 2$. 如果 $f(y)=y$,那么 y 一定是 $A_1 \cap A_2$ 的元素. 但这是不可能的,因为 $\text{Int}(A_1) \cap \text{Int}(A_2) = \varnothing$,它们的端点形成了一个周期 m 循环,最小周期 $m>1$. 这说明 y 不是 f 的不动点.

值得注意的是,如果我们不取 $q=2$,显然 $2<q \leqslant m-1$. 重复这个过程,在有限步内我们将得到 $q=2$,也就是说,我们得到周期为 2 的点.

引理 8 如果 f 有一周期点,最小周期 $m \geqslant 3$ 且 m 为奇数,则 f 有周期为 $(m+2)$ 的点.

证明 设 P 是 f 的周期为 m 的轨道,$m \geqslant 3$. 设 v 是一个点使得 $\min P \leqslant f^2(v)<v<f(v)=b \in P$. 设 Z 是 $[v,b]$ 内 f 的不动点. 由于 $f^2(\min P)>\min P, f^2(v)<v$,点 $y=\max\{\min P \leqslant x \leqslant v : f^2(x)=x\}$ 存在. 此外,$f(x)>Z$ 在 $[y,v]$ 上,$f^2(x)<x$ 在 (y,v) 上. 因此,y 是 f 的一个周期为 2 的点. 在这种情形下,设 $m \geqslant 3$ 为奇数,注意 $f(x)>Z>x>f^2(x)$ 在 (y,v) 上. 因为 $f^{m+2}(y)=f(y)>y, f^{m+2}(v)=f^2(v)=f(b)<v$,点 $P_{m+2}=\min\{y \leqslant x \leqslant v : f^{m+2}(x)=x\}$ 存在. 设 k 为 P_{m+2} 的关于 f 的最小周期. 那么 $k \mid m+2$,因此 k 是奇数. 而且,$k>1$,因为 f 在 (y,v) 中没有不动点. 如果 $k<m+2$,设 $x_k=P_{m+2}$,x_k 是 (y,v) 中方程 $f^k(x)=x$ 的解. 因为
$$f^{k+2}(y)=f(y)>y$$
$$f^{k+2}(x_k)=f^2(f^k(x_k))=f^2(x_k)<x_k$$
方程 $f^{k+2}(x)=x$ 在 $[y,x_k)$ 中有解 x_{k+2}. 归纳起来,对于每一个 $n \geqslant 1$,方程 $f^{k+2n}(x)=S$ 有一解 x_{k+2n} 使得 $y<\cdots<x_{k+4}<x_{k+2}<x_k<v$. 因此,方程 $f^{m+2}(x)=x$ 有一解 x_{m+2} 使得 $y<x_{m+2}<x_k \leqslant P_{m+2}$. 这与 P_{m+2} 的极小性相矛盾. 因此 P_{m+2} 是 f 的周期为 $(m+2)$ 的点. 这将就证明了引理 8.

引理 9 如果 f 有周期点,最小周期 $m \geqslant 3$ 是奇数,那么 f 有一个周期为 6 的点和一个周期为 $2m$ 的点.

证明 设 P 是 f 的周期为 m 的轨道,$m \geqslant 3$. 设 v 是一个点使得 $\min P \leqslant f^2(v)<v<f(v)=b \in P$. 设 Z 是 $[v,b]$ 中 f 的一个不动点. 因为 $f^2(\min P)>\min P, f^2(v)<v$,点 $y=\max\{\min P \leqslant x \leqslant v : f^2(x)=x\}$ 存在. 而且,$f(x)>Z$ 在 $[y,v]$ 上,$f^2(x)<x$ 在 (y,v) 上. 因此 y 是 f 的周期为 2 的点. 在这种情形下,设 $m \geqslant 3$ 是奇数,注意到 $f(x)>Z>x>f^2(x)$ 在 $(y,v]$ 上. 设 $Z_0=\min\{x : v \leqslant x \leqslant Z, f^2(x)=x\}$. 那么 $f^2(x)<x, f(x)>Z$,当 $y<x<Z_0$ 时. 如果 $f^2(x)<Z_0$,有 $\min I \leqslant x \leqslant Z_0, f^2([\min I,Z_0]) \subset [\min I, Z_0]$,这与 $(f^2)^{(m+1)/2}(v)=b>Z_0$ 矛盾. 因此点 $d=\max\{x : \min I \leqslant x \leqslant y, f^2(x)=Z_0\}$

存在, $f(x) > Z \geqslant Z_0 > f^2(x)$ 在 (d, y) 中对所有的 x 成立. 因此 $f(x) > Z \geqslant Z_0 > f^2(x)$, 其中 $d < x < Z_0$.

设 $S = \min\{f^2(x): d \leqslant x \leqslant Z_0\}$. 如果 $S \geqslant d$, $f^2([d, Z_0]) \subset [d, Z_0]$, 这与 $(f^2)^{(m+1)/2}(v) = b \geqslant Z_0$ 矛盾. 因此 $S < d$.

设 $u = \min\{d \leqslant x \leqslant Z_0: f^2(x) = d\}$. 因为 $f^2(d) = Z_0 > d$, $f^2(u) = d < u$, 点 $C_2 = \min\{d \leqslant x \leqslant u: f^2(x) = x \leqslant y\}$ 存在, 且在 $(d, C_2]$ 上有 $d < f^2(x) < Z_0$. 设 u 是 (d, C_2) 上的点, 使得 $f^2(w) = u$. 那么, 由于 $f^4(d) = Z_0 > d$, $f^4(w) = d < w$, 点 $C_4 = \min\{d \leqslant x \leqslant w: f^4(x) = x < C_2\}$ 存在, 且在 $(d, C_4]$ 上 $d < f^4(x) < Z_0$. 归纳起来, 对于每一个 $n \geqslant 1$, 设 $C_{2n+2} = \min\{d \leqslant x \leqslant C_{2n}: f^{2n+2}(x) = x\}$. 那么 $d < \cdots < C_{2n+2} < C_{2n} < \cdots < C_4 < C_2 \leqslant y$, $d < (f^2)^k(x) < Z_0$ 在 $(d, C_{2k}]$ 上对所有的 $1 \leqslant k \leqslant n$ 成立. 因为在 (d, Z_0) 上, $f(x) > Z_0$, 我们有 $f^i(C_{2n}) < Z_0 < f^j(C_{2n})$, 对所有的偶数 $2 \leqslant i \leqslant 2n$ 和所有的奇数 $1 \leqslant j \leqslant 2n-1$ 成立. 因此, 每一个 C_{2n} 是 f 的周期为 $2n$ 的点. 因此, f 对所有的偶周期有周期点. 引理 9 证毕.

引理 10 设 $I' = [0, 1]$ 是单位区间, $f: I' \to I'$ 是一个函数. 同样, 假设 D_f 为 f 的二重算子. 那么 $\text{Per}(D_f) = 2\text{Per}(f) \cup \{1\}$.

证明略.

第三节 主要定理

定理 1 设 $f: I \to I$ 是一个连续映射. 如果 f 有一个周期为 m 的循环, 那么它有任意周期为 n 的循环使得 $n \triangleleft m$ 在 Sarkovskii 序中.

证明 由引理 8, 我们显然可以说如果 f 有周期为 m 的循环, 那么它也有任意周期为 n 的循环使得 $n \triangleleft m$ 在如下的序中

$$\cdots \triangleleft 7 \triangleleft 5 \triangleleft 3$$

应用引理 9, 我们得到 f 有周期 $2 \cdot 3$ 的点, 也就是说 $2 \cdot 3 \triangleleft \cdots \triangleleft 7 \triangleleft 5 \triangleleft 3$. 如果 f 有一个周期为 $2m$ 的点, $m \geqslant 3$ 且 m 是奇数, 由引理 5, f^2 有一个周期为 m 的点. 再次应用引理 8, 我们得到 f^2 有周期为 $(m+2)$ 的点. 而 f 有周期 $2(m+2)$ 的点或周期 $(m+2)$ 的点, 这可由引理 6 给出. 如果 f 有周期 $(m+2)$ 的点, 由引理 9, 它有周期为 $2(m+2)$ 的点. 因此, 在任意情形 f 有周期为 $2(m+2)$ 的点. 于是, 我们得到

$$\cdots 2 \cdot 5 \triangleleft 2 \cdot 3 \triangleleft \cdots \triangleleft 7 \triangleleft 5 \triangleleft 3$$

接下来, 我们证明对于 $2^m (m > 0)$ 的定理. 因此 f 有周期为 2^m 的周期点, $m > 0$. 设 $k = 2^l$ 使得 $l < m$. 我们现在考虑 $g = f^{\frac{k}{2}}$.

由于，$f^{2^m}(y_1) = y_1$，对某个 y_1
$$\Rightarrow f^{2^{l-1} \cdot 2^{m-l+1}}(y_1) = y_1 \Rightarrow (f^{\frac{k}{2}})^{2^{m-l+1}}(y_1) = y_1 \Rightarrow g^{2^{m-l+1}}(y_1) = y_1$$

又由于 $2^{m-l+1} \geq 2$，由引理 7，我们得，g 有周期为 2 的周期点，即 $g^2(y_2) = y_2$，对某个 $y_2 \Rightarrow f^{2^l}(y_2) = y_2$.

因此，存在 f 的周期为 2^m 的点 $\Rightarrow$ 存在 f 的周期为 2^l 的点，其中 $l < m$，$m > 0$.

接下来，我们证明对于 $p \cdot 2^m$ 的定理，$p \geq 3$ 为奇数，$m \geq 1$. 我们考虑如下的情形.

(1) 设 $k = q \cdot 2^m$，$q > p$ 且 q 是奇数.

因此，在这种情形中，f 有周期为 $p \cdot 2^m$ 的点，p 为奇数，$m \geq 1$. 我们考虑 $g = f^{2^m}$. 那么 $g^p = f^{p \cdot 2^m}$. 因此 g 有一个 p-周期点. 因为 p 是奇数，且 $q > p$，由引理 7，存在 g 的一个周期为 q 的周期点. 现在 $g^q = f^{q \cdot 2^m}$. 因此，存在 f 的周期为 $p \cdot 2^m$ 的点 $\Rightarrow$ 存在 f 的周期为 $q \cdot 2^m$ 的点，$q > p$，p, q 是奇数使得 $p > 1$，$m \geq 2$.

(2) 设 $g = f^{2^{m-1}}$.

在这种情形下，$g^{2 \cdot p}(y_3) = y_3$，对某个 y_3 成立. 因此 g 有周期为 $2 \cdot p$ 的点. 由此以及我们之前的证明，可知 g 有周期为 $2 \cdot (p+2)$ 的点.

另外，由引理 5，g^2 有周期为 p 的点. 由此我们得到 g^2 有周期为 $2 \cdot 3$ 的点，通过应用引理 9.

那么 $(g^2)^{2 \cdot 3}(y_4) = y_4$，对某个 y_4
$$\Rightarrow g^{2^2 \cdot 3}(y_4) = y_4 \Rightarrow f^{2^{m+1} \cdot 3}(y_4) = y_4$$

因此 f 有周期为 $2^{m+1} \cdot 3$ 的点. 如果 $p = 3$，这证明存在 f 的周期为 $p \cdot 2^m$ 的点，也就是说，我们得到，存在 f 的周期为 $p \cdot 2^l$ 的点，其中 $l > m$，$m \geq 1$.

如果 $p > 3$，由情形(1)我们得到 f 的一个周期为 $p \cdot 2^{m+1}$ 的点. 因此在任意情形存在 f 的周期为 $p \cdot 2^m$ 的点 $\Rightarrow$ 存在 f 的周期为 $p \cdot 2^l$ 的点，其中 $l > m$，$m \geq 1$.

最后，我们证明，如果 f 有周期为 $m \cdot 2^p$ 的点，$m \geq 3$ 且 m 为奇数，那么它也有周期为 2^r 的周期点，$r > p$.

我们现在取 $g = f^{2^p}$，有 $f^{m \cdot 2^p}(y_5) = (y_5)$，对某个 y_5 成立，即 $g^m(y_5) = y_5$. 因此，g 有周期为 m 的周期点，$m \geq 3$.

由引理 7，我们得，g 有周期为 2 的点，即 $g^2(y_6) = y_6$，对某个 y_6 成立. 这给出了 $f^{2^{p+1}}(y_6) = y_6$.

因此，存在 f 的周期为 $m \cdot 2^p (m \geq 3)$ 的点 $\Rightarrow$ 存在 f 的周期为 2^r 的点，$r > p$.

利用上述论证,定理得证.

定理 2 对每一个正整数 n,存在一个连续映射 $f:I\to I$,它有周期为 n 的循环,但是在 Sarkovskii 序中,对于任意 $n\triangleleft m$ 没有周期为 m 的循环.

证明 设 $I=[-1,1]$ 是一个闭区间,我们考虑 I 上的连续映射 $F(x)=1-2x^2$. 那么 $F^n(x)=x$ 在 I 中有精确的 2^n 个不同的解. 因此 $F(x)$ 有有限多个周期为 n 的轨道. 设 O_n 是一个周期为 n 的轨道使得 $(\max O_n - \min O_n)$ 在所有周期为 n 的轨道中最小.

我们现在定义函数
$$F_n(x)=\begin{cases}\min O_n, & F(x)\leqslant \min O_n\\ \max O_n, & F(x)\geqslant \max O_n\\ F(x), & \min O_n\leqslant F(x)\leqslant \max O_n\end{cases}$$

那么显然 $F_n(x)$ 对所有 n 为连续函数. 由于 $(\max O_n - \min O_n)$ 是最小的,所以 $F_n(x)$ 有精确的周期为 n 的轨道. 它在 Sarkovskii 序中对于任意的 $n\triangleleft m$ 没有周期为 m 的轨道.

由此便证明了定理 2.

定理 3 存在连续映射 $f:I\to I$,对于 $i\geqslant 0$ 有周期为 2^i 的循环且没有其他周期的循环.

证明 根据引理 10,我们将证明这个定理.

设 $I'=[0,1]$ 是单位区间,我们考虑连续函数 $f:I'\to I'$,$f(x)=1/3$. 那么 $\text{Per}(f)=\{1\}$. 现在,我们考虑 f 的二重算子
$$f_1(x)=D_f(x)=\begin{cases}\dfrac{7}{9}, & 0\leqslant x\leqslant \dfrac{1}{3}\\ \dfrac{7}{3}\left(\dfrac{2}{3}-x\right), & \dfrac{1}{3}<x\leqslant \dfrac{2}{3}\\ x-\dfrac{2}{3}, & \dfrac{2}{3}<x\leqslant 1\end{cases}$$

我们首先证明 $f_1(x)$ 是一个连续函数,从我们的构造中可以清楚地看出 $f_1(x)$ 在 $\left[0,\dfrac{1}{3}\right)\cup\left(\dfrac{1}{3},\dfrac{2}{3}\right)\cap\left(\dfrac{2}{3},1\right]$ 上是连续的. 因此我们证明了 $f_1(x)$ 在 $\dfrac{1}{3}$ 和 $\dfrac{2}{3}$ 上是连续的.

现在
$$\lim_{x\to\frac{1}{3}^-}f_1(x)=\lim_{x\to\frac{1}{3}^+}f_1(x)=\frac{7}{9}=f_1\left(\frac{1}{3}\right)$$
$$\lim_{x\to\frac{2}{3}^-}f_1(x)=\lim_{x\to\frac{2}{3}^+}f_1(x)=0=f_1\left(\frac{2}{3}\right)$$

因此 $f_1(x)$ 在 I' 上是一个连续函数.

现在,由引理 10 我们得到,$f_1(x)$ 的周期是 $\mathrm{Per}(f_1)=\{1,2\}$. 设 $f_2(x)=D_f^2$,那么 $f_2(x)$ 的周期是 $\mathrm{Per}(f_2)=\{1,2,2^2\}$. 因此,由数学归纳法,$f_n(x)$ 的周期是 $\mathrm{Per}(f_n)=\{1,2,2^2,\cdots,2^n\}$,其中 $f_n(x)=D_f^n(x)$. 最后,我们定义 $f_\infty(x)=\lim_{n\to\infty}f_n(x)$,并说明 $f_\infty(x)$ 是一个连续函数. 我们之前已经证明了 $f_1(x)$ 在 I' 上是一个连续函数,注意到 $f_1(x)=x_1$,对某个 $x_1\in I'$. 那么 $f_2(x)=f_1(x)$ 在 I' 上再次连续,因为 $x_1\in I'$. 设 $f_m(x)$ 在 I' 上是连续的,即 $f_m(x)=x_{m+1}$,对某个 $x_{m+1}\in I'$. 那么 $f_{m+1}(x)=f_1(x_{m+1})$ 在 I' 上是连续的,因为 $x_{m+1}\in I'$.

由数学归纳法,我们得 $f_n(x)=D_f^n(x)$ 对所有 n 是连续的.

因此 $\{f_n(x)\}$ 是定义在 I' 上的连续函数序列使得 $\lim_{x\to c}f_\infty(x)=f_\infty(c)$,对所有 $c\in I'$ 成立. 因此 $f_\infty(x)$ 在 I' 上是一个连续函数.

最后,我们从 $f_\infty(x)$ 的定义得到 $\mathrm{Per}(f_\infty)=\{1,2,2^2,\cdots\}$,且它不包含其他周期.

证毕.

第四节　Sarkovskii 定理的进一步讨论

Sarkovskii 定理有几个结果,我们一个一个地来看.

(1) 如果一个连续映射有一个最小周期为 $2^i(i\geqslant 0)$ 的循环,那么它也有一个最小周期为 $2^l(l\geqslant 0)$ 的循环.

(2) 如果一个连续映射只有有限多的周期点,那么它们的周期都必须是 2 的幂.

(3) 在 Sarkovskii 序中最大的周期是 3,因此,周期 3 意味着连续映射的所有其他周期.

(4) Sarkovskii 定理并没有告诉我们循环的稳定性,只是告诉我们存在这些周期的循环.

(5) 从 Sarkovskii 序可以很容易地证明,如果一个连续映射有一个最小周期点 $p\cdot 2^m$,且 p 为奇数,那么它也有一个最小周期点 $q\cdot 2^m$,其中 q 为偶数.

我们现在讨论这个定理的推广. Sarkovskii 定理并不立即适用于其他拓扑空间上的动力系统. 它通常都是一维的结果. 事实上,这个定理甚至对圆也不成立. 我们考虑平面上的单位圆 S'. 设 $f:S'\to S'$ 由 $f(\theta)=72°+\theta$ 所定义. 那么它是一个连续映射,该映射使 S' 的所有点都具有最小周期为 5 的周期性,没有其他的周期点. 因此 Sarkovskii 定理不适用于 S'. 这个定理当然可以推广到更广泛类型的映射,如不连续映射、多值映射和随机映射等,到不同类型的相空间.

最近,P. Szuca 证明了对于那些图像是平面连通 G_δ 集的不连续映射,Sarkovskii 序是偶数的. C. Bernhardt 给出了 Sarkovskii 定理的一个多值形式. 另外,即使在 $\mathbf{R}^n$ 中也存在一类有序的映射,它们被称为"三角形"映射. C. H. Hsu 和 M. C. Li 证明了任意连续区间映射的拓扑可传递性暗示了周期为 6 的点的存在.

第二编
Sarkovskii 基定理的推广

模糊数及其应用[①]

本章介绍模糊数的基本概念、各种类型的模糊数及其特性.

在近代,由于科学的发展,特别是在所谓软科学(soft science)范围内,例如生物学、社会工程学、环境保护、经济管理、系统工程等学科中,所涉及的数量几乎都带有模糊性.这就给模糊数的研究提供了实际背景和强大的生命力.

第一节 准备知识 —— 凸模糊集与区间数

模糊数学虽然诞生在1965年,但在1965年到1975年这十年内,它的研究方向主要是模糊集及其应用.而对于经典数学的核心部分,如数系、四则运算和数学分析等,却未加以模糊化,这在一定程度上使得模糊数学的理论落后于它的应用.

直到 L. A. Chad(查德)提出了扩张原则之后,这才为模糊数学借助于经典方法开辟了新的道路.1976年,日本几位学者相继开始了模糊数的系统研究,1979年法国的 Kalman(卡夫曼)也开始了模糊复数、模糊级数等方面的研究工作,1980年袁萌(北京电力科学院)、王德谋等同志在国内开展了这方面的工作,王德谋同志还给出了模糊数的普遍定义.

为了介绍模糊数,我们先定义凸模糊集.

定义 1 设 $\underset{\sim}{A}$ 为以实数域 **R** 为论域的模糊子集,其隶属函数为 $\mu_{\underset{\sim}{A}}(x)$,如果对任意实数 $a < x < b$ 都有

$$\mu_{\underset{\sim}{A}}(x) \geqslant \min\{\mu_{\underset{\sim}{A}}(a), \mu_{\underset{\sim}{A}}(b)\} \quad (a, b, x \in \mathbf{R})$$

[①] 摘自《模糊数学及其应用》,贺仲雄编,天津科学技术出版社,1983.

则称 $\underset{\sim}{A}$ 是一个凸模糊集.

除凸模糊集外,还有非凸模糊集,如图 1 和 2 所示.

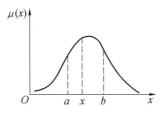

图 1 凸模糊集

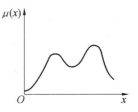

图 2 非凸模糊集

关于凸模糊集,有如下两个性质:

性质 1 凸模糊集的截集必为区间,反之截集均为区间的模糊集必是凸模糊集.

关于这个性质,我们就不证明了,读者可参看图 3,此性质也可以作为凸模糊集的等价定义.

性质 2 设 $\underset{\sim}{A}, \underset{\sim}{B}$ 为两个凸模糊集,则 $\underset{\sim}{A} \cap \underset{\sim}{B}$ 也是凸模糊集.

这个性质的证明中用到性质 1,因区间的交仍为区间,故 $\underset{\sim}{A} \cap \underset{\sim}{B}$ 的截集之交也是区间.根据性质 1 知,$\underset{\sim}{A} \cap \underset{\sim}{B}$ 也是凸模糊集,如图 4 所示.

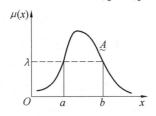

图 3 凸模糊集截得区间

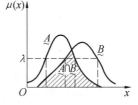

图 4 两凸模糊集之交

本章中凡提到模糊集时,如不特殊声明均指凸模糊集.对于非凸模糊集,必要时可以分解为几个凸模糊集来讨论.

利用凸模糊集可以定义模糊数,这将在下节叙述,应该声明,我们将在区间数的基础上讨论模糊数,所谓区间数,就是把一个闭区间 $[a,b]$ 作为一个数来处理,从而形成计算数学的一个新的分支——区间分析.

关于区间数的定义如下

$$I = [a,b] = \{x \mid a \leqslant x \leqslant b, a,b \in \mathbf{R}\}$$

叫作一个区间数.

全体区间数记为

$$I_{\mathbf{R}} = \{[a,b] \mid a \leqslant b, a,b \in \mathbf{R}\}$$

在 $I_{\mathbf{R}}$ 中,可以规定两个区间数的算术运算,用抽象符号"$*$"表示 $+, -, \times, \div$ 之一,并记作 $* \in \{+, -, \times, \div\}$.

则
$$[a,b] * [c,d] \triangleq \{x * y \mid x \in [a,b], y \in [c,d]\}$$
其中符号"$\triangleq$"表示"记作"之意.

特别地,若 $0 \in [c,d]$,则对 $[a,b]/[c,d]$,亦即 $[a,b] \div [c,d]$,不加定义.

关于区间数的运算有以下公式:

(1) $[a,b] + [c,d] = [a+c, b+d]$.

(2) $[a,b] - [c,d] = [a-d, b-c]$.

(3) $[a,b] \times [c,d] = [\min\{ac, ad, bc, bd\}, \max\{ac, ad, bc, bd\}]$.

(4) $[a,b] \div [c,d] = [a,b] \times [1/d, 1/c]$,这里要求 $0 \notin [c,d]$.

以下举例说明.

例 1 $[0,1] - [0,1] = [-1,1]$(与传统数学习惯不合).

例 2 $[1,2] \div [1,2] = [1,2] \times [1/2,1] = [1/2,2]$.

在一般情况下,分配律是不成立的,只满足所谓的"次分配律",即
$$I(J + K) \subseteq IJ + IK$$
在上式中,I, J, K 为区间数,按习惯略去"$\times$". 这个性质是 Moore(莫尔)发现的.

第二节 模糊数的定义

我们采用王德谋关于模糊数的定义.

定义 2 设 $\underset{\sim}{I}$ 为 $\mathbf{R}$ 上的模糊子集,$\mu_{\underset{\sim}{I}}(x)$ 是它的隶属函数,设 $\beta = \sup \mu_{\underset{\sim}{I}}(x)$,若对任意 $\lambda \in (0, \beta)$,$I_\lambda = \{x \mid \mu_{\underset{\sim}{I}}(x) \geqslant \lambda\}$ 都是一个闭区间,则称 $\underset{\sim}{I}$ 是一个模糊数.

此时称 I_λ 为 $\underset{\sim}{I}$ 的 λ 截集.

由此定义,可得下列结论:

(1) 具有连续隶属函数 $\mu_{\underset{\sim}{I}}(x)$ 的凸模糊子集是模糊数.

(2) 实数集中的任意闭区间 $[a,b]$ 都是一个模糊数.

因此,按此定义模糊数是区间数的推广,而区间数是模糊数的特例.

下面我们将不加证明地叙述关于模糊数的几个定理.

定理 1 模糊数 $\underset{\sim}{I}$ 的隶属函数必有最大值.

由此定理得到两个推论.

推论 1 模糊数的隶属函数至多有可数个间断点,且都为第一类间断点.

推论 2 模糊数 $\underset{\sim}{I}$ 必为凸模糊子集.

定理 2 设 $\underset{\sim}{I}$ 为一模糊数,则它的支集 $\text{supp}\,\underset{\sim}{I} = \{x \mid \mu_{\underset{\sim}{I}}(x) > 0\}$ 必是一个

区间.

定理 3 假定 $\underset{\sim}{I}, \underset{\sim}{J}$ 是两个模糊数. 抽象运算符号 $* \in \{+, -, \times, \div\}$. 并设 $\underset{\sim}{I}, \underset{\sim}{J}$ 的隶属函数分别为 $\mu_{\underset{\sim}{I}}, \mu_{\underset{\sim}{J}}$, 对于任意 $\lambda \in [0,1]$, 任意 $x, y, z \in \mathbf{R}$, 下列集合等式成立

$$\{z \mid z = x * y, x \in I_\lambda, \text{且 } y \in J_\lambda\} =$$
$$\{z \mid \bigvee_{z = x * y} (\mu_{\underset{\sim}{I}}(x) \wedge \mu_{\underset{\sim}{J}}(y)) \geqslant \lambda\}$$

此处 $\vee, \wedge$ 分别表示最大,最小运算.

定理 3 的实用意义很大,因为模糊数的运算法则就是依此而来的.

定理 4 设 $K_\lambda = I_\lambda * J_\lambda$,若
$$\lambda_1 \leqslant \lambda_2$$
则有
$$K_{\lambda_2} \subseteq K_{\lambda_1}$$

定理 5 设
$$K_\lambda = I_\lambda * J_\lambda$$
令
$$\underset{\sim}{K} = \int_0^\beta \lambda K_\lambda \quad (0 < \lambda \leqslant \beta \leqslant 1)$$
则有
$$\mu_{\underset{\sim}{K}}(z) = \bigvee_{z = x * y} (\mu_{\underset{\sim}{I}}(x) \wedge \mu_{\underset{\sim}{J}}(y))$$

其中 $\underset{\sim}{K} = \int_0^\beta \lambda K_\lambda$ 的积分号是表示"求并"的 Chad 记号,亦即表示在 $\lambda \in (0, \beta]$ 上求并之意.

在有的文献中,还列举模糊数的其他性质,但限于篇幅,这里就不详细介绍了.

第三节 模糊数的算术运算

定义 3 设 $\underset{\sim}{I}, \underset{\sim}{J}$ 是任意两个模糊数,抽象运算 $* \in \{+, -, \times, \div\}$,令
$$K_\lambda = I_\lambda * J_\lambda \quad (0 < \lambda \leqslant \beta \leqslant 1)$$
$$\underset{\sim}{K} = \int_0^\beta \lambda K_\lambda$$

则规定 $\underset{\sim}{K} = \underset{\sim}{I} * \underset{\sim}{J}$ 为 $\underset{\sim}{I}, \underset{\sim}{J}$ 的算术运算. 在进行"÷"运算时,要求 $0 \notin \text{supp } \underset{\sim}{J}$.

由上节的定理可知,这样的定义是合理的,并且由此定义可直接推得以下定理.

定理 6 假定 $\underset{\sim}{I}, \underset{\sim}{J}, \underset{\sim}{K}$ 是任意模糊数,则必有:

(1) $\underset{\sim}{I} + \underset{\sim}{J} = \underset{\sim}{J} + \underset{\sim}{I}$(加法交换律).

(2) $(\underset{\sim}{I} + \underset{\sim}{J}) + \underset{\sim}{K} = \underset{\sim}{I} + (\underset{\sim}{J} + \underset{\sim}{K})$(加法结合律).

(0) $0 + \underset{\sim}{I} = \underset{\sim}{I} + 0$,此处 $0 \in \mathbf{R}$(亦即存在 0 元).

(4) $\underset{\sim}{I} \times \underset{\sim}{J} = \underset{\sim}{J} \times \underset{\sim}{I}$(乘法交换律).

(5) $\underset{\sim}{I} \times (\underset{\sim}{J} \times \underset{\sim}{K}) = (\underset{\sim}{I} \times \underset{\sim}{J}) \times \underset{\sim}{K}$(乘法结合律).

(6) $1 \times \underset{\sim}{I} = \underset{\sim}{I} \times 1$,此处 $1 \in \mathbf{R}$(亦即存在单位元).

证明 依次取各式的 λ 截集,则证明是显然的. 但有一点需要特别注意,即和区间数一样可能有

$$\begin{cases} \underset{\sim}{I} - \underset{\sim}{I} \neq 0 \\ \underset{\sim}{I} \div \underset{\sim}{I} \neq 1 \end{cases}$$

定理 7 模糊数服从次分配律

$$\underset{\sim}{I} \times (\underset{\sim}{J} + \underset{\sim}{K}) \subseteq \underset{\sim}{I} \times \underset{\sim}{J} + \underset{\sim}{I} \times \underset{\sim}{K}$$

证明可由区间数的性质而得.

定理 8 模糊数的算术运算,具有包含关系的单调性. 亦即若 $\underset{\sim}{I} \subseteq \underset{\sim}{K}, \underset{\sim}{J} \subseteq \underset{\sim}{L}$,则有

$$\underset{\sim}{I} * \underset{\sim}{J} \subseteq \underset{\sim}{K} * \underset{\sim}{L}$$

证明从略.

定理 9 若将零模糊数的全体记作

$$\underset{\sim}{N} = \{\underset{\sim}{I} \mid 0 \in \operatorname{supp}(\underset{\sim}{I})\}$$

则 $\underset{\sim}{N}$ 中的元素对加、减运算封闭,且与任何模糊数的积,均在 $\underset{\sim}{N}$ 中. 证明从略(但应说明:零模糊数不能作除数).

定理 10 对称零模糊数与任何模糊数的积与商仍是对称零模糊数.

此处所指的对称零模糊数指的是其隶属函数图形对称于纵轴.

以上概述了有关模糊数的运算法则,下面我们举实际运算的例子.

例 在第二节中曾给出运算公式

$$\mu_{\underset{\sim}{K}}(z) = \bigvee_{z = x * y}(\mu_{\underset{\sim}{I}}(x) \wedge \mu_{\underset{\sim}{J}}(y))$$

现在我们用此公式,给出一个计算实例.

设给出模糊数

$$\underset{\sim}{I} = \frac{1}{1} + \frac{0.1}{2}$$

$$\underset{\sim}{J} = \frac{0.1}{1} + \frac{1}{2} + \frac{0.8}{3}$$

$$\underset{\sim}{K} = \frac{0.9}{3} + \frac{1}{4} + \frac{0.9}{5}$$

此处 $\underset{\sim}{I}, \underset{\sim}{J}, \underset{\sim}{K}$ 均用 Chad 记号表示,因 $\underset{\sim}{I}$ 的峰值在 1,俗称"$\underset{\sim}{1}$",并读作"模糊1". 同理,$\underset{\sim}{J}, \underset{\sim}{K}$ 可分别记作"$\underset{\sim}{2}$"和"$\underset{\sim}{4}$",并读作"模糊2"和"模糊4".

现在需要计算 $\underset{\sim}{I} + \underset{\sim}{J} + \underset{\sim}{K} = ?$

沙可夫斯基定理——从一道韩国奥林匹克数学竞赛试题的解法谈起

根据加法结合律,我们先计算 $\underset{\sim}{I}+\underset{\sim}{J}$,由上面的公式,因 $\underset{\sim}{I}$ 有 2 项,$\underset{\sim}{J}$ 有 3 项,配搭起来共有 $2\times 3=6$ 项,抽象运算"$*$"在此时是"$+$"组合,结果为

$$\frac{1\wedge 0.1}{1+1}+\frac{1\wedge 1}{1+2}+\frac{1\wedge 0.8}{1+3}$$

($\underset{\sim}{I}$ 中第一项配 $\underset{\sim}{J}$ 中各项)

$$\frac{0.1\wedge 0.1}{2+1}+\frac{0.1\wedge 1}{2+2}+\frac{0.1\wedge 0.8}{2+3}$$

($\underset{\sim}{I}$ 中第二项配 $\underset{\sim}{J}$ 中各项)

在上式中,分母之"$+$"是数的加法,而连接两式之"$+$"是 Chad 记号,"$\wedge$"为取最小值. 将上式化简,则得

$$\frac{0.1}{2}+\frac{1}{3}+\frac{0.8}{4}$$

$$\frac{0.1}{3}+\frac{0.1}{4}+\frac{0.1}{5}$$

再对"分母"相同各项取隶属度最大值(即进行"$\underset{z=x*y}{\vee}$"运算)则得

$$\underset{\sim}{I}+\underset{\sim}{J}=\frac{0.1}{2}+\frac{1}{3}+\frac{0.8}{4}+\frac{0.1}{5}$$

其峰值在 3,可理解为 $\underset{\sim}{1}+\underset{\sim}{2}=\underset{\sim}{3}$,这是符合对普通数加法的习惯,将 $\underset{\sim}{I}+\underset{\sim}{J}$ 记作 $\underset{\sim}{3}$,再与 $\underset{\sim}{K}$ 作加法运算,即求 $\underset{\sim}{3}+\underset{\sim}{K}=?$

根据交换律 $\underset{\sim}{3}+\underset{\sim}{K}=\underset{\sim}{K}+\underset{\sim}{3}$,仿前 $\underset{\sim}{3}$ 此时有 4 项,$\underset{\sim}{K}$ 有 3 项,搭配起来共有 $4\times 3=12$ 项,具体如下:

$\underset{\sim}{K}$ 中第一项配 $\underset{\sim}{3}$ 中各项,有

$$\frac{0.9\wedge 0.1}{3+2}+\frac{0.9\wedge 1}{3+3}+\frac{0.8\wedge 0.8}{3+4}+\frac{0.9\wedge 0.1}{3+5}$$

$\underset{\sim}{K}$ 中第二项配 $\underset{\sim}{3}$ 中各项,有

$$\frac{1\wedge 0.1}{4+2}+\frac{1\wedge 1}{4+3}+\frac{1\wedge 0.8}{4+4}+\frac{1\wedge 0.1}{4+5}$$

$\underset{\sim}{K}$ 中第三项配 $\underset{\sim}{3}$ 中各项,有

$$\frac{0.9\wedge 0.1}{5+2}+\frac{0.9\wedge 1}{5+3}+\frac{0.9\wedge 0.8}{5+4}+\frac{0.9\wedge 0.1}{5+5}$$

化简后得

$$\frac{1}{5}+\frac{0.9}{6}+\frac{0.8}{7}+\frac{0.1}{8}$$

$$\frac{0.1}{6}+\frac{1}{7}+\frac{0.8}{8}+\frac{0.1}{9}$$

$$\frac{0.1}{7}+\frac{0.9}{8}+\frac{0.8}{9}+\frac{0.1}{10}$$

再对"分母"相同的项,按最大运算"$\vee$"进行,则得

$$\underset{\sim}{3}+\underset{\sim}{K}=\frac{0.1}{5}+\frac{0.9}{6}+\frac{1}{7}+\frac{0.9}{8}+\frac{0.8}{9}+\frac{0.1}{10}$$

其峰值在 7,亦即

$$\underset{\sim}{3}+\underset{\sim}{K}=\underset{\sim}{3}+\underset{\sim}{4}=\underset{\sim}{7}$$

所以

$$\underset{\sim}{I}+\underset{\sim}{J}+\underset{\sim}{K}=\underset{\sim}{7}$$

以上是按公式

$$\mu_{\underset{\sim}{K}}(z)=\bigvee_{z=x*y}(\mu_{\underset{\sim}{I}}(x)\wedge\mu_{\underset{\sim}{J}}(y))$$

进行运算的,但在国外文献中,不少情况是把"$\wedge$"换为"·",即普通乘法;把"$\vee$"换为"+",即普通加法,用 $\sum$ 表示. 请参看下节.

第四节 模糊正整数

模糊数的理论比模糊子集论更年轻,据不完全统计,有关模糊数的论文不超过二十篇,且都是 1976 年以后的成果,因此它正处于萌芽和发展时期,因而也就出现了百花齐放、百家争鸣的盛景,仅就模糊整数而言,在国外就出现了模糊正整数、指数模糊整数、几何模糊整数和 Guass(高斯)模糊整数等.

总的说来,模糊数的算术运算一般有两大类定义,其一是以最大、最小运算为基础的,按照

$$\mu_{\underset{\sim}{K}}(z)=\bigvee_{z=x*y}(\mu_{\underset{\sim}{I}}(x)\wedge\mu_{\underset{\sim}{J}}(y))$$

其中 $\underset{\sim}{K}=\underset{\sim}{I}*\underset{\sim}{J}$,而抽象运算"$*$"满足 $* \in \{+,-,\times,\div\}$.

另一类是以普通的加、乘为基础的,对比上式则有

$$\mu_{\underset{\sim}{K}}(z)=\sum_{z=x*y}\mu_{\underset{\sim}{I}}(x)\cdot\mu_{\underset{\sim}{J}}(y)$$

其中 $\underset{\sim}{K}=\underset{\sim}{I}*\underset{\sim}{J}, *\in\{+,-,\times,\div\}$.

下面运用这种加、乘法则,叙述各种类型的模糊整数,但本节只叙述归一化的模糊正整数,此类模糊正整数,设论域为正实数域 $\mathbf{R}_+$,即 x 轴之 $[0,+\infty)$ 区间,先定义模糊 1,亦即"$\underset{\sim}{1}$"

$$\underset{\sim}{1}=\frac{0.1}{0}+\frac{0.8}{1}+\frac{0.1}{2}$$

对上式中"分子"表示的隶属函数要求必须归一化,亦即 $\sum_{i=0}^{\infty}\mu_{\underset{\sim}{1}}(i)=1$,对上式即为:

由此可以推得 $\underset{\sim}{2},\underset{\sim}{3},\cdots$,具体步骤如下:

运用 $\mu_{\underset{\sim}{L}}(z)=\sum_{z=x*y}\mu_{\underset{\sim}{I}}(x)\cdot\mu_{\underset{\sim}{J}}(y)$,此处

$$\underset{\sim}{I}=\underset{\sim}{J}=\underset{\sim}{1}=\frac{0.1}{0}+\frac{0.8}{1}+\frac{0.1}{2}$$

"$*$"取为普通加法,并用"$+$"表示,求 $\underset{\sim}{2}$ 即计算 $\underset{\sim}{K}=\underset{\sim}{1}+\underset{\sim}{1}$,仿第三节中的法则,但将"$\wedge$"改为普通乘法,将"$\vee$"改为普通加法,搭配起来共有 $3\times3=9$ 项,具体详述如下:

第一项和其余三项搭配,有

$$\frac{0.1\times0.1}{0+0}+\frac{0.1\times0.8}{0+1}+\frac{0.1\times0.1}{0+2}$$

第二项和其余三项搭配,有

$$\frac{0.8\times0.1}{1+0}+\frac{0.8\times0.8}{1+1}+\frac{0.8\times0.1}{1+2}$$

第三项和其余三项搭配,有

$$\frac{0.1\times0.1}{2+0}+\frac{0.1\times0.8}{2+1}+\frac{0.1\times0.1}{2+2}$$

将下面各式化简,再把"分母"(即元素)相同者,隶属函数相加

$$\frac{0.01}{0}+\frac{0.08}{1}+\frac{0.01}{2}$$

$$\frac{0.08}{1}+\frac{0.64}{2}+\frac{0.08}{3}$$

$$\frac{0.01}{2}+\frac{0.08}{3}+\frac{0.01}{4}$$

对应项相加,有

$$\frac{0.01}{0}+\frac{0.16}{1}+\frac{0.66}{2}+\frac{0.16}{3}+\frac{0.01}{4}$$

这个模糊数的峰值 0.66 在 2,故为 $\underset{\sim}{2}$,亦即

$$\underset{\sim}{2}=\frac{0.01}{0}+\frac{0.16}{1}+\frac{0.66}{2}+\frac{0.16}{3}+\frac{0.01}{4}$$

各元素隶属度之和仍要归一化,亦即

$$0.01+0.16+0.66+0.16+0.01=1$$

用类似方法,可推得

$$\underset{\sim}{3}=\underset{\sim}{2}+\underset{\sim}{1}=\frac{0.001}{0}+\frac{0.024}{1}+\frac{0.195}{2}+\frac{0.560}{3}+\frac{0.195}{4}+\frac{0.024}{5}+\frac{0.001}{6}$$

这样定义的 $\underset{\sim}{1},\underset{\sim}{2},\underset{\sim}{3},\cdots,\underset{\sim}{n},\cdots$ 称为"模糊正整数",如图 5 所示,严格地说 $\underset{\sim}{1},\underset{\sim}{2},\underset{\sim}{3},\cdots$ 都是离散的几个点.但为明显起见,我们把它们联结成曲线.从图中可看出由于归一化的要求,$\underset{\sim}{1},\underset{\sim}{2},\underset{\sim}{3},\cdots,\underset{\sim}{n},\cdots$ 的图形随着 n 的增加而越低、越宽.

特别地,设

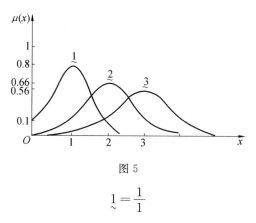

图 5

$$\underset{\sim}{1} = \frac{1}{1}$$

亦即 1 的隶属函数为 1,其余都为 0,则可以推得 $\underset{\sim}{2} = \frac{1}{2}$,注意这不是分数,而表示 2 的隶属函数为 1,由此类推下去即得

$$\underset{\sim}{1} = 1$$
$$\underset{\sim}{2} = 2$$
$$\vdots$$
$$\underset{\sim}{n} = n$$

即为普通正整数,因此可以说:模糊正整数是普通正整数的推广;而普通正整数是模糊正整数的特例.

另外,目前国际上定义的模糊数类型很多,仅就整数说来,就有指数型,几何型和 Gauss 型等,在下节我们会简单介绍一下,但初学者可略去不看.

第五节　其他类型的模糊整数

各种实际问题的解决方法不会完全相同,因此也都抽象成不同的理论和定义,模糊数的发展正是如此.仅就模糊整数而言,在 Kalman 教授访华时所带来的资料中,就有不同的定义.为了不同读者的需要,我们现摘择如下,仅供在解决不同具体问题时参考.

(1) 指数模糊正整数.设论域为正实数域 $\mathbf{R}_+$. 定义 $\underset{\sim}{I_1}$ 的隶属函数为

$$\mu_{\underset{\sim}{I_1}}(x) = \lambda \mathrm{e}^{-\lambda x}$$

其中,$x \in \mathbf{R}_+$,λ 为一个参数.

根据模糊数运算法则

$$\mu_{\underset{\sim}{K}}(z) = \sum_{z=x*y} \mu_{\underset{\sim}{I}}(x) \cdot \mu_{\underset{\sim}{I}}(y)$$

其中"$*$"取普通加法,将求和改为积分,则可以得到 I_2 的隶属函数

$$\mu_{I_2}(x) = \int_0^x \mu_{I_1}(t) \cdot \mu_{I_1}(x-t)\mathrm{d}t =$$
$$\int_0^x \lambda \mathrm{e}^{-\lambda t} \cdot \lambda \mathrm{e}^{-\lambda(x-t)}\mathrm{d}t =$$
$$\lambda^2 x \mathrm{e}^{-\lambda x}$$

同样,可以得到 I_3 的隶属函数为

$$\mu_{I_3}(x) = \int_0^x \mu_{I_2}(t) \cdot \mu_{I_1}(x-t)\mathrm{d}t =$$
$$\int_0^x \lambda t \mathrm{e}^{-\lambda t} \cdot \lambda \mathrm{e}^{-\lambda(x-t)}\mathrm{d}t =$$
$$\frac{1}{2}\lambda^3 x^2 \mathrm{e}^{-\lambda x}$$

用此方法类推,可得 I_n 的隶属函数为

$$\mu_{I_n}(x) = \int_0^x \mu_{I_{n-1}}(t) \cdot \mu_{I_1}(x-t)\mathrm{d}t = \frac{1}{(n-1)!}\lambda^n x^{n-1} \mathrm{e}^{-\lambda x}$$

我们根据上述方法得到的 $I_1, I_2, \cdots, I_n, \cdots$ 称为"指数模糊正整数",并规定

$$\mu_{I_0} = \delta(x)$$

其中 $\delta(x)$ 是 Dirac(狄拉克)δ 函数,即

$$\delta(x) = \begin{cases} 1, x = 0 \\ 0, x \neq 0 \end{cases}$$

现求出 $I_1, I_2, \cdots, I_n, \cdots$ 的最大值的横坐标和纵坐标,并列表如下(表 1):

表 1

I_i	$\mu_{I_i}(x)$	最大值横坐标	最大值纵坐标
I_1	$\lambda \mathrm{e}^{-\lambda x}$	$x = 0$	λ
I_2	$\lambda^2 x \mathrm{e}^{-\lambda x}$	$x = \dfrac{1}{\lambda}$	$\lambda \mathrm{e}^{-1}$
I_3	$\dfrac{1}{2}\lambda^3 x^2 \mathrm{e}^{-\lambda x}$	$x = \dfrac{2}{\lambda}$	$\dfrac{\lambda}{2} \cdot 2^2 \cdot \mathrm{e}^{-2}$
$\vdots$	$\vdots$	$\vdots$	$\vdots$
I_n	$\dfrac{1}{(n-1)!}\lambda^n x^{n-1} \mathrm{e}^{-\lambda x}$	$x = \dfrac{n-1}{\lambda}$	$\dfrac{\lambda}{(n-1)!}(n-1)^{n-1}\mathrm{e}^{-(n-1)}$
$\vdots$	$\vdots$	$\vdots$	$\vdots$

(2) 几何模糊正整数. 设论域为自然数,定义 J_1 的隶属函数为

$$\mu_{J_1}(x) = a(1-a)^{x-1}$$

其中 $0 < a < 1$,而 $x = 1, 2, 3, \cdots$.

J_2 的隶属函数可由如下方式得到

$$\mu_{\underset{\sim}{J_2}}(x) = \sum_{t=1}^{x-1} a(1-a)^{t-1} \cdot a(1-a)^{x-t-1} =$$

$$a^2(1-a)^{x-2} \sum_{t=1}^{x-1} 1 =$$

$$(x-1)a^2(1-a)^{x-2}$$

其中 $x = 2, 3, 4, \cdots$.

同理,可推得 $\underset{\sim}{J_3}$ 的隶属函数为

$$\mu_{\underset{\sim}{J_3}}(x) = \sum_{t=2}^{x-1} \mu_{\underset{\sim}{J_2}}(t) \cdot \mu_{\underset{\sim}{J_1}}(x-t) =$$

$$\sum_{t=2}^{x-1} (x-1)a^2(1-a)^{t-2} a(1-a)^{x-t-1} =$$

$$\frac{1}{2}(x-2)(x-1)a^3(1-a)^{x-2}$$

其中 $x = 3, 4, 5, \cdots$.

用此方法类推,可得 $\underset{\sim}{J_n}$ 的隶属函数为

$$\mu_{\underset{\sim}{J_n}}(x) = C_{x-1}^{x-n} a^n (1-a)^{x-n}$$

其中 C_{x-1}^{x-n} 是组合数,$n = 1, 2, 3, \cdots$.

这样得到的 $\underset{\sim}{J_1}, \underset{\sim}{J_2} \cdots, \underset{\sim}{J_n}, \cdots$ 叫几何模糊正整数,仿表 1 列表 2.

表 2

$\underset{\sim}{J_i}$	$\mu_{\underset{\sim}{J_i}}(x)$	最大值横坐标
$\underset{\sim}{J_1}$	$a(1-a)^{x-1}$	$x-1$
$\underset{\sim}{J_2}$	$(x-1)a^2(1-a)^{x-2}$	$\frac{1}{a} \leqslant x \leqslant 1 + \frac{1}{a}$
$\underset{\sim}{J_3}$	$\frac{(x-2)(x-1)}{2} a^3 (1-a)^{x-3}$	$\frac{2}{a} \leqslant x \leqslant 1 + \frac{2}{a}$
$\vdots$	$\vdots$	$\vdots$
$\underset{\sim}{J_n}$	$C_{x-1}^{x-n} a^n (1-a)^{x-n}$	$\frac{n-1}{a} \leqslant x \leqslant 1 + \frac{n-1}{a}$
$\vdots$	$\vdots$	$\vdots$

几何模糊正整数规定

$$\mu_{\underset{\sim}{J_0}}(x) = \begin{cases} 0, x = 1, 2, 3, \cdots \\ 1, x = 0 \end{cases}$$

(3) Gauss 模糊整数. Gauss 模糊整数的论域是实数集合 **R**,定义 $\underset{\sim}{K_1}$ 的隶属函数为

$$\mu_{\underset{\sim}{K_1}}(x) = \frac{1}{\sqrt{2\pi\sigma_1^2}} e^{-\frac{(x-1)^2}{2\sigma_1^2}}$$

其中 σ_1 是参数.

K_2 的隶属函数可按如下方式得到

$$\mu_{\underset{\sim}{K_2}}(x) = \int_{-\infty}^{+\infty} \mu_{\underset{\sim}{K}}(t) \cdot \mu_{\underset{\sim}{K_1}}(x-t) \mathrm{d}t = \frac{1}{\sqrt{4\pi\sigma_1^2}} \mathrm{e}^{-\frac{(x-2)^2}{4\sigma_1^2}}$$

由此可类推,得到 $\underset{\sim}{K_n}$ 的隶属函数为

$$\mu_{\underset{\sim}{K_n}}(x) = \frac{1}{\sqrt{2n\pi\sigma_1^2}} \mathrm{e}^{-\frac{(x-n)^2}{2n\sigma_1^2}}$$

这样得到的 $\underset{\sim}{K_1},\underset{\sim}{K_2},\cdots,\underset{\sim}{K_n},\cdots$ 叫 Gauss 模糊整数,仿表 1 列表 3. Gauss 模糊整数规定 $\underset{\sim}{K_0}$ 的隶属函数为

$$\mu_{\underset{\sim}{K_0}}(x) = \delta(x)$$

其中 $\delta(x)$ 是前述的 Dirac δ 函数,且满足

$$\lim_{\varepsilon \to 0} \int_{-\varepsilon}^{\varepsilon} \delta(x) \mathrm{d}x = 1$$

表 3

$\underset{\sim}{K_i}$	$\mu_{\underset{\sim}{K_j}}(x)$	最大值横坐标	最大值纵坐标
$\underset{\sim}{K_1}$	$\frac{1}{\sqrt{2\pi\sigma_1^2}}\mathrm{e}^{-\frac{(x-1)}{2\sigma_1^2}}$	1	$\frac{1}{\sqrt{2\pi\sigma_1^2}}$
$\underset{\sim}{K_2}$	$\frac{1}{\sqrt{4\pi\sigma_1^2}}\mathrm{e}^{-\frac{(x-2)}{4\sigma_1^2}}$	2	$\frac{1}{\sqrt{4\pi\sigma_1^2}}$
$\underset{\sim}{K_3}$	$\frac{1}{\sqrt{4\pi\sigma_1^2}}\mathrm{e}^{-\frac{(x-3)}{6\sigma_1^2}}$	3	$\frac{1}{\sqrt{6\pi\sigma_1^2}}$
⋮	⋮	⋮	⋮
$\underset{\sim}{K_n}$	$\frac{1}{\sqrt{2n\pi\sigma_1^2}}\mathrm{e}^{-\frac{(x-n)}{2n\sigma_1^2}}$	n	$\frac{1}{\sqrt{2n\pi\sigma_1^2}}$
⋮	⋮	⋮	⋮

第六节 模糊数在统筹方法上的应用

耿春仁(南京 1028 所工程师)曾在华罗庚统筹法的基础上,把模糊数用于统筹方法,并解决了一些实际问题.

假设我们的任务可分为两个阶段,第一阶段大约 6~8 天可以完成,第二阶段大约 9~12 天可以完成,用区间数可表示为

$$[6,8] + [9,12] = [6+9, 8+12] = [15, 20]$$

亦即总共需要 15~20 天可以完成全部任务,但是在 15~20 这个区间内,哪一天完成的把握大小如何,也就是可能性如何? 这用区间数就无法表示了,必须

用模糊数才能表示可能性的分布.

设第一阶段,6～8 天完成的可能性分布为模糊数 $\underset{\sim}{I}$

$$\underset{\sim}{I} = \frac{0.9}{6} + \frac{1}{7} + \frac{0.2}{8}$$

第二阶段 9～12 天完成的可能性分布为模糊数 $\underset{\sim}{J}$

$$\underset{\sim}{J} = \frac{0.3}{9} + \frac{1}{10} + \frac{0.9}{11} + \frac{0.1}{12}$$

依最大、最小运算法则计算 $\underset{\sim}{I} + \underset{\sim}{J}$ 得

$$\underset{\sim}{K} = \underset{\sim}{I} + \underset{\sim}{J} = \frac{0.3}{15} + \frac{0.9}{16} + \frac{1}{17} + \frac{0.9}{18} + \frac{0.2}{19} + \frac{0.1}{20}$$

如果取 $\lambda = 0.9$ 做 K_λ 截集,则可说:"很可能在 16～18 天完成."

关于完成一个任务的"可能性"问题是很重要的,特别是在某段时间完成的可能性,更是做计划时所必须考虑的,为此我们讨论如下:因为人们完成某个任务都是需要一定的时间的,可称其为"完成时间";对于一个确定的"完成时间"都有一个"相容"的程度问题,例如,我们可以把"完成时间"的"相容"程度分为七级,即"绝对不可能""不可能""不太可能""有可能""比较可能""很可能""非常可能",并定义其相应的数值为 0,0.1,0.3,0.5,0.7,0.9,1.例如下面的模糊分布

$$\underset{\sim}{P} = \frac{0.5}{5} + \frac{0.7}{6} + \frac{1}{7} + \frac{1}{8} + \frac{1}{9} + \frac{1}{10}$$

其含义为"五天完成是有可能的,六天完成是比较可能的,七天以后就非常可能完成了."

讨论以上问题还可以从另一个角度着手,即完成任务时的富余量,我们称其为"冗余度",在上述例子中,对应于"可能性"小于 1 的天数而言,都没有富余量,亦即冗余度为 0.设七天的冗余度为 0,八天的冗余度为 0.2,九天的冗余度为 0.5,十天的冗余度为 1,即下列对应关系(表 4):

表 4

天数	1	2	3	4	5	6	7	8	9	10
冗余度	0	0	0	0	0	0	0	0.2	0.5	1

对冗余度求补,则相应得到 1,1,1,1,1,1,1,0.8,0.5,0,这些数分别表示各种天数完成任务的紧张程度,为此可引入"紧张分布"概念

$$\underset{\sim}{Q} = \frac{1}{1} + \frac{1}{2} + \frac{1}{3} + \frac{1}{4} + \frac{1}{5} + \frac{1}{6} + \frac{1}{7} + \frac{0.8}{8} + \frac{0.5}{9}$$

应该指出,在做计划时,往往估计不同的任务需用同一时间,例如都用七天,但这两个七的含义可能不同,因为它们是两个不同的模糊数,设它们分别为

$$\underset{\sim}{I_7} = \frac{0.9}{6} + \frac{1}{7}$$

$$J_{\widetilde{7}} = \frac{1}{7} + \frac{0.7}{8}$$

前者表明,任务有可能提前完成,而后者却表示任务有可能拖后,这种不同正表示了客观上两个估计的差异.

第七节　模糊数的其他应用

模糊数的应用范围十分广泛,袁萌曾把它用于管理科学、社会工程学等软科学领域,并作为例题,研究了各经济协会区域的物品交换问题.

赵卫国(机械工业部情报所)曾在计算机检索中,用模糊数来表示一些模糊概念,例如在业务档案的检索中,为了适应电子计算机的要求,分别用[0]到[7]的数表示业务等级,这些数实际上就表示模糊数

[0] 表示 $\widetilde{0}$ 对应"最差"
[1] 表示 $\widetilde{1}$ 对应"极差"
[2] 表示 $\widetilde{2}$ 对应"很差"
[3] 表示 $\widetilde{3}$ 对应"较差"
[4] 表示 $\widetilde{4}$ 对应"较好"
[5] 表示 $\widetilde{5}$ 对应"很好"
[6] 表示 $\widetilde{6}$ 对应"极好"
[7] 表示 $\widetilde{7}$ 对应"最好"

同样地,档案中一些其他特征如"性格""爱好"等也可以用模糊数表示,详细的情况可参看有关文献.

1981 年,曾有人把模糊数用于近似物理,即从所谓"空间不均匀性假设"出发,用模糊数构成模糊数组 $(\widetilde{x}, \widetilde{y}, \widetilde{z})$ 来描述空间粒子,在考虑粒子运动状态时还提出了建立"模糊四元数"和"模糊连续"的要求.

在国外关于模糊数的研究和应用,曾有 Dubois 和 Prade 等人的工作.特别是关于所谓 I-R 型模糊数的研究.

第八节　模糊集合的势

在集合论中,"势"的概念是很重要的.现在我们讨论如何把它推广到模糊集合中去,目前出现了两种定义,一种是 1972 年法国的 Delaca(德拉卡)的定义,现叙述如下:

若给定一模糊集合 $\widetilde{A}$,并设 $\widetilde{A}$ 的支集 supp $\widetilde{A}$ 为有限集,则定义 $\widetilde{A}$ 的势 $\#\widetilde{A}$ 为

$$\# \underset{\sim}{A} = \sum_{i=1}^{N} \mu_{\underset{\sim}{A}}(x_i)$$

其中,$x_i \in U$,U 是 $\underset{\sim}{A}$ 的论域.

此定义中模糊集的势一般是小数,例如设

$$\underset{\sim}{A} = \frac{0.2}{x_1} + \frac{0.7}{x_2} + \frac{0.3}{x_3} + \frac{0.9}{x_4}$$

则

$$\# \underset{\sim}{A} = \sum_{i=1}^{4} \mu_{\underset{\sim}{A}}(x_i) = 0.2 + 0.7 + 0.3 + 0.9 = 2.1$$

由于用此定义计算出 $\underset{\sim}{A}$ 的势一般是普通小数,故 Chad 在 1977 年又引入新的定义,即用模糊数表示 $\underset{\sim}{A}$ 的势,他定义模糊集 $\underset{\sim}{A}$ 的势 $\# \underset{\sim}{A}$ 为

$$\# \underset{\sim}{A} = \int_{\lambda \in [0,1]} \frac{\lambda}{\# A_\lambda}$$

亦即规定 $\# \underset{\sim}{A}$ 为以 $\# A_\lambda$ 为元素,λ 为隶属度的模糊集.注意,对于同一 $\# A_\lambda$,隶属度取 λ 中的最大者.也就是说,$\# \underset{\sim}{A}$ 是一个模糊数,对于前面的例子

$$\underset{\sim}{A} = \frac{0.2}{x_1} + \frac{0.7}{x_2} + \frac{0.3}{x_3} + \frac{0.9}{x_4}$$

现对 $\underset{\sim}{A}$ 取 λ 截集:

若 $\lambda = 0.2$

$$A_\lambda = \{x_1, x_2, x_3, x_4\}, \# A_\lambda = 4$$

若 $\lambda = 0.3$

$$A_\lambda = \{x_2, x_3, x_4\}, \# A_\lambda = 3$$

若 $\lambda = 0.7$

$$A_\lambda = \{x_2, x_4\}, \# A_\lambda = 2$$

若 $\lambda = 0.9$

$$A_\lambda = \{x_4\}, \# A_\lambda = 1$$

代入公式

$$\# \underset{\sim}{A} = \int_{\lambda \in [0,1]} \frac{\lambda}{\# A_\lambda} = \frac{0.2}{4} + \frac{0.3}{3} + \frac{0.7}{2} + \frac{0.9}{1}$$

这表示一个峰值在 1 的模糊正整数"1",这样定义的模糊集合的势与前面的定义差别较大,究竟哪个定义更好,还需等待实践的考验.

关于模糊数的 Sarkovskii 定理

第二章

上海师范大学数学科学学院的吴望名和陆秋君两位教授研究了模糊数中的 Sarkovskii 定理.

由前述内容我们知道,1975 年,T. Y. Li 和 Yorke[2] 指出:对于实连续函数,周期 3 蕴含着混沌. 这一结论引起了人们广泛的兴趣. 但不久就发现,该文披露的周期 3 定理竟是 1964 年乌克兰数学家 Sarkovskii[1] 的一个更令人赞叹的定理的一个特例. 但是 Li 和 Yorke 的工作还是功不可没,因为它揭示时间离散的确定性动力系统中存在着不确定现象是文献[1]中未注意到的. 现在,文献[1]和[2]已成为一维动力系统的重要基石.

由于客观世界广泛存在着模糊性,精确的实数和周期的概念还不能很好地解释许多实际现象. 例如,果树有"大小年"交替现象,地震每隔十几年有一次高峰,若用模糊数和模糊周期来解释更为贴切,为此将 Sarkovskii 定理推广到模糊数学中是有必要的.

设 $\mathbf{R}$ 是实数域,一个模糊(实)数是指 $\mathbf{R}$ 上的凸、正规、闭、有界的模糊集. 等价地说,$\mathbf{R}$ 上模糊集 $\tilde{a}$ 是模糊数当且仅当对任意 $\lambda \in (0,1]$,$\tilde{a}$ 的 λ — 截集 $\tilde{a}_\lambda = \{x \in \mathbf{R} \mid \tilde{a}(x) \geqslant \lambda\}$ 是一个闭区间. 模糊数全体记作 $\tilde{\mathbf{R}}$. 区间数(即闭区间)$\tilde{a} = [a^-, a^+]$($a^-, a^+ \in \mathbf{R}, a^- \leqslant a^+$)是特殊的模糊数,而普通实数 $a \in \mathbf{R}$,又是特殊的区间数(因 a 可看成 $[a,a]$).

设 $f: \mathbf{R} \to \mathbf{R}$ 是一个连续函数,$\tilde{a} \in \tilde{\mathbf{R}}$. 按 Zadeh(扎德)的扩张原理定义 $f(\tilde{a})$ 为

$$f(\tilde{a})(x) = \bigwedge_{u \in f^{-1}(x)} \tilde{a}(u), \forall x \in \mathbf{R}$$

则有 $f(\tilde{a}) \in \tilde{\mathbf{R}}$ 且 $(f(\tilde{a}))_\lambda = f(\tilde{a}_\lambda)$(证明见文献[4]),递归地定义 f^n 为
$$f^1(x) = f(x), f^{k+1}(x) = f(f^k(x))$$
其中,$x \in \mathbf{R}, k \in \mathbf{N}$.

显然,$f^n : \mathbf{R} \to \mathbf{R}$ 也是连续函数,且 $(f^n(\tilde{a}))_\lambda = f^n(\tilde{a})_\lambda$, $\forall \lambda \in (0,1]$. 实数 x_0 若有 $f^m(x_0) = x_0$ 且 $f^k(x_0) \neq x_0 (k=1,2,\cdots,m-1)$,则称 x_0 为 f 的一个 $m-$ 周期点.

定义 1 在 $\tilde{\mathbf{R}}$ 上定义一相容关系"$\approx$"如下:任给 $\tilde{a}, \tilde{b} \in \tilde{\mathbf{R}}, \tilde{a} \approx \tilde{b}$ 当且仅当 $\bigvee_{x \in \mathbf{R}}(\tilde{a}(x) \wedge \tilde{b}(x)) = 1$,当 $\tilde{a} \approx \tilde{b}$ 时,称 $\tilde{a}, \tilde{b}$ 相容. 当 $\bigvee_{x \in \mathbf{R}}(\tilde{a}(x) \wedge \tilde{b}(x)) < 1$ 时,称 $\tilde{a}, \tilde{b}$ 不相容,记作 $\tilde{a} \napprox \tilde{b}$.

注 1 相容关系是自反、对称的,但一般没有传递性.

命题 设模糊数 $\tilde{a}, \tilde{b}$ 有 $\tilde{a} \approx \tilde{b}$,则存在 $x_0 \in \mathbf{R}$ 使 $\tilde{a}(x_0) = \tilde{b}(x_0) = 1$.

证明 假设不存在 $x_0 \in \mathbf{R}$ 使 $\tilde{a}(x_0) = \tilde{b}(x_0) = 1$. 因 $\bigvee_{x \in \mathbf{R}}(\tilde{a}(x) \wedge \tilde{b}(x)) = 1$,故 $\forall x \in \mathbf{R}$ 有 $(\tilde{a}(x) \wedge \tilde{b}(x)) < 1$. 任取 ε_1 满足 $0 < \varepsilon_1 < 1$,则 $\exists x_1 \in \mathbf{R}$,使 $1 > \tilde{a}(x_1) \wedge \tilde{b}(x_1) > 1 - \varepsilon_1/2$.

令 $\varepsilon_2 = 1 - (\tilde{a}(x_1) \wedge \tilde{b}(x_1)) > 0$,有 $1 - \varepsilon_2 > 1 - \varepsilon_1/2$,得 $0 < \varepsilon_2 < \varepsilon_1/2$. 对于 ε_2,一定存在 $x_2 \in \mathbf{R}$,使 $1 > \tilde{a}(x_2) \wedge \tilde{b}(x_2) > 1 - \varepsilon_2/2$.

令 $\varepsilon_3 = 1 - (\tilde{a}(x_2) \wedge \tilde{b}(x_2)) > 0$,有 $0 < \varepsilon_3 < \varepsilon_2/2 < \varepsilon_1/2^2$,如此继续,可得一无穷数列 $x_1, x_2, x_3, \cdots, x_n, \cdots$,且其具有性质:

(1) $\tilde{a}(x_n) \wedge \tilde{b}(x_n) = 1 - \varepsilon_{n+1}, n = 1, 2, \cdots$.

(2) $\varepsilon_1 > \varepsilon_2 > \varepsilon_3 > \cdots > \varepsilon_n > \cdots > 0$,且 $\lim_{n \to \infty} \varepsilon_n = 0$(因 $\varepsilon_n < \varepsilon_1/2^{n+1}$)

(3) $\tilde{a}(x_n) > 1 - \varepsilon_n, \tilde{b}(x_n) > 1 - \varepsilon_n$.

因数列 $\{x_n\}(n=1,2,\cdots)$ 中每个数都属于闭区间 $\tilde{a}_{1-\varepsilon_1}$,而 $\{x_n\}$ 必有一个极限点 x_0,故 $x_0 \in \tilde{a}_{1-\varepsilon_1}$,同理,$x_0 \in \tilde{a}_{1-\varepsilon_2}, x_0 \in \tilde{a}_{1-\varepsilon_3}, \cdots, x_0 \in \tilde{a}_{1-\varepsilon_n}, \cdots$(注意 $\tilde{a}_{1-\varepsilon_1} \supseteq \tilde{a}_{1-\varepsilon_2} \supseteq \tilde{a}_{1-\varepsilon_3} \supseteq \cdots$ 形成闭区间套). 故 $\tilde{a}(x_0) \geq 1 - \varepsilon_n$,对 $\forall n$ 成立. 由此推出 $\tilde{a}(x_0) \geq \lim_{\varepsilon_n \to 0}(1 - \varepsilon_n) = 1 \Rightarrow \tilde{a}(x_0) = 1$. 同理可得,$\tilde{b}(x_0) = 1$,与假设矛盾.

注 2 $\tilde{a} \approx \tilde{b}$ 当且仅当存在 $x \in \mathbf{R}$ 使 $\tilde{a}(x) = \tilde{b}(x) = 1$,换言之,$\tilde{a} \approx \tilde{b}$ 等价于 $\tilde{a}, \tilde{b}$ 的 $1-$ 截集交不空,即 $\tilde{a}_1 \cap \tilde{b}_1 \neq \emptyset$.

注 3 特别地,对区间数 $\tilde{a}, \tilde{b}, \tilde{a} \approx \tilde{b}$,当且仅当 $\tilde{a} \cap \tilde{b} \neq \emptyset$;对于实数 $a, b \in \mathbf{R}, a \approx b$ 当且仅当 $a = b$.

定义 2 设 $f: \mathbf{R} \to \mathbf{R}$ 是连续函数,若存在 $\tilde{a} \in \tilde{\mathbf{R}}$ 的自然数 m,使得:
(1) $f^m(\tilde{a}) \approx \tilde{a}$ 且对 $k \in \{1, 2, \cdots, m-1\}, f^k(\tilde{a}) \napprox \tilde{a}$. (2) 存在 f 的 $m-$ 周期点 b 使得 $f^m(\tilde{a})(b) = \tilde{a}(b) = 1$. 则称 $\tilde{a}$ 是 f 的 $m-$ 模糊周期点. 当 $m=1$ 时,f 的 $1-$ 模糊周期点称为 f 的一个模糊不动点. 特别地,当 $\tilde{a}$ 是区间数 $\bar{a}$ 或实数 a 时,$m-$ 模糊周期点分别改称为 $m-$ 区间周期点或 $m-$ 周期点. 当 $m=1$ 时,相应地称为区间不动点和不动点.

注1 定义2条件(1)中的 $f^m(\tilde{a}) \approx \tilde{a}$ 可以从条件(2)推出.

注2 当 $a \in \mathbf{R}, f^m(a) \approx a \Leftrightarrow f^m(a) = a$. 此时定义2中条件(2)可从条件(1)推出. 因此,这里的 $m-$周期点和不动点的定义与通常的定义一致.

注3 容易看出, $\tilde{a}$ 是 f 的一个 $m-$模糊周期点,当且仅当 $\tilde{a}$ 是 f^m 的模糊不动点,且对所有 $k \in \mathbf{N}, k < m, \tilde{a}$ 不是 f^k 的模糊不动点.

Sarkovskii 对自然数重新排序如下:

$3, 5, 7, \cdots, 2n+1, \cdots; 2 \cdot 3, 2 \cdot 5, 2 \cdot 7, \cdots, 2(2n+1), \cdots; 2^2 \cdot 3, 2^2 \cdot 5, 2^2 \cdot 7, \cdots, 2^2(2n+1), \cdots; 2^m \cdot 3, 2^m \cdot 5, 2^m \cdot 7, \cdots; 2^l, \cdots, 8, 4, 2, 1.$

若自然数 m 排在自然数 n 之前,记作 $m \triangleleft n$. $(\mathbf{N}, \triangleleft)$ 是一个全序集. 序 $\triangleleft$ 称为 Sarkovskii 序,简称 $S-$序.

Sarkovskii 定理 设 $f: \mathbf{R} \to \mathbf{R}$ 是连续函数,且 f 有 $m-$周期点,则当 $m \triangleleft n$ 时, f 必有 $n-$周期点.

Sarkovskii 定理的逆 设 $m, n \in \mathbf{N}, m \triangleleft n$,则存在 $f: \mathbf{R} \to \mathbf{R}$ 是连续函数,使得 f 有 $n-$周期点,但 f 没有 $m-$周期点.

为了推广上述两个定理,先给出一个引理.

引理 设 $f: \mathbf{R} \to \mathbf{R}$ 是连续函数,则下列语句等价:

(1) f 有 $m-$模糊周期点.

(2) f 有 $m-$区间周期点.

(3) f 有 $m-$周期点.

证明 $(1) \Rightarrow (2)$: 设 $\tilde{a}$ 是 f 的 $m-$模糊周期点,则 $f^m(\tilde{a}) \approx \tilde{a}$ 且 $\tilde{a} \not\approx f^k(\tilde{a})$, $\forall k < m$. 于是 $(f^m(\tilde{a}))_1 = f^m(\tilde{a}_1), f^m(\tilde{a}_1) \cap \tilde{a}_1 \neq \varnothing$, 得 $f^m(\tilde{a}_1) \approx \tilde{a}_1$, 而 $\forall k < m, \tilde{a}_1 \cap f^k(\tilde{a}_1) = \varnothing$, 得 $\tilde{a}_1 \not\approx f^k(\tilde{a}_1)$. 又存在 f 的 $m-$周期点 b 使 $f^m(\tilde{a})(b) = \tilde{a}(b) = 1$, 故 $b \in f^m(\tilde{a}_1) \cap \tilde{a}_1$, 因此 $\tilde{a}_1$ 是 f 的 $m-$区间周期点.

$(2) \Rightarrow (3)$: 设 f 有 $m-$区间周期点 $\tilde{a} = [a^-, a^+]$, 则 $f^m(\tilde{a}) \cap \tilde{a} \neq \varnothing$ 且 $\forall k \in (1, \cdots, m-1), f^k(\tilde{a}) \cap \tilde{a} = \varnothing$, 并且存在 f 的 $m-$周期点 $b \in f^m(\tilde{a}) \cap \tilde{a}$.

$(3) \Rightarrow (1)$: 设 f 有 $m-$周期点 $a \in \mathbf{R}$, 以 a 为主值构造一个模糊数 $\tilde{a}$(即 $\tilde{a}(a) = 1$ 且对一切 $b \neq a, \tilde{a}(b) \neq 1$), 则 f 就有 $m-$模糊周期点 $\tilde{a}$.

由引理和 Sarkovskii 定理以及它的逆,可得:

定理1 设 $f: \mathbf{R} \to \mathbf{R}$ 是连续函数且 f 有 $m-$模糊周期点,则当 $m \triangleleft n$ 时, f 必有 $n-$模糊周期点.

定理2 设 $m, n \in \mathbf{N}, m \triangleleft n$, 则存在 $\mathbf{R}$ 上的连续函数 f, 使得 f 有 $n-$模糊周期点,但 f 没有 $m-$模糊周期点.

Sarkovskii 定理中的函数 $f: \mathbf{R} \to \mathbf{R}$ 可以改为 $f: I \to I$, 其中 I 可以是闭区间、开区间或半开半闭区间,特别地,取 $I = [0,1]$, 若 $f: [0,1] \to [0,1]$ 是连续函数,则 f 必有一个不动点. 这是 Brouwer(布劳威尔)不动点定理的平凡特例.

将模糊(实)数改为$[0,1]$上的凸、正规、有界、闭模糊集,称为模糊真数.对$[0,1]$上的子闭区间称为区间真数,则引理和定理1,2经少许修改后仍成立,进一步还有:

定理 3 设 $f:[0,1] \to [0,1]$ 是连续函数,则 f 必有一个模糊不动点.

关于 n 个符号系统组合的 Sarkovskii 序定理

兰州铁道学院基础课部的吕新忠教授 1993 年得到了关于 n 个符号系统组合形成的 Sarkovskii 序定理：当且仅当按 Sarkovskii 序 $n \triangleleft m$ 时，有 $P_n > P_m$。这里 P_k 记 M 中的最小极大 $k-$周期列，其中 M 表示 $n(n>3)$ 个字母 $L_1, L_2, \cdots, L_n$ 组成的无穷序列 $I = I_1 I_2 \cdots I_n \cdots$ 的全体。

运用符号动力系统的概念，可以给出 Sarkovskii 定理以组合学的形式。文献[10]给出了具有两个符号动力系统的排列组合问题。吕新忠教授在文献[11]中讨论了具有3个符号动力系统的排列组合问题。

本章研究了具有任意 $n(n>3)$ 个符号动力系统的组合形式的 Sarkovskii 定理。

考虑 $n(n>3)$ 个字母 $L_1, L_2, \cdots, L_n$ 组成的无穷序列 $I = I_1 I_2 \cdots I_m \cdots$，其中 $I_j (j=1,2,\cdots,m,\cdots)$ 等于某一 L_i 的全体 M。在 M 上定义一个自映射

$$S(I) = I_2 I_3 \cdots I_m \cdots \quad (1)$$

即 $S(I)$ 是把 I 的首项去掉而得到的。如果有正整数 k，使得

$$S^k(I) = I \quad (2)$$

则称 I 为周期列。若 k 是使式(2)成立的最小正整数，则称 I 为 $k-$周期列。显然若 I 为 $k-$周期列，则 I 为由一些完全相同的长为 k 的段组成，即

$$I = \overline{A}\,\overline{A}\,\overline{A}\cdots = \overline{A}^{\infty} \quad (3)$$

这里 $\overline{A}$ 是由 $L_1, L_2, \cdots, L_n$ 中的元素组成的有限列。且 $\overline{A}$ 不能再分成两个或两个以上相同的段。试问 $k-$周期列的个数 N_k 有多少呢？这是一个纯组合学的问题。显然 $N_k \leqslant n^k$，进一步有

$$\sum_{d \mid k} N_d = n^k.$$

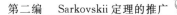

下面在 M 中引入一个序关系:规定两个序列
$$I = I_1 I_2 \cdots$$
$$J = J_1 J_2 \cdots$$
的大小关系如下:

(1) 约定 n 个字母 $L_1, L_2, \cdots, L_n$ 有 $L_1 < L_2 < \cdots < L_n$.

(2) 若 $I_1 > J_1$,则认为 $I > J$.

(3) 若对 $t = 1, 2, \cdots, m$ 时均有 $I_i = J_i$,而 $I_{m+1} > J_{m+1}$,则当 $I_1 I_2 \cdots I_m$ 中有偶数个 L_n 时,$I > J$,有奇数个 L_n 时,$I < J$.

容易验证,这里规定的">"关系,满足传递性和对称性,是 M 上的一个全序.

从上面定义的序关系,引入极大序列的概念. 如果对任意的正整数,均有
$$S^k(I) \leqslant I \tag{4}$$
则称 I 为极大序列. 对于给定的正整数 n,极大的 $n-$周期列可能有若干个,其总数不超过 $n-1$. 其中必有一个最小的,称为最小极大 $n-$周期列,记为 P_n. 诸 P_n 之间的大小关系和 Sarkovskii 序密切相关.

定理 1 当且仅当按 Sarkovskii 序 $n \triangleleft m$ 时,有 $P_n > P_m$.

为了证明定理 1,先给定理 1 以另一种等价的表述形式,然后借助文献[10]中的 Sarkovskii 定理及其证明过程来得到定理 1.

考虑由 $0, 1, \cdots, n-1$ 这 n 个数组成的无穷数列
$$D = D_1 D_2 \cdots D_m \cdots \quad (\text{其中 } D_i = 0, 1, \cdots, n-1) \tag{5}$$
的全体 M^*,引入 M^* 到自身的映射 T 如下
$$T(D) = \begin{cases} D_2 D_3 \cdots D_m \cdots, & D_1 = 0 \\ \widetilde{D}_2 \widetilde{D}_3 \cdots \widetilde{D}_m \cdots, & D_1 = 1, 2, \cdots, n-1 \end{cases} \tag{6}$$
这里 $\widetilde{D}_i = n - 1 - D_i$,然后引进 M^* 上的一个全序关系:

(1) 如通常一样,$n-1 > n-2 > \cdots > 1 > 0$.

(2) 对于序列 $D, E \in M^*$,$D = D_1 D_2 \cdots, E = E_1 E_2 \cdots$.

按字典排列法规定其大小,即 $D_1 > E_1$ 时认为 $D > E$,若对 $j = 1, 2, \cdots, m$ 时,有 $D_j = E_j$,则当 $D_{m+1} > E_{m+1}$ 时认为 $D > E$.

下面在 M 与 M^* 间建立映射 H,按照下列规则确定 $H(I)$.

设
$$I = I_1 I_2 \cdots, H(I) = D_1 D_2 \cdots$$
当 $I_1 = L_1$ 时,$D_1 = 0$;当 $I_1 = L_2, L_3, \cdots, L_n$ 中之一时,D_1 分别等于 $1, 2, \cdots, n-1$;当 $I_1, I_2, \cdots, I_m$ 中 L_n 的个数为偶数,$I_{m+1} = L_1, L_2, \cdots, L_n$ 之一时,D_{m+1} 分别等于 $0, 1, 2, \cdots, n-1$,当 $I_1, I_2, \cdots, I_m$ 中 L_n 的个数为奇数,$I_{m+1} = L_1, L_2, \cdots, L_n$ 之一时,D_{m+1} 分别等于 $n-1, n-2, \cdots, 1, 0$.

直接由此规则来确定 $H(I)$,对于每个 D_m 都要考虑 $I_1I_2\cdots I_m$ 的情形,不太方便. 类似于文献[11]可以等价地采用下面的方法.

(1) 把 I 分为若干段,每一段或者由若干个 $L_1, L_2, \cdots, L_{n-1}$ 组成,或者由两个 L_n 中间夹着若干的 $L_1, L_2, \cdots, L_{n-1}$ 组成,或者由一个 L_n 后面跟着无穷多个 $L_1, L_2, \cdots, L_{n-1}$ 组成,即

$$(L_1L_2\cdots L_{n-1}), (L_nL_1L_2\cdots L_{n-1}L_n), (L_nL_1L_2\cdots L_{n-1}\cdots)$$

这三种. 其中 $(L_nL_1L_2\cdots L_{n-1}L_n)$ 中的 $L_1, L_2, \cdots, L_{n-1}$ 可能有零个. 将它们分别称为 $(L_1\cdots L_{n-1})$ 段,$(L_nL_1\cdots L_{n-1}L_n)$ 段和 $(L_nL_1\cdots L_{n-1}^\infty)$ 段.

(2) 把 $(L_1\cdots L_{n-1})$ 段中的 $L_1, L_2, \cdots, L_{n-1}$ 分别用 $0, 1, \cdots, n-2$ 代替,$(L_nL_1\cdots L_{n-1}L_n)$ 段中的 $L_n, L_1, \cdots, L_{n-1}, L_n$ 分别用 $n-1, n-2, \cdots, 1, 0$ 代替,最后 $(L_nL_1\cdots L_{n-1}^\infty)$ 段中的 L_n 用 $n-1$ 代替,其余的 $L_1, \cdots, L_{n-1}$ 分别用 $n-2, n-3, \cdots, 1$ 代替即得 $H(I)$.

反过来,求 $H^{-1}(D)$ 的方法也很简单,只需把由 $0, 1, \cdots, n-1$ 这 n 个数组成的数列 D,从其中第一个出现的 $n-1$ 开始,把 D 分成 $[n-1(12\cdots n-1)0]$ 段以及其中不包含 $[n-1(12\cdots n-1)0]$ 段的一些段. 这里 $[n-1(12\cdots n-1)0]$ 段中夹在 $n-1$ 与 0 之中的 $(12\cdots n-1)$ 表示 $1, 2, \cdots, n-1$ 这 $n-1$ 个数的任意组合. 然后将 $[n-1(12\cdots n-1)0]$ 段中换为长度不变的 $[L_n(L_{n-1}, L_{n-2}, \cdots, L_1)L_n]$ 段,而对那些不同时含 $n-1$ 和 0 的段,分别用 L_m 代替 $m-1$ 即可 ($m = 0, 1, \cdots, n-1$,且 m 不同时取 0 与 1).

下面以 $n = 4$ 为例说明这种方法.

取
$$I = L_1L_3L_4L_3L_2L_3L_2L_2L_4L_1L_2L_4L_4L_3L_4L_3L_2L_4L_2L_2L_4L_4L_3L_4L_3L_3$$

分段
$$I = L_1L_3, L_4L_3L_2L_3L_2L_2L_4, L_1L_2, L_4L_4, L_3, L_4L_3L_2L_4,$$
$$L_2L_2, L_4L_4, L_3, L_4L_3L_3$$

$$D = H(I) = 02, 3121220, 01, 30, 2, 3120, 11, 30, 2, 311$$

$$H^{-1}(D) = L_1L_3, L_4L_3L_2L_3L_2L_2L_4, L_1L_2, L_4L_4, L_3,$$
$$L_4L_3L_2L_4, L_2L_2, L_4L_4, L_3, L_4L_3L_3 = I$$

容易验证,H 是 M 到 M^* 的保序一一对应,进一步可以验证下述等式

$$H^{-1} \cdot T \cdot H = S \tag{7}$$

成立,这样在 H 下,周期列对应于周期列,且其周期不变. 类似地,把 T 的 $k-$周期点叫作 M^* 中的 $k-$周期列. 若对任意正整数 k 都有 $T^k(D) \leqslant D$,则称 D 为极大列. 最小的极大 $n-$周期列记为 Q_n. 由上面的讨论知,有

$$H(P_n) = Q_n \tag{8}$$

由 H 的保序性,可知定理 1 与下面的定理 2 等价.

定理 2　当且仅当按 Sarkovskii 序 $n \triangleleft m$ 时,有 $Q_n > Q_m$.

为了证明定理 2,需要下面的引理:

引理 1　对 Sarkovskii 定理做如下补充,当 $n \triangleleft m$ 时,不但 f 有 $n-$ 周期轨蕴含 f 有 $m-$ 周期轨,而且在含 f 的 $n-$ 周期轨的最小区间内必有 f 的 $m-$ 周期轨.

证明　参见文献[3]中的引理 1.3.

引理 2　设映射 $h:M^* \to [0,1]$ 定义为

$$h(D) = \sum_{k=1}^{\infty} \frac{D_k}{n^k} \quad (D_k \in M^*, D = D_1 D_2 \cdots D_m \cdots)$$

若 $D < E$,则 $h(D) \leqslant h(E)$,等号当且仅当 D 与 E 前 m 项相同且

$$\begin{cases} D_{m+1} D_{m+2} \cdots = (i-1)(n-1)\cdots(n-1)\cdots \\ E_{m+1} E_{m+2} \cdots = i 0 \cdots 0 \cdots \end{cases}$$
$$(i = 1, 2, \cdots, n-1)$$

时成立.

证明　设

$$D = D_1 D_2 \cdots D_m \cdots \in M^*$$
$$E = E_1 E_2 \cdots E_m \cdots \in M^*$$

由于 $D < E$ 及 M^* 上的序关系知必有 $D_1 \leqslant E_1$,若 $D_1 = E_1$ 则 $D_2 \leqslant E_2$;若 $D_1 = E_1, D_2 \leqslant E_2$,则 $D_3 \leqslant E_3$,……,如此下去必存在一个 $m \geqslant 0$,使得 $D_{m+1} \neq E_{m+1}$,且 $D_{m+1} < E_{m+1}$,而对所有的 $1 \leqslant j \leqslant m$ 都有 $D_m = E_m$.

于是

$$h(D) = \sum_{k=1}^{\infty} \frac{D_k}{n^k} \leqslant \sum_{k=1}^{\infty} \frac{E_k}{n^k} = h(E)$$

如果上式的等号成立,则可推得

$$\sum_{k=m+1}^{\infty} \frac{D_k}{n^k} = \sum_{k=m+1}^{\infty} \frac{E_k}{n^k} \quad (D_{m+1} < E_{m+1})$$

而此式当且仅当

$$\begin{cases} D_{m+1} D_{m+2} \cdots = (i-1)(n-1)\cdots(n-1)\cdots \\ E_{m+1} E_{m+2} \cdots = i 0 \cdots 0 \cdots \end{cases}$$
$$(i = 1, 2, \cdots, n-1)$$

时成立.

引理 3　映射 $h:M^* \to [0,1]$ 的定义同引理 2,若令

$$\phi:[0,1] \to [0,1]$$

$$\phi(x) = \begin{cases} nx, & 0 \leqslant x < \dfrac{1}{n} \\ n\left(\dfrac{2}{n}-x\right), & \dfrac{1}{n} \leqslant x < \dfrac{2}{n} \\ \vdots \\ n(1-x), & \dfrac{n-1}{n} \leqslant x < 1 \end{cases}$$

则有
$$\phi \cdot h = h \cdot T$$

除 $D=(n-1)(n-1)(n-1)\cdots$ 外都成立.

证明 任取 $D = D_1 D_2 \cdots D_m \cdots \in M^*$.

(1) 若 $D_1 = 0$, 则
$$h(D) = \sum_{k=1}^{\infty} \frac{D_k}{n^k} \leqslant \frac{1}{n}$$

$$\phi \cdot h(D) = \phi\left(\sum_{k=1}^{\infty} \frac{D_k}{n^k}\right) = n \sum_{k=1}^{\infty} \frac{D_k}{n^k} = \sum_{k=1}^{\infty} \frac{D_{k+1}}{n^k}$$

$$h \cdot T(D) = h(D_2 D_3 \cdots D_m \cdots) = \sum_{k=1}^{\infty} \frac{D_{k+1}}{n^k}$$

所以有
$$\phi \cdot h = h \cdot T$$

(2) 若 $D_1 = 1$ 且 $D_2, D_3, \cdots, D_m, \cdots$ 不全为零时, 有
$$\frac{1}{n} < h(D) = \sum_{k=1}^{\infty} \frac{D_k}{n^k} \leqslant \frac{2}{n}$$

$$\phi \cdot h(D) = \phi\left(\sum_{k=1}^{\infty} \frac{D_k}{n^k}\right) = n\left(\frac{2}{n} - \sum_{k=1}^{\infty} \frac{D_k}{n^k}\right) =$$
$$n\left(\sum_{k=2}^{\infty} \frac{n-1}{n^k} - \sum_{k=2}^{\infty} \frac{D_k}{n^k}\right) = \sum_{k=1}^{\infty} \frac{\widetilde{D}_{k+1}}{n^k}$$

其中 $\widetilde{D}_{k+1} = n-1-D_k, k=1,2,3,\cdots$. 则
$$h \cdot T(D) = h \cdot T(D_1 D_2 \cdots D_m \cdots) = h(\widetilde{D}_2 \widetilde{D}_3 \cdots \widetilde{D}_m \cdots) = \sum_{k=1}^{\infty} \frac{\widetilde{D}_{k+1}}{n^k}$$

所以有
$$\phi \cdot h = h \cdot T$$

若 $D_1 = 1$ 且 $D_2, D_3, \cdots, D_m$ 全为零时, $h(D) = \dfrac{1}{n}$, 则
$$\phi \cdot h(D) = \phi\left(\frac{1}{n}\right) = 1$$

$$h \cdot T(D) = h \cdot T(100\cdots) = h((n-1)(n-1)\cdots) = \sum_{k=1}^{\infty} \frac{n-1}{n^k} = 1$$

亦有 $\phi \cdot h = h \cdot T$.

同理,对于 $D_1 = 2,3,\cdots,n-2$ 的情形亦有 $\phi \cdot h = h \cdot T$.

(3) 若 $D_1 = n-1$ 且 $D_2, D_3, \cdots, D_m, \cdots$ 不全为零时,有

$$\frac{n-1}{n} < h(D) = \sum_{k=1}^{\infty} \frac{D_k}{n^k} \leqslant 1$$

$$\phi \cdot h(D) = \phi\left(\sum_{k=1}^{\infty} \frac{D_k}{n^k}\right) = n\left(1 - \sum_{k=1}^{\infty} \frac{D_k}{n^k}\right) =$$

$$n\left(\sum_{k=2}^{\infty} \frac{n-1}{n} - \sum_{k=2}^{\infty} \frac{D_k}{n^k}\right) = \sum_{k=1}^{\infty} \frac{\widetilde{D}_{k+1}}{n^k}$$

$$h \cdot T(D) = h \cdot T(D_1 D_2 \cdots D_m \cdots) = h(\widetilde{D}_2 \widetilde{D}_3 \cdots \widetilde{D}_m \cdots) = \sum_{k=1}^{\infty} \frac{\widetilde{D}_{k+1}}{n^k}$$

所以有 $\phi \cdot h = h \cdot T$.

综上所述,除了 $D = (n-1)(n-1)(n-1)\cdots$,总有 $\phi \cdot h = h \cdot T$.

现在可以证明定理2了,由引理2,可知 h 在 M^* 的周期列上是单射,由引理3 知,h 把 M^* 上的 k-周期列映为 ϕ 的 k-周期点. 特别地,$h(Q_n)$ 是 ϕ 的 n-周期点. 设 $x_1 = h(Q_n)$,则在 n-周期轨 $\{x_1, \varphi(x_1), \cdots, \varphi^n(x_1)\}$ 中 x_1 最大. 由引理 1 及 $n \triangleleft m$,ϕ 至少有一个 m-周期轨 $\{y_1, \varphi(y_1), \cdots, \varphi^m(y_1)\}$ 满足:$\max_{j=1,\cdots,m}\{\phi^j(y_1)\} < x_1$,因而有 $h(Q_m) < x_1$,即 $Q_m < h^{-1}(x_1) = Q_n$.

定理2得证.

关于组合的 Sarkovskii 序定理

第四章

兰州铁道学院基础课部的吕新忠教授 1992 年得到了关于组合形式的 Sarkovskii 序定理:当且仅当按 Sarkovskii 序 $n \triangleleft m$ 时,有 $P_n > P_m$,这里 P_k 记 M 中的最小极大 $k-$ 周期列. M 的意义同上一章.

运用符号动力系统的概念,可以给出 Sarkovskii 定理以组合学的形式. 文献[10] 和[12] 给出了具有两个符号的排列组合问题. 这种组合形式的 Sarkovskii 定理表面上不涉及连续性,但从它易导出关于连续函数的 Sarkovskii 定理.

本章研究了具有 3 个符号动力系统的有关组合形式的 Sarkovskii 定理.

考虑由 3 个字母 R, L, G 组成的无穷序列

$$I = I_1 I_2 I_3 \cdots I_n \cdots \quad (I_j = R \text{ 或 } L \text{ 或 } G) \tag{1}$$

的全体 M. 在 M 上定义一个自映射 $S: M \to M$

$$S(I) = I_2 I_3 \cdots \tag{2}$$

即 $S(I)$ 是把 I 的首项去掉而得到的. 如果有正整数 k 使得

$$S^k(I) = I \tag{3}$$

则称 I 为周期列. 若 k 是使式(3)成立的最小正整数,则称 I 为 $k-$ 周期列.

显然,若 I 为 $k-$ 周期列,则 I 为由一些完全相同的长为 k 的"段"组成,即

$$I = \overline{A}\ \overline{A}\ \overline{A} \cdots = \overline{A}^\infty \tag{4}$$

这里 $\overline{A}$ 是由 R, L 和 G 组成的有 k 个字母的有限列,且 $\overline{A}$ 不能再分成两个或两个以上相同的片断.

试问 k-周期列有多少呢？这完全是一个组合问题. 设 k-周期列有 N_k 个，显然 $N_k \leqslant 3^k$. 准确地可记为
$$\sum_{d\mid k} N_d = 3^k$$
下面在 M 中引入一个序关系：规定两个序列
$$I = I_1 I_2 \cdots$$
$$J = J_1 J_2 \cdots$$
的大小关系如下：

(1) 约定 3 个字母间 $R > L > G$.

(2) 若 $I_1 > J_1$，则认为 $I > J$.

(3) 若对 $t = 1, 2, \cdots, n$ 时均有 $I_t = J_t$，而 $I_{n+1} > J_{n+1}$，则当 $I_1, I_2, \cdots, I_n$ 中有偶数个 k 时，认为 $I > J$，有奇数个 k 时，认为 $I < J$.

容易验证，这里规定的 ">" 关系，满足传递性和对称性，是 M 上的一个全序.

从上面定义的序关系，引入"极大序列"的概念. 称序列 $I \in M$ 为极大序列，如果对任意正整数 k，均有
$$S^k(I) \leqslant I \tag{5}$$

对于给定的正整数 n，极大的 n-周期列可能有若干个，其总个数不超过 $\dfrac{3^n}{n}$. 这中间有一个最小的，称其为最小极大 n-周期列，记为 P_n. 诸 P_n 之间的大小关系和 Sarkovskii 序密切相关. 请看：

定理 1 当且仅当按 Sarkovskii 序 $n \triangleleft m$ 时，有 $P_n > P_m$，这里 P_k 记 M 中的最小极大 k-周期列.

为了证明定理 1，先给定理 1 以另一种表述形式，然后借助文献 [10] 中的 Sarkovskii 定理及其证明过程来得到定理 1.

考虑由 0,1,2 组成的无穷数列
$$D = D_1 D_2 D_3 \cdots D_n \quad (\text{其中 } D_i = 0, 1, 2) \tag{6}$$
的全体 M^*，引入 M^* 到自身的映射 $T: M^* \to M^*$ 如下：
$$T(D) = \begin{cases} D_2 D_3 \cdots D_n \cdots, & D_1 = 0 \\ \overline{D_2}\,\overline{D_3} \cdots \overline{D_n} \cdots, & D_1 = 1 \\ \underline{D_2}\,\underline{D_3} \cdots \underline{D_n} \cdots, & D_1 = 2 \end{cases} \tag{7}$$

这里 $\overline{D_i}$ 与 $\underline{D_i}$ 的意义是：若 $D_i = 0$，则 $\overline{D_i} = \underline{D_i} = 2$；若 $D_i = 1$，则 $\overline{D_1} = \underline{D_1} = 1$；若 $D_i = 2$，则 $\overline{D_1} = \underline{D_i} = 0$.

然后引进 M^* 上的一个全序关系：

(1) 如通常一样，$2 > 1 > 0$.

(2) 对于序列 $D, E \in M^*$，$D = D_1 D_2 \cdots D_n \cdots$，$E = E_1 E_2 \cdots E_n \cdots$.

按字典排列法规定其大小,即 $D_1 > E_1$ 时认为 $D > E$,若对 $j = 1, 2, \cdots, n$ 时,有 $D_j = E_j$,则当 $D_{n+1} > E_{n+1}$ 时认为 $D > E$.

类似地,T 的 k — 周期点叫作 M^* 中的 k — 周期列.若对任意正整数 k 有 $T^k D \leqslant D$,则 D 叫作极大列.最小的极大 n — 周期列记作 Q_n.这时定理 1 可在 M^* 中表述为:

定理 2 当且仅当按 Sarkovskii 序 $n \triangleleft m$ 时,有 $Q_n > Q_m$,这里 Q_k 记 M^* 中的最小极大 k — 周期列.

下面说明定理 1 与定理 2 的等价性,建立 M 与 M^* 之间的保序一一对应.引入映射 $H: M \to M^*$,按照下列规则确定 $H(I)$.

设
$$I = I_1 I_2 \cdots I_n \cdots, H(I) = D_1 D_2 \cdots D_n \cdots$$
则当 $I_1 = G$ 时,$D_1 = 0$;$I_1 = k$ 时,$D_1 = 2$.当 $I_1, I_2, \cdots, I_n$ 中 k 的个数为偶数时,$I_{n+1} = G$ 时,$D_{n+1} = 0$;$I_{n+1} = R$ 时,$D_{n+1} = 2$.当 $I_1, I_2, \cdots, I_n$ 中有奇数个 R 时,$I_{n+1} = G$ 时,$D_{n+1} = 2$;$I_{n+1} = R$ 时,$D_{n+1} = 0$.而对任意的 $I_j = L$ 时 $D_j = 1$.

直接按此规则来确定 $H(I)$,对于每个 D_n 都要考虑 $I_1, I_2, \cdots, I_n$ 的情形,不太方便.可以等价地采用下面的方法:

(1) 由于对任意 $I_j = L$ 都有 $D_j = 1$,并且这些 I_j 不影响其他 D_i 的值.所以可以从 I 中将 $I_j = L$ 的那些项去掉,得到一个仅由 G 和 R 组成的序列 I^*.

(2) 把 I^* 分为若干段,每一段或者由若干个连续的 G 组成,或者由两个 R 中间夹着若干个连续的 G 组成,或者由一个 R 后面跟着无穷多个连续的 G 组成,即 $GG \cdots G, RGG \cdots GR, RGGG \cdots$ 这三种.其中 $RGG \cdots GR$ 段中间的 G 可能只有零个.它们分别叫作 G 段,RGR 段和 RG^∞ 段.

(3) 把 G 段换成同样长的一串 0,RGR 段换成同样长的这样的段:$22 \cdots 20$,即除了最后一个是 0 外全为 2,最后 RG^∞ 段全部换为 2,即得 $H(I^*)$.

(4) 使 $I_j = L$ 的 D_j 取作 1,按照在 I 中的位置插入 $H(I^*)$ 中即得 $H(I)$.

下面,我们举一个例子来具体说明这种方法.

例如
$$I = GLLGRLRGGLLGRGGGLRRRLRGGGLGG\cdots$$
去掉 L 得
$$I^* = GGRGGGRGGGRRRRGGGGG\cdots$$
分段
$$I^* = GG, RR, GGG, RGGGR, RR, RGGGGG\cdots$$
$$H(I^*) = 00, 20, 000, 22220, 20, 2222\cdots$$
则
$$H(I^*) = 0110210001102222102012222122\cdots$$

反过来,求 $H^{-1}(D)$ 的方法也很明显了:先把 D 中等于 1 的项去掉,得到由 0 和 2 组成的序列 D^*,然后把 D^* 分成 $00\cdots0$ 段,$111\cdots10$ 段和 $1111\cdots$ 段,分别换成长度不变的 G 段,RGR 段和 $RGG\cdots$ 段即得 $H^{-1}(D^*)$,最后把 1 换为 L 按照在 D 中的位置插入 $H^{-1}(D)$ 中即得 $H^{-1}(D)$.

容易验证 H 是 M 到 M^* 的保序一一对应,进一步可检验下述等式
$$H^{-1} \cdot T \cdot H = S \tag{8}$$
成立.

这样,在 H 下,周期列对应于周期列,且其周期不变,从而有
$$H(P_n) = Q_n \tag{9}$$
由 H 的保序性,可知定理 1 与定理 2 互相蕴含.

为了证明定理 2,需要下面的引理.

引理 1 对 Sarkovskii 定理可作如下补充:当 $n \triangleleft m$ 时,不但 f 有 n - 周期轨蕴含 f 有 m - 周期轨,而且就在含 f 的 n - 周期轨的最小区间内必有 f 的 m - 周期轨.

证明 参见文献 [10] 中的引理 1.3 及 Sarkovskii 定理的证明.

引理 2 设映射 $h: M^* \to [0,1]$ 定义为
$$h(D) = \sum_{k=1}^{\infty} \frac{D_k}{3^k} \tag{10}$$
$$(D \in M^*, D = D_1 D_2 \cdots D_n \cdots)$$
若 $D < E$,则 $h(D) \leqslant h(E)$,等号仅当 D 与 E 前 m 项相同,且
$$\begin{cases} D_{m+1} D_{m+2} \cdots = 02222 \cdots \\ E_{m+1} E_{m+2} \cdots = 10000 \cdots \end{cases}$$
或
$$\begin{cases} D_{m+1} D_{m+2} \cdots = 12222 \cdots \\ E_{m+1} E_{m+2} \cdots = 20000 \cdots \end{cases}$$
时成立.

证明 设
$$D = D_1 D_2 \cdots D_n \cdots \in M^*$$
$$E = E_1 E_2 \cdots E_n \cdots \in M^*$$
时成立.

由 $D < E$ 及 M^* 上的序关系知必有 $D_1 \leqslant E_1$,若 $D_1 = E_1$ 则 $D_2 \leqslant E_2$;若 $D_1 = E_1, D_2 = E_2$,则 $D_3 \leqslant E_3$,$\cdots\cdots$,如此下去必存在一个 $m \geqslant 0$,使得 $D_{m+1} \neq E_{m+1}$,且 $D_{m+1} < E_{m+1}$,而对一切 $1 \leqslant j \leqslant m$ 都有 $D_m = E_m$.

于是
$$h(D) = \sum_{k=1}^{\infty} \frac{D_k}{3^k} \leqslant \sum_{k=1}^{\infty} \frac{E_k}{3^k} = h(E)$$

若上式的等号成立,则可推得
$$\sum_{k=m+1}^{\infty}\frac{D_k}{3^k}=\sum_{k=m+1}^{\infty}\frac{E_k}{3^k}\quad(D_{m+1}<E_{m+1})$$

而此式成立当且仅当
$$\begin{cases}D_{m+1}D_{m+2}\cdots=02222\cdots\\E_{m+1}E_{m+2}\cdots=10000\cdots\end{cases}$$

或
$$\begin{cases}D_{m+1}D_{m+2}\cdots=12222\cdots\\E_{m+1}E_{m+2}\cdots=20000\cdots\end{cases}$$

引理 3 映射 $h:M^*\to[0,1]$ 的定义同引理 2,若令 $\phi:[0,1]\to[0,1]$ 为

$$\phi(x)=\begin{cases}3x,0\leqslant x\leqslant\frac{1}{3}\\3\left(\frac{2}{3}-x\right),\frac{1}{3}<x\leqslant\frac{2}{3}\\3(1-x),\frac{2}{3}<x\leqslant 1\end{cases}$$

则有
$$\phi\cdot h=h\cdot T$$

除 $D=20000\cdots$ 外都成立.

证明 任取 $D=D_1D_2\cdots D_n\cdots\in M^*$.

(1) 若 $D_1=0$,则
$$h(D)=\sum_{k=1}^{\infty}\frac{D_k}{3^k}\leqslant\frac{1}{3}$$

$$\phi\cdot h(D)=\phi\left(\sum_{k=1}^{\infty}\frac{D_k}{3^k}\right)=3\sum_{k=1}^{\infty}\frac{D_k}{3^k}=\sum_{k=1}^{\infty}\frac{D_{k+1}}{3^k}$$

$$h\cdot T(D)=h(D_2D_3\cdots D_n\cdots)=\sum_{k=1}^{\infty}\frac{D_{k+1}}{3^k}$$

所以有
$$\phi\cdot h=h\cdot T$$

(2) 若 $D_1=1$ 且 $D_2,D_3,\cdots,D_n,\cdots$ 不全为 0 时,有
$$\frac{1}{3}<h(D)=\sum_{k=1}^{\infty}\frac{D_k}{3^k}\leqslant\frac{2}{3}$$

$$\phi\cdot h(D)=\phi\left(\sum_{k=1}^{\infty}\frac{D_k}{3^k}\right)=3\left(\frac{2}{3}-\sum_{k=1}^{\infty}\frac{D_k}{3^k}\right)=$$

$$3\left(\sum_{k=2}^{\infty}\frac{2}{3^k}-\sum_{k=2}^{\infty}\frac{D_k}{3^k}\right)=\sum_{k=1}^{\infty}\frac{\widetilde{D}_{k+1}}{3^k}$$

其中
$$\widetilde{D}_{k+1} = \begin{cases} 0, D_{k+1} = 2 \\ 1, D_{k+1} = 1 \\ 2, D_{k+1} = 0 \end{cases}$$

又
$$h \cdot T(C) = h \cdot T(D_1 D_2 \cdots D_n \cdots) =$$
$$h(\widetilde{D}_2 \widetilde{D}_3 \cdots \widetilde{D}_n \cdots) =$$
$$\sum_{k=1}^{\infty} \frac{\widetilde{D}_{k+1}}{3^k}$$

因此有
$$\phi \cdot h = h \cdot T$$

若 $D_1 = 1$ 且 $D_2, D_3, \cdots, D_n$ 全为 0 时,有
$$h(D) = \frac{1}{3}$$

显然
$$\phi \cdot h(D) = \phi\left(\frac{1}{3}\right) = 1$$
$$h \cdot T(D) = h \cdot T(100\cdots) = h(222\cdots) =$$
$$\sum_{k=1}^{\infty} \frac{2}{3^k} = 1$$

故
$$\phi \cdot h = h \cdot T$$

(3) 若 $D_1 = 2$ 且 $D_2, D_3, \cdots, D_n, \cdots$ 不全为 0 时,有
$$\frac{2}{3} < h(D) = \sum_{k=1}^{\infty} \frac{D_k}{3^k} \leqslant 1$$
$$\phi \cdot h(D) = \phi\left(\sum_{k=1}^{\infty} \frac{D_k}{3^k}\right) = 3\left(1 - \sum_{k=1}^{\infty} \frac{D_k}{3^k}\right) =$$
$$3\left(\sum_{k=2}^{\infty} \frac{2}{3^k} - \sum_{k=2}^{\infty} \frac{D_k}{3^k}\right) = \sum_{k=1}^{\infty} \frac{\widetilde{D}_{k+1}}{3^k}$$
$$h \cdot T(D) = h \cdot T(D_1 D_2 \cdots D_n \cdots) =$$
$$h(\widetilde{D}_2 \widetilde{D}_3 \cdots \widetilde{D}_n \cdots) =$$
$$\sum_{k=1}^{\infty} \frac{\widetilde{D}_{k+1}}{3^k}$$

由此知
$$\phi \cdot h = h \cdot T$$

综上所述,除去 $D = 20000$,总有

$$\phi \cdot h = h \cdot T$$

现在可以证明定理 2 了,由引理 2 知,h 在 M^* 的周期列上是单射,由引理 3 知,h 把 M^* 上的 k - 周期列映为 ϕ 的 k - 周期点.特别地,$h(Q_n)$ 是 ϕ 的 n - 周期点.设 $x_1 = h(Q_n)$,则在 n - 周期轨 $\{x_1, \varphi(x_1), \varphi^2(x_1), \cdots, \varphi^n(x_1)\}$ 中 x_1 最大.由引理 1 及 $n \triangleleft m$ 知,ϕ 至少有一个 m - 周期轨 $\{y_1, \varphi(y_1), \varphi^2(y_1), \cdots, \varphi^m(y_1)\}$ 满足: $\max\limits_{j=1,\cdots,m} \{\phi^j(y_1)\} < x_1$,因而有 $h(Q_m) < x_1$,即 $Q_m < h^{-1}(x_1) = Q_n$.

定理 2 得证.

连续函数中单峰轨道系列的完整性及 Sarkovskii 定理的推广

第五章

广西大学数学系的麦结华教授 1989 年引进了充实的单峰函数等概念，我们证明了，对区间 I 上的任一个连续函数 φ，若 φ 中含有某一个单峰轨道 $\mathcal{O}$，则 φ 便含有 $\mathcal{O}$ 型以下的一切类型的单峰轨道，它们集中分布在 I 的一个紧致子集 X 上，φ 在此 X 上的限制 $\varphi \mid X$ 是个充实的单峰函数．此外，本章还给出了函数空间 $C^0(I, \mathbf{R})$ 的一个序分类 Φ，它加细了 Sarkovskii 的序分类 F，也超出了 Block 和 Hart[13] 与 Bhatia 和 Egerland[14] 的工作范围．

多年来人们一直十分重视对实数域上的连续函数的研究．但关于此类函数的一些令人惊异的动力学性质，却到了最近才陆续被发现．设 $C^0(I, \mathbf{R})$ 是紧致区间 I 上所有的连续函数构成的空间，$\mathcal{Y}$ 是 $C^0(I, \mathbf{R})$ 的所有子集的集合．令线序集 $\mathcal{L} = \{1 \prec 2 \prec 4 \prec 8 \prec \cdots \prec 14 \prec 10 \prec 6 \prec \cdots \prec 7 \prec 5 \prec 3\}$（若仅看作集合，则 $\mathcal{L}$ 与正整数集 $\mathbf{Z}_+$ 相同）．作映射 $F: \mathcal{L} \to \mathcal{Y}$，对任意 $n \in \mathcal{L}$

$$F(n) = \{\varphi \in C^0(I, \mathbf{R}) : \varphi \text{ 含有 } n - \text{周期轨道}\}$$

1964 年，Sarkovskii[1] 得到了如下十分著名的定理．

定理 A 对任意 $m, n \in \mathcal{L}$，当 $m \prec n$ 时有 $F(m) \supset F(n)$．

由于 Sarkovskii 定理已考虑了所有可能的周期，欲推广 Sarkovskii 定理，就需要深入考虑周期轨道的型，特别需要首先考虑单峰轨道的型．近年来一些作者已注意到这一点．本章将更进一步，把研究的范围从周期轨道扩展到更一般的（包括周期与非周期的，有限与无限的）轨道上，力求发现这些轨道之间的依存关系．

第一节 充实的单峰函数及其轨道系列的完整性

在本节中，X 总表示实数轴 $\mathbf{R}$ 的非空子集.

定义 1 设 f 是 X 上的(实值)函数. 记 $\widetilde{X}=\{y\in\mathbf{R}:-y\in X\}$. 定义 $\widetilde{f}:\widetilde{X}\to\mathbf{R}$ 为 $\widetilde{f}(y)=-f(-y)(\forall y\in\widetilde{X})$. 若存在 $\tau\in X$，使得对任 $x,y\in X$，当 $x<y\leqslant\tau$ 或 $\tau\leqslant y<x$ 时总有 $f(x)\leqslant f(y)$，则称 f 是 X 上(相对于 τ)的一个单峰函数，同时称 $\widetilde{f}$ 是 $\widetilde{X}$ 上的一个单谷函数或反单峰函数.

由于反单峰函数 $\widetilde{f}$ 的动力学性质与单峰函数 f 相似，故下面不必常提及反单峰函数.

定义 2 对任意 $s,t\in\mathbf{R}$，以 $\langle s,t\rangle$ 表示 $\mathbf{R}$ 中含有 s 及 t 的最小的连通集. 设 φ 是 X 上的函数. 若对任意 $a,b\in X$，$\varphi(\langle a,b\rangle)\equiv\varphi(X\cap\langle a,b\rangle)$ 总包含 $\langle\varphi(a),\varphi(b)\rangle$，则称 φ 是个充实的函数.

与单峰函数有密切联系的是由字母 R, L 及 C 组成的一些序列的集合. 本章需考虑的有

$$\mathscr{P}_1\equiv\{P:P\text{ 是由 }L\text{ 及 }R\text{ 排成的有限序列(长度}\geqslant 1)\}$$
$$\mathscr{P}_2\equiv\{PC:P\in\mathscr{P}_1\cup\{\phi\}\}(\text{当 }P=\phi\text{ 时规定 }PC=C)$$
$$\mathscr{P}_3\equiv\{P:P\text{ 是由 }L\text{ 及 }R\text{ 排成的无穷序列}\}$$

显然 $\mathscr{P}_2\cup\mathscr{P}_3$ 即是文献[12]中容许的序列的集合. 本章之所以还要考虑 $\mathscr{P}_1$，乃是因为我们还将考虑有限长的轨道 $\{x,f(x),\cdots,f^n(x)\}$ 而不管 $f^{n+1}(x)$ 是否仍落在 f 的定义域 X 上. 我们将采用文献[12]中的一些记号和术语，如以 $|P|$ 表示序列 P 的长度，以 $\mathscr{S}^k P$ 表示 P 的 k 次转移，以 PQ 表示 P 与 Q 的连接，将含有奇(或偶)数个 R 的序列称为奇(或偶)序列，等等. 令 $\mathscr{P}=\mathscr{P}_1\cup\mathscr{P}_2\cup\mathscr{P}_3$. 在 $\mathscr{P}$ 上定义 3 个偏序关系 $<,\leftarrow,\vartriangleleft$ 如下：

(1) 规定 $L<C<R$. 其次，对任意 $P=P_0P_1\cdots$ 及 $Q=Q_0Q_1\cdots\in\mathscr{P}$，若存在 $i<\min\{|P|,|Q|\}$ 使得 $P_0P_1\cdots P_{i-1}=Q_0Q_1\cdots Q_{i-1}$，且 $P_i<Q_i$ 而 $P_0P_1\cdots P_{i-1}$ 是偶的，或 $P_i>Q_i$ 而 $P_0P_1\cdots P_{i-1}$ 是奇的，那么规定 $P<Q$.

(2) 对任意 $P\in\mathscr{P}_1$ 及 $Q\in\mathscr{P}$，规定 $P\leftarrow P$ 及 $P\leftarrow PQ$.

(3) 对任意 P 及 $A\in\mathscr{P}, P=P_0P_1\cdots$，如果(i) $|P|\geqslant 2$ 且 $P_0=R$. (ii) 对 $0\leqslant k<|A|$ 均有某个正整数 $m=m(k)<|P|$ 使得 $\mathscr{S}^m P\leqslant\mathscr{S}^k A$，且当 $P=QC\in\mathscr{P}_2$ 时 $\mathscr{S}^k A\notin\{(QR)^\infty,(QL)^\infty\}$，那么规定 $A\vartriangleleft P$.

对任意 $P\in\mathscr{P}_1\cup\mathscr{P}_3$，若存在 $Q\in\mathscr{P}_1$ 使得 $P=Q^\infty$ 或 Q^k(对某个 $k\geqslant 2$)，则称 P 是周期的. 否则称 P 是非周期的. 本文以 $\mathscr{P}_3^{(p)}$ 表示 $\mathscr{P}_3$ 中所有周期序列的

集合.

对任意 $P \in \mathscr{P}_2 \bigcup \mathscr{P}_3$,若 $\mathscr{S}^k P \leqslant P$ 对 $1 \leqslant k < |P|$ 均成立,则称 P 是极大的[3]. 将所有的极大序列的集合记为 $\mathscr{M}$,同时记 $\mathscr{M}_i = \mathscr{M} \bigcap \mathscr{P}_i (i=2,3)$. 显然,我们有:

命题 (1) 若 $A \triangleleft P$ 且 $|A| > 1$,则 $\mathscr{S}A \triangleleft P$.

(2) 若 $A \triangleleft P$,则对 $0 \leqslant k < |A|$ 均有某个正整数 $\gamma = \gamma(k) < |P|$ 使得 $\mathscr{S}^\gamma P \leqslant \mathscr{S}^k A \leqslant \mathscr{S}^{\gamma-1} P$.

(3) 对任意 $P \in \mathscr{M}$ 及 $A \in \mathscr{M} - \{L^\infty, C\}$,$A \triangleleft P$ 的充要条件是 $A < P$,且当 $P = QC \in \mathscr{M}_2$ 时 $A \notin \{(QR)^\infty, (QL)^\infty\}$.

定义 3 设 φ 是 X 上的函数,$\tau \in X$,$P = P_0 P_1 \cdots \in \mathscr{P}$. 又设 $\mathscr{O} = \{x_i : 0 \leqslant i < |P|\}$ 是 X 中的点列(允许 $i \neq j$ 时 $x_i = x_j$). 若(1) 对 $1 \leqslant i < |P|$ 有 $\varphi(x_{i-1}) = x_i$. (2) $\varphi|\mathscr{O}$ 是个相对于 τ 的单峰函数. (3) 对 $0 \leqslant i < |P|$,当 $P_i = L$ 时 $x_i < \tau$,当 $P_i = R$ 时 $x_i > \tau$,当 $P_i = C$ 时 $x_i = \tau$. (4) 当 $P_i \neq C$ 时 $\varphi(x_i) < \varphi(\tau)$,且 $x_0 \leqslant \varphi(\tau)$,那么我们称 $\mathscr{O}$ 是 φ 中相对于 τ 的一个 P 型(单峰)轨道.

在上一定义中,若 $P \in \mathscr{P}_2$ 且 $\varphi(\tau) = x_0$,或 $P = Q^\infty \in \mathscr{P}_3$ ($Q \in \mathscr{P}_1$ 是个长度为 n 的非周期序列)且 $x_n = x_0$,则称 $\mathscr{O}$ 是个 P 型周期轨道. 若 $P = Q^\infty \in \mathscr{P}_3$,$Q$ 是非周期的,长度为 n,且 $x_{2n} = x_0 \neq x_n$,则称 $\mathscr{O}$ 是个 2 倍分歧的 P 型周期轨道.

引理 1 设 X 紧致,$\tau \in X$,f 是 X 上充实的单峰函数. 又设 $P = P_0 P_1 \cdots P_m \in \mathscr{P}_1$,$m \geqslant 1$,$P_0 P_1 = RL$. 若 f 中存在一个相对于 τ 的 P 型轨道 $\mathscr{O} = \{x_i = f^i(x_0) : 0 \leqslant i \leqslant m\}$ 使得 $\{x_2, \cdots, x_m, f(x_m)\} \subset$ 区间 (x_1, x_0),则 f 中必定还存在着相对于 τ 的另一个 P 型轨道 $\mathscr{O}' = \{y_i = f^i(y_0) : 0 \leqslant i \leqslant m\}$ 使得 $\mathscr{O}' \subset (x_1, x_0)$.

证明 $m = 1$ 时引理显然成立. 下面假定 $m > 1$. 记 $x_{-2} = \min\{f^{-1}(x_0)\}$,$x_{-1} = \max\{f^{-1}(x_0)\}$,对 $i = 0, 1, \cdots, m$,令
$$x_{l(i)} = \max\{\mathscr{O}_i \bigcap (-\infty, x_i)\}$$
$$x_{r(i)} = \min\{\mathscr{O}_i \bigcap (x_i, \infty)\}$$
其中 $\mathscr{O}_i = \{x_{-2}, x_{-1}, x_0, \cdots, x_i\}$,$x_{r(0)}$ 及 $x_{l(1)}$ 没有定义. 记
$$\begin{cases} x_{N(i)} = x_{r(i)}, X_i = X \bigcap (x_i, x_{N(i)}), & \text{若 } P_0 P_1 \cdots P_{i-1} \text{ 是奇序列} \\ x_{N(i)} = x_{l(i)}, X_i = X \bigcap (x_{N(i)}, x_i), & \text{若 } P_0 P_1 \cdots P_{i-1} \text{ 是偶序列} \end{cases}$$
分两种情形考虑如下:

(1) 对 $n = 0, 1, \cdots, m$ 均有 $f(x_n) \neq f(x_{N(n)})$. 此时由 f 的充实性可知 $X_m \neq \phi$ 且对 $j = 0, 1, \cdots, m-1$ 均有 $f(X_j) \supset X_{j+1}$. 于是我们可以取 $y_m \in X_m$,并依次取 $y_i \in f^{-1}(y_{i+1}) \bigcap X_i (i = m-1, \cdots, 1, 0)$. 这样得到的 $\mathscr{O}' = \{y_0, y_1, \cdots, y_m\}$ 即是含于 (x_1, x_0) 中的一个 P 型轨道.

(2) 存在 $n \in \{0, 1, \cdots, m\}$ 使得 $f(x_n) = f(x_{N(n)})$. 此时必有 $n \geqslant 2$ 且 $N(n) \geqslant 1$. 不妨假定对 $0 \leqslant j < n$ 有 $f(x_j) \neq f(x_{N(j)})$. 设 $N(n) = n - k$,则对

$i=n+1,\cdots,m$ 有 $x_{i-k}=x_i$，对 $i=n,\cdots,m$ 有 $P_{i-k}=P_i$. 分两种子情形考虑如下：

① 对 $i=k,\cdots,n-1$ 亦有 $N(i)=i-k$（即 $x_{N(i)}=x_{i-k}$），此时可推出 $P_{i-k}=P_i$ 且 $k>1$. 于是，令 $\mathcal{O}=\{x_k,\cdots,x_m,x_{m-k+1},\cdots,x_m\}$，则 $\mathcal{O}$ 即是含于 (x_1,x_0) 的一个 P 型轨道.

② 存在 $\beta \in \{k,\cdots,n-1\}$ 使得 $N(\beta) \neq \beta-k$，且对 $j=\beta+1,\cdots,n$ 均有 $N(j)=j-k$（由此可推出 $P_{j-k}=P_j$）. 此时有 $f(x_{N(\beta)}) \neq f(x_{\beta-k})=x_{\beta+1-k}=x_{N(\beta+1)}$. 由 f 的充实性可推出 $f(X_\beta) \supset X_{\beta+1} \cup \{x_{\beta+1-k}\}$. 于是，我们可以取 $y_i=x_{i-k}(i=m,m-1,\cdots,\beta+1)$ 并取 $y_\beta \in f^{-1}(x_{\beta+1-k}) \cap X_\beta$. 对 $j=\beta-1,\cdots,1,0$，注意到 $f(X_j) \supset X_{j+1}$，我们可以依次取 $y_j \in f^{-1}(y_{j+1}) \cap X_j$. 如此得到的 $\mathcal{O}=\{y_0,y_1,\cdots,y_m\}$ 即是含于 (x_1,x_0) 中的一个 P 型轨道. 引理 1 证毕.

定义 4 设 φ 是 X 上的函数. 若对任意 $P \in \mathcal{P}$，当 φ 中含有相对于某 $\tau \in X$ 的 P 型轨道时如下两条成立，则称 φ 具有单峰轨道系列的完整性：

(1) 对任意 $A \in \mathcal{P}$，若 $A \triangleleft P$，则 φ 中亦含有相对于 τ 的 A 型轨道.

(2) 对任意 $A \in \mathcal{P}_3^{(p)}$，当 $A \triangleleft P$ 时，φ 中还含有 A 型周期轨道.

在定义 4 中，若条件 (2) 减弱为下面的条件 (2)′，其余不变，则称 φ 具有单峰轨道系列的准完整性.

(2)′ 对任意 $A \in \mathcal{P}_3^{(p)}$，当 $A \triangleleft P$ 时，φ 中还含有 A 型周期轨道或 2 倍分歧的 A 型周期轨道.

下面这个定理是文献 [12] 中定理 Ⅱ.3.8 的推广.

定理 1 $\mathbf{R}$ 的紧致子集 X 上的任一个充实的单峰函数 f 均具有单峰轨道系列的准完整性.

证明 考虑任意 $P=P_0P_1\cdots$ 及 $A \in \mathcal{P}$. 假定 $A \triangleleft P$ 且 f 中含有相对于某 $\tau \in X$ 的 P 型轨道 $\mathcal{O}_P=\{x_i=f^i(x_0):0 \leqslant i < |P|\}$. 我们要证明 f 中亦含有相对于 τ 的 A 型轨道 $\mathcal{O}_A$. 分四种情形考虑如下：

(1) $|A|=1$ 的情形. 此时所述轨道 $\mathcal{O}_A$ 显然存在.

(2) $A=A_0A_1\cdots A_n$ 且 $n \geqslant 1$ 的情形. 应用归纳法，不妨假定已证 f 中含有相对于 τ 的 $\mathcal{S}A$ 型轨道 $\mathcal{O}=\{y_i=f^{i-1}(y_1):1 \leqslant i \leqslant n\}$. 根据命题中的 (2) 知，存在 m 及 $\gamma \in \mathbf{Z}_+$ 使得 $\mathcal{S}^m P \leqslant A \leqslant \mathcal{S}^{m-1} P$ 且 $\mathcal{S}A \leqslant \mathcal{S}^{\gamma-1} P$. 若对 $\mu=m-1$ 或 m 有 $\mathcal{S}^\mu P \to A$，则可令 $\mathcal{O}_A=\{x_\mu,x_{\mu+1},\cdots,x_{\mu+n}\}$. 下面假定 $\mathcal{S}^m P < A < \mathcal{S}^{m-1} P$. 我们有：

断语 若 $y_1=f(\tau)$，则 f 中含有相对于 τ 的另一个 $\mathcal{S}A$ 型轨道 $\mathcal{O}'=\{z_1,\cdots,z_n\}$ 使得 $z_1 < f(\tau)$.

证明 $n=1$ 时断语显然成立. 下面设 $n>1$. 因 $y_1=f(\tau) \geqslant x_0 > \tau$，故 $A_1=R$，与文献 [12] 中的引理 Ⅱ.1.2 相似，由 $y_1 \geqslant x_{\gamma-1}$ 知 $\mathcal{S}A < \mathcal{S}^{\gamma-1} P$ 不能成立，从而有 $\mathcal{S}A \leftarrow \mathcal{S}^{\gamma-1} P$ 并推出 $\mathcal{S}A \in \mathcal{P}_1$. 若 $x_{\gamma-1} < y_1$，则可令 $\mathcal{O}'=\{x_{\gamma-1},$

$x_\gamma,\cdots,x_{\gamma+n-2}\}$. 下面假定 $x_{\gamma-1}=y_1$. 根据定义 3, $(\mathscr{O}_P-\{x_0\})\cup(\mathscr{O}'-\{y_1\})\subset(-\infty,y_1)$, 由此推出 $\gamma-1=0$. 假如 $y_2>\tau$, 则必有 $\mathscr{S}A=R^n$ 且 $P=R^\infty$ 或 $R^l(l\geqslant n)$. 但这时 $A>\mathscr{S}^m P$ 将不再成立. 故 $y_2<\tau$. 若 $\{y_3,\cdots,y_n\}\subset(y_2,y_1)$, 则根据引理 1 知断语成立. 下面假定存在 $j\in\{3,\cdots,n\}$ 使得 $y_j\leqslant y_2$. 若 $y_{j-1}>\tau$, 则必有 $y_j=y_2$. 此时可令 $\mathscr{O}'=\{y_{j-1},y_2,\cdots,y_n\}$. 若 $y_{j-1}<\tau$, 则必有 $y_2>y_3\geqslant\cdots\geqslant y_n$ 且 $\mathscr{S}A=RL^{n-1}$. 此时, 由 f 的充实性知, 可从 $X\cap(y_2,\tau)$ 中依次选出 $z_n,z_{n-1},\cdots,z_2$, 并从 $X\cap(\tau,y_1)$ 中选出 z_1 使得 $z_n<f(z_n)<f(\tau)$, 且 $z_i\in f^{-1}(z_{i+1})(i=n-1,\cdots,2,1)$, 于是, 我们可以令 $\mathscr{O}'=\{z_1,\cdots,z_n\}$. 断语证毕.

下面继续情形(2)的讨论.

根据断语, 不妨假定 $y_1<f(\tau)$. 当 $A_0=R$ 时, 由 $A<\mathscr{S}^{m-1}P$ 可推出 $P_{m-1}=R$ 且 $\mathscr{S}A>\mathscr{S}^m P$, 进而推出 $x_{m-1}>\tau$ 且 $y_1>x_m$. 此时, 由 f 的充实性知, 存在 $y_0\in f^{-1}(y_1)\cap(\tau,x_{m-1})$, 因而我们可以令 $\mathscr{O}_A=\{y_0,y_1,\cdots,y_n\}$. 当 $A_0=L$ 时, 由 $A>\mathscr{S}^m P$ 可推出 $P_m=L$ 且 $\mathscr{S}A>\mathscr{S}^{m+1}P$, 进而推出 $x_m<\tau$ 且 $y_1>x_{m+1}$. 此时, 由 f 的充实性知, 存在 $y_0'\in f^{-1}(y_1)\cap(x_m,\tau)$, 同时我们可以令 $\mathscr{O}_A=\{y_0',y_1,\cdots,y_n\}$.

(3) $A=A_0A_1A_2\cdots\in\mathscr{P}_3$ 的情形. 对任意 $n\in\mathbf{Z}_+$, 令 $A^{(n)}=A_0A_1\cdots A_n$. 则 $P\triangleright A\triangleright A^{(n)}$. 在情形(2)中我们已证明 f 含有相对于 τ 的 $A^{(n)}$ 型轨道 $\mathscr{O}^{(n)}=\{y_0^{(n)},y_1^{(n)},\cdots,y_n^{(n)}\}$. 令 y_0 为点列 $\{y_0^{(n)}:n\geqslant 0\}$ 的一个极限点, 则对任意 $k\geqslant 0$ 均有 $y_k\equiv f^k(y_0)\in X$, 且 y_k 是点列 $\{y_k^{(n)}:n\geqslant k\}$ 的一个极限点. 令 $\mathscr{O}_A=\{y_0,y_1,y_2,\cdots\}$, 若

$$f(y_k)<f(\tau) \tag{1}$$

对任意 $k\geqslant 0$ 成立, 则由 $\mathscr{O}^{(n)}$ 是 $A^{(n)}$ 型轨道易推出 $\mathscr{O}_A$ 是个 A 型轨道. 因此, 下面只需证明式(1)成立. 用反证法, 假设对 $k>0$ 有 $y_k=f(y_{k-1})=f(\tau)$. 注意到 $\mathscr{S}^k A$ 是无穷序列, 根据命题中的(2)知, 存在非负整数 $\gamma<|P|$ 使得 $\mathscr{S}^k A<\mathscr{S}^\gamma P$. 于是, 当 n 充分大之后有 $\mathscr{S}^k A^{(n)}<\mathscr{S}^\gamma P$, 从而有 $y_k^{(n)}<x_\gamma$ 及 $y_k\leqslant x_\gamma$. 但 $x_\gamma\leqslant f(\tau)=y_k$, 故只有 $x_\gamma=y_k$ 且 $\gamma=0$. 假如 $P\in\mathscr{P}_1\cup\mathscr{P}_3$, 则由 $y_{k+i}=x_i$ 知 $A_{k+i}=P_i(0\leqslant i<|P|)$, 从而 $\mathscr{S}^k A\to P$ 或 $\mathscr{S}^k A=P$. 但这与上面已指出的 $\mathscr{S}^k A<\mathscr{S}^0 P=P$ 矛盾. 假如 $P=QC\in\mathscr{P}_2$(对 $Q\in\mathscr{P}_1$), 设 $|P|=\beta$, 由 $y_{k+i+j\beta}=x_i$(对任意 $j\geqslant 0, i\in\{0,1,\cdots,\beta-1\}$) 可推出 $\mathscr{S}^k A=QB_0QB_1QB_2\cdots$(各 $B_j\in\{L,R\}$). 因 $P\in\mathscr{M}_2$, $\mathscr{S}^{k+j\beta}A<P$, 故各 QB_j 均是偶序列. 于是, 我们有 $B_0=B_1=B_2=\cdots$, 从而有 $\mathscr{S}^k A\in\{(QR)^\infty,(QL)^\infty\}$. 但这亦与 $A\triangleleft P=QC$ 的定义矛盾, 故式(1)必成立.

(4) 最后, 考虑 $A=B^\infty\in\mathscr{P}_3^p$ 的情形. 此时 $B=B_0B_1\cdots B_{n-1}\in\mathscr{P}_1$ 是非周期序列, $n\geqslant 1$. 不妨假定 $A\in\mathscr{M}_3$(否则以某个 $\mathscr{S}^k A$ 代替 A). 令 A 型轨道 $\mathscr{O}_A=\{y_0,y_1,y_2,\cdots\}$ 如情形(3)所述. 容易证明 $y_0,y_{2n},y_{4n},\cdots$ 是单调数列(当 B 是偶序列

时其实还可证明 $y_0, y_n, y_{2n}, \cdots$ 是单调数列). 令 $z_0 = \lim\limits_{i \to \infty} y_{2ni}$, 与情形(3)所述相似, 由 $A \triangleleft P$ 的条件可推出 $z_0 < f(\tau)$. 于是, $\mathcal{O} \equiv \{z_i = f^i(z_0) : 0 \leqslant i < \infty\}$, 即是 f 的一个相对于 τ 的 A 型或 2 倍分歧的 A 型周期轨道(当 B 是偶序列时还可证明 $\mathcal{O}$ 一定是 A 型周期轨道). 定理 1 证毕.

第二节　连续函数中单峰轨道系列的完整性

引理 2　设 X 是区间 $I = [a,b]$ 的闭子集, $\{a,b\} \subset X$, φ 是 X 上充实的函数. 那么, 存在 X 的闭子集 $Y \supset \{a,b\}$ 使得 $\varphi \mid Y$ 是充实的单调函数.

证明　首先, 令 $Y_0 = X$. 其次, 对任意 $n \in \mathbf{Z}_+$, 若已定义了 X 的闭子集 Y_{n-1}, 则当 $\varphi \mid Y_{n-1}$ 是单调函数时令 $Y_n = Y_{n-1}$. 当 $\varphi \mid Y_{n-1}$ 非单调时, 取 Y_{n-1} 中的两点 x_n 及 y_n 使 $\varphi(x_n) = \varphi(y_n)$ 且使 $y_n - x_n$ 达到极大, 同时令 $Y_n = Y_{n-1} - (x_n, y_n)$. 如此下去, 我们得到 X 的闭子集的无穷序列 $Y_0 \supset Y_1 \supset Y_2 \supset \cdots$. 容易检验每一个 $\varphi \mid Y_n$ 均是充实的函数. 令 $Y = \bigcap\limits_{i=0}^{\infty} Y_i$, 则 Y 即为所求.

引理 3　设 $\psi \in C^0(I, \mathbf{R})$, $\{y_i = \psi^i(y_0) : 0 \leqslant i < \infty\}$ 是 ψ 的一个周期轨道, $y_{2k} = y_0 \neq y_k, k \in \mathbf{Z}_+$. 又设 $\Delta_i = \langle y_i, y_{k+i} \rangle$. 那么, 存在 $v_i \in \overset{\circ}{\Delta}_i$ 使得 $v_{i+1} = \psi(v_i) (\forall i \geqslant 0)$ 且 $v_k = v_0$.

证明　根据 ψ 的一个 Markov 图 $\Delta_0 \to \Delta_1 \to \cdots \to \Delta_{k-1} \to \Delta_0 (= \Delta_k)$ 可知引理 3 成立.

设 g 和 h 分别是实数集 X 和 Y 上的函数, 规定复合函数 hg 的定义域为 $D(hg) = \{x \in X : g(x) \in Y\}$. 当 g 和 h 均是充实的函数时, 容易检验 hg 也是个充实的函数.

定理 2　设 $\psi \in C^0(I, \mathbf{R})$, $m \in \mathbf{Z}_+$, $\varphi = \psi^m$. 则 φ 具有单峰轨道系列的完整性.

证明　考虑任意 $P \in \mathcal{P}$. 设 φ 中有相对于某一点 $\tau \in D(\varphi)$ 的 P 型轨道 $\mathcal{O}_P = \{x_i : 0 \leqslant i < |P|\}$. 令 $X_0 = \overline{\mathcal{O}}_P \cup \{\tau\}$, 则 X_0 是紧致集 $D(\varphi)$ 的闭子集且 $\varphi \mid X_0$ 是一个单峰函数. 设 $a' = \min X_0, b' = \max X_0$, 则开集 $[a', b'] - X_0$ 含有有限($\geqslant 0$) 或可列个连通分支, 且这些连通分支的全体是 $\{(a_i, b_i) : i \in Z'\}$ (Z' 是 $\mathbf{Z}_+$ 的一个有限或无限子集). 根据引理 2, 对任意 $i \in Z'$, 我们可以选出 $[a_i, b_i] \cap D(\varphi)$ 的闭子集 $Y_i \supset \{a_i, b_i\}$ 使得 $\varphi \mid Y_i$ 是充实的单调函数. 令 $X_1 = X_0 \cup (\bigcup\limits_{i \in Z'} Y_i)$, $f_1 = \varphi \mid X_1$, 则 f_1 是个含有相对于 τ 的 P 型轨道的充实的单峰函数. 于是, 对 $\mathcal{P}$ 中的任一序列 $A \triangleleft P$, 根据定理 1 知, f_1 中亦含有相对于 τ 的 A 型轨道, 并且当 $A \in \mathcal{P}_3^{(p)}$ 时 f_1 中还含有相对于 τ 的 A 型或 2 倍分歧的 A 型周

期轨道. 令 $\mathscr{B} = \{B \in \mathscr{P}_3^{(p)} : B \triangleleft P\}$, $\mathscr{B}_1 = \{B \in \mathscr{B} : f_1$ 中含有相对于 τ 的 B 型周期轨道 $\}$, $\mathscr{B}_2 = \mathscr{B} - \mathscr{B}_1$. 对任意 $B \in \mathscr{B}_2$, 设 B 的周期为 n_B, 取定 f_1 中相对于 τ 的 2 倍分歧的 B 型周期轨道 $\mathcal{O}_B = \{z_i^{(B)} : 0 \leqslant i < \infty\}$ ($\mathcal{O}_B$ 的周期为 $2n_B$).

令 $k_B = mn_B$, $y_0^{(B)} = z_0^{(B)}$, $y_i^{(B)} = \psi^i(y_0^{(B)})$, 则 $y_{im}^{(B)} = z_i^{(B)}$ 且 $y_{2k_B+i}^{(B)} = y_i^{(B)} \neq y_{k_B+i}^{(B)} (\forall i \geqslant 0)$.

记 $\Delta_i^{(B)} = \langle y_i^{(B)}, y_{k_B+i}^{(B)} \rangle$.

根据引理 3 知存在 $v_i^{(B)} \in \overset{\circ}{\Delta}_i^{(B)}$, 使得 $v_{i+1}^{(B)} = \psi(v_i^{(B)})(\forall i \geqslant 0)$ 且 $v_{k_B}^{(B)} = v_0^{(B)}$.

注意到 $\Delta_{im}^{(B)}$ 的两个端点 $z_i^{(B)}$ 与 $z_{i+n_B}^{(B)}$ 在 f_1 之下的旅程(itinerary)相同, 由文献[12]的引理 II.1.2(该引理对此处的 f_1 仍适用)知, $\Delta_m^{(B)}, \Delta_{2m}^{(B)}, \cdots, \Delta_{n_B m}^{(B)}$ 彼此不交, 且对任意 $Q \in \mathscr{B}_2 - \{\mathscr{S}^\lambda B : \lambda = 1, \cdots, n_B\}$ 及任意 $i, j \geqslant 0$ 有
$$\Delta_{im}^{(B)} \cap \Delta_{jm}^{(Q)} = \phi$$
对任意 $A \in \mathscr{B}_1$ 及 f_1 的任一个相对于 τ 的 A 型周期轨道 $\mathcal{O}_A$ 有 $\Delta_{im}^{(B)} \cap \mathcal{O}_A = \phi$.

因 $v_{im}^{(B)} \in \overset{\circ}{\Delta}_{im}^{(B)}$, 故 $\mathcal{O}'_B \equiv \{v_0^{(B)}, v_m^{(B)}, v_{2m}^{(B)}, \cdots, v_{n_B m}^{(B)}, \cdots\}$ 是 $\varphi = \psi^m$ 的一个相对于 τ 的 B 型周期轨道(其周期为 n_B). 对任意 $i \geqslant 0$, 根据引理 2 知, 存在 $\Delta_{im}^{(B)} \cap D(\varphi)$ 的闭子集 $W_i^{(B)} \supset \{z_i^{(B)}, v_{im}^{(B)}, z_{i+n_B}^{(B)}\}$ 使得 $\varphi | W_i^{(B)}$ 是个充实的单调函数. 令
$$\mathscr{B}_3 = \mathscr{B}_2 \cap \mathscr{M}$$
$$X = (X_1 - \bigcup_{B \in \mathscr{B}_2} \bigcup_{i=1}^{n_B} \overset{\circ}{\Delta}_{im}^{(B)}) \cup (\bigcup_{B \in \mathscr{B}_3} \bigcup_{i=1}^{n_B} W_i^{(B)})$$
$$f = \varphi | X$$

容易看出, f 仍是个含有 P 型轨道的相对于 τ 的充实的单峰函数, 且 f 中含有一切 $A(A \triangleleft P)$ 型轨道, 以及一切 $B(B \in \mathscr{B})$ 型周期轨道. 定理 2 证毕.

第三节　$C^0(I, \mathbf{R})$ 的序分类及 Sarkovskii 定理的推广

定义 5 设 $(T, <)$ 是个偏序集, $\mathscr{Y}$ 是 $C^0(I, \mathbf{R})$ 的所有子集的集合, $H : T \to \mathscr{Y}$ 是个映射. 若对任意 $s, t \in T$, 当 $s < t$ 时有 $H(s) \supset H(t)$, 则称 H 是 $C^0(I, \mathbf{R})$ 的一个序分类.

设偏序集 $(\mathscr{P}, \triangleleft)$ 如上所述. 作映射 $H_0 : \mathscr{P} \to \mathscr{Y}$ 为
$$H_0(P) = \{\varphi \in C^0(I, \mathbf{R}) : \varphi \text{ 或 } \tilde{\varphi} \text{ 含有 } P \text{ 型轨道, 且}$$
$$\text{当 } P \in \mathscr{P}_3^{(p)} \text{ 时 } \varphi \text{ 或 } \tilde{\varphi} \text{ 含有 } P \text{ 型周期轨道}\}$$
(对任意 $P \in \mathscr{P}$, 其中 $\tilde{\varphi}$ 的定义参看定义 1). 根据定理 2 可立即得出:

定理 3 映射 H_0 是个序分类.

下面我们将要给出 $C^0(I, \mathbf{R})$ 的另一个序分类 Φ. 为此需要用到"$*$"积的概

念. 令 $\check{R}=L, \check{L}=R, \check{C}=C$. 对任意 $A \in \mathscr{P}_1 \cup \{\phi\}$ 及 $B = B_0 B_1 \cdots \in \mathscr{P}$,定义 AC 与 B 的 "$*$" 积为 $AC * B = AB'_0 AB'_1 \cdots$,其中 $B'_i = B_i$(若 A 是偶序列)或 $\check{B}_i$(若 A 是奇序列). 本章的 "$*$" 积定义与文献[12]实质相同,但我们将文献[12]中的记号 $A * B$ 改为 $AC * B$. 这样改动之后,不仅可以得到关于 "$*$" 积的长度较简单的公式 $|AC * B| = |AC| \cdot |B|$, 而且可以避免 "$*$" 积的结合律的表述中, 加 C 减 C 的麻烦(见文献[12], p.76). 对任意 $P \in \mathscr{P}_2$, 我们记 $P^{*0} = C, P^{*1} = P$, $P^{*n} = P^{*(n-1)} * P(n = 2, 3, \cdots)$.

定义 6 设 $P \in \mathscr{P}, \varphi$ 是 $X(X \subset \mathbf{R})$ 上的函数, $\mathcal{O} = \{x_i = \varphi^i(x_0) : 0 \leqslant i < |P|\}$ 是 φ 中的一个轨道. 若存在 $\tau_0 \in X$ 使得 $\varphi(\tau_0) = \sup \mathcal{O}$ 且 $\mathcal{O}$ 是相对于 τ_0 的一个 P 型轨道, 则称 $\mathcal{O}$ 是个相对于自身的 P 型轨道.

容易验证, 当 $P \in \mathscr{M}_2$ 时, φ 中相对于自身的 P 型轨道(如果存在的话)必定是个周期轨道.

考虑 $\mathscr{M}$ 的子集 $\mathscr{M}' = \mathscr{M} - \mathscr{P}_3^{(p)}$. 易见 $(\mathscr{M}', <) = (\mathscr{M}', \vartriangleleft)$ 是线序集. 我们有:

定理 4 设 $P, A \in \mathscr{M}', A < P, \psi \in C^0(I, \mathbf{R}), m \in \mathbf{Z}_+, \varphi = \psi^m$. 若 φ 含有相对于自身的 P 型轨道, 则它亦含有相对于自身的 A 型轨道.

证明 因 $A < P$ 且 φ 含有相对于某 $\tau_0(P)$ 的 P 型轨道, 根据定理 2 知, φ 亦含有相对于 $\tau_0(P)$ 的 A 型轨道 $\mathcal{O}_A$. 若 $A \in \mathscr{M}_3 - \mathscr{P}_3^{(p)}$, 则此 $\mathcal{O}_A$ 显然也是相对于自身的 A 型轨道. 若 $A = BC \in \mathscr{M}_2$(对某 $B \in \mathscr{P}_1 \cup \{\phi\}$), 则根据文献[16]中的引理 5.1 可推出 $(BR)^\infty$ 及 $(BL)^\infty < P$. 于是 φ 中亦含有相对于 $\tau_0(P)$ 的 $(BR)^\infty$ 型及 $(BL)^\infty$ 型周期轨道 $\mathcal{O}$ 及 $\mathcal{O}'$. 但 BR 与 BL 之中至少有一个是非周期序列. 于是, $\mathcal{O}$ 及 $\mathcal{O}'$ 之中至少有一个是相对于自身的 $A = BC$ 型轨道. 定理 4 证毕.

现作映射 $\Phi : \mathscr{M}' \to \mathscr{Y}$ 为 $\Phi(P) = \bigcup\limits_{n=0}^{\infty} \Phi_n(P)(\forall P \in \mathscr{M}')$, 其中

$$\Phi_0(P) = \{\varphi \in C^0(I, \mathbf{R}) : \varphi \text{ 或 } \tilde{\varphi} \text{ 含有相对于自身的 } P \text{ 型轨道}\}$$

$$\Phi_n(P) = \begin{cases} \{\varphi \in C^0(I, \mathbf{R}) : \varphi^{2^n} \text{ 或 } \tilde{\varphi}^{2^n} \text{ 含有相对于自身的 } Q \text{ 型轨道}\}, \\ \quad \text{若存在 } Q \in \mathscr{M} - \{C\} \text{ 使得 } P = (RC)^{*n} * Q \\ \phi, \text{若不存在 } Q \in \mathscr{M} - \{C\} \text{ 使得 } P = (RC)^{*n} * Q(n \geqslant 1) \end{cases} \quad (2)$$

定理 5 上述映射 Φ 也是个序分类.

证明 考虑任意 $P, A \in \mathscr{M}'$. 设 $P > A$. 我们只需证明当 $\varphi \in \Phi(P)$ 时有 $\varphi \in \Phi(A)$. 事实上, 若 $\varphi \in \Phi_0(P)$, 则根据定理 4 知 $\varphi \in \Phi_0(A) \subset \Phi(A)$. 若 $\varphi \in \Phi_n(P)(n \geqslant 1)$, 设 $P = (RC)^{*n} * Q$ 如式(2)所述. 注意到 $A \notin \mathscr{P}_3^{(p)}$, 根据文献[12]中的引理 II.2.12 知, 当 $A \leqslant (RC)^{*n}$ 时有 $A = (RC)^{*k}$(对 $k \in \{0, \cdots, n\}$). 不妨只考虑 $k > 0$ 即 $A \neq C$ 的情形. 因 $\zeta^{2^n}(\zeta = \varphi \text{ 或 })$ 中含有相对于自身的 Q 型轨道且 $Q \geqslant RC$, 根据定理 4 知, ζ^{2^n} 含有相对于自身的 RC 型周期轨道.

于是, $\zeta^{2^{k-1}}$ 含有 2^{n-k+2} — 周期轨道,从而含有 2 — 周期轨道. 但 2 — 周期轨道必为相对于自身的 RC 型轨道,故
$$\varphi \in \Phi_{k-1}((RC)^{*(k-1)} * RC) = \Phi_{k-1}(A) \subset \Phi(A).$$

当 $A > (RC)^{*n}$ 时,根据文献[12]中的定理 Ⅱ.2.7 的(i)及命题 Ⅱ.2.2 知,存在 $B \in \mathcal{M}'$ 使得 $A = (RC)^{*n} * B$ 且 $B < Q$. 此时,根据定理 4 知,ζ^{2^n} 含有 B 型轨道,从而亦有 $\varphi \in \Phi_n(A) \subset \Phi(A)$. 定理 5 证毕.

以 $P^{(n)}$ 表示 $\mathcal{M}_2$ 中长度为 n 的序列之中的最小者(就序关系<而言). 根据文献[12]中的引理 Ⅱ.2.12 及 Ⅱ.2.13 知,当 $n = 2^m$ 时 $P^{(n)} = (RC)^{*m}$,当 $n = 2^m \cdot k (k > 1$ 为奇数) 时
$$P^{(n)} = (RC)^{*m} * RLR^{k-3}C.$$

作从 Sarkovskii 序列 $\mathcal{L}$ 到 $\mathcal{M}'$ 的映射 η 为 $\eta(n) = P^{(n)} (\forall n \in \mathcal{L})$, 文献[12]中的定理 Ⅱ.2.8 已经指出,$\eta$ 是个保持序关系的嵌入映射. 在 Sarkovskii 序分类 F 与上述序分类 Φ 之间,我们有:

定理 6 $F = \Phi\eta$. 换言之,图 1 可以交换.

证明 显然 $F(1) = \Phi\eta(1)$. 下面考虑任意 $n \in \mathcal{L} - \{1\}$. 我们首先证明当 $\varphi \in F(n)$ 时有 $\varphi \in \Phi\eta(n)$. 事实上,若 $n = 2^m \cdot k (m \geq 0, k > 1$ 是奇数),则 φ^{2^m} 有 k — 周期轨道,根据文献[17]中的定理 A 知,φ^{2^m} 或 $\tilde{\varphi}^{2^m}$ 含有 $P^{(k)}$ 型轨道,因而

图 1

$$\varphi \in \Phi((RC)^{*m} * P^{(k)}) = \Phi\eta(n)$$
若 $n = 2^m$,则 $\varphi^{2^{m-1}}$ 含有相对于自身的 RC 型轨道,因而亦有
$$\varphi \in \Phi((RC)^{*(m-1)} * RC) = \Phi\eta(n)$$

其次,我们还需证明当 $\varphi \in \Phi\eta(n)$ 时有 $\varphi \in F(n)$. 事实上,由 $\varphi \in \Phi(P^{(n)})$ 知,存在 $m \geq 0$ 及 $Q \in \mathcal{M}_2 - \{C\}$, 使得 $P^{(n)} = (RC)^{*m} * Q$ 且 φ^{2^m} 或 $\tilde{\varphi}^{2^m}$ 中含有相对于自身的 Q 型轨道 $\mathcal{O}_1$. 令
$$\mathcal{O} = \bigcup_{j=1}^{2^m} \varphi^j(\mathcal{O}_1), k = |Q|.$$

若 k 为偶数,则 $\mathcal{O}$ 即是 φ 的一个 $n(n = 2^m \cdot k)$ — 周期轨道. 若 k 为奇数,则 $\mathcal{O}$ 是 φ 的一个 $2^i \cdot k$ — 周期轨道(对 $i \in \{0, \cdots, m\}$). $i = m$ 的情形已无须考虑. 下面假定 $i < m$. 此时 φ^{2^i} 中含有 k — 周期轨道,因而 φ^{2^i} 或 $\tilde{\varphi}^{2^i}$ 中含有相对于自身的 $Q(Q = P^{(k)})$ 型轨道. 令
$$Q' = (RC)^{*(m-i)} * Q$$

因 $Q' < Q$, 故 φ^{2^i} 或 $\tilde{\varphi}^{2^i}$ 中亦含有相对于自身的 Q' 型(周期)轨道. 于是,从 $|Q'|$ 为偶数仍可推出
$$\varphi \in F(2^i \cdot |Q'|) = F(n)$$

定理 6 证毕.

注 1 定理 6 表明，若借助嵌入映射 η 把 $\mathscr{L}$ 与 $\eta(\mathscr{D}) \subset \mathscr{M}$ 叠合，则 F 可以看作 Φ 在 $\eta(\mathscr{D})$ 上的限制. 因此，序分类 Φ 是 F 的加细，而定理 5 则可以看作 Sarkovskii 定理的推广.

注 2 Baldwin 及 Block, Hart[13] 等人最近也已注意到了单峰周期轨道型之间的线性序关系（虽然我们在文献[13](p.162)中并未看到他们如何给出 $F(p)$ 的明确的定义以使 $F(p)$ 与 $F(n)$ 相等（该文的 p 相当于本章的 $P^{(n)}$）），他们使用的一个主要工具是 Markov 图. 而本章则采用并发展了本质上有所不同的"逆径"方法，把更广泛的非周期单峰轨道型亦考虑在内，超出了他们这一方面的工作范围.

注 3 Bhatia 与 Egerland[14] 的工作亦可包含在本章的结果之中. 事实上，本章所考虑的 $C^0(I, \mathbf{R})$ 可改换成 $C^0(\mathbf{R}, \mathbf{R})$. 经过这样的改换之后，文献[14]中的 $L^{2^k}(n)$（严格地说则是具有性质 $L^{2^k}(n)$ 的连续函数的集合）即是本章中的 $\Phi((RC)^{*k} * RL^{n-2}C), L^{2^k}(\infty)$ 即是本章中的 $\Phi((RC)^{*k} * RL^\infty)(k \geqslant 0, n \geqslant 3)$. 而形如 $(RC)^{*k} * RL^{n-2}C$ 及 $(RC)^{*k} * RL^\infty$ 的元素仅是本章中所考虑的线序集 $\mathscr{M}$ 的众多元素中很小的一部分.

第三编

周期轨

引 言

第一章

设给出了这样一个函数 $f(x)$，如果在 f 的定义域中有 m 个两两不同的点 $x_0, x_1, \cdots, x_{m-1}$，使得 $f(x_0)=x_1, f(x_1)=x_2, \cdots, f(x_{m-1})=x_0$，则 $\{x_0, x_1, \cdots, x_{m-1}\}$ 叫作 f 的一个 $m-$周期轨，其中每个点 x_k 都叫作 f 的一个 $m-$周期点，不动点就是 $1-$周期点.

问题 1 设 $f(x)$ 是 $[0,1]$ 上的函数

$$f(x)=\begin{cases} 2x+\dfrac{1}{3}, & 0\leqslant x<\dfrac{1}{3} \\ \dfrac{3}{2}(1-x), & \dfrac{1}{3}\leqslant x\leqslant 1 \end{cases}$$

试在 $[0,1]$ 上找出 5 个不同的点 x_0, x_1, x_2, x_3, x_4，使得 $f(x_0)=x_1, f(x_1)=x_2, f(x_2)=x_3, f(x_3)=x_4, f(x_4)=x_0$.

解 若 $x\in\left[0,\dfrac{1}{3}\right)$，则 $f(x)\in\left[\dfrac{1}{3},1\right]$；若 $x\in\left[\dfrac{1}{3},1\right]$，则 $f(x)\in[0,1]$.

不妨设 $x_0\in\left[0,\dfrac{1}{3}\right)$，$x_1, x_2, x_3, x_4\in\left[\dfrac{1}{3},1\right]$，容易求出 $f(x)$ 在 $\left[\dfrac{1}{3},1\right]$ 上的迭代表达式

$$f^{(n)}=\left(-\dfrac{3}{2}\right)^n\left(x-\dfrac{3}{5}\right)+\dfrac{3}{5}$$

于是 x_0 与 x_1 满足关系

$$\begin{cases} 2x_0+\dfrac{1}{3}=x_1 \\ \left(-\dfrac{3}{2}\right)^4\left(x_1-\dfrac{3}{5}\right)+\dfrac{3}{5}=x_0 \end{cases} \Rightarrow \begin{cases} 6x_0-3x_1+1=0 \\ 16x_0-18x_1+39=0 \end{cases} \Rightarrow$$

$$\begin{cases} x_0 = \dfrac{6}{73} \\ x_1 = \dfrac{109}{219} \end{cases}$$

代入原函数得

$$x_2 = \frac{3}{2}\left(1 - \frac{109}{219}\right) = \frac{55}{73}$$

$$x_3 = \frac{3}{2}\left(1 - \frac{55}{73}\right) = \frac{27}{73}$$

$$x_4 = \frac{3}{2}\left(1 - \frac{27}{73}\right) = \frac{69}{73}$$

$$x_5 = \frac{3}{2}\left(1 - \frac{69}{73}\right) = \frac{6}{73}$$

注 $f(0) = \dfrac{1}{3}, f\left(\dfrac{1}{3}\right) = 1, f(1) = 0$ 有 $3-$周期点.

故由 Sarkovskii 定理知 $f(x)$ 有任意 $n-$周期轨. 这可解决存在性问题.

问题 2 设 $f(x)$ 是 $[0,1]$ 上的函数

$$f(x) = \begin{cases} x + \dfrac{1}{2}, & 0 \leqslant x \leqslant \dfrac{1}{2} \\ 2(1-x), & \dfrac{1}{2} < x \leqslant 1 \end{cases}$$

试在 $[0,1]$ 上找 5 个不同的点 x_0, x_1, x_2, x_3, x_4, 使

$$f(x_0) = x_1$$
$$f(x_1) = x_2$$
$$f(x_2) = x_3$$
$$f(x_3) = x_4$$
$$f(x_4) = x_0$$

解 注意到 $f(0) = \dfrac{1}{2}, f\left(\dfrac{1}{2}\right) = 1, f(1) = 0$, 所以 $f(x)$ 有 $3-$周期轨 $\left\{0, \dfrac{1}{2}, 1\right\}$, 由 Sarkovskii 定理知, $f(x)$ 有任意 $n-$周期轨, 所以它当然会有 $5-$周期轨, 现在的问题是如何把 $5-$周期轨找出来.

考虑到, 若 $x \in \left[0, \dfrac{1}{2}\right]$, 则 $f(x) \in \left[\dfrac{1}{2}, 1\right]$, 若 $x \in \left[\dfrac{1}{2}, 1\right]$, 则 $f(x)$ 可能落在 $[0,1]$ 上的任一点, 故不妨设想可使 $x_0 \in \left[0, \dfrac{1}{2}\right]$, 而 x_1, x_2, x_3, x_4 均在 $\left[\dfrac{1}{2}, 1\right]$ 内.

把 $f(x)$ 在 $\left[\dfrac{1}{2}, 1\right]$ 上的表达式的 n 次迭代写出来,有
$$f^{(n)}(x) = (-2)^n \left(x - \dfrac{2}{3}\right) + \dfrac{2}{3}$$
(若 $x, f(x), \cdots, f^{(n-1)}(x)$ 在 $\left[\dfrac{1}{2}, 1\right]$ 上).

于是 x_0 与 x_1 之间应当满足关系
$$\begin{cases} x_0 + \dfrac{1}{2} = x_1 \\ (-2)^4 \left(x_1 - \dfrac{2}{3}\right) + \dfrac{2}{3} = x_0 \end{cases}$$

解出 $x_0 = \dfrac{2}{15}, x_1 = \dfrac{19}{30}$,接着算出
$$x_2 = f(x_1) = \dfrac{11}{15}, x_3 = f(x_2) = \dfrac{8}{15}, x_4 = \dfrac{14}{15}$$

易验证确有 $f(x_4) = x_0$. 于是所求的 5 个数为 $\left\{\dfrac{2}{15}, \dfrac{19}{30}, \dfrac{11}{15}, \dfrac{8}{15}, \dfrac{14}{15}\right\}$.

注 $x_0 = \dfrac{1}{9}$ 也可.

问题 3 给定 $0 \leqslant x_0 < 1$,对一切整数 $n > 0$,令
$$x_n = \begin{cases} 2x_{n-1}, & 2x_{n-1} < 1 \\ 2x_{n-1} - 1, & 2x_{n-1} \geqslant 1 \end{cases}$$
则使 $x_0 = x_5$ 成立的 x_0 的个数是多少?
(A) 0 (B) 1 (C) 5 (D) 31 (E) 无穷多个
(第 44 届美国高中数学考试,1993 年)

解 数 $x_0 \in [0, 1]$,用二进制表示时具有形式
$$x_0 = 0.d_1 d_2 d_3 d_4 d_5 d_6 d_7$$
则
$$x_1 = 0.d_2 d_3 d_4 d_5 d_6 d_7$$
因此,由 $x_0 = x_5$,有
$$0.d_1 d_2 d_3 d_4 d_5 d_6 d_7 \cdots = 0.d_6 d_7 d_8 d_9 \cdots$$
当且仅当 x_0 以 $d_1 d_2 d_3 d_4 d_5$ 为一个循环节扩展下去时,才共有 $2^5 = 32$ 个这样的节.

但当 $d_1 = d_2 = d_3 = d_4 = d_5 = 1$ 时有 $x_0 = 1$. 因此对于 $x_0 \in [0, 1)$ 中使 $x_0 = x_5$ 的共有 $32 - 1 = 31$ 个值. 故选 (D).

Sarkovskii 定理与简单周期轨道[①]

第二章

本章的第一节为引言.

本章的第二节综述了关于空间映射的周期点的一些工作.

本章的第三节给出了 Sarkovskii 定理的一个新的且比较简单的证明. 本章所给出的这个证明的特点是：(1) 将 Sarkovskii 定理与关于简单周期轨道的两个定理以及关于返回轨道的一个定理的证明有机地结合起来,用较短的篇幅同时完成了这几个定理的证明. (2) 已有的 Sarkovskii 定理的证明,通常都使用 Markov 图的方法,而本章则主要使用"同伦"的方法,即分析空间中的某些点连续地变化,引起相应的轨道中的各点也跟着连续地变化的情况的方法,较少使用 Markov 图的方法.

此外,本章的第三节还给出了 $F(2n+3)-F(2n+1)$(对任意 $n \in \mathbf{N}$) 为非空集(此乃 Sarkovskii 补充定理的最主要部分)的一个新的且更为简单的证明.

第一节 引 言

世界上所有事物都在按各自的规律运动着,许多学科都在研究运动,研究各种各样的运动规律. 动力系统是从数学上研究运动规律的一个学科,它偏重的是对运动的某些较长期的规律的研究,例如研究运动的趋势,运动的极限性质,运动的周期性、返回性,以及根据运动的短期规律来探索运动的长期规律.

[①] 汕头大学理学院数学系基础数学专业的研究生曾素行在其指导教师麦结华教授的指导下写了一篇名为《Sarkovskii 定理与简单周期轨道》的硕士论文.

由于内容的丰富,"动力系统"这门数学的分支学科自身又派生出许多分支.例如,假如我们只考虑空间的拓扑结构或度量结构,只考虑运动的连续性,那么,相应的动力系统便是拓扑动力系统.假如所考虑的空间还具有光滑性,所考虑的运动还具有可微性,那么,相应的系统便是微分动力系统.假如我们关注系统的每一个时刻的状态,那么,相应的便是时间参数连续的动力系统(连续流).当我们只是间断地观测运动系统的状态时,相应的便是离散动力系统.离散动力系统可以由一个映射产生,它的表达方式比较简洁,但它的许多思想方法、概念以结果都与其他形式的动力系统(如连续流等)有相似之处.因此,人们可以通过离散动力系统去了解一般的动力系统理论.

经典的动力系统理论十分重视运动系统的稳定性的研究.在今天,这仍然是个热门话题.不过,近年来人们发现许多动力系统中存在一种既非稳定也非不稳定的更复杂的现象——混沌现象.动力系统的混沌成了众多学科关注的研究对象.目前,数学上比较著名的混沌的定义有两种,即 Li-Yorke 混沌和 Devaney 混沌.但不管在数学上混沌的定义有多少种,混沌现象都应当具有一些共同的特征,那就是系统中运动方式的复杂多样性.对初值的敏感性也是混沌现象的一个特征,但不稳定的系统也具有对初值的敏感性,所以仅是对初值的敏感依赖还不一定意味着混沌.混沌是一种奇怪的现象,但也是宇宙中普遍存在着的一种现象.

当动力系统的相空间是符号空间时,该动力系统称为符号动力系统.当运动系统的相空间是一维空间(或区间)时,该动力系统称为一维动力系统(或区间动力系统).一维空间(包括线段、实轴、圆周和图)的结构比较简单,但一维空间上的(连续)映射仍然可以是很复杂的.由于区间及实数轴有两个特殊的拓扑性质:一是路的连通性,二是有一个自然的线序关系.因此,区间动力系统可以有一些特别精细的在一般拓扑动力系统中不能成立的定理.

根据 Sarkovskii 定理,区间映射的周期轨道的周期之间的蕴含关系已完全清楚.要进一步研究区间映射的周期轨道,通常就不能只考虑周期轨道的周期,还需要考虑周期轨道中各个点的大小,同时还需要考虑周期轨道上各个点的时间顺序与空间顺序,这就是周期轨道的型的问题.

不少作者进行过简化或改进 Sarkovskii 定理的证明的工作,本章也将给出 Sarkovskii 定理的一个新的证明.与以往的证明相比,本章给出的证明除了比较简洁,还有一个特点,那就是把 Sarkovskii 定理的证明与关于简单周期轨道的两个定理以及关于返回轨道的一个定理的证明结合起来,同步进行,一起完成.

第二节　动力系统的周期性质

一、有关周期性质的几个概念

本文分别以 $\mathbf{R}, \mathbf{N}_+, \mathbf{Z}$ 及 $\mathbf{Z}_+$ 表示所有实数,正整数,整数及非负整数的集合.

设 X 是一个拓扑空间,以 $id = id_X$ 表示 X 上的恒等映射. 设 $f: X \to X$ 是一个连续映射,令 $f^0 = id, f^1 = f$. 再令 $f^{n+1} = f \circ f^n$ 为 f 与 f^n 的复合 $(n=1,2,\cdots)$. 称 f^n 为 f 的 n 次迭代 $(n=0,1,2,\cdots)$.

对任意 $x \in X$,称集合 $\{x, f(x), f^2(x), \cdots\}$ 为 f 的一个(从 x 发出的)轨道,记为 $O(x, f)$ 或 $O_f(x)$. 当 f 是一个同胚时,我们有时也将轨道 $O_f(x)$ 定义为 $\{f^n(x) : n \in \mathbf{N}_+\}$. 若存在 $n \in \mathbf{N}_+$ 使得 $f^n(x) = x$, 则称 x 为 f 的周期点,称 $O(x, f)$ 为 f 的一个周期轨道,称满足 $f^n(x) = x$ 的最小正整数 n 为 x 在 f 下的周期. 周期为 n 的周期点也称作 n — 周期点,从该点发出的轨道称为 n — 周期轨道. 若 x 的周期为 1,即 $f(x) = x$,则称 x 为 f 的不动点. f 的全体周期点及不动点的集合分别记为 $P(f)$ 及 $F_{ix}(f)$.

如果存在 $n \in \mathbf{N}_+$ 使得 $f^n = id_X$,则称 f 为周期映射,称使 $f^n = id_X$ 成立的最小的正整数 n 为 f 的周期.

周期运动是自然界中普遍存在的现象,如行星围绕太阳的旋转,气候的变化,机械的转动,工作日程的安排,以及各种生物体内的新陈代谢,等等,这些现象都具有周期变化的特点. 上述周期点、周期轨道和周期映射的概念,便是对客观世界中周期运动的一种数学上的刻画,周期点和周期轨道反映的是局部的周期运动,而周期映射反映的则是整体的(整个系统的)周期运动.

动力系统理论还经常研究一些与周期性相似但条件依次减弱的概念,如几乎周期性、回归性、非游荡性和链回归性等. 由于本章主要讨论周期点及其周期,故不在此详细介绍这些概念.

二、Sarkovskii 定理

在正整数 $\mathbf{N}_+$ 上定义一个序关系 $\prec$ 如下:

(1) 若 m, n 均为 2 的方幂(本章所说的 2 的方幂是指 2 的非负整数次方),$m = 2^a, n = 2^b, a, b$ 为整数,$0 \leqslant a < b$,则规定 $m \prec n$.

(2) 令 $M = \{2^a : a \in \mathbf{Z}_+\}$ 为 2 的方幂的集合. 若 $m \in M$ 而 $n \in \mathbf{N}_+ - M$,则规定 $m \prec n$.

(3) 若 $m=2^i k, n=2^j l$,其中 $i,j \in \mathbf{Z}_+$,k 及 l 为大于 1 的奇数,则当 $i>j$ 或 $i=j$ 且 $k>l$ 时,规定 $m \prec n$.

容易看出,上面定义的关系 $\prec$ 是 $\mathbf{N}_+$ 上的一个线性序. 我们也将 $m \prec n$ 记为 $n \succ m$. 将 $\mathbf{N}_+$ 的元素按序关系 $\prec$ 及 $\succ$ 排列,可分别得到如下序列

$$3 \succ 5 \succ 7 \succ \cdots \succ 6 \succ 10 \succ 14 \succ \cdots \succ 2^2 \cdot 3 \succ 2^2 \cdot 5 \succ \cdots \succ$$
$$2^i(2k+1) \succ 2^i(2k+3) \succ \cdots \succ 2^{i+1}(2k+1) \succ \cdots \succ$$
$$16 \succ 8 \succ 4 \succ 2 \succ 1$$

及

$$1 \prec 2 \prec 4 \prec 8 \prec \cdots \prec 28 \prec 20 \prec 12 \prec \cdots \prec$$
$$14 \prec 10 \prec 6 \prec \cdots \prec 7 \prec 5 \prec 3$$

上述序列为 Sarkovskii 所发现,故通常称其为 Sarkovskii 序列.

令 $I=[a,b]$,其中 $a<b$ 为任意给定的实数. 以 $C^0(I)$ 表示 I 上所有连续自映射的集合. 1964 年,Sarkovskii[1] 证明了如下定理:

定理 1 设 $f \in C^0(I)$,$m,n \in \mathbf{N}_+$. 若 f 有 n - 周期点且按 Sarkovskii 序有 $n \succ m$,则 f 有 m - 周期点.

对任意 $n \in \mathbf{N}_+$,记

$$F(n)=F(n,I)=\{f \in C^0(I): f 有 n - 周期点\} \tag{1}$$

则定理 1 也可表述成:

定理 2 $F(3) \subset F(5) \subset F(7) \subset \cdots \subset F(6) \subset F(10) \subset F(14) \subset \cdots \subset F(12) \subset F(20) \subset F(28) \subset \cdots \subset F(16) \subset F(8) \subset F(4) \subset F(2) \subset F(1)$.

令 $F(2^\infty)=\bigcap_{n=1}^\infty F(2^n)$. 可以把 $F(2^\infty)$ 加到定理 2 中去,得到:

定理 3 $F(3) \subset F(5) \subset F(7) \subset \cdots \subset F(6) \subset F(10) \subset F(14) \subset \cdots \subset F(12) \subset F(20) \subset F(28) \subset \cdots \subset F(2^\infty) \subset \cdots \subset F(16) \subset F(8) \subset F(4) \subset F(2) \subset F(1)$.

表面上定理 3 稍强于定理 2. 但实际上,容易证明,这两个定理是等价的.

这里有一个问题:对某些 $n \succ m$,能否将定理 2 或定理 3 中的 $F(m) \supset F(n)$ 改进为 $F(m)=F(n)$? 定理 4 回答了这个问题.

定理 4 对任意 $m,n \in \mathbf{N}_+$,若 $n \succ m$,则 $F(m)-F(n) \neq \varnothing$.

Block 和 Coppel 将这个定理看作 Sarkovskii 定理的补充,而 Elaydi[14] 则将这个定理称为 Sarkovskii 定理的逆.

可以把 $F(2^\infty)$ 加到定理 4 中去,得到:

定理 5 对任意 $m,n \in \mathbf{N}_+$,若 $n \succ m$,则 $F(m)-F(n) \neq \varnothing$. 此外,对任意 $k \in \mathbf{Z}_+$ 及 $j \in \mathbf{N}_+$,有 $F(2^\infty)-F(2^k(2j+1)) \neq \varnothing$,$F(2^k)-F(2^\infty) \neq \varnothing$.

表面上定理 5 强于定理 4,但实际上定理 5 可以容易地由定理 4 推出.

Misiurewicz[19] 指出,定理 3 及定理 5 都是 Sarkovskii 于 1964 年在文献[1]

中得到的结果.

此外,我们还有如下的定理:

定理 6 $F(2^\infty) - \bigcup_{n=0}^{\infty}\bigcup_{k=1}^{\infty} F(2^n(2k+1)) \neq \varnothing$.

定理 6 不能由定理 5 直接地推出. 但我们只需构造一个映射 $f \in C^0(I)$ 使 $PP(f) = \{2^n : n \in \mathbf{Z}_+\}$ ($PP(f)$ 为 f 的所有周期点的周期的集合),即可得到定理 6,参看文献[19]和[20].

三、Sarkovskii 定理的推广

Sarkovskii 定理成了一个广为人知的定理,人们更希望能对它做进一步的推广.

推广 Sarkovskii 定理有多种途径. 第一种途径是加细或加长 Sarkovskii 序列. 例如,Ventura[21]考虑了特定的"n_1"周期轨道型,把 $N_1 = \{3_1, 4_1, 5_1, \cdots\}$ 增加到 Sarkovskii 序列中,得到了如下的序列

$$1 \triangleleft 2 \triangleleft 4 \triangleleft 8 \triangleleft \cdots \triangleleft$$
$$7 \cdot 2^j \triangleleft 5 \cdot 2^j \triangleleft 3 \cdot 2^j \triangleleft \cdots \triangleleft$$
$$7 \cdot 2^{j-1} \triangleleft 5 \cdot 2^{j-1} \triangleleft 3 \cdot 2^{j-1} \triangleleft \cdots \triangleleft$$
$$7 \triangleleft 3_1 \triangleleft 4_1 \triangleleft 5_1 \triangleleft \cdots$$

而 Bhatia 和 Egerland[14]则在 Sarkovskii 序列中插入了更多的元素,得到了如下的序列

$$L(\infty) \Rightarrow \cdots \Rightarrow L(5) \Rightarrow L(4) \Rightarrow L(3) \Rightarrow P(3) \Rightarrow P(5) \Rightarrow P(7) \Rightarrow \cdots \Rightarrow$$
$$L^2(\infty) \Rightarrow \cdots \Rightarrow L^2(5) \Rightarrow L^2(4) \Rightarrow L^2(3) \Rightarrow P(6) \Rightarrow P(10) \Rightarrow$$
$$P(14) \Rightarrow \cdots \Rightarrow P(8) \Rightarrow P(4) \Rightarrow P(2) \Rightarrow P(1)$$

借助连续函数中的单峰轨道序列,麦结华[22]证明了在 Sarkovskii 序列中任两个非 2 方幂元素之间均可插入不可数个元素,从而得到一个以 Sarkovskii 序列为子序列的不可数线序集. 上述 Ventura 及 Bhatia 和 Egerland 的序列实际上也是麦结华不可数线序集的可数子集.

第二种途径是估算出被蕴含的周期轨道的数目的下界或下确界. Sarkovskii 定理只是说,若 $m \succ n$,则有 $m-$ 周期轨道的区间映射一定有一个 $n-$ 周期轨道. 麦结华[23]则证明了,如果 $f \in C^0(I)$ 含有 $m-$ 周期轨道,$m \succ n$,则 f 至少含有 $N(n, m)$ 个 $n-$ 周期轨道,其中 $N(n, m)$ 是个多项式,可根据 m 及 n 计算出准确的数值. 例如

$$N(85, 3) = 6\ 831\ 726\ 876\ 986\ 508, N(38, 5) = 178\ 902$$
$$N(53, 9) = 4\ 481\ 248, N(98, 23) = 11\ 489\ 680\ 525\ 224$$
$$\vdots$$

麦结华[23]还证明了,$N(n, m)$ 这个数值是个下确界,对一般的区间映射 f

来说，若无其他的附加条件，则 $N(n,m)$ 这个数值不能再提高.

第三种途径是将相空间 I 推广到更一般的空间，例如推广到遗传可分的类弧连续统（Minc 和 Transue）[24]，推广到华沙圈（熊金城等）[25]，或推广到树（Alseda，Llibre 和 Misiurewicz[26]，以及 Alseda 和 Ye；推广到树时 Sarkovskii 序列要更换为多个序列），……。

四、简单周期轨道

区间映射的周期轨道的周期的结构已全部弄清，要进一步研究区间映射的周期轨道，还需要考虑周期轨道中各个点的大小，同时还需要考虑周期轨道上各个点的时间顺序与空间顺序，这就是周期轨道的型的问题. 例如：设 $\{x_1,\cdots,x_n\}$ 是 $f \in C^0(I)$ 的一个 5 - 周期轨道，$x_i = f^i(x_0), i = 1,2,\cdots,5$，则型 $x_5 = x_0 < x_3 < x_1 < x_2 < x_4$ 与型 $x_5 = x_0 < x_1 < x_2 < x_3 < x_4$ 是不同的. 前一种周期轨道型可以不蕴含 3 - 周期轨道，而后一种必蕴含 3 - 周期轨道. 前面提到的 Ventura 及 Bhatia 和 Egerland 的可数序列以及麦结华的不可数序列，其实也与周期轨道及非周期轨道的型有关（麦结华的不可数序列之中，除了有更多的周期轨道的型，还有更多的非周期的单峰轨道型）.

在各种不同的型的周期轨道之中，简单周期轨道是最重要的一种. 在文献[3]中，Stefan 实际上已经考虑了奇数（>1）周期的简单周期轨道，但简单周期轨道这一术语却是 Block[27] 最早使用的.

定义 1 设 $n \in \mathbf{N}_+$，Q 是 f 的一个 $(2n+1)$ - 周期轨道. 若存在 $x \in Q$ 使得
$$f^{2n}(x) < \cdots < f^4(x) < f^2(x) < x < f^3(x) < \cdots < f^{2n-1}(x)$$
或
$$f^{2n-1}(x) < \cdots < f^3(x) < f(x) < x < f^2(x) < f^4(x) < \cdots < f^{2n}(x)$$
则称该轨道为简单周期轨道.

定义 1 给出的是奇数周期的简单周期轨道的定义. 其实，Block[27] 还给出了偶数周期的简单周期轨道的定义. 粗略地说，简单的 $2^m(2n+1)$ - 周期轨道（$m, n \in \mathbf{N}_+$）是由简单的 $(2n+1)$ - 周期轨道经过 m 次 2 - 分裂而得到的，因此奇数（>1）周期的简单周期轨道是最基本、最重要的. 由于本章不讨论偶数周期的简单周期轨道，故不在此详细介绍偶数周期的简单周期轨道的定义.

在文献[28]中，Block 和 Coppel 得到了如下两个定理：

定理 7 设 $n \in \mathbf{N}_+$，$f \in C^0(I)$. 若 f 有 $(2n+1)$ - 周期轨道，则必有简单的 $(2n+1)$ - 周期轨道.

定理 8 设 $n \in \mathbf{N}_+$，$f \in C^0(I)$. 若 f 有简单的 $(2n+1)$ - 周期轨道，则 f

有简单的$(2n+3)-$周期轨道.

更早之前 Stefan[36] 也得到了定理 7,但 Stefan 的定理需加上"对任意 $m > 2n+1$, $\text{Per}(f,m) = \varnothing$"这个条件.

五、关于区间映射的周期点的周期的其他结果

麦结华在文献[29]中提出了返回轨道的概念:

定义 2 设 $x \in I, n > 1$ 是正整数,$f \in C^0(I)$. 若 $f^n(x) \leqslant x < f(x)$ 或 $f(x) < x \leqslant f^n(x)$,则称 x 是 f 的一个 $n-$返回点,称 $(x, f(x), \cdots, f^n(x))$ 是一个 $n-$返回轨道段或 $n-$返回轨道.

其实 Li, Misiurewicz, Pianigiani 及 Yorke 在文献[30]中已经研究了返回轨道,只是没有使用轨道这一术语. 他们得到了如下定理:

定理 9 若 $f \in C^0(I)$ 有 $n-$返回点,$n > 1$ 为奇数,则 f 有 $n-$周期点.

在文献[31]中,Li, Misiurewicz, Pianigiani 及 Yorke 引进了划分(division)的概念,并且得到了如下定理:

定理 10 设 $f \in C^0(I)$ 有一个无划分的返回轨道 $\{x, f(x), \cdots, f^n(x)\}$,$n \geqslant 4$ 为偶数,则 f 有 $p-$周期点,其中,当 $n/2$ 是奇数时 $p = n/2$,当 $n/2$ 是偶数时 $p = n/2 + 1$.

在文献[32]中,麦结华还提出了向心点、离心点和跨越点的概念.

定义 3 设 $f \in C^0(I)$,v 是 f 的一个任意选定的不动点,$y \in I$. 若 $y < f(y) < v$ 或 $v < f(y) < y$,则称 y 为相对于 v 的向心点(centripetal point);若 $f(y) < y < v$ 或 $v < y < f(y)$,则称 y 为相对于 v 的离心点(centrifugal point);若 $f(y) < v < y$ 或 $y < v < f(y)$,则称 y 为 f 的跨越点(striding point).

文献[32]推广了文献[31]中的有关结果,得到了如下定理:

定理 11 设 $f \in C^0(I)$ 有返回轨道 $\{x, f(x), \cdots, f^n(x)\}$,$n \geqslant 3$,$v$ 是区间 $(\min\{x_0, \cdots, x_n\}, \max\{x_0, \cdots, x_n\})$ 上 f 的不动点. 则:

(1) 若 $(x_0, x_1, \cdots, x_{n-1})$ 被 $\text{Fix}(f)$ 多次(至少 2 次)分隔,或在 $(x_0, x_1, \cdots, x_{n-1})$ 中含有一个相对于 v 的离心点,则 f 是汹涌的(turbulent),从而 f 有所有周期的周期点.

(2) 若 $(x_0, x_1, \cdots, x_{n-1})$ 中存在 k 个相对于 v 的向心点,则 f 有周期点,其周期 p 为大于 1 的奇数,且 $p \leqslant (n-2)/k + 2$.

六、一般的空间映射的周期点

显然,Sarkovskii 定理在一般空间中并不成立. 例如,圆盘上幅度为 $2\pi/3$ 的旋转有 $3-$周期点,却无 $5-$周期点. 不过,关于一般空间上的映射,也有一些与

周期点有关的结果,比较著名的结果有:

定理 12(Brouwer)[33] 设 h 是平面 $\mathbf{R}^2$ 上保持定向的同胚.若 h 有周期点,则 h 有不动点.

Brown[34] 仅讨论了有 2-周期点的保向平面同胚,但比较明确地指出了这类同胚不动点的位置:

定理 13 设 h 是平面 $\mathbf{R}^2$ 上保持定向的同胚,p 和 q 是 h 的可交换点(即 $h(p)=q, h(q)=p$).A 是从 p 到 q 的一段弧,则在 $A \bigcup h(A)$ 的一个有界余集中有 h 的一个不动点.

设 $g \in \mathbf{N}_+$.以 Σ_g 表示连通的亏格为 g 的可定向曲面.1942 年,Nielsen[35] 证明了:(1) 对于任意的 $g \geqslant 2$,存在 Σ_g 上的保持定向的自同胚 α,使得 α,$\alpha^2,\cdots,\alpha^{2g-3}$ 均没有周期点.(2) 若 $g \geqslant 3$.则对 Σ_g 上的任一个保持定向的自同胚 α,在 $\alpha,\alpha^2,\cdots,\alpha^{2g-3},\alpha^{2g-2}$ 这些同胚之中至少有一个同胚有不动点.若 $g=2$,则 α,α^2,α^3 之中至少有一个存在不动点.

对 $g>2$ 的情形,Nielsen 的结果是圆满的.对 $g=2$ 的情形,Nielsen 的结果则尚不够圆满.1996 年,Dicks 和 Llibre[36] 研究了 $g=2$ 的情形,完善了 Nielsen 的结果,得到了如下的定理:

定理 14 设 $\alpha:\Sigma_2 \to \Sigma_2$ 是个保持定向的自同胚,则 α 与 α^2 之中至少有一个有不动点.

Kerèkjàrtò[37] 证明了,圆盘上的周期自同胚与旋转或反射拓扑共轭.Weaver[38] 解决了 Epstein[39] 提出的一个问题,证明了二维可定向流形的紧致连通子集上满足某些较强条件的逐点周期自同胚必定是周期的,且它的较低周期点的数目有限.麦结华[40] 推广了 Weaver 的结论,得到了:

定理 15 设 M 是个二维(可定向或不可定向的)闭流形,X 是 M 的任一个紧致且局部连通的无割点的子空间,则 X 上的每个保持(或逆转,或相对保持)定向的逐点周期连续自映射均可扩充为 M 或 M 的一个二维紧致子流形上的周期自同胚.

在另一篇文章[41] 中,麦结华讨论了二维可定向闭流形 M 上的周期自同胚的结构,发现了 M 上的一类基本的周期运动,并且得到了:

定理 16 二维可定向闭流形 M 上的任一个保持定向的周期自同胚 f 均可分解为若干个基本的周期运动.进一步,设 m 为 f 的周期,q 为 M 的亏格,则 f 的较低周期轨道的数目小于或等于 $2+\min\{4q,24q/m\}$,并且当 $q>1$ 时,有 $m \leqslant 4q+2$.

麦结华在文献[42] 中还讨论了一般的度量空间 X,寻求 X 上的连续映射有 n-周期点的条件,得到如下的定理:

定理 17 设 X 是个度量空间,V 与 W 均是 X 的非空闭子集,$\partial W \subset V \subset W$.

再设 $n>1$ 是个整数，$k_1,\cdots,k_m$ 是 n 的因数，$m\geq 1$，$f\in C^0(X)$. 若 $f^n(V)\subset W$，$f^{k_i}(V)\subset X-W(i=1,\cdots,m)$，且 V 是个绝对收缩核，W 有不动点性质，则
$$Fix(f^n)-\bigcup_{i=1}^m Fix(f^{k_i})=\varnothing.$$

此外，文献[42]还得到了 X 上的连续映射 f 的周期点的周期的集合是无穷集的一些充分条件.

七、周期轨道与混沌

混沌是近年来受到广泛关注的研究课题，混沌现象是动力系统复杂性的最主要特征之一. 从不同的角度去观察动力系统的复杂多样性，我们可以得到数学上不同的混沌定义. 其中一个著名的定义是 Li-Yorke 意义下的混沌.

定义 4[43]　设 (X,d) 是个度量空间，$f:X\to X$ 是个连续映射. 若存在 X 的一个不可数子集 Y 使得
$$\liminf_{n\to\infty} d(f^n(x),f^n(y))=0$$
及
$$\limsup_{n\to\infty} d(f^n(x),f^n(y))>0$$
对任意 $x,y\in Y$ 都成立，则称 f 是混沌的(或 LY－混沌的)，称 Y 为 f 的一个混沌集.

混沌的运动是比较复杂且看似无规律的运动，周期运动则是比较简单而有规律的运动. 但在文献[43]中，Li 和 Yorke 却证明了周期 3 蕴含混沌. 这意味着，某些系统的某种局部的有规律的周期性，反而蕴含整个系统的混沌性. 根据 Li 和 Yorke 的结果和 Sarkovskii 定理容易推出，有周期为非 2 方幂的周期点的区间映射也是 LY－混沌的.

另一个著名的混沌定义是 Devaney 混沌，该定义竟直接地把周期性与混沌性捆绑在了一起.

定义 5[44]　设 (X,d) 是个度量空间，$f:X\to X$ 是个连续映射. 若下列 3 个条件成立，则称 f 是混沌的(或 D－混沌的):

(1) f 是可迁的.

(2) f 的周期点集在 X 中稠密.

(3) f 是敏感的.

Banks 等人证明了，Devaney 混沌定义中的条件(3)其实可由条件(1)和(2)推出.

定理 18　设 X 是含有无穷多个点的度量空间，$f:X\to X$ 是个连续映射. 若 f 是可迁的，且 f 的周期点集在 X 中稠密，则 f 是敏感的.

Glasner 和 Weiss[45] 推广了定理 18，得到了:

定理 19 设 X 是一个紧致度量空间,$f: X \to X$ 连续. 如果 f 是可迁的但不是极小的,并且 f 的几乎周期点集在 X 中稠密,则 f 是敏感的.

第三节 Sarkovskii 定理及其补充定理的证明

Sarkovskii 给出的定理 2 的证明较长且较复杂. 许多作者试图改进或简化 Sarkovskii 定理的证明,如文献[4],[5],[6],[7],[8],[46],[47],[48],[49] 等. 在这一节里我们也打算给出 Sarkovskii 定理及其补充定理的一个较简单且富有特色的证明.

一、Sarkovskii 定理的一个较简单的证明

上述文献给出的 Sarkovskii 定理的证明大体上都是将 Sarkovskii 定理分解为如下几个命题,然后对这些命题逐个加以证明. 令映射的集合 $F(n) = F(n, I)$ 同第二节中的式(1).

命题 1 对任意 $n, k \in \mathbf{N}_+$,有
$$F(2n+1) \subset F(2n+3), F(2n+1) \subset F(2k)$$

命题 2 对任意 $n, a, k \in \mathbf{N}_+$,有
$$F(2^a(2n+1)) \subset F(2^a(2n+3))$$
$$F(2^a(2n+1)) \subset F(2^{a+1}k)$$

命题 3 $F(4) \subset F(2)$.

命题 4 对任意 $a \in \mathbf{N}_+$. 有
$$F(2^{a+2}) \subset F(2^{a+1})$$

命题 5 $F(2) \subset F(1)$.

在这几个命题中,命题 5 可由连续函数的中值定理立即推出,命题 3 只需考虑一个 4—周期轨道,比命题 1 容易得多. 为证明命题 2 及命题 4,人们通常需要用到如下的引理:

引理 1 设 X 是个集合,$n, k \in \mathbf{N}_+$,f 是个映射.

(1) 若 x 是 f 的 n—周期点,则 x 是 f^k 的 $n / \gcd(n, k)$—周期点.

(2) 若 x 是 f^k 的 m—周期点,则 x 是 f 的 mk/d—周期点,其中 d 整除 k 且与 m 互素.

引理 1 是人们熟知的,其证明也是容易的. 例如,可参看文献[20].

借助引理 1,通过讨论 f^{2^a} 并对 a 进行归纳,命题 2 及命题 4 不难由命题 1 及命题 3 分别推出. 因此,在这几个命题之中,命题 1 是最主要和最关键的,其证明相对来说(仅仅是相对来说)也是最困难的. 我们打算在本节中给出 Sarkovskii

定理的一个较简单且富有特色的证明,实际上就是给出命题 1 即 Sarkovskii 定理最主要的组成部分的一个较简单且富有特色的证明.至于命题 2～5,原有的证明已相当简单,我们就不在本章中考虑是否还可以进行进一步的简化了.

前述文献在证明命题 1 时都采用了 Markov 图的方法,即为了证明 f 有 $k-$ 周期点,便设法根据已有的条件找出 I 的 $k+1$ 个闭子区间 $I_0, I_1, \cdots, I_{k-1}, I_k$,且其满足如下 3 个条件:

(1) $f(I_{j-1}) \supset I_j (j=1,\cdots,k)$,且 $I_k = I_0$.

(2) 对 $0 \leqslant i < j \leqslant k$,若 $I_i \neq I_j$,则 $I_i \cap I_j$ 至多含有一个点.

(3) 序列 $(I_0, I_1, \cdots, I_{k-1})$ 是"不可分解的",即对任意 $j \in \{1,\cdots,k\}$,总有 $(I_{j+1}, I_{k-1}, I_0, \cdots, I_j) \neq (I_0, I_1, \cdots, I_{k-1})$.

只要找到(或证明存在)满足这些条件的区间 $I_0, I_1, \cdots, I_{k-1}, I_k$,便容易证明 f 有 $k-$ 周期点.

我们给出的命题 1 的证明的一个特点是较少地使用了 Markov 图的方法.我们主要使用的是"同伦"的方法,即让区间 I 中的动点 x 连续地变化,从而带动相应的一段轨道 $x, f(x), \cdots, f^n(x)$ 中的各点也连续地变化的方法.由于区间 I 的空间结构比较简单,我们在 I 中使用"同伦"的方法,实际上就只需使用连续函数的中值定理等少许几个人们所熟知的简单的定理.

当然,在许多场合中,Markov 图的方法仍然是很有用的好方法.但使用 Markov 图的方法时,要根据已有的条件设法在 I 中找出若干个合适的子区间,并仔细检查这些子区间相互之间在映射 f 的作用下的覆盖关系.有时,这会稍为费神一些.

我们给出的命题 1 的证明的另一个特点是将命题 1 与定理 7 和定理 8 的证明捆绑在一起,同时进行,一气呵成.

在证明命题 1 之前,我们先给出一个引理,这个引理与文献[30]中的一个结论(即前面提到的定理 9)相似,但文献[30]中的定理限定 n 为奇数,本文的这个引理则不要求 n 为奇数.另外,我们在这个引理的证明中所使用的"同伦"方法也较为简洁:只需将 x 作为动点,让它在区间 I 上向左或向右连续地挪动,它便一定会与 $f^n(x)$ 碰在一起.

引理 2 设 f 有一个 $n-$ 返回点 x,n 是个大于 1 的整数,则 f 有一个周期点 v,其周期是 n 的大于 1 的因数.

证明 不妨假定 $f^n(x) < x < f(x)$.因 $f^n(a) \geqslant a$ 且 $f^n(x) < x$,故存在 $y \in [a, x)$ 使得 $f^n(y) = y$.令 $v = \sup\{y \in [a,x) : f^n(y)=y\}$,则由 f^n 的连续性可得 $f^n(v) = v$.因此,v 是 f 的周期点,其周期是 n 的因数.根据 $f^n(x) < x$ 知 $v < x$.假如 $f(v) = v$,则由 $v < x < f(x)$ 知,存在递减序列 $x_0 = x > x_{-1} > x_{-2} > \cdots > x_{-n} > v$,使得 $f(x_{-i}) = x_{-i+1} (i=1,2,\cdots,n)$.因 $f^n(x_{-n}) = x > x_{-n}$

且 $f^n(x) < x$,故 f^n 有一个不动点 $w \in (x_{-n}, x) \subset (v, x)$.但这与 v 的定义相矛盾.因此,v 的周期大于 1.

为了证明命题 1,我们还需用到下面的一个命题,该命题包含了 Block 和 Coppel[28] 的一个结论,即前面的定理 8,我们将给出它的一个独立的不依赖于 Sarkovskii 定理及文献[28] 中其他结果的证明.该命题涉及螺旋形的 $2k$－周期轨道,我们先介绍这一概念的定义.

定义 6 设 $k \in \mathbf{N}_+$,Q 为 $f \in C^0(I)$ 的一个 $2k$－周期轨道.若存在 $x \in Q$ 使得

$$f^{2k-2}(x) < \cdots < f^4(x) < f^2(x) < x < f(x) <$$
$$f^3(x) < \cdots < f^{2k-1}(x)$$

或

$$f^{2k-1}(x) < \cdots < f^3(x) < f(x) < x < f^2(x) <$$
$$f^4(x) < \cdots < f^{2k-2}(x)$$

则称该轨道为螺旋的 $2k$－周期轨道.

命题 6 设 $f \in C^0(I), n \in \mathbf{N}_+$.若 f 有简单的 $(2n+1)$－周期轨道,则 f 有简单的 $(2n+3)$－周期轨道,且对任意 $k \in \mathbf{N}_+$,f 有螺旋形的 $2k$－周期轨道.

证明 设 $\{x_0, x_1, \cdots, x_{2n}\}$ 是 f 的一个简单的 $(2n+1)$－周期轨道,其中 $x_i = f^i(x_0)(i = 1, 2, \cdots, 2n)$.根据前面的定义,不妨假定

$$x_{2n} < x_{2n-2} < \cdots < x_4 < x_2 < x_0 < x_1 < x_3 < \cdots < x_{2n-1}$$

因 $f(x_0) > x_0$ 且 $f(x_1) < x_1$,故存在 $v \in (x_0, x_1)$ 使得 $f(v) = v$.注意到 $x_0 \in f((v, x_1))$,$(v, x_1) \subset f((x_0, v))$,我们可以从区间 (x_0, x_1) 中依次挑选出点 $x_{-1}, x_{-2}, x_{-3}, \cdots$ 使得 $f(x_{-i}) = x_{-i+1}(i = 1, 2, 3, \cdots)$,并且

$$x_0 < x_{-2} < x_{-4} < x_{-6} < \cdots < v < \cdots < x_{-5} < x_{-3} < x_{-1} < x_1$$

令 $J_{2n} = [x_{2n}, x_{2n-2}]$.无论 $y < z$ 还是 $y > z$,以 $[y; z]$ 表示以 y 和 z 为两端点的闭区间.对 $i = 2n, 2n-1, \cdots, 1, 0, -1, -2, \cdots$,因 $f([x_{i-1}; x_{i-3}]) \supset [x_i; x_{i-2}]$,故存在闭区间 $J_{i-1} \subset [x_{i-1}; x_{i-3}]$ 使得 $f(J_{i-1}) = J_i$.于是,我们有

$$f^{2n+3}(J_{-2}) = f(J_{2n}) \supset [x_0, x_{2n-1}] \supset J_{-2}$$

由此推出存在 $y \in J_{-2}$ 使得 $f^{2n+3}(y) = y$.令 $y_{k-2} = f^k(y)(k \in \mathbf{Z}_+)$.注意到 $\mathrm{Orb}(y, f) \cap \mathrm{Orb}(x_{-4}, f) = \varnothing$ 且 $y_k \in J_k(k = 0, 1, \cdots, 2n)$,可知 $y_{-2}, y_{-1}, y_0, y_1, \cdots, y_{2n}$ 是 $(2n+3)$ 个两两不相同的点,且

$$y_{2n} < y_{2n-2} < \cdots < y_2 < y_0 < y_{-2} <$$
$$y_{-1} < y_1 < \cdots < y_{2n-1}$$

因此 $\mathrm{Orb}(y, f)$ 是个简单的 $(2n+3)$－周期轨道.

对任意给定的 $k \in \mathbf{N}_+$,记 $L = J_{2n-2k+1}$.则 $f^{2k}(L) = f(J_{2n}) \supset [x_0, x_{2n-1}] \supset L$.由此可知,存在 $w \in L$ 使得 $f^{2k}(w) = w$.记 $w_i = f^i(w)$.因 $\mathrm{Orb}(w, f)$ 的周

期为 $2k$ 的偶的因数,而 $\mathrm{Orb}(x_{2n-k},f)$ 中含有 $(2n+1)$-周期点 x_{2n},故 $\mathrm{Orb}(w,f) \cap \mathrm{Orb}(x_{2n-k},f) = \varnothing$. 注意到 $w_i \in f^i(L) = J_{2n-2k+1+i} (i=0,1,\cdots,2k-1)$,我们有
$$w_{2k-1} < \cdots < w_3 < w_1 < w_0 < w_2 < w_4 < \cdots < w_{2k-2}$$
因此,$\mathrm{Orb}(w,f)$ 是个螺旋形的 $2k$-周期轨道. 命题 6 证毕.

定理 20 之(1)可由引理 2(或定理 9)、Sarkovskii 定理及定理 7 推出,但我们要给出 Sarkovskii 定理的一个不同的证明,因此便需要给出定理 20 的一个不依赖于 Sarkovskii 定理的证明.

定理 20 设 $f \in C^0(I), n \in \mathbf{N}_+$. 若 f 有 $(2n+1)$-返回点,则:

(1) 对任意 $j \in \mathbf{Z}_+, f$ 有简单的 $(2n+1+2j)$-周期轨道.

(2) 对任意 $k \in \mathbf{N}_+, f$ 有螺旋形的 $2k$-周期轨道.

证明 因 3-周期轨道总是简单的周期轨道,根据引理 2 及命题 6 可知,当 $n=1$ 时定理 20 成立. 下面假定,对某个 $n_0 \in \mathbf{N}_+$,已证明当 $n \in \{1,2,\cdots,n_0\}$ 时定理 20 成立,现需要证明该定理对 $n = n_0 + 1$ 仍成立.

根据引理 2,f 有一个周期点 v,其周期为 $2n+1$ 的大于 1 的因数. 设 v 的周期为 l. 因 l-周期点也是 l-返回点,故此,若 $l < 2n+1$,则由归纳假设知,定理 20 对 $n = n_0 + 1$ 仍成立. 下面假定 $l = 2n+1$. 记 $v_i = f^i(v)(i \in \mathbf{Z}_+)$. 不妨假设轨道 $\mathrm{Orb}(v,f)$ 中小于 v_0 及大于 v_0 的点的个数均为 n,且 $v_1 > v_0$. 若存在某个 $m \in \{2,\cdots,n\}$ 使得 $v_{2m-1} < v_0$,则 v 是 $(2m-1)$-返回点,根据归纳假设知定理 20 成立. 下面假定 $v_1, v_3, \cdots, v_{2n-1}$ 均大于 v_0. 于是,$v_2, v_4, \cdots, v_{2n}$ 均小于 v_0.

情形 1 若存在 $m \in \{1,2,\cdots,n-1\}$ 使得 $v_{2m} < v_{2m+2}$(或 $v_{2m+1} < v_{2m-1}$),取 $y = v_{2m+2}$(或 $y = v_{2m+1}$),则可得 $f^{2n-1}(y) = v_{2m} < y < v_0 \leqslant f(y)$(或 $f(y) = v_{2m+2} < v_0 < y < v_{2m+1} < v_{2m-1} = f^{2n-1}(y)$),这表明 f 有 $(2n-1)$-返回点 y. 根据归纳假设,定理 20 成立.

情形 2 若情形 1 不出现,则有 $v_{2n} < v_{2n-2} < \cdots < v_4 < v_2 < v_0 < v_1 < v_3 < \cdots < v_{2n-3} < v_{2n-1}$. 这意味着 $\mathrm{Orb}(v,f)$ 是个简单的 $(2n+1)$-周期轨道. 于是,根据命题 6 亦可推出定理 20 成立.

注 1 对任意 $k \in \mathbf{N}_+$,不难证明螺旋形的 $(2k+2)$-周期轨道蕴含螺旋形的 $2k$-周期轨道. 因此,定理 20 实际上比命题 1 略强一些.

注 2 Gawel[47] 也给出了 Sarkovskii 定理的一个证明. Gawel 的证明的重点也是命题 1,而且也考虑了简单周期轨道. 在文献[47](pp.126)中,Gawel 指出,命题 1(在文献[47]中为引理 8)是 Sarkovskii 定理的证明中最困难的部分. Gawel 证明该文的引理 8 的途径是先证明定理 B. 该文的定理 B 与本文的定理 7 相似,但加上了"对任意 $m > 2n+1, \mathrm{Per}(f,m) = \varnothing$"这一条件. 即使加上这个条件,Gawel 给出的定理 B 的证明仍然很长. 此外,Gawel 还需加上另外两个引

理才能够完成引理 8 的证明. 因此, Gawel 给出的 Sarkovskii 定理的证明实际上仍然是比较长、比较复杂的.

二、Sarkovskii 补充定理的一个证明

文献[20][49]及[18]中都给出了 Sarkovskii 补充定理（即前面的定理 4）的证明, 他们的证明都采用了举例的方法, 即给出几种区间映射, 然后分别证明这些映射属于某 $F(m)$ 而不属于另一 $F(n)$. 具体地说, 与前面所提到的 Sarkovskii 定理的证明相似, 他们也是将 Sarkovskii 补充定理的证明分解为如下几个命题.

命题 7 对任意整数 $n>1, F(2n+1)-F(2n-1)\neq\varnothing$.

命题 8 对任意 $n,k\in \mathbf{N}_+, F(2^n(2k+3))-F(2^n(2k+1))\neq\varnothing$.

命题 9 $F(1)-F(2)\neq\varnothing$.

命题 10 对任意 $n\in \mathbf{N}_+, F(2^n)-F(2^{n+1})\neq\varnothing$.

在这几个命题中, 命题 9 比较简单, 其证明比较容易. 例如, I 上的常值映射即属于 $F(1)-F(2)$. 而通过 Stefan 映射或 Stefan 轨道的扩张（见文献[3], 或文献[49](pp. 113), 或文献[20](pp. 233)), 容易由满足命题 7 及命题 9 中的条件的映射分别构造出满足命题 8 及命题 10 中的条件的映射. 因此, 命题 7 是 Sarkovskii 补充定理的证明中最主要和最关键的部分. 本节将给出命题 7 的一个新的且更为简单的证明. 具体地, 我们也是通过举例, 即通过证明如下的引理来得到命题 7.

引理 3 设 $x_0<x_1<\cdots<x_{2n}$ 是区间 $I=[a,b]$ 中的点, n 是大于 1 的整数, $x_0=a, x_{2n}=b, f\in C^0(I)$. 若 $f(x_0)=x_n, f(x_{n+j})=x_{n-j}(j=1,2,\cdots,n), f(x_{n-j})=x_{n+1+j}(j=0,1,\cdots,n-1)$, 并且对 $i=1,\cdots,2n, f|[x_{i-1},x_i]$ 总是单调的, 则 $f\in F(2n+1)-F(2n-1)$.

证明 显然 $f\in F(2n+1)$. 令 $J_i=(x_{i-1},x_i)(i=1,\cdots,2n)$, 再令 $K_1=[x_0,x_n], K_2=(x_{n+1},x_{2n}], K_3=J_{n+1}$. 则 $f(K_1)=K_2\cup K_3, f(K_2)\subset K_1$. 因此, 若 Q 是个完全包含于 $K_1\cup K_2$ 之中的周期轨道, 则 $f(Q\cap K_1)\subset Q\cap K_2$, 且 $f(Q\cap K_2)\subset Q\cap K_1$, 由此推出 Q 的周期一定是个偶数. 于是, 我们有:

断语 若 Q 是 f 的一个 $k-$周期轨道, k 是个不等于 $2n+1$ 的奇数, 则 $Q\cap J_{n+1}\neq\varnothing$.

因 $f|K_3$ 是递减的, 故任一个周期大于 2 的周期轨道均不能完全地包含在 K_3 之中. 于是, 若 f 有一个 $k-$周期轨道 Q, 且 k 是个大于 2 但不等于 $2n+1$ 的奇数, 则根据 $f(K_3)\subset[x_{n-1},x_{n+1}]$ 及断语知, 存在 $y\in Q\cap K_3$ 及 $m\in\{1,2,\cdots,k-1\}$, 使得 $f^m(y)\in J_n$, 且 $f^i(y)\in K_3-\{y\}(i=1,\cdots,m-1)$. 由 f 的性质可进一步推出 $f^{m+1+2i}(y)\in J_{n+2+i}, f^{m+2+2i}(y)\in J_{n-i-1}(i=0,1,\cdots,n-2)$.

因此,$y \notin \{f(y), f^2(y), \cdots, f^{m+2n-2}(y)\}$,从而 y 的周期 $k > m+2n-2 \geqslant 2n-1$. 于是,$f \notin F(2n-1)$. 引理 3 证毕.

注 Elaydi 在文献[18]给出的 $F(2n+1) - F(2n-1) \neq \varnothing$ 的证明方法的特点是,依次考虑区间$[1,2]$,$[j, j+1]$($j=1,\cdots,n, n+2,\cdots,2n$),最后考虑区间$[n+1, n+2]$(文献[18]中的区间$[j, j+1]$相当于本文引理 3 中的$[x_{j-1}, x_j]$),证明 f 在这些区间上均没有$(2n-1)$-周期点. 文献[7]给出的证明依赖于一个引理(即文献[20]中的 Lemma I.2.11),该引理讨论的是由一个 $n(n>1)$-周期轨道逐段单调扩充而得到的区间映射 φ 的 m-周期轨道与 φ 对应的 Markov 图中的长度为 m 或 $m/2$ 的本原循环(primitive cycle)的关系,由该引理及简单周期轨道的线性(或单调)扩充所对应的 Markov 图的特点即可证明上述 f 没有$(2n-1)$-周期轨道. 而本章引理 3 的证明方法的特点则是,不仅考虑单个$(2n-1)$-周期点的存在性,而且还考虑整个$(2n-1)$-周期轨道的存在性;不仅考虑$[x_0, x_1], [x_1, x_2], \cdots, [x_{2n-1}, x_{2n}]$ 这 $2n$ 个区间,而且更着重讨论 $K_1 = [x_0, x_n)$,$K_2 = (x_{n+1}, x_{2n})$ 及 $K_3 = (x_n, x_{n+1})$ 这 3 个区间. 由于讨论的区间数目较少,所以我们可以更清楚地审视引理 3 中映射 f 的一些动力学性质,得到像断语那样的中间结论,简化证明的思维过程.

完备稠序线性序拓扑空间上的奇周期轨序关系

第一节 引 言

连续自映射的周期轨、广义周期点及映射混沌性等是拓扑动力系统研究的重要内容. 20 世纪末,国内外学者在实线段上连续自映射的研究中做出了许多贡献[49-51]. 2005 年,文献[52] 对正方形上的三角映射的 $\omega-$ 极限集和周期点进行了研究,指出实线段上三角映射的某些性质对正方形上三角映射仍然成立,而有些性质不再成立. 那么,拓扑空间中连续自映射的动力学性质与实线段上连续自映射的动力学性质又有何异同呢?

为此,卢天秀和朱培勇[53-54]讨论了严格介于拓扑空间与实直线之间的完备稠序线性序拓扑空间,他们[53]证明了连续自映射 f 在不动点 p 的不稳定流与 p 的任意邻域的交集,通过 f 有限次迭代之后,会包含该不稳定流形. 他们还[54]指出若该空间具有最大最小元,而连续自映射 f 的不稳定流形的边界点不属于流形本身,那么必为 f 的周期点. 电子科技大学数学科学学院的卢天秀和四川理工学院理学院的朱培勇两位教授 2010 年将实直线上的奇周期轨序关系推广到完备稠序线性序拓扑空间上. 然后,把实直线上证明此关系时其中的条件"对于 $1 \leqslant m < n, f$ 没有 $(2m+1)-$ 周期轨"削弱为"没有 $(2n-1)-$ 周期轨",使用更弱的条件证明了应用范围更广的结论. 最后,利用奇周期轨序关系将 Sarkovskii 定理从实直线推广到完备稠序线性序拓扑空间.

第三章

第二节 预备知识

在本章中,线性序集 X 的序关系"a 在 b 前面"用 $a \prec b$ 表示,并用 $a \preceq b$ 表示"$a \prec b$ 或者 $a = b$". X 中区间的定义和记号与实直线上相同. 若 $A \subset X$, 用 $Card(A)$ 表示 A 的基数. 若 $\exists m \in A$, 使得 $\forall x \in A$, 都有 $x \preceq m$, 则称 m 为 A 的最大元, 记作 $End\{A\}$; 若 $\exists m \in A$, 使得 $\forall x \in A$, 都有 $m \preceq x$, 则称 m 为 A 的最小元, 记作 $Ah\{A\}$. 关于序拓扑、完备、稠序、连通、周期轨以及其他关于拓扑空间和连通空间的定义和性质可参看文献 [55-58,83]. 如果线性序拓扑空间 X 满足完备性和稠序性, 则称为完备稠序线性序拓扑空间.

下面给出一个不同于实直线的完备稠序线性序拓扑空间的例子.

例 若 A 和 B 是全序关系分别为"$\prec_A$"和"$\prec_B$"的两个集合, $A \times B$ 上的全序关系定义为: 当 $a_1 \prec_A a_2$ 时, 或者当 $a_1 = a_2$ 并且 $b_1 \prec_B b_2$ 时, $a_1 \times b_1 \prec a_2 \times b_2$, 它称为 $A \times B$ 上的字典序关系. 设 S 是一个良序集, 在 $S \times [0,1)$ 上赋予字典序拓扑, 则 $S \times [0,1)$ 是一个完备稠序线性序拓扑空间.

为了得到本章的主要结果, 我们先给出如下引理:

引理 1 设 $f: X \to Y$ 是从连通空间 X 到线性序拓扑空间 Y 的一个连续映射. 若 $a, b \in X$ 且 r 是 Y 中介于 $f(a)$ 与 $f(b)$ 之间的一个点, 则 X 中存在一点 c 使得 $f(c) = r$.

引理 2 若 X 是完备稠序线性序拓扑空间, 则 X 连通并且 X 上的任何区间都连通.

引理 3 若 X 是一个完备的线性序拓扑空间, $f: X \to X$ 连续, 若有 X 的一串闭子区间 $\triangle_0, \triangle_1, \cdots, \triangle_{n-1}$, 满足 $f(\triangle_i) \supseteq \triangle_{i+1} (i=0,1,\cdots,n-2)$, 且 $f(\triangle_{n-1}) \supseteq \triangle_0$, 则 $\exists x_0 \in \triangle_0$ 使得 $f^n(x_0) = x_0$, 并且, $\forall i = 0, 1, \cdots, n-1$, 有 $f^i(x_0) \in \triangle_i$.

第三节 奇周期轨序关系的证明

定理 1 设 f 有 $(2n+1)$-周期轨 $\{x_k = f^k(x_0) \mid 0 \leq k \leq 2n\} (n \geq 1)$, 而没有 $(2n-1)$-周期轨, 如果 x_0 是诸 x_k 由前往后排列时正中间的一个 (即第 $n+1$ 个), 则该轨道必有下列之一的排序.

(i) $x_{2n} \prec x_{2n-2} \prec \cdots \prec x_2 \prec x_0 \prec x_1 \prec x_3 \prec \cdots \prec x_{2n-1}$.

(ii) $x_{2n-1} \prec x_{2n-3} \prec \cdots \prec x_3 \prec x_1 \prec x_0 \prec x_2 \prec \cdots \prec x_{2n}$.

证明 把 x_k 由前往后重新记为 $z_1 < z_2 < \cdots < z_{2n+1}$,简称各 $z_i(1 \leqslant i \leqslant 2n+1)$ 为基点,记全体基点组成的集合为 $B = \{z_1, z_2, \cdots, z_{2n+1}\}$. 首先证明:

(1) $\exists m \in \{1, 2, \cdots, 2n\}$,使得 $z_{m+1} \leqslant f(z_m), f(z_{m+1}) \leqslant z_m$.

事实上,由 $z_1 < f(z_1)$ 知:$1 \in \{z_i < f(z_i) \mid 1 \leqslant i \leqslant 2n+1\} \neq \varnothing$,取
$$m = \max\{i \mid z_i < f(z_i), 1 \leqslant i \leqslant 2n+1\}$$

因为 $f(z_{2n+1}) < z_{2n+1}$,则 $m \neq 2n+1$,即 $m \leqslant 2n$,且有 $z_m < f(z_m)$, $f(z_{m+1}) \leqslant z_{m+1}$. 又因为 $f(z_{m+1}) \neq z_{m+1}$,所以 $f(z_{m+1}) < z_{m+1}$. 再由 $f(z_i)$ 为周期轨上的点以及 z_i 的前后关系有:$z_{m+1} \leqslant f(z_m), f(z_{m+1}) \leqslant z_m$. 故(1)为真.

现在记 $\alpha_0 = z_m, \beta_0 = z_{m+1}$,设 U_0 是区间 $[\alpha_0, \beta_0]$ 上全体基点的集合,并记 $\alpha_1 = \text{Ah}\{f(U_0)\}, \beta_1 = \text{End}\{f(U_0)\}, \cdots$,归纳地,记 $\alpha_{k+1} = \text{Ah}\{f(U_k)\}, \beta_{k+1} = \text{End}\{f(U_k)\}$,其中:$U_k$ 是 $[\alpha_k, \beta_k]$ 上所有基点构成的集合,则 $f(U_k) \subset U_{k+1}$,且有下列两个条件成立:

(2) $U_k \subset U_{k+1}, k = 0, 1, 2, \cdots$.

(3) 若 U_k 中元素少于 $2n+1$ 个,则 U_{k+1} 比 U_k 至少多一个元素,即 $\text{Card}(U_k) < \text{Card}(U_{k+1})$,直到某个 U_s 包含全部基点.

事实上,因为
$$\alpha_1 = \text{Ah}\{f(U_0)\} \leqslant f(z_{m+1}) \leqslant z_m \leqslant z_{m+1} \leqslant$$
$$f(z_m) \leqslant \text{End}\{f(U_0)\} = \beta_1$$

即 $\alpha_1 \leqslant \alpha_0 < \beta_0 \leqslant \beta_1$,则 $[\alpha_0, \beta_0] \subset [\alpha_1, \beta_1]$,故 $U_0 \subset U_1$.

假设 $U_{k-1} \subset U_k$ 已证,则 $f(U_{k-1}) \subset f(U_k)$,从而
$$\alpha_{k+1} = \text{Ah}\{f(U_k)\} \leqslant \text{Ah}\{f(U_{k-1})\} = \alpha_k < \beta_k =$$
$$\text{End}\{f(U_{k-1})\} \leqslant \text{End}\{f(U_k)\} = \beta_{k+1}$$

即 $[\alpha_k, \beta_k] \subset [\alpha_{k+1}, \beta_{k+1}]$,于是 $U_k \subset U_{k+1}$. 故(2)为真.

对于(3),如果存在 $k(0 \leqslant k \leqslant 2n)$ 有 $U_k = U_{k+1}$,则 $f(U_k) \subset U_{k+1} = U_k$,故对于 $\forall i \in \mathbf{N}_+$,有
$$f^i(U_k) \subset f^{i-1}(U_k) \subset \cdots \subset f(U_k) \subset U_k$$

因为 $\alpha_0 = z_m \in U_0 \subset U_k$,故
$$\{f^i(z_m) \mid i \in \mathbf{N}_+ \bigcup \{0\}\} \subset U_k \subsetneq \{z_1, z_2, \cdots, z_{2n+1}\}$$

这与 z_m 为 $(2n+1)$-周期点矛盾. 故(3)为真.

由于 $B = \{z_1, z_2, \cdots, z_{2n+1}\}$ 为奇周期轨,所以 $[z_1, z_m]$ 与 $[z_{m+1}, z_{2n+1}]$ 中基点的个数是不相同的. 不妨设 $[z_1, z_m]$ 中较多,则
$$\text{Card}(B \bigcap [z_1, z_m]) > \text{Card}(B \bigcap [z_{m+1}, z_{2n+1}])$$

则

(4) $\qquad f(B \bigcap [z_1, z_m]) \bigcap [z_1, z_m] \neq \varnothing$

且

$$f(B \cap [z_1, z_m]) \cap [z_{m+1}, z_{2n+1}] \neq \varnothing$$

事实上，若 $f(B \cap [z_1, z_m]) \cap [z_1, z_m] \neq \varnothing$，则
$$f(B \cap [z_1, z_m]) \subset [z_{m+1}, z_{2n+1}]$$

故
$$\text{Card}(B \cap [z_1, z_m]) = \text{Card}(f(B \cap [z_1, z_m])) \leqslant$$
$$\text{Card}(B \cap [z_{m+1}, z_{2n+1}])$$

这与假设 $\text{Card}(B \cap [z_1, z_m]) > \text{Card}(B \cap [z_{m+1}, z_{2n+1}])$ 矛盾.

若 $f(B \cap [z_1, z_m]) \cap [z_{m+1}, z_{2n+1}] \neq \varnothing$，则 $f(B \cap [z_1, z_m]) \subset B \cap [z_1, z_m] \subsetneqq B$，故对于 $\forall i \in \mathbf{N}_+$，有
$$f^i(B \cap [z_1, z_m]) \subset f^{i-1}(B \cap [z_1, z_m]) \subset \cdots \subset B \cap [z_1, z_m] \subsetneqq B$$

从而，$\{f^i(z_1) \mid i \in \mathbf{N}_+\} \subsetneqq B$，这与 z_1 为 $(2n+1)$ - 周期点矛盾. 故 (4) 为真.

(5) $\exists l \in \{1, 2, \cdots, m-1\}$ 有 $z_{m+1} \leqslant \text{End}\{f(z_l), f(z_{l+1})\}, \text{Ah}\{f(z_l), f(z_{l+1})\} \leqslant z_m$.

反证：假设(5)不为真，使得(5)不为真的情况有三种.

① 对于 $\forall l(1 \leqslant l < m)$ 有 $z_m < \text{Ah}\{f(z_l), f(z_{l+1})\}$，与 $f(B \cap [z_1, z_m]) \cap [z_1, z_m] \neq \varnothing$ 矛盾.

② 对于 $\forall l(1 \leqslant l < m)$ 有 $\text{End}\{f(z_l), f(z_{l+1})\} < z_{m+1}$，与 $f(B \cap [z_1, z_m]) \cap [z_{m+1}, z_{2n+1}] \neq \varnothing$ 矛盾.

③ 若有 $l_1, l_2(1 \leqslant l < m)$ 满足
$$\text{Ah}\{f(z_{l_1}), f(z_{l_1+1})\} \leqslant z_m$$

及
$$z_{m+1} \leqslant \text{End}\{f(z_{l_2}), f(z_{l_2+1})\}$$

则必有 $l_1 \neq l_2$.

若 $l_1 < l_2$，记 $l^* = \text{Ah}\{i \mid \text{Ah}f(z_i), f(z_{i+1})\} \leqslant z_m \mid 1 \leqslant i < l_2\}$ 则
$$\text{Ah}\{f(z_{l^*}), f(z_{l^*+1})\} \leqslant z_m$$

且
$$z_m < \text{Ah}\{f(z_{l^*-1}), f(z_{l^*})\}$$

从而
$$z_m < f(z_{l^*-1}), z_m < f(z_{l^*}), f(z_{l^*+1}) < z_m$$

即
$$\text{Ah}\{f(z_{l^*}), f(z_{l^*+1})\} \leqslant z_m$$
$$z_{m+1} \leqslant \text{End}\{f(z_{l^*}), f(z_{l^*+1})\}$$

矛盾.

若 $l_1 > l_2$，记 $l^* = \text{Ah}\{i \mid z_{m+1} \leqslant \text{End}\{f(z_i), f(z_{i+1})\} \mid 1 \leqslant i < l_1\}$.

同理可得：$\text{Ah}\{f(z_{l^*}), f(z_{l^*+1})\} \leqslant z_m, z_{m+1} \leqslant \text{End}\{f(z_{l^*}), f(z_{l^*+1})\}$

矛盾.

综上,知(5)为真.

因此,$\exists l \in 1,2,\cdots,m-1$ 使得 $f([z_l,z_{l+1}]) \supset [z_m,z_{m+1}]$. 记作 $[z_l,z_{l+1}] \Rightarrow [z_m,z_{m+1}]$.

现在记 $s = \min\{k \in \mathbf{Z}_+ \mid \{z_l,z_{l+1}\} \subset U_k\}$.

当 $s \geqslant 1$ 时,令 $J_k = [\alpha_k,\beta_k], k=0,1,\cdots,s-1, J_s = [z_l,z_{l+1}]$,则有:

(6) $J_0 \Rightarrow J_0 \Rightarrow J_1 \Rightarrow J_2 \Rightarrow \cdots \Rightarrow J_s \Rightarrow J_0$.

由 $f([z_l,z_{l+1}]) \supset [z_m,z_{m+1}]$ 知 $J_s \Rightarrow J_0$. 由(1)知
$$f(z_{m+1}) \leqslant z_m < z_{m+1} \leqslant f(z_m)$$

于是
$$f(J_0) = f([z_m,z_{m+1}]) \supset [f(z_{m+1}),f(z_m)] \supset [z_m,z_{m+1}]$$

则 $J_0 \Rightarrow J_0$. 下证:对于 $\forall i (0 \leqslant i < s)$ 有 $J_i \Rightarrow J_{i+1}$.

事实上,对于 $\forall i (0 \leqslant i < s)$,因为 $[\alpha_i,\beta_i] \supset U_i, \alpha_{i+1} = \mathrm{Ah}\{f(U_i)\}, \beta_{i+1} = \mathrm{End}\{f(U_i)\}$,故
$$f([\alpha_i,\beta_i]) \supset f(U_i) \supset \{\alpha_{i+1},\beta_{i+1}\}$$

则 $f([\alpha_i,\beta_i]) \supset [\alpha_{i+1},\beta_{i+1}]$,即 $J_i \Rightarrow J_{i+1}$. 故(6)为真.

当 $s=0$ 时,由 s 的定义,有 $\{z_l,z_{l+1}\} \subset U_0 = \{z_m,z_{m+1}\}$,则 $l=m$,即
$$J_0 = [z_m,z_{m+1}] = [z_l,z_{l+1}] = J_s$$

故 $J_0 \Rightarrow J_s \Rightarrow J_0$,因此 $s=0$ 时也有(6)为真.

(7) 当 $s \geqslant 1$ 时,$J_0 \subset J_1 \subset J_2 \subset \cdots \subset J_{s-1}$ 且 $J_s \nsubseteq J_{s-1}$.

事实上,因为 $U_k \subset U_{k+1}, k=0,1,2,\cdots$,且
$$\alpha_{k+1} = \mathrm{Ah}\{f(U_k)\}, \beta_{k+1} = \mathrm{End}\{f(U_k)\}$$

由 $f(U_{k-1}) \subset f(U_k)$ 得
$$J_k = [\alpha_k,\beta_k] \subset [\alpha_{k+1},\beta_{k+1}] = J_{k+1} \quad (k=0,1,\cdots,s-2)$$

另外,由 $s = \min\{k \in \mathbf{Z}_+ \mid \{z_l,z_{l+1}\} \subset U_k\}$ 得 $\{z_l,z_{l+1}\} \nsubseteq U_{s-1}$,由于 U_{s-1} 是 $[\alpha_{s-1},\beta_{s-1}]$ 中所有基点的集合,故 $\{z_l,z_{l+1}\} \nsubseteq [\alpha_{s-1},\beta_{s-1}] = J_{s-1}$.

(8) 当 $s \geqslant 1$ 时,对于 $\forall k (0 \leqslant k \leqslant s-1)$,$J_k$ 与 J_s 无公共内点.

当 $k=0$ 时,$J_0 = [z_m,z_{m+1}], J_s = [z_l,z_{l+1}]$ 并且 $l+1 \leqslant m$,即 $z_l < z_{l+1} \leqslant z_m < z_{m+1}$,则 J_0 与 J_s 无公共内点.

当 $k \neq 0$ 时,令 $p = \max\{k \mid J_k$ 与 J_s 无公共内点,$0 \leqslant k < s\}$,则 $p \leqslant s-1$,下证:$p = s-1$.

假设 $p < s-1$,则 $(\alpha_p,\beta_p) \cap (z_l,z_{l+1}) = \varnothing$ 且 $(\alpha_{p+1},\beta_{p+1}) \cap (z_l,z_{l+1}) \neq \varnothing$,因此 $\exists x_0 \in (\alpha_{p+1},\beta_{p+1}) \cap (z_l,z_{l+1})$,即 $\alpha_{p+1} < x_0 < \beta_{p+1}, z_l < x_0 < z_{l+1}$. 又 (z_l,z_{l+1}) 中无基点,则 $\alpha_{p+1} \leqslant z_l < x_0 < z_{l+1} \leqslant \beta_{p+1}$,从而
$$J_s = [z_l,z_{l+1}] \subset [\alpha_{p+1},\beta_{p+1}] = J_{p+1} \subset J_{s-1}$$

这与 $J_s \not\subseteq J_{s-1}$ 矛盾,故 $p=s-1$. 因此(8)为真.

(9) $s=2n-1$.

由(3)知, J_{k+1} 中的基点数至少比 J_k 中的基点数多 1 个 ($k=0,1,\cdots,s-2$), 且 J_0 中恰有 2 个基点,故对于 $\forall k (0 \leqslant k \leqslant s-1)$, J_k 中至少有 $k+2$ 个基点, 因此 J_{s-1} 中至少有 $s-1+2=s+1$ 个基点. 又因为 $\{z_l, z_{l+1}\} \not\subseteq J_{s-1}$, 所以 $\bigcup_{0 \leqslant k \leqslant s} J_k$ 中不同基点的总数大于或等于 $s+2$, 即 $2n+1 \geqslant s+2$. 因此, $s \leqslant 2n-1$.

如果 $s<2n-1$, 由(6)有: $J_0 \Rightarrow J_0 \Rightarrow \cdots \Rightarrow J_0 \Rightarrow J_1 \Rightarrow J_2 \Rightarrow \cdots \Rightarrow J_s \Rightarrow J_0$ (共有 $2n-s$ 个 J_0). 再由引理 3 知, $\exists x^* \in J_0$ 使得 $f^{2n-1}(x^*)=x^*$, 并且:

当 $0 \leqslant k < 2n-s-1$ 时, $f^k(x^*) \in J_0$; 当 $2n-s-1 \leqslant k < 2n-1$ 时, $f^k(x^*) \in J_{k-2n+s+2}$.

① x^* 不可能是 J_0 的端点.

事实上, 若 $x^* \in \{z_m, z_{m+1}\}$, 则 x^* 必为 $(2n+1)-$周期点, 这与 $f^{2n-1}(x^*)=x^*$ 矛盾.

② $f^{2n-2}(x^*) \notin \{x^*, f(x^*), \cdots, f^{2n-3}(x^*)\}$.

事实上, 首先 $f^{2n-2}(x^*) \in J_s$, 其次, 若 $f^{2n-2}(x^*)=z_l$ 或者 z_{l+1}, 则 $x^*=f^{2n-1}(x^*)=f(z_l)$ 或 $f(z_{l+1})$, 于是 x^* 是 f 的 $(2n+1)-$周期点, 这与 $x^*=f^{2n-1}(x^*)$ 矛盾, 故 $f^{2n-2}(x^*) \in (z_l, z_{l+1})$. 由(8)知, $f^{2n-2}(x^*) \notin J_k (0 \leqslant k < s)$. 从而(9)② 为真.

由 $x^*=f^{2n-1}(x^*)$ 和(9)② 知: x^* 是 f 的 $(2n-1)-$周期点. 这与条件 " f 没有 $(2n-1)-$周期点"矛盾. 故(9)为真.

(10) 对于 $\forall k (0 \leqslant k < s-1)$, J_{k+1} 中有且仅有一个基点不在 J_k 中.

首先,由(3)知, J_{k+1} 中的基点数至少比 J_k 中的多 1 个 ($0 \leqslant k \leqslant s-1=2n-2$). 如果存在一个 $k_0 (0 \leqslant k_0 \leqslant 2n-2)$, J_{k_0+1} 中的基点数至少比 J_{k_0} 中的基点数多 2 个, 则 J_{2n-2} 中的基点数大于或等于 $2n+1$, 即 $J_{s-1}=J_{2n-2}$ 中至少有 $2n+1$ 个基点. 由于基点总数为 $2n+1$, 所以 J_{s-1} 中包含所有基点. 这与 $\{z_l, z_{l+1}\} \not\subseteq J_{s-1}$ 矛盾. 故(10)为真.

(11) 对于 $\forall \alpha_k, \beta_k (0 \leqslant k < 2n-1)$, 必有下列二者之一成立.

① $f(\alpha_k)=\beta_k$, 且 $f(\beta_k) < \alpha_k < \beta_k$.

② $f(\beta_k)=\alpha_k$, 且 $\alpha_k < \beta_k < f(\alpha_k)$.

当 $k=0$ 时, $\alpha_0=z_m, \beta_0=z_{m+1}$, 由(1)知
$$f(z_{m+1}) \leqslant z_m < z_{m+1} \leqslant f(z_m)$$

又因为 $[U_0 \cup f(U_0)] \subset U_1$, 且由(10)知 $\text{Card}(U_1)=3$, 故 $f(z_{m+1})=z_m$ 且 $z_m < z_{m+1} \leqslant f(z_m)$, 或 $f(z_m)=z_{m+1}$ 且 $f(z_{m+1}) \leqslant z_m < z_{m+1}$.

即 $k=0$ 时(11)为真.

对于 $0<k \leqslant 2n-2$, 假设 $\forall i \leqslant k$ 时, α_i, β_i 满足(11)的结论, 则 $\forall i \leqslant k$,

$f(\alpha_i), f(\beta_i)$ 均不属于 (α_i, β_i)，且 $\forall z_j \in (\alpha_i, \beta_i)$，有 $f(z_j) \in (f(\alpha_i); f(\beta_i))$. 下证：对于 $\alpha_{k+1}, \beta_{k+1}$ 有 (11) 成立.

由归纳假设有 "$f(\alpha_{k-1}) = \beta_{k-1}$ 且 $f(\beta_{k-1}) < \alpha_{k-1} < \beta_{k-1}$" 或者 "$f(\beta_{k-1}) = \alpha_{k-1}$ 且 $\alpha_{k-1} < \beta_{k-1} < f(\alpha_{k-1})$". 不妨设前者成立，因此，$J_k = [f(\beta_{k-1}), \beta_{k-1}]$，再由归纳假设有 $f(\beta_{k-1}) < \beta_{k-1} < f^2(\beta_{k-1})$. 故
$$J_{k+1} = [f(\beta_{k-1}), f^2(\beta_{k-1})] = [\alpha_{k+1}, \beta_{k+1}]$$

显然有 $f(\alpha_{k+1}) = \beta_{k+1}$.

下证 $f(\beta_{k+1}) < \alpha_{k+1} < \beta_{k+1}$，即证 $f^3(\beta_{k-1}) < f(\beta_{k-1}) < f^2(\beta_{k-1})$，只需证 $f^3(\beta_{k-1}) < f(\beta_{k-1})$.

事实上，假设 $f(\beta_{k-1}) < f^3(\beta_{k-1})$，无论 $f(\beta_{k-1}) < f^3(\beta_{k-1}) < f^2(\beta_{k-1})$ 还是 $f(\beta_{k-1}) < f^2(\beta_{k-1}) < f^3(\beta_{k-1})$，均可推出
$$J_{k+1} = [f(\beta_{k-1}), f^2(\beta_{k-1})] \not\subseteq [f^3(\beta_{k-1}), f^2(\beta_{k-1})] = J_{k+2}$$

矛盾.

从而，对于 $\alpha_{k+1}, \beta_{k+1}$ 也有 (11) 的结论成立. 故 (11) 为真.

根据 (11)，本章的主要结果 "奇周期轨序关系" 得证.

第四节　　奇周期轨序关系的一个应用

如前文所述，我们知道，1964 年，乌克兰数学家 Sarkovskii 在实直线上证明了著名的 Sarkovskii 定理. 首先，他指出，任何自然数 n 都可以唯一地表示成 $n = 2^s(2p+1)$，其中 s, p 为非负整数. 然后据此他对自然数重新做了如下排序：先把所有大于 1 的奇数由小到大地排出来，然后由小到大地排出所有奇数的 2 倍，再由小到大地排出所有奇数的 4 倍，8 倍，16 倍，……，最后只剩下 2 的方幂，将 2 的方幂由大到小地排出来. 即

$$3 \triangleleft 5 \triangleleft 7 \triangleleft \cdots \triangleleft (2n+1) \triangleleft (2n+3) \triangleleft \cdots \triangleleft$$
$$2 \times 3 \triangleleft 2 \times 5 \triangleleft \cdots \triangleleft 2 \times (2n+1) \triangleleft \cdots \triangleleft$$
$$2^2 \times 3 \triangleleft 2^2 \times 5 \triangleleft \cdots \triangleleft 2^2 \times (2n+1) \triangleleft \cdots \triangleleft$$
$$\vdots$$
$$2^m \times 3 \triangleleft 2^m \times 5 \triangleleft \cdots \triangleleft 2^m \times (2n+1) \triangleleft \cdots \triangleleft$$
$$\vdots$$
$$2^l \triangleleft 2^{l-1} \triangleleft \cdots \triangleleft 8 \triangleleft 4 \triangleleft 2 \triangleleft 1$$

称此序关系为 Sarkovskii 序，简称 S 序.

最后，Sarkovskii 在文献 [1] 中证明了：对实直线上的连续自映射 f，若 f 有 m - 周期点，则 $m \triangleleft n$，f 必有 n - 周期点.

下面我们在完备稠序线性序拓扑空间上证明这个结论.

引理 4　设 X 是一个完备的线性序拓扑空间，$f:X \to X$ 连续，K 为包含于 X 的闭区间，且 $K \subset f(K)$，则 K 中必含有 f 的一个不动点.

引理 5　设 X 是一个线性序拓扑空间，$f:X \to X$ 连续，x_0 是 f 的 $p-$周期点，$\varphi = f^q$，$(p,q) = d$，则 x_0 是 φ 的 $\dfrac{p}{d}-$周期点.

证明　设 $q = dq_1$，因为 x_0 是 f 的 $p-$周期点，则
$$(f^q)^{\frac{p}{d}}(x_0) = f^{q_1 p}(x_0) = x_0$$

另外，若 $(f^q)^k(x_0) = x_0$，则 $p \mid kq$，从而 $\dfrac{p}{d} \mid \dfrac{kq}{d} = kq_1$，由最大公因数的性质知 $\left(\dfrac{p}{d}, q_1\right) = 1$，从而 $\dfrac{p}{d} \mid k$. 故 x_0 是 φ 的 $\dfrac{p}{d}-$周期点.

下文定理 2 到定理 5 中，f 均代表完备稠序线性序拓扑空间 X 上的连续自映射.

定理 2　若对于某个 $n \geqslant 1$，f 具有 $(2n+1)-$周期点，则 $\forall k > 2n+1$，f 有 $k-$周期点.

证明　不妨设，对于 $\forall m(1 \leqslant m < n)$，$f$ 没有 $(2m+1)-$周期点，并设 $(2n+1)-$周期轨为 $\{x_j = f^j(x_0) \mid 0 \leqslant j \leqslant 2n\}$，由奇周期轨序关系有如下两个关系成立.

(i) $x_{2n} < x_{2n-2} < \cdots < x_2 < x_0 < x_1 < x_3 < \cdots < x_{2n-1}$.

(ii) $x_{2n-1} < x_{2n-3} < \cdots < x_3 < x_1 < x_0 < x_2 < \cdots < x_{2n}$.

记 $I_1 = [x_0; x_1]$，$I_2 = [x_0; x_2]$，$I_3 = [x_1; x_3]$，$I_4 = [x_2; x_4]$，$\cdots$，$I_{2n-1} = [x_{2n-3}; x_{2n-1}]$，$I_{2n} = [x_{2n-2}; x_{2n}]$，容易验证：

(1) $I_1 \Rightarrow I_1$，$I_k \Rightarrow I_{k+1}$，$k = 1, 2, \cdots, 2n-1$.

(2) $I_{2n} \Rightarrow I_i$，$i = 2n-1, 2n-3, \cdots, 3, 1$.

故 $I_1 \Rightarrow I_2 \Rightarrow \cdots \Rightarrow I_{2n-1} \Rightarrow I_{2n} \Rightarrow I_1$.

对于 $\forall k > 2n+1$，有 $I_1 \Rightarrow I_1 \Rightarrow \cdots \Rightarrow I_1 \Rightarrow I_2 \Rightarrow I_3 \Rightarrow \cdots \Rightarrow I_{2n} \Rightarrow I_1$（共有 $k - 2n + 2$ 个 I_1）. 由引理 3，$\exists x^* \in I_1$ 使得 $f^k(x^*) = x^*$，并且：

当 $0 \leqslant i \leqslant k - 2n$ 时，$f^i(x^*) \in I_1$；当 $k - (2n+1) \leqslant i < k$ 时，$f^i(x^*) \in I_{i-k+2n+1}$.

因为
$$I_{2n} \cap \left(\bigcup_{k=1}^{2n-1} I_i\right) = \{x_{2n-2}\}$$

而 $f^{k-1}(x^*) \in I_{2n}$，若 $f^{k-1}(x^*) = x_{2n-2}$，则 $f^k(x^*) = x_{2n-1} \notin I_1$，这与 $f^k(x^*) = x^* \in I_1$ 矛盾，从而 $f^{k-1}(x^*) \neq x_{2n-2}$，即 $f^{k-1}(x^*) \notin \bigcup_{k=1}^{2n-1} I_i$，故 $f^{k-1}(x^*) \notin \{x^*, f(x^*), \cdots, f^{k-2}(x^*)\}$，因此，$x^*$ 为 f 的 $k-$周期点.

定理 3 对于某个自然数 $n \geqslant 1$, f 有 $(2n+1)$ - 周期点,则对于 $\forall k \in \mathbf{N}_+$, f 有 $2k$ - 周期点.

证明 由定理 2 知 $k > n$ 时结论成立,只需证明 $k \leqslant n$ 的情形.

对于 $\forall k = 1, 2, \cdots, n$, 均有 $I_{2k-1} \Rightarrow I_{2k} \Rightarrow I_{2k+1} \Rightarrow \cdots \Rightarrow I_{2n} \Rightarrow I_{2k-1}$. 由引理 3, f 有 $2(n-k+1)$ - 周期点.

分别令 $k = 1, 2, \cdots, n$, 可得对于 $\forall k \leqslant n$, f 有 $2k$ - 周期点.

定理 4 若对某正整数 n, f 有 2^n - 周期点,则 f 有 2^{n-1} - 周期点.

证明 若 $n = 1$, 设 f 的一个 2 - 周期点为 x^*, 其周期轨为 $\{x^*, f(x^*)\}$, 对于闭区间 $\triangle_0 = [x^*; f(x^*)]$, 有 $f(\triangle_0) \supset \triangle_0$, 由引理 4, $\exists x_0 \in \triangle_0$, 使得 $f(x_0) = x_0$, 即 f 有不动点,结论成立.

若 $n > 1$, 先证结论

如果 f 有一个非不动点的周期点,则 f 必有 2 - 周期点 （*）

若 f 没有周期大于 2 的周期点,则那个非不动点的周期点就是 2 - 周期点.

设 f 有周期大于 2 的周期点,令 $n = \min\{t \geqslant 3 \mid f$ 有一个 t - 周期点$\}$, 设 x_0 是 f 的一个 n - 周期点,令周期轨 $\mathrm{Orb}_f(x_0) = \{x_1, x_2, \cdots, x_n\}$, 且 $x_i < x_{i+1}$ $(i = 1, 2, \cdots, n-1)$, 记

$$I_k = [x_k, x_{k+1}] \quad (k = 1, 2, \cdots, n-1)$$

对于任意 $I_k, I_k = [f^{t_1}(x_0), f^{t_2}(x_0)]$ $(t_1 \neq t_2)$, $f(I_k)$ 包含以 $f^{t_1+1}(x_0)$ 和 $f^{t_2+1}(x_0)$ 为端点的区间,由 $n > 2$ 知

$$f^{t_1+1}(x_0) \neq f^{t_1}(x_0), f^{t_2+1}(x_0) \neq f^{t_2}(x_0)$$

并且 $f^{t_1+1}(x_0) = f^{t_2}(x_0)$ 与 $f^{t_2+1}(x_0) = f^{t_1}(x_0)$ 不能同时成立,所以 $f(I_k) \neq I_k$, 又 $\{f^{t_1+1}(x_0), f^{t_2+1}(x_0)\} \subset \{x_1, \cdots, x_n\}$, 则 $\exists j \neq k$, 使 $f(I_k) \supset I_j$.

从而, $\exists I_k$ 中相异的集合族 $\{I_{k_1}, \cdots, I_{k_m}\}$ $(2 \leqslant m \leqslant n-1)$, 有 $f(I_{k_i}) \supset f(I_{k_{i+1}})$ $(i = 1, \cdots, m-1)$, 且 $f(I_{k_m}) \supset I_{k_1}$, 由引理 3, $\exists y \in I_{k_1}$, 使得 $f^m(y) = y$, 且 $f^i(y) \in I_{k_{i+1}}$ $(i = 1, \cdots, m-1)$. 下证 $f^i(y) \neq y$ $(\forall i = 1, 2, \cdots, m-1)$.

因为 $m < n$ (即 $m \neq n$), 则 $\mathrm{Orb}_f(y) \cap \{x_1, \cdots, x_n\} = \varnothing$, 所以对于 $\forall i = 1, 2, \cdots, m-1$, $f^i(y)$ 不是 $I_{k_{i+1}}$ 的端点,即 $f^i(y)$ 在区间 $I_{k_{i+1}}$ 的内部. 因为 I_k 有两两不交的内部,故 $f^i(y)$ 各不相同,且 $f^i(y) \neq y$.

从而, y 是 f 的 m - 周期点,由 $n = \min\{t \geqslant 3 \mid f$ 有一个 t - 周期点$\}$ 及 $m < n$ 得 $m = 2$, 故 f 有 2 - 周期点. 结论（*）成立.

令 $j = 2^{n-2}$, 则 f^j 有一个 4 - 周期点,即 f^j 有一个非不动点的周期点,由结论（*）知, f^j 有 2 - 周期点,从而 f 有 2^{n-1} - 周期点.

定理 5 设 $m = 2^k p$, $k \geqslant 1$, 且 p 为大于 1 的奇数,如果 f 有 m - 周期点,则当 $m \triangleleft n$ 时, f 有 n - 周期点.

证明 因为 $m = 2^k p \triangleleft n$, 由 S 序的排列,可设 $n = 2^l q$, 其中 q 是一个奇数,

则有如下两种情况：

(i) $q=1$, 此时 $n=2^l$, 其中 l 为任意非负整数.

(ii) $q>1$, 此时, 若 $1<q\leqslant p$, 则 l 为大于 k 的任意自然数; 若 $q>p$, 则 l 必为不小于 k 的整数.

不失一般性, 设 $\forall l\in \mathbf{N}_+: l\lhd m, f$ 无 $l-$周期点.

(1) 先证: 当 $q=1$, 即 $n=2^l$ 时, f 有 $n-$周期点.

事实上, 可令 $\varphi=f^{2^k}$, 设 x_0 为 f 的 $m=2^k p-$周期点. 因为 $(m,2^k)=(2^k p, 2^k)=2^k$, 由引理 5 知, x_0 为 φ 的 $\dfrac{m}{2^k}=\dfrac{2^k p}{2^k}=p-$周期点, 即 φ 有 $p-$周期轨.

由定理 3, 对于 $\forall t\in \mathbf{N}_+, \varphi$ 有 $2t-$周期点. 特别地, 对于 $t=2^l, \varphi$ 有 $2^{l+1}-$周期点. 又 $\varphi=f^{2^k}$, 故 f 有 $2^{k+l+1}-$周期点, 再反复应用定理 4, 可得 f 有 $n=2^l-$周期点, 故 (1) 为真.

(2) 再证: 当 $q>1$ 时, f 有 $n-$周期点.

事实上, 因为 $m=2^k p\lhd 2^l q=n$, 由 S 序的定义, 有 $k\leqslant l$. 令 $l=k+s$, 则由 $m=2^k p\lhd 2^{k+s} q=2^k(2^s q)=n$ 得 $p\lhd 2^s q$.

若 $s=0$, 则 $p\lhd q$, 故 $p<q$. 因为 f 有 $m=2^k p-$周期点, 记 $\varphi=f^{2^k}$, 则 φ 有 $p-$周期点, 由定理 2, φ 有 $q-$周期点, 从而, f 有 $2^k q=2^l q=n-$周期点.

若 $s\geqslant 1$, 因为 $p\lhd 2^s q$, 且 $\varphi=f^{2^k}$ 有 $p-$周期点, 由定理 3, φ 有 $2^s q-$周期点, 从而, f 有 $2^k(2^s q)=2^l q-$周期点.

于是, 定理 5 得证.

综上, 由定理 2, 定理 3 和定理 5 知, 若 f 有 $m-$周期点, 且在 S 序中 $m\lhd n$, 则 f 必有 $n-$周期点. 至此, 完备稠序线性序拓扑空间中 Sarkovskii 定理的证明结束.

注 若将 Sarkovskii 定理条件中空间的"完备性"和"稠序性"去掉, 则结论不一定成立.

例 实直线 R 按实数大小关系作成序拓扑空间, 设 $X_1=\left(0,\dfrac{2}{3}\right)\cup\left(\dfrac{2}{3},1\right)$, X_1 作为 R 的子序拓扑空间是稠序的, 但并不完备. 定义连续映射 $f: X_1\to X_1$ 如下

$$f(x)=\begin{cases}2x, & x\in\left(0,\dfrac{1}{2}\right]\\ 2-2x, & x\in\left(\dfrac{1}{2},\dfrac{2}{3}\right)\cup\left(\dfrac{2}{3},1\right)\end{cases}$$

则 f 在 X_1 上有 $2-$周期点 (如 $\dfrac{2}{5}$) 和 $3-$周期点 (如 $\dfrac{4}{7}$), 但没有不动点.

设 $X_2 = \left[\dfrac{1}{3}, \dfrac{11}{18}\right] \cup \left[\dfrac{13}{18}, 1\right]$，$X_2$ 作为 R 的子序拓扑空间满足完备性，但不稠序. 定义连续映射 $f: X_2 \to X_2$ 如下

$$f(x) = \begin{cases} 2x, x \in \left[\dfrac{2}{3}, \dfrac{1}{2}\right] \\ 2-2x, x \in \left(\dfrac{1}{2}, \dfrac{11}{18}\right] \cup \left[\dfrac{13}{18}, 1\right] \end{cases}$$

则 f 在 X_2 上有 $2-$周期点（如 $\dfrac{2}{5}$）和 $3-$周期点（如 $\dfrac{4}{7}$），但没有不动点.

周期轨间蕴含关系的判定算法

近年来,Sarkovskii 定理及其有关研究引起了人们很大的兴趣. 按 Sarkovskii 定理,若闭区间上连续自映射 f 有 3-周期点,则对任意正整数 n 有 $n-$周期点. 但 f 不可能有所有类型的 $n-$周期轨. 例如

$$f(x) = \begin{cases} x + \frac{1}{2}, x \in \left[0, \frac{1}{2}\right] \\ 2(1-x), x \in \left(\frac{1}{2}, 1\right] \end{cases}$$

则 f 仅有两种类型的 3-周期轨中的一类. 这表明 Sarkovskii 定理远远没有给出周期轨之间的关系的全部信息. 中国科学院成都分院的张景中院士,杨路、章雷研究员 1989 年给出了周期轨的型的概念,并证明可从建立机械方法来判断一种周期轨是否蕴含另一类型的周期轨,而且还给出了这个判断方法的计算机程序,并列出了一些计算结果.

第一节 引 言

近年来,Sarkovskii 定理以及和它有关的研究引起了广泛的兴趣. Sarkovskii 在文献 [1] 中建议把全体自然数排成如下的顺序

$3 \triangleleft 5 \triangleleft 7 \triangleleft 9 \triangleleft \cdots \triangleleft 2n-1 \triangleleft 2n+1 \triangleleft \cdots \triangleleft 6 \triangleleft 10 \triangleleft 14 \triangleleft \cdots \triangleleft$
$2 \cdot (2n-1) \triangleleft 2 \cdot (2n+1) \triangleleft \cdots \triangleleft 12 \triangleleft 20 \triangleleft 28 \triangleleft \cdots \triangleleft$
$4 \cdot (2n-1) \triangleleft 4 \cdot (2n+1) \triangleleft \cdots \triangleleft 2^k \cdot 3 \triangleleft 2^k \cdot 5 \triangleleft$
$2^k \cdot 7 \triangleleft \cdots \triangleleft 2^k \cdot (2n-1) \triangleleft 2^k \cdot (2n+1) \triangleleft \cdots \triangleleft$
$2^m \triangleleft 2^{m-1} \triangleleft \cdots \triangleleft 16 \triangleleft 8 \triangleleft 4 \triangleleft 2 \triangleleft 1$

第四章

然后证明了：

Sarkovskii 定理　设 f 是定义于线段上的连续函数. 如果 f 有 n — 周期点，则对于任一正整数 m，只要 $n \triangleleft m$，则 f 必有 m — 周期点.

这里，周期点的概念是熟知的. 如果对正整数 n，记 $f^1 = f, f^0 = Id$（恒同映射），$f^n = f \circ f^{n-1}$，则当 x_0 满足

$$\begin{cases} f^n(x_0) = x_0 \\ f^k(x_0) \neq x_0 \end{cases} \quad (k = 1, 2, \cdots, n-1) \tag{1}$$

时，称 x_0 为 f 的一个 n — 周期点. 而且由 n 个周期点 $x_0, x_1 = f(x_0), f_2 = f(x_1), \cdots, x_{n-1} = f(x_{n-2})$ 组成的 n 元素集 $\{x_0, x_1, \cdots, x_{n-1}\}$，或记作 $\{f^k(x_0); k = 0, 1, \cdots, n-1\}$，叫作 f 的一个 n — 周期轨.

对于固定的一个正整数 n，可能有不同类型的 n — 周期轨. 为了说明这一点，可引入周期轨的"型"的概念：

把 n — 周期轨 $\{f^k(x_0); k = 0, 1, \cdots, n-1\}$ 中的元素按自小而大的顺序重排为

$$z_1 < z_2 < \cdots < z_n \tag{2}$$

如果 $f(z_i) = z_j$，则令 $a_i = j (i = 1, 2, \cdots, n)$. 我们把正整数有序组 $(a_1, a_2, \cdots, a_n)$ 称为 n — 周期轨的"型". 显然，诸 a_i 是两两不同的.

例如，下列两种 4 — 周期轨（图 1）.

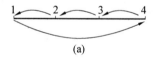 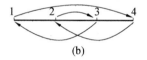

图 1

图 1(a) 的型为 $(4, 1, 2, 3)$，图 1(b) 的型则为 $(4, 3, 1, 2)$.

易知，$n \leqslant 2$ 时，都只有一种型：(1) 或 $(2, 1)$；$n = 3$ 时，有两种型：$(2, 3, 1)$ 和 $(3, 1, 2)$；$n = 4$ 时，共有 6 种型. 除了上面列出的两种，还有 $(3, 1, 4, 2)$，$(3, 4, 2, 1)$，$(2, 3, 4, 1)$ 和 $(2, 4, 1, 3)$.

一般来说，n — 周期轨的型共有 $(n-1)!$ 个.

按照 Sarkovskii 定理，线段上的连续自映射 f，如果有 3 — 周期轨，则对一切正整数 n 一定也有 n — 周期轨，但 f 却不一定有各种类型的 n — 周期轨. 例如，函数

$$f(x) = \begin{cases} x + \dfrac{1}{2}, & x \in \left[0, \dfrac{1}{2}\right] \\ 2(1-x), & x \in \left(\dfrac{1}{2}, 1\right] \end{cases} \tag{3}$$

有 3 — 周期轨 $\{0, 1/2, 1\}$（它的型是 $(2, 3, 1)$）. 但在 4 — 周期轨的 6 种型中，$f(x)$ 只具有一种，即 $(3, 4, 2, 1)$. 在 5 — 周期轨的 24 种型中，它也仅仅具有一种，即

(3,5,4,2,1). 在 6-周期轨的 120 种型当中,它仍然只具有一种,那就是 (4,6, 5,3,2,1).

是不是对每个 n,f 只具有一种型的 n-周期轨呢?不是的.f 的 7-周期轨有两种型,8-周期轨有 3 种型,其 12-周期轨有 13 种之多.用普通的推理方法获得这些结论是颇为繁难的.以上所列出的是计算机上算出来的结果.

自然会提出这样的问题:知道连续函数 f 具有某一种型 A 的周期轨,那么它必然还会具有哪些型的周期轨呢?

如果具有 A 型周期轨的连续函数必然具有 B 型周期轨,那么我们就说 A 型周期轨蕴含了 B 型周期轨.或者简单地说,A 型蕴含了 B 型.援用熟知的 Sarkovskii 记号,记作 $A \lhd B$.例如,由上文知 $(2,3,1) \lhd (3,4,2,1)$ 等.

那么,具体给了两种不同型的周期轨——A 型与 B 型,究竟是 A 蕴含 B,B 蕴含 A,互相蕴含,还是互不蕴含呢?给了某种型的周期轨,如何确定它所蕴含的周期轨的可能的型呢?

要回答这些问题,Sarkovskii 定理所提供的信息已远远不够用了.需要更深入、更细致地分析.

周期轨的型之间的蕴含关系可以从更一般的角度来讨论,例如章雷在文献 [59] 中所做的.此外,在文献 [9] 和 [17] 中还引入了 S-极小周期轨和简单周期轨的概念,并且 Block[6] 还证明了:线段上的连续函数,如果有 n-周期轨,则必有简单 n-周期轨.在文献 [13] 和 [60] 中,明确地提出并讨论了具有不同型周期轨的映射集合之间的蕴含关系,这实质上也是对周期轨间蕴含关系的研究.

鉴于这些问题的精细性与复杂性,看来目前难于找到类似于 Sarkovskii 定理那样的一目了然的答案.但是,本文指出,可以给出现实能行的算法,利用计算机来判别两个型之间的蕴含关系.计算机提供的结果可以帮助我们找寻更明朗的关系与规律.

第二节 算法的原理

我们把问题放在更广泛的基础上加以讨论.

考虑 n 元实数组 $S_n = \{x_1 < x_2 < \cdots < x_n\} \subset R^1$.把 S_n 到自身的全体映射之集记作 $C(S_n)$.如果 $f \in C(S_n)$,我们记 f 在 $[x_1, x_n]$ 上的逐段线性开拓为 $\bar{f}$,亦即 $\bar{f}$ 满足

$$\begin{cases} \bar{f}(x_i) = f(x_i), i = 1, 2, \cdots, n \\ \bar{f} \text{ 在 } [x_i, x_{i+1}] \text{ 上是线性的}, i = 1, 2, \cdots, n-1 \end{cases}$$

所有这样的 $\bar{f}$ 之集记作 $L(S_n)$.

对于某些 $f \in C(S_n)$, S_n 可能恰巧是 f 的 n-周期轨,所有这样的 f 之集记作 $C_p(S_n)$, $C_p(S_n) = \{f \in C(S_n) \mid S_n$ 是 f 的周期轨$\}$. 而 $C_p(S_n)$ 中的函数 f 的逐段线性开拓 $\bar{f}$ 之集则记作 $L_p(S_n)$, $L_p(S_n) = \{\bar{f} \in L(S_n) \mid f \in C_p(S_n)\}$.

下面首先说明,对于任一个 $\bar{f} \in L(S_n)$, $\bar{f}$ 的所有 m-周期轨的型是可以用能行的步骤确定出来的. 其次指出,如果 $f \in C_p(S_n)$, 且记 f 的周期 S_n 的型为 A, 则对任一个型 B, 当且仅当 $\bar{f}$ 具有 B 型周期轨时 $A \triangleleft B$.

对于任一个 $f \in C(S_n)$, 如果 $f(x_i) = x_j$, 则令 $a_i = j$, 我们称正整数有序组 $(a_1, a_2, \cdots, a_n)$ 为 S_n 上自映射 f 的型,记之以 A_f
$$A_f = (a_1, a_2, \cdots, a_n) \tag{4}$$
而当 $f \in C_p(S_n)$ 时, A_f 也就是 f 的 n-周期轨 S_n 的型.

显然,对于 $C(S_n)$ 中的两个映射 f 与 g, 如果 $A_f = A_g$, 则 $\bar{f}$ 与 $\bar{g}$ 是保向拓扑共轭的,它们具有同型的周期轨. 因而我们可以用任一个 n 元有序组代替 S_n 来进行讨论,不失一般性,设 $S = \{1, 2, \cdots, n\}$, 这时恰有
$$A_f = (f(1), f(2), \cdots, f(n)) \tag{5}$$
我们采用符号动力系中的惯用手法. 把区间 $[1, n]$ 分成若干个部分
$$\Delta_i = (i, i+1) \quad (i = 1, 2, \cdots, n-1)$$
又记
$$\begin{cases} u_i = \min\{f(i), f(i+1)\} \\ v_i = \max\{f(i), f(i+1)\} \quad (i = 1, 2, \cdots, n-1) \\ D_i = \operatorname{sgn}(f(i+1) - f(i)) \end{cases}$$
于是当 $v_i > u_i$ 时, $\bar{f}$ 把 Δ_i 映成 (u_i, v_i), 当 $u_i = v_i$ 时, $\bar{f}$ 把 Δ_i 映为一点 $f(i)$. 此外,当 $D_i = 1$ 时, $\bar{f}$ 在 Δ_i 上递增; $D_i = -1$ 时, $\bar{f}$ 在 Δ_i 上递减; $D_i = 0$ 时, $\bar{f}$ 在 Δ_i 上为常数.

考虑由 $n-1$ 个非负整数 $1, 2, 3, \cdots, n-1$ 所组成的无穷列
$$I = i_0 i_1 i_2 \cdots i_k \cdots \quad (1 \leqslant i_k \leqslant n-1)$$
所有这样的无穷列组成集合 M. 再引入定义 1.

定义 1 设
$$I = i_0 i_1 i_2 \cdots i_k \cdots \in M$$
如果满足条件
$$u_{i_k} \leqslant i_{k+1} < v_{i_k} \quad (k = 0, 1, 2, \cdots) \tag{6}$$
则称为 f-可允许的. 所有 f-可允许的序列组成 M 的子集 M_f.

由定义可知,对于序列 $I = \{i_k\} \in M_f$ 恒有
$$D_{i_k} \neq 0 \tag{7}$$
由此,可以在 M_f 上引入序关系:

定义 2 对于序列 $I,J \in M_f$ 且 $I \neq J$,有
$$I = i_0 i_1 i_2 \cdots i_k \cdots$$
$$J = j_0 j_1 j_2 \cdots j_k \cdots$$

约定:

(1) 若 $i_0 < j_0$,则 $I < J$.

(2) 若对 $l = 0, 1, \cdots, k-1$ 有 $i_l = j_l$,但
$$D_{i_0} D_{i_1} \cdots D_{i_{k-1}} \cdot i_k < D_{i_0} D_{i_1} \cdots D_{i_{k-1}} \cdot j_n \tag{8}$$
则 $I < J$.

易知,在上述定义下,M_f 成为全序集.

对于 $\overline{f}$ 的定义域中的任意点 $x \in [1, n]$,如果存在正整数 k,使 $\overline{f}^k(x)$ 为整数,则称 x 为 f 的平凡点,否则,称 x 为 f 的非平凡点. 显然,要弄清 $\overline{f}$ 的周期轨的型,只需考虑那些非平凡点组成的周期轨,以及由整数点组成的周期轨即可.

下面,我们把 $[1, n]$ 中的每个非平凡点 x,与 M_f 的一个元素对应.

定义 3 设 $x \in [1, n]$ 是非平凡点,令
$$i_k = [\overline{f}^k(x)] \quad (k = 0, 1, 2, \cdots) \tag{9}$$
这里 $[\cdot]$ 表整数部分(因而式(6)意味着 $\overline{f}^k(x) \in \Delta_{i_k}$). 记
$$I(x) = i_0 i_1 i_2 \cdots i_k \cdots$$
称序列 $I(x)$ 为 x(在 $\overline{f}$ 作用下)的踪迹.

易知有:

引理 1 对 f 的任意非平凡点 x,总有 $I(x) \in M_f$.

引理 2 对于 f 的两个非平凡点 x 与 y,当 $x < y$ 时有 $I(x) \leqslant I(y)$.

引理 3 若非整数 x 是 $\overline{f}$ 的 $m-$周期点,则 $I(x)$ 必为循环序列,其最小循环节的长度 d 是 m 的约数.

定义 4 设 $x \in [1, n]$ 是任一点. 如果有 $J \in M_f, J = j_0 j_1 j_2 \cdots j_k \cdots$,使得
$$\overline{f}^k(x) \in \overline{\Delta}_{j_k} \tag{10}$$
(这里 $\overline{\Delta}$ 表示 Δ 的闭包),则称 x 与 J 相匹配,记作 $x \diagdown J$.

显然,同一个 x 可以与不同的 J 相匹配. 反过来,同一个 J 也可以与不同的 x 相匹配. 但我们仍可以有:

引理 4 若 $x_1 \diagdown J_1, x_2 \diagdown J_2$,如果 $J_1 < J_2$ 且 $x_1 \neq x_2$,则 $x_1 < x_2$.

引理 5 对任一个循环序列 $J \in M_f$,至少有一个 $\overline{f}$ 的周期点 x 使得:

(1) 若 x 是平凡的,则 $x \diagdown J$,若 x 是非平凡的,则 $I(x) = J$.

(2) x 的周期恰为 J 的最小循环节的长度.

(3) 由 J 可以在有穷步骤内唯一地确定 x 所生成的周期轨的型.

以上诸引理都可用熟知的手法证明,只有引理5(3)需要说明一下:以 J_k 记把 J 的前 k 个元素删去后得到的序列 ($k = 0, 1, 2, \cdots$),显然有 $\overline{f}^k(x) J_k$. 由于

x 的周期 m 恰等于 J 的最小循环节之长,故对于 $k=0,1,2,\cdots,m-1$,诸 J_k 互不相同.于是,根据 J_k 之间的大小次序可以排出 $\bar{f}^k(x)$ 之间的大小次序,从而唯一地确定 x 所生成的周期轨的型.

这样,为了确定 $\bar{f}$ 的所有 $m-$周期轨的型,有必要考察 M_f 中所有那些最小循环节为 m 的序列.因为每个这样的序列确定的型都是 $\bar{f}$ 的某个周期轨的型(当然,要删去那些重复的).反过来,这样做是否已经够了呢?为了不遗漏 $m-$周期轨的所有的型,是否还要对 m 的每个约数 d 考察那些最小循环节为 d 的序列呢?下面的引理告诉我们,这是不必要的.

引理 6 设 $x\in[1,n]$ 是 f 的非平凡点,且是 $\bar{f}$ 的 $m-$周期点,但 $I(x)$ 的最小循环节长度 $d<m$,则存在整数 x^*,x^* 也是 f 的 $m-$周期点,且 x^* 所生成的周期轨与 x 所生成的周期轨有相同的型.

证明 记 $y=\bar{f}^d(x)$,则 $I(x)=I(y)$.这表明,对于任意非负整数 k,$\bar{f}^k(x)$ 和 $\bar{f}^k(y)$ 落在同一个小区间 Δ_i 内.也就是说,$\bar{f}$ 在区间 $[\bar{f}^k(x);\bar{f}^k(y)]$ 上是线性的.这里我们按习惯用 $[\alpha;\beta]$ 记区间 $[\alpha,\beta]$ 或 $[\beta,\alpha]$ 之一.

记 $F=\bar{f}^m$,$g=\bar{f}^d$.又 $m=d\cdot l$,则有 $F=g^l$.设
$$I(x)=i_0 i_1\cdots i_k\cdots$$
由于 x 和 y 都是 F 的不动点,故 F 在 $[x;y]$ 上是恒同映射.按 $\bar{f}$ 之定义及 $I(x)\in M_f$,可知在 $\Delta_{i_0},\Delta_{i_1},\cdots,\Delta_{i_{d-1}}$ 上均有 $|\bar{f}'|\geqslant 1$.但又由 $F'=(\bar{f}^m)'=1$,可知在每个 Δ_{i_k} 上均有 $|\bar{f}'|=1$.也就是说,$\bar{f}$ 恰恰把每个 Δ_{i_k} 映成 $\Delta_{i_{k+1}}$.亦即 $g=\bar{f}^d$ 恰将 Δ_{i_0} 映到自身.由于 $g(x)=y$,故 x,y 属于 g 的同一个 $l-$周期轨.显然,只能有 $l=2$,从而 $g(y)=x$.

为确定起见,不妨设 $x<y$.我们指出:若取 Δ_{i_0} 的左端 i_0 为 x^*,则 x^* 也是 $\bar{f}$ 的 $m-$周期点,并且 x^* 生成的周期轨和 x 生成的周期轨有相同的型.

事实上,由于 g 在 Δ_{i_0} 上线性,又知 $g(x)=y$ 和 $g(y)=x$,而且 g 把整数 x^* 变为整数,可知有 $g(i_0)=i_0+1$,$g(i_0+1)=i_0$.这表明 i_0 和 i_0+1 属于 $\bar{f}$ 的同一周期轨,其周期 t 是 m 的约数.

另外,由于 $\bar{f}$ 恰把 Δ_{i_k} 映成 $\Delta_{i_{k+1}}$,可见 $\Delta_{i_0},\Delta_{i_1},\cdots,\Delta_{i_{d-1}}$ 两两不同.否则,$I(x)$ 的最小循环节将小于 d.但是,在 $\bar{f}$ 的作用下,i_0 和 i_0+1 将跑遍诸 Δ_{i_k} 的全部端点,这些端点至少是 $d+1$ 个.从而 $t\geqslant d+1>m/2$,这表明 $t=m$.进而表明 $\bar{\Delta}_{i_0},\bar{\Delta}_{i_1},\cdots,\bar{\Delta}_{i_{d-1}}$ 是两两不相交的.

现在,我们有了两个 $m-$周期轨,即
$$\{x,\bar{f}(x),\cdots,\bar{f}^{m-1}(x)\}$$
$$\{x^*,\bar{f}(x^*),\cdots,\bar{f}^{m-1}(x^*)\}$$
剩下的就是要证明这两个周期轨有相同的型.为此,只要证明:对任意的正整数 $0\leqslant k<l\leqslant m-1$,当 $\bar{f}^k(x)<\bar{f}^l(x)$ 时必有 $\bar{f}^k(x^*)<\bar{f}^l(x^*)$,并且当

$\overline{f}^l(x) < \overline{f}^k(x)$ 时必有 $\overline{f}^l(x^*) < \overline{f}^k(x^*)$ 即可.

由于 x 和 x^* 属于同一个区间 $\overline{\Delta}_{i_0}$，故 $\overline{f}^k(x^*)$ 与 $\overline{f}^k(x)$ 属于同一个 $\overline{\Delta}_{i_k}$，而 $\overline{f}^l(x^*)$ 与 $\overline{f}^l(x)$ 同属于 $\overline{\Delta}_{i_l}$，当 $\overline{\Delta}_{i_k}$ 不同于 $\overline{\Delta}_{i_l}$ 时，所要的结论显然成立. 如果 $\overline{\Delta}_{i_k} = \overline{\Delta}_{i_l}$，即 $l = k+d$ 时，必有 $\overline{f}^l(x) < \overline{f}^k(y)$，记 $y^* = i_0 + 1 = \overline{f}^d(x^*)$，有 $\overline{f}^l(x^*) = \overline{f}^k(y^*)$. 由 $x^* < x < y < y^*$ 及 $\overline{f}$ 在 $\overline{\Delta}_{i_s}$ 上的单调性，可知 $\overline{f}^k(x) < \overline{f}^k(y)$ 蕴含 $\overline{f}^k(x^*) < \overline{f}^k(y^*)$，且 $\overline{f}^k(y) < \overline{f}^k(x)$ 蕴含 $\overline{f}^k(y^*) < \overline{f}^k(x^*)$.

这表明两个周期轨有相同的型. 于是得到：

定理 1 对于给定的 $f \in C(S_n)$ 和正整数 m，有可行的办法以给出 $\overline{f}$ 的所有 m-周期轨的型.

事实上，按引理 5 和引理 6，只要列出 M_f 中所有那些最小循环节长为 m 的序列并确定它对应的周期轨的型，再添上 f 的周期轨的型，删去重复的，便可以了.

为了最终解决我们所提出的确定某型周期轨所蕴含的所有周期轨的型的问题，我们还需要一个引理：

引理 7 设 $f \in C(S_n)$，$S_n \subset [a,b]$，而连续函数 $\varphi(x)$ 是 f 在 $[a,b]$ 上的一个开拓. 则对于 $\overline{f} \in L(S_n)$ 的任一周期轨 $\{x_0, x_1, \cdots, x_{m-1}\}$，均存在 φ 的周期轨 $\{z_0, z_1, \cdots, z_{m-1}\}$，使这两个周期轨有相同的型.

这个引理从直观上看是显然的. 但证起来颇费唇舌. 我们之后会给出.

现在便可得到：

定理 2 设 $f \in C(S_n)$，对于给定的有序点组上的自映射的型 A，可以用能行的步骤确定出一切满足条件 $A \triangleleft B$ 的 m-周期轨的型 B. 这里 m 是给定的正整数.

作为特款，对于具体给定的两种周期轨的型 A 与 B，究竟是 $A \triangleleft B$，$B \triangleleft A$，或二者同时成立、同时不成立，也就有办法判定了.

现在对前文中提出的引理 7 给出一个证明. 为此，我们先做一些准备工作.

定义 5 设 $f: \mathbf{R} \to \mathbf{R}$ 是实数轴到实数轴上的连续映射. $I = [a,b] \subset \mathbf{R}$. 称 f 在 I 上是伪增（减）的，如果对 $\forall x \in \text{int } I$，有
$$f(a) < f(x) < f(b)$$
$$(f(a) > f(x) > f(b))$$
则称 I 是 f 的一个伪增（减）区间.

定义 6 设 I, J 是 $\mathbf{R}$ 的两个内部非空的闭子区间. 如果 $\max I \leqslant \min J$. 则称 I 小于 J，记为 $I < J$.

引理 8 设 $f: I \to \mathbf{R}$ 是闭区间到实数轴上的连续映射. 如果有 I 的一串闭

子区间 $I_0, I_1, \cdots, I_{n-1}$ 满足 $I_0 \xrightarrow{f} I_1 \to \cdots \to I_{n-1} \to I_0 (I \xrightarrow{f} J$ 表示 $f(I) \supset J)$,则存在 $x_0 \in I_0$, 使 $f^n(x_0) = x_0, f^i(x_0) \in I_i (i = 0, 1, \cdots, n-1)$.

该引理证明平凡. 故略去.

引理 9 设 $f: I \to \mathbf{R}$ 是闭区间到实数轴上的一个连续映射, $J = [a, b] \subset I$, $I_1 < I_2 < \cdots < I_n$ 是 I 的 n 个两两内部互不相交的闭子区间. 如果 $f(J) \supset \bigcup_{i=1}^{n} I_i$, 则当 $f(a) < f(b)(f(a) > f(b))$ 时, 存在 f 的 $n+1$ 个伪增(减)区间 J', $J_1 < J_2 < \cdots < J_n(J_1 > J_2 > \cdots > J_n)$ $\bigcup_{i=1}^{n} J_i \subset J' \subset J$ 满足
$$f(J') = [f(a); f(b)]$$
$$f(J_i) = I_i \quad (i = 1, 2, \cdots, n)$$

证明 设 $J' = [a', b'], I_i = [a_i, b_i] (i = 1, 2, \cdots, n)$.

(1) 当 $f(a) < f(b)$ 时. 取
$$a' = \max\{x \in J \mid f(x) = f(a)\}$$
$$b' = \min\{a < x \leqslant b \mid f(x) = f(b)\}$$

显然, $J' = [a', b'] \subset J$ 是 f 的一个伪增区间, 且 $f(J') = [f(a), f(b)]$. 令
$$c_1 = \min\{x \in J' \mid f(x) = a_1\}$$
$$d_1 = \min\{c_1 < x \leqslant b' \mid f(x) = b_1\}$$
$$c_i = \min\{d_{i-1} \leqslant x \leqslant b' \mid f(x) = a_i\}$$
$$d_i = \min\{c_i < x \leqslant b' \mid f(x) = b_i\}$$
$$(i = 2, 3, \cdots, n)$$

由于对 $1 \leqslant i \leqslant n, a_i < b_i$, 故由上述做法知, 存在 f 的一个伪增区间 $J_i \subset [c_i, d_i] \subset J'$ 满足 $f(J_i) = I_i$. 又由于 $[c_i, d_i] < [c_{i+1}, d_{i+1}]$, 故
$$J_i < J_{i+1} \quad (i = 1, 2, \cdots, n-1)$$

(2) 当 $f(a) > f(b)$ 时.

此时, a', b' 的取法同(1), 且 J' 是 f 的一个伪减区间, $f(J') = [f(b), f(a)]$. 令
$$d_1 = \max\{x \in J' \mid f(x) = a_1\}$$
$$c_1 = \max\{a' \leqslant x < d_1 \mid f(x) = b_1\}$$
$$d_i = \max\{a' \leqslant x \leqslant c_{i-1} \mid f(x) = a_i\}$$
$$c_i = \max\{a' \leqslant x < d_i \mid f(x) = b_i\}$$
$$(i = 2, 3, \cdots, n)$$

由于 $a_i < b_i$, 根据 J' 的取法知, 存在 f 的一个伪减区间 $J_i \subset [c_i, d_i] \subset J'$ 满足
$$f(J_i) = I_i \quad (i = 1, 2, \cdots, n)$$

且由 $[c_{i+1}, d_{i+1}] < [c_i, d_i]$，有 $J_{i+1} < J_i (i = 1, 2, \cdots, n-1)$.

引理 7 的证明 如果 S_n 中含有与 $\{x_0, x_1, \cdots, x_{m-1}\}$ 同型的周期轨，则结论显然成立. 以下我们考虑 S_n 中不含与 $\{x_0, x_1, \cdots, x_{m-1}\}$ 同型的周期轨的情形. 此时 x_0 是 f 的一个非平凡点.

由引理 6，$I(x_0)$ 的最小循环节长为 m，设
$$I(x_0) = I_0 I_1 \cdots I_{m-1} \cdots I_0 I_1 \cdots I_{m-1} \cdots$$
由定义，$I(x_0)$ 的前 m 个元构成了如下长为 m 的素循环节（即它的最小循环节长为 m）
$$I_0 \xrightarrow{\bar{f}} I_1 \to \cdots \to I_{m-1} \to I_0 \tag{11}$$
且
$$\bar{f}^i(x_0) \in \text{int } I_i \quad (i = 0, 1, 2, \cdots, m-1)$$

由于 φ 是 f 的一个连续开拓，根据引理 9，存在闭区间 $J_i \subset I_i$ 满足：$\bar{f}$ 在 I_i 上递增（减），则 φ 在 J_i 上伪增（减），且 $\varphi(J_i) = \bar{f}(I_i) (i = 0, 1, \cdots, m-1)$，显然
$$J_0 \xrightarrow{\varphi} J_1 \to \cdots \to J_{m-1} \to J_0 \tag{12}$$
是一个长为 m 的素循环节.

如果 $\{I_i\}_{i=0}^{m-1}$ 中的元两两不同，则根据 J_i 的选择和引理 8 知，由 (12) 所导出的 φ 的一条 m-周期轨和 $\bar{f}$ 的周期轨 $\{x_0, x_1, \cdots, x_{m-1}\}$ 同型.

如果 $\{I_i\}_{i=0}^{m-1}$ 中含有相同元，不失一般性，设 I_0 在 (11) 中出现至少两次（(11) 中最后一个 I_0 不计在内），且跟在 I_0 之后的所有不同元为
$$I_{S_1} < I_{S_2} < \cdots < I_{S_t} \quad (t \geq 1)$$
这里 $I_0 \to I_{S_i}$ 是 (11) 中的一个子节 $(i = 1, 2, \cdots, t)$. 由此可知，J_0 在 (12) 中至少出现两次，且跟在 J_0 之后的所有不同元为
$$J_{S_1} < J_{S_2} < \cdots < J_{S_t} \quad (t \geq 1)$$
这里 $J_0 \to J_{S_i}$ 是 (12) 中的一个子节 $(i = 1, 2, \cdots, t)$.

如果 $\bar{f}$ 在 I_0 上递增（减），则 φ 在 J_0 上伪增（减）. 由引理 9，存在 $(I_{S_i}^{(0)})_{i=1}^{t}$ 和 $(J_{S_i}^{(0)})_{i=1}^{t}$，使得
$$I_{S_1}^{(0)} < I_{S_2}^{(0)} < \cdots < I_{S_t}^{(0)} (I_{S_1}^{(0)} > I_{S_2}^{(0)} > \cdots > I_{S_t}^{(0)})$$
和
$$J_{S_1}^{(0)} < J_{S_2}^{(0)} < \cdots < J_{S_t}^{(0)} (J_{S_1}^{(0)} > J_{S_2}^{(0)} > \cdots > J_{S_t}^{(0)})$$
使 $I_{S_i}^{(0)} \subset I_0, J_{S_i}^{(0)} \subset J_0$，满足 $\bar{f}$ 在 $I_{S_i}^{(0)}$ 上递增（减），φ 在 $J_{S_i}^{(0)}$ 上伪增（减）且 $\bar{f}(I_{S_i}^{(0)}) = I_{S_i}, \varphi(J_{S_i}^{(0)}) = J_{S_i} (i = 1, 2, \cdots, t)$.

将 (11)(12) 中的子节 $I_0 \to I_{S_i}, J_0 \to J_{S_i}$ 分别换为 $I_{S_i}^{(0)} \to I_{S_i}, J_{S_i}^{(0)} \to J_{S_i} (1 \leq i \leq t)$. 由此对应于 (11)(12)，我们分别得到了一个新的长为 m 的素循环节 (13) 和 (14)

$$I'_0 \xrightarrow{\overline{f}} I'_1 \to \cdots \to I'_{m-1} \to I'_0 \tag{13}$$

满足 $\overline{f}^i(x_0) \in \text{int } I'_i$, $\exists k_i$ 使 $\overline{f}^{k_i}(\partial I'_i) \subset S_n(\partial I'_i)$ 表示区间 I'_i 的端点 ($i=0,1,\cdots,m-1$)

$$J'_0 \xrightarrow{\varphi} J'_1 \to \cdots \to J'_{m-1} \to J'_0 \tag{14}$$

满足对 $0 \leqslant i \leqslant m-1$, $\exists l_i$ 使 $\varphi(\partial J'_i) \subset S_n$.

(13) 和 (14) 存在如下关系:

如果 $I'_i < I'_j \Rightarrow J'_i < J'_j (0 \leqslant i, j \leqslant m-1)$.

根据我们的作法, (13) 和 (11), (14) 和 (12) 相比满足

前者所含不同元的个数比后者所含不同元的个数多(即不同元的个数增加了)

$$(\ast)$$

以下再对 (13) 和 (14) 中的重复元按上述方法继续进行处理. 由 ($\ast$) 知, 经过有限次的处理后, 可得到如下两个长为 m 的素循环节

$$I^*_0 \xrightarrow{\overline{f}} I^*_1 \to \cdots \to I^*_{m-1} \to I^*_0$$

$$J^*_0 \xrightarrow{\varphi} J^*_1 \to \cdots \to J^*_{m-1} \to J^*_0 \tag{15}$$

满足:

(i) 对于 $0 \leqslant i, j \leqslant m-1, i \neq j$. $\text{int } I^*_i \cap \text{int } I^*_j = \varnothing$, $\text{int } J^*_i \cap \text{int } J^*_j = \varnothing$.

(ii) 如果 $I^*_i < I^*_j$, 则 $J^*_i < J^*_j (0 \leqslant i, j \leqslant m-1)$.

(iii) 对于 $0 \leqslant i \leqslant m-1$, $\exists k^*_i, l^*_i$ 满足

$$\overline{f}^{k^*_i}(\partial I^*_i) \subset S_n$$

$$\varphi^{l^*_i}(\partial J^*_i) \subset S_n$$

(iv) $\overline{f}^i(x_0) \in \text{int } I^*_i (0 \leqslant i \leqslant m-1)$.

根据引理 8, 由 (14) 导出的 φ 的一个 m-周期点 z_0 满足 $z_i = \varphi^i(z_0) \in \text{int } J^*_i (0 \leqslant i \leqslant m-1)$. 由上述 (i)~(iv) 可知, φ 的周期轨 $\{z_0, z_1, \cdots, z_{m-1}\}$ 和 $\overline{f}$ 的周期轨 $\{x_0, x_1, \cdots, x_{m-1}\}$ 是同型的.

设 f 是线段 I 上的连续自映射. 如果 I 上的 n 个两两不同的点 $x_0, x_1, \cdots, x_{n-1}$ 满足

$$\begin{cases} f(x_k) = x_{k+1} \\ f(x_{n-1}) = x_0 \end{cases} (k=0,1,2,\cdots,n-2)$$

则称 $\{x_0, x_1, \cdots, x_{n-1}\}$ 为 f 的一个 n-周期轨. 把 $x_0, x_1, \cdots, x_{n-1}$ 按自小而大的顺序重排为 $z_1 < z_2 < \cdots < z_n$ 之后, 若 $f(z_i) = z_j$, 则令 $a_i = j (i=1,2,\cdots,n)$.

把正整数有序组 $(a_1, a_2, \cdots, a_n)$ 称为 n-周期轨 $\{x_0, x_1, \cdots, x_{n-1}\}$ 的型. 显然, n-周期轨可能有的型共 $(n-1)!$ 种.

第三节　程序的说明

我们已用 BASIC 语言写出了可在 CASIO-PB-700 袖珍微机上使用的算法程序.这个程序当然可以在任一种微机上运行(也许要修改极个别的字符).我们在这里列出全部程序.

程序开始,屏幕上即显示菜单.请使用者选择输入 0,1,2 三者之一.第 6 行输入 0,即选 LIST,机器将给出所有最小循环节长度为 k 的 M_f 中的序列的一个循环节,由这个序列确定周期轨的大小顺序,以及这个周期轨的型.输入 1,即选 NO SAME,重复的型将被删除.输入 2,即选 CHECK,机器将具体检查 f 是否蕴含某一个给定的型的周期轨.

选择菜单之后,屏幕显示要求输入 N,即 f 的定义域的元素个数.再输入 K,即要列出或检查是否被蕴含的周期轨的周期.

如果你选择了 2,即 P=2,屏幕显示即要求输入 {C!(J);J=1,2,…,K},而 C!(J) 即待查是否被蕴含的周期轨的型.

然后,屏幕显示要求输入 f 的型 {A!(J,0);J=1,2,…,N}.这时,全部信息输入完毕.

机器随即打印出 N,K(如果选 P=2,还打印出待查的是否是被蕴含的型,即 {C!(J);J=1,2,…,K},在 C!(J) 末尾标明"＊＊CK").再打印出 f 的型,即 {A!(J);J=1,…,N}.末尾标明 ＊OMP,原初给出映射之意.然后打印出诸 $\Delta_i(i=1,2,…,N-1)$ 在 $\bar{f}$ 下所覆盖的区间的号码的上下界.例如 $2-(2,4)$ 表示 $\bar{f}(\Delta_2)$ 将覆盖 $\Delta_2, \Delta_3, \Delta_4$ 三个区间.

然后,经运算即打印出结果.选择 P=0(LIST) 时,打印出各种长为 K 的循环节,以 ＊ 结尾,然后是与此循环节对应的诸周期点的顺序号,以－－－ODER 结尾,最后是对应的周期轨的型,以 ＊＊＊MP 结尾.若选 P=1,则遇到有重复的型便删去不打印(为此,程序在 13 行引入 D!(K,100) 以贮存已找出的型.这里至多可贮存 100 个,是受袖珍机贮存量的限制).而且 P=2 时,仅打印出与所给 K-周期轨的型一致的循环节,周期点序号及对应的型.若确实蕴含所检查的型,最后打印出 YES,否则,打印 NO 而结束停机.

程序中没有特别列出那些平凡的周期轨的型.在我们检查周期轨间的蕴含关系时,这当然是不必要的.

下面对程序中的某些变量及某些行加以解释.

变量符号 "!" 表示半精度,为了少用内存.

第 25 到 28 行是为了确定 K 的约数 B!(E,3),以便去掉那些可以分成更小循环节的长为 K 的循环节.

第 75 行至 625 行是为了写出一个长为 K 的循环节,即确定一个 M_f 中的 K 循环序列.而 700 行至 740 行是为了删去含有更小循环节的序列.第 745 行至 775 行则删去了那些重复的 K 循环序列.第 860 行至 935 行对周期点给出按自小而大的排列顺序号码 $\{B!(L,2), L=1,2,\cdots,K\}$.第 965 行至 975 行则给出对应周期轨的型并打印出来.

如果选 P=1,则 1000 行至 1050 行删去重复的型.如果选 P=2,则 1200 行以下将找出的周期轨的型与预给的 C!(J) 进行比较.若两者不同,则继续查找;若相同,则打印出 YES 而停机.

这个程序应当有相当大的改进余地.特别是选 P=2(CHECK) 时,可利用已给周期轨的型的特点,更多地预先删除不必查对的循环节,从而减少计算量.

概要流程请见图 2.

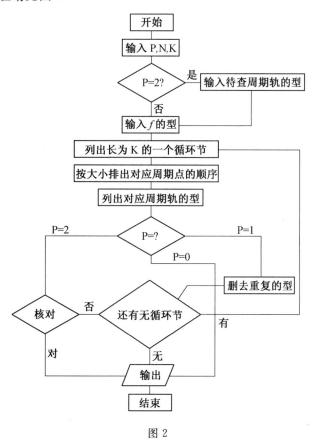

图 2

计算程序文件

5 ERASE A!,B!,C!,D!

6 INPUT "0:LIST 1: NO SAME 2: CHECK P =";P

10 INPUT "N =";N,"K =";K

12 LPRINT "N =";N,"K =";K.

13 IF P=1 THEN DIM D!(K,100)

20 DIM A!(N,3),B!(K,6),C!(K)

21 IF P=2 THEN FOR J=1 TO K:INPUT "C!(J)=";C!(J):NEXT J:GOTO 995

25 E=0:I=0

26 FOR J=1 TO INT(K/2)

27 IF K MOD J=0 THEN E=E+1:B!(E,3)=J

28 NEXT

29 FOR J=1 TO N

30 INPUT "A!(J,0)";A!(J,0)

35 IF J=1 THEN GOTO 50

40 L=J−1:U=A!(L,0):V=A!(J,0):A!(L,2)=SGN(V−U)

43 IF U>V THEN W=U:U=V:V=W

45 A!(L,3)=V−1:A!(L,1)=U

47 IF U=V THEN A!(L,3)=0:A!(L,1)=0

48 IF J=N THEN A!(N,3)=A!(N−1,3):A!(N,1)=A!(N−1,1)

50 NEXT J

51 FOR J=1 TO N

52 LPRINT A!(J,0);",";

53 IF J=N THEN LPRINT " * OMP".

54 NEXT J

55 FOR J=1 TO K

60 B!(J,0)=0

70 NEXT J

71 FOR J=1 TO N−1

73 LPRINT J;"−(";A!(J,1);",";A!(J,3);")"

74 NEXT J

75 X=1:R=0

80 B!(1,0)=1:Z=1

85 IF B!(1,0)=N-1 THEN END
90 IF B!(1,0)>A!(Z,3) THEN Q=0:GOTO 120
95 IF A!(Z,1)<=B!(1,0) THEN R=B!(1,0):Q=1:GOTO 120
100 IF A!(Z,1)>B!(1,0) THEN R=A!(Z,1):Q=1:GOTO 120
105 IF Z>A!(B!(X-1,0),3) THEN B!(X,0)=0:Q=-1:GOTO 120
120 X=X+Q: IF X=1 THEN Z=B!(1,0)+1:B!(1,0)=Z:GOTO 85
125 IF Q<1 THEN B!(X,0)=B!(X,0)+1
130 IF B!(X,0)=0 THEN B!(X,0)=R
135 Z=B!(X,0)
136 IF Z>A!(B!(X-1,0),3) THEN Q=-1:B!(X,0)=0:GOTO 120
140 IF X=K THEN GOTO 600
150 GOTO 85
600 IF Z>A!(B!(K-1,0),3) THEN Q=-1:B!(X,0)=0:GOTO 120
610 IF B!(1,0)<A!(Z,1) THEN Z=Z+1:GOTO 600
620 IF B!(1,0)>A!(Z,3) THEN Z=Z+1:GOTO 600
625 B!(K,0)=Z
626 GOTO 700
630 FOR J=1 TO K:IF P=1 THEN GOTO 660
640 LPRINT B!(J,0);",";
650 IF J=K THEN LPRINT "*",
660 NEXT J
661 IF P=8 THEN GOTO 950
665 GOTO 860
670 Z=Z+1:GOTO 600
680 PRINT E,
700 IF E=0 THEN GOTO 745
705 FOR J=1 TO E
710 FOR F=1+B!(J,3) TO K
720 H=(F MOD B!(J,3)):IF H=0 THEN H=B!(J,3)
730 IF (B!(H,0)-B!(F,0))^2>0 THEN GOTO 740
735 IF F=K THEN GOTO 670
736 NEXT F
740 NEXT J
745 G=0
750 FOR J=2 TO K

760 IF B! (J,0)=B! (1,0) THEN G=G+1:B! (G,4)=J
770 NEXT J
775 IF G=0 THEN GOTO 630
780 FOR J=1 TO G
790 FOR F=1 TO K-2
800 W=(B! (J,4)+F) MOD K:IF W=0 THEN W=K
810 IF B! (1+F,0)<B! (W,0) THEN GOTO 840
820 IF B! (1+F,0)>B! (W,0) THEN GOTO 670
830 NEXT F
840 NEXT J
850 GOTO 630
860 FOR J=0 TO K
865 B! (J,2)=J
870 NEXT J
875 FOR J=1 TO K
880 H=2^J:IF H>=2*K THEN GOTO 950
885 FOR G=0 TO INT(K/H)+1
890 U=G*H+1:V=U+H/2
895 IF V>K THEN GOTO 940
896 IF U>=G*H+H THEN GOTO 935
897 IF V>G*H+H THEN GOTO 935
898 IF V>K THEN GOTO 935
900 X0=B! (U,2):Y0=B! (V,2)
910 FOR W=0 TO K-1
911 B! (0,6)=1
912 B! (0,0)=B! (K,0)
915 X1=X0+W:IF X1>K THEN X1=X1-K
917 Y1=Y0+W:IF Y1>K THEN Y1=Y1-K
918 IF W>0 THEN B! (W,6)=B! (W-1,6)*A! (B! (X1-1,0),2)
921 U1=B! (X1,0)*B! (W,6):V1=B! (Y1,0)*B! (W,6)
922 IF U1=V1 THEN GOTO 930
923 IF U1<V1 THEN U=U+1:GOTO 896
924 FOR L=V TO U+1 STEP -1
925 B! (L,2)=B! (L-1,2)
926 NEXT L

927 B! (U,2)=Y0

928 U=U+1:V=V+1

929 GOTO 896

930 NEXT W

935 NEXT G

940 NEXT J

950 IF P=2 THEN GOTO 1300

951 FOR J=1 TO K

955 B! (B! (J,2),5)=J:IF P=1 THEN GOTO 960

956 LPRINT B! (J,2);",";

957 IF J=K THEN LPRINT "---ODER",

960 NEXT J

963 IF P=1 THEN GOTO 1000

965 FOR J=1 TO K

966 L=B! (J,2)+1:IF L>K THEN L=L-K

967 IF P=2 THEN GOTO 1200

970 LPRINT B! (L,5);",";

972 IF J=K THEN LPRINT "****MP",

975 NEXT J

977 IF P=3 THEN LPRINT "YES",

978 IF P=3 THEN END

980 IF P=2 THEN P=3:GOTO 950

981 IF P=2 THEN END

990 GOTO 670

995 FOR J=1 TO K

996 LPRINT C! (J);",";

997 IF J=K THEN LPRINT "***CK",

998 NEXT J

999 GOTO 25

1000 FOR J=1 TO K

1005 L=B! (J,2)+1:IF L>K THEN L=L-K

1010 D! (J,I)=B! (L,5)

1015 NEXT J

1020 IF I=0 THEN I=I+1:GOTO 965

1025 FOR Q=0 TO I-1

```
1030 FOR J=1 TO K
1035 IF (D!(J,Q)-D!(J,I))^2>0 THEN GOTO 1045
1040 IF J=K THEN GOTO 670
1044 NEXT J
1045 NEXT Q
1050 I=I+1:GOTO 965
1200 IF B!(L,5)=C!(J) THEN GOTO 975
1210 GOTO 670
1300 FOR J=1 TO K
1310 B!(B!(J,2),5)=J
1320 NEXT J
1330 GOTO 965
```

第四节 若干计算结果

大家都知道,有 3－周期轨便有任意 n－周期轨. 但 3－周期轨究竟蕴含哪些型的周期轨呢? 下面列出型为 (2,3,1) 的 3－周期轨所蕴含的 K－周期轨的型, $K=4,5,6,7,8,9,10,11,12$.

$K=4$(1 种循环节,1 种型)
  (3,4,2,1)

$K=5$(2 种循环节,1 种型)
  (3,5,4,2,1)

$K=6$(2 种循环节,1 种型)
  (4,6,5,3,2,1)

$K=7$(4 种循环节,2 种型)
  (4,7,6,5,3,2,1)
  (4,5,7,6,3,2,1)

$K=8$(5 种循环节,3 种型)
  (5,8,7,6,4,3,2,1)
  (5,6,8,7,4,3,2,1)
  (4,5,8,7,6,3,2,1)

$K=9$(8 种循环节,4 种型)
  (5,9,8,7,6,4,3,2,1)
  (5,6,8,9,7,4,3,2,1)
  (5,7,9,8,6,4,3,2,1)

(4,6,9,8,7,5,3,2,1)

$K=10$(11 种循环节,6 种型)

(6,10,9,8,7,5,4,3,2,1)

(6,8,10,9,7,5,4,3,2,1)

(4,6,10,9,8,7,5,3,2,1)

(5,6,7,10,9,8,4,3,2,1)

(5,6,9,10,8,7,4,3,2,1)

(6,7,9,10,8,5,4,3,2,1)

$K=11$(18 种循环节,9 种型)

(6,11,10,9,8,7,5,4,3,2,1)

(6,7,11,10,9,8,5,4,3,2,1)

(6,9,11,10,8,7,5,4,3,2,1)

(4,7,11,10,9,8,6,5,3,2,1)

(5,6,7,11,10,9,8,4,3,2,1)

(5,7,10,11,9,8,6,4,3,2,1)

(5,7,8,11,10,9,6,4,3,2,1)

(6,8,10,11,9,7,5,4,3,2,1)

(6,7,8,10,11,9,5,4,3,2,1)

$K=12$(25 种循环节,13 种型)

(7,12,11,10,9,8,6,5,4,3,2,1)

(7,8,12,11,10,9,6,5,4,3,2,1)

(6,7,12,11,10,9,8,5,4,3,2,1)

(4,7,12,11,10,9,8,6,5,3,2,1)

(7,10,12,11,9,8,6,5,4,3,2,1)

(6,7,8,12,11,10,9,5,4,3,2,1)

(5,6,8,12,11,10,9,7,4,3,2,1)

(5,7,11,12,10,9,8,6,4,3,2,1)

(5,7,9,12,11,10,8,6,4,3,2,1)

(7,9,11,12,10,8,6,5,4,3,2,1)

(6,7,9,11,12,10,8,5,4,3,2,1)

(6,7,8,10,12,11,9,5,4,3,2,1)

(7,8,9,11,12,10,6,5,4,3,2,1)

这里有两点应当指出：(2,3,1) 型的 3-周期轨的反向拓扑共轭是 (3,1,2). 其计算方法是用 4 分别减去 2,3,1，再颠倒先后顺序即得. 把 (2,3,1) 型所蕴含的 K-周期轨的型作反向拓扑共轭——用 $K+1$ 顺次减型表示中的分量，再

颠倒顺序,即得(3,1,2)所蕴含的 K - 周期轨的型. 例如,由
$$(2,3,1) \triangleleft (3,4,2,1)$$
即知
$$(3,1,2) \triangleleft (4,3,2,1)$$
由
$$(2,3,1) \triangleleft (3,5,4,2,1)$$
即知
$$(3,1,2) \triangleleft (5,4,2,1,3)$$
等等.

另外,设 $f \in C_p(S_n)$. f 的型称为单峰的,如果 $\bar{f}(x)$ 是一个单峰函数. 由 (2,3,1) 的单峰性,它所蕴含的周期轨也都是单峰的. 所以只要写出所蕴含的型的峰的左部分就够了. 例如:(3,5,4,2,1) 可简记为 (3,…),(4,5,7,6,3,2,1) 可简记为 (4,5,…),(5,6,7,10,9,8,4,3,2,1) 可简记为 (5,6,7,…). 只要知道该型的周期数 K,便不难写出这个型的其余分量.

这两点说明会给我们对型的讨论带来方便.

我们还算出了 6 种 4 - 周期轨之间的蕴含关系,以及 24 种 5 - 周期轨之间的蕴含关系.

下面是 6 种 4 - 周期之间的蕴含关系

$$(3,1,4,2) \triangleleft \begin{cases} (4,1,2,3) \triangleleft (4,3,1,2) \\ (2,3,4,1) \triangleleft (3,4,2,1) \end{cases}$$

$$(2,4,1,3) \triangleleft \begin{cases} (4,3,1,2) \\ (3,4,2,1) \end{cases}$$

至于 24 种 5 - 周期轨间的蕴含关系,我们在机器上算出 12 种,另外 12 种的信息可由反向拓扑共轭得到(在 4 - 周期轨的情形下,(3,1,4,2) 型与 (2,4,1,3) 型是反向自共轭的. 对于奇数周期轨,显然不存在反向自共轭的情形). 具体开列出来是(我们略去了一些逗号,如 (24153) 表示 (2,4,1,5,3))

$$(2\,4\,1\,5\,3) \triangleleft \begin{cases} \begin{Bmatrix} (3\,1\,4\,5\,2) \\ (4\,1\,2\,5\,3) \end{Bmatrix} \triangleleft \boxed{\begin{matrix} (2\,3\,4\,5\,1) \triangleleft (2\,4\,5\,3\,1) \triangleleft (3\,5\,4\,2\,1) \\ (5\,1\,2\,3\,4) \triangleleft (5\,3\,1\,2\,4) \triangleleft (5\,4\,2\,1\,3) \end{matrix}}^* \\ (2\,5\,1\,3\,4) \triangleleft \boxed{\begin{matrix} (2\,5\,4\,1\,3) \triangleleft (3\,4\,5\,1\,2) \triangleleft (3\,5\,4\,2\,1) \\ (3\,5\,2\,1\,4) \triangleleft (4\,5\,1\,2\,3) \triangleleft (5\,4\,2\,1\,3) \end{matrix}}^{**} \end{cases}$$

$$(3\,4\,2\,5\,1) \triangleleft (4\,3\,1\,5\,2) \triangleleft$$

$$\begin{Bmatrix} (3\,1\,4\,5\,2) \\ (4\,1\,2\,5\,3) \end{Bmatrix} \triangleleft \boxed{\begin{matrix} (2\,3\,4\,5\,1) \triangleleft (2\,4\,5\,3\,1) \triangleleft (3\,5\,4\,2\,1) \\ (5\,1\,2\,3\,4) \triangleleft (5\,3\,1\,2\,4) \triangleleft (5\,4\,2\,1\,3) \end{matrix}}^*$$

$$(4\,5\,2\,3\,1) \triangleleft (5\,4\,1\,3\,2) \triangleleft (5\,4\,2\,1\,3)$$

这 3 个组的反向拓扑共轭组是

$$(3\ 1\ 5\ 2\ 4) \triangleleft \begin{cases} \boxed{}^* \\ (2\ 3\ 5\ 1\ 4) \triangleleft \boxed{}^{**} \end{cases}$$

$$(5\ 1\ 4\ 2\ 3) \triangleleft (4\ 1\ 5\ 3\ 2) \triangleleft \boxed{}^*$$

$$(5\ 3\ 4\ 1\ 2) \triangleleft (4\ 3\ 5\ 2\ 1) \triangleleft (3\ 5\ 4\ 2\ 1)$$

这里 $\boxed{}^*$ 和 $\boxed{}^{**}$ 分别记两个在反向拓扑共轭之下不变的组,其具体内容由 $\boxed{}$ 第一次出现时可知.

从上述看出,在 4 — 周期轨的 6 种型和 5 — 周期轨的 24 种型之间,有互不蕴含关系,但不存在相互蕴含关系. 事实上,我们有:

命题 设 $f \in C_p(S_n^{(0)}), g \in C_p(S_m^{(0)})$. 如果 $A_f \triangleleft A_g$ 且 $A_g \triangleleft A_f$, 则 $A_f = A_g$.

证明 记 $S_n^{(i)} = \{x_1^{(i)} < x_2^{(i)} < \cdots < x_n^{(i)}\}, S_m^{(i)} = \{y_1^{(i)} < y_2^{(i)} < \cdots < y_n^{(i)}\}$, $i = 0, 1, 2, \cdots$.

假若 $A_f \neq A_g$, 不妨设 $\overline{f}$ 在 $[x_1^{(0)}, x_2^{(0)}]$ 上递增, $[x_1^{(0)}, c]$ 是 $\overline{f}$ 的包含 $[x_1^{(0)}, x_2^{(0)}]$ 的最大递增区间(显然 $c \in S_n^{(0)}$) 且 $n \leqslant m$.

由 $A_f \triangleleft A_g$ 知 $\exists g_1 \in C_p(S_m^{(1)})$ 满足

$$A_{g_1} = A_g, g_1(y_i^{(1)}) = \overline{f}(y_i^{(1)})$$
$$(1 \leqslant i \leqslant m, \text{且 } x_1^{(0)} < y_1^{(1)})$$

(1) 由于 $A_f \neq A_g, A_{g_1} = A_g \triangleleft A_f, \overline{f}$ 是 g_1 的连续扩张,根据引理 6 和引理 7 知, $\exists f_1 \in C_p(S_n^{(1)})$ 满足 $A_{f_1} = A_f, f_1(x_i^{(1)}) = \overline{f}(x_i^{(1)}), 1 \leqslant i \leqslant n$, 且 $y_1^{(1)} < x_1^{(1)} < c$.

(2) 再由 $A_{f_1} = A_f \triangleleft A_g$, 同理可知 $\exists g_2 \in C_p(S_m^{(2)})$ 满足 $A_{g_2} = A_g$, $g_2(y_i^{(2)}) = \overline{f}(y_i^{(2)}), 1 \leqslant i \leqslant m$, 且 $x_1^{(1)} < y_1^{(2)} < c$.

以下,我们反复运用(1)和(2)的方法,便可得到两串点列 $\{x_1^{(i)}\}$ 和 $\{y_1^{(i)}\}$ 满足

$$\begin{aligned} &\{\mathrm{orb}_{\overline{f}}(x_1^{(i)})\}_{i=1}^{\infty} \text{ 是同型的 } n - \text{周期轨集} \\ &\{\mathrm{orb}_{\overline{f}}(y_1^{(i)})\}_{i=1}^{\infty} \text{ 是同型的 } m - \text{周期轨集} \\ &x_1^{(i-1)} < y_1^{(i)} < x_1^{(i)} < c \quad (i = 1, 2, \cdots) \end{aligned} \quad (*_1)$$

由此知

$$\lim_{i \to \infty} x_1^{(i)} = x_0, \lim_{i \to \infty} y_1^{(i)} = x_0 \quad (*_2)$$

且 $\overline{f}^n(x_0) = x_0 \leqslant c$.

根据 $\{x_1^{(i)}\}$ 的选取及 $x_1^{(1)} > x_1^{(0)} \Rightarrow x_0 \notin S_n^{(0)}$, 所以 $\overline{f}^i(x_0) \notin S_n^{(0)}, i = 0, 1, 2, \cdots, n-1$. 于是,由 $\overline{f}$ 的连续性知,必存在闭区间 $I \subset (x_1^{(0)}, c)/S_n^{(0)}$ 使

$$\overline{f}^i \text{ 在 } I \text{ 上线性、严格单调} \quad (i = 1, 2, \cdots, n) \quad (*_3)$$

由($*_1$)($*_2$)($*_3$)$\Rightarrow \exists i$ 使 $J=[x_1^{(i)},x_1^{(i+1)}] \subset I$ 满足 $\overline{f}^n(J)=J$,且 $\overline{f}^n(z)=z$,对 $\forall z \in J$.

又因为 $y_1^{(i+1)} \in J$,故
$$\overline{f}^n(y_1^{(i+1)}) = y_1^{(i+1)}$$

这说明,m 是 n 的因子,由我们前面的假设 $n \leqslant m$ 知 $m=n$. 对于 $\forall k < j$, $0 \leqslant k, j \leqslant n$, 由($*_2$)$\Rightarrow \overline{f}^{j-k}$ 在 $[\overline{f}^k(x_1^{(i)}); \overline{f}^k(x_1^{(i)})]$ 上线性、严格单调. 所以当 $\overline{f}^j(x_1^{(i)}) < \overline{f}^k(x_1^{(i)})(\overline{f}^j(x_1^{(i)}) > \overline{f}^k(x_1^{(i)}))$ 时,由($*_1$)知
$$\overline{f}^j(x_1^{(i+1)}) < \overline{f}^k(x_1^{(i+1)})(\overline{f}^j(x_1^{(i+1)}) > \overline{f}^k(x_1^{(i+1)})) \Rightarrow$$
$$\overline{f}^j(y_1^{(i+1)}) < \overline{f}^k(y_1^{(i+1)})(\overline{f}^j(y_1^{(i+1)}) > \overline{f}^k(y_1^{(i+1)}))$$

这说明,$\text{orb}_{\overline{f}}(x_1^{(i)})$ 与 $\text{orb}_{\overline{f}}(y_1^{(i+1)})$ 是同型的周期轨,与 $A_f \neq A_g$ 矛盾.

以上初步的计算结果,启发我们提出一些问题.

(1) 周期 3 蕴含哪些型的周期轨?反过来,哪些型蕴含 3 - 周期轨?

(2) 设周期 3 蕴含的 k - 周期轨的型有 T_k 种,如何计算 T_k 或估计 T_k 关于 k 的阶?

(3) 对于给定的 k,总有一些 k - 周期轨不被其他的 k - 周期轨所蕴含(当 $k=4$ 时,有两种,即(3,1,4,2)与(2,4,1,3);当 $k=5$ 时,则有 6 种,见前). 这种周期轨姑且称之为"本原 k - 周期轨". 这种本原周期轨的型有什么特点?对于给定的 k,有多少本原 k - 周期轨?

(4) 对于给定的 k,蕴含 k - 周期轨的型最多的周期轨,不妨叫作"复杂周期轨". 那么这种复杂周期轨的型又具有哪些特点呢?

(5) 判别两种周期轨的型是否有蕴含关系的问题,有没有多项式算法?

第四编
连续自映射

第29卷

第四分册

线段自映射有异状点的一个充要条件

第一节 前 言

记 $L=[0,1]$,并用 $C^0(I,I)$ 表示全体 I 到自身连续映射的集合.设 $f \in C^0(I,I)$. f 的不动点集,周期点集和非游荡集分别用 $F(f)$,$P(f)$ 和 $Q(f)$ 表示(定义见第二节). f 的拓扑熵记为 $\text{ent}(f)$(见文献[61]). f 的周期不是 2 的方幂形式的周期点称为 f 的素周期点.

这类映射所产生的动力系统性质,如非游荡集的结构与周期点集的关系、拓扑熵估计等,目前已有一系列文章加以讨论.在 $P(f)$ 有限的条件下,已经获得了较好的结果,见文献[62],[63] 和[68]. 在一般情形下则还有一些问题有待解决. R. Bowen 和 J. Franks[64] 证明了下述结果:

定理 1 设 $f \in C^0(I,I)$,则当 f 有素周期点时,$\text{ent}(f) > 0$.

有人猜测定理 1 的逆定理也成立[61]. 我们把它写成等价的形式:

猜测 设 $f \in C^0(I,I)$,则当 f 无素周期点时,$\text{ent}(f) = 0$.

在 $P(f)$ 有限的条件下所得到的结果支持上述猜测(见文献[63]和[68]),但这个猜测至今尚未被证明.

为了证明上述猜测,用映射所产生的动力系统的其他性质来描述这个映射是否存在素周期点,就显得十分重要.文献[65]从微分动力系统中引进异状点(homoclinic point)的概念,并给出映射 $f \in C^0(I,I)$ 有素周期点的两个等价条件,即证明了:

定理 2 设 $f \in C^0(I,I)$. 则下述条件等价.

(1) f 有素周期点.

(2) f 有异状点.

(3) 存在 I 的两个不相交的闭子线段 J,K 和整数 $n(n>0)$,使 $f^n(J) \supset J \cup K, f^n(K) \supset J \cup K$.

暨南大学的周作领和四川师范大学(原四川师范学院)的刘旺金二位教授 1982 年给出了映射 $f \in C^0(I,I)$ 有素周期点的另一个等价条件. 事实上,我们将证明:

主要定理 设 $f \in C^0(I,I)$,则 f 有异状点的一个充要条件是存在 $x \in Q(f), x$ 是准周期点但不是周期点.

从定义[3] 易于看出,异状点都是准周期点,但不是周期点. 很容易举例说明存在不是非游荡点的异状点. 主要定理的必要性说明,若存在异状点,则一定存在同时是非游荡点的异状点. 这并不显然. 同样地,主要定理的充分性也不显然. 在后面的内容中,我们将给出上述猜测一种较弱形式的证明.

本章共分三节,第二节复述了若干定义并证明了几个引理,主要定理的证明将在第三节中给出.

第二节 预备及几个引理

为了方便,我们扼要回顾一些基本名词和定义,详见文献[62]和[68].

设 $f \in C^0(I,I)$. 用 f^0 表示恒同映射. $f^1=f, f^2=f \cdot f$,对任意整数 $n>0$,归纳地定义 $f^n=f \cdot f^{n-1}$. $x \in I$,记 $\mathrm{orb}(x)=\{f^n(x) \mid \forall n \geqslant 0\}$,称作 x 的轨道. 当 $\mathrm{orb}(x)$ 有限时,x 称为 f 的准周期点. 设 $x \in I$ 为准周期点,若存在 $n>0$,使 $f^n(x)=x$,则称 x 为 f 的周期点. 使 $f^n(x)=x$ 的最小整数 $n(n>0)$ 叫作 x 的周期. f 的所有周期点的集合记为 $P(f)$. 周期为 1 的周期点称为 f 的不动点. f 的所有不动点的集合记为 $F(f)$. $F(f) \subset P(f)$.

$x \in I$ 叫作 f 的游荡点,如果存在 x 的邻域 $V(x) \subset I$,使 $f^m(V(x)) \cap V(x)=\varnothing, \forall m>0$. I 中不是 f 的游荡点的点叫作 f 的非游荡点. 设 $x \in I$ 为 f 的非游荡点,则对于 x 的任意邻域 $V(x) \subset I$ 任意正整数 M,易看出存在 $m>M$,使 $f^m(V(x)) \cap V(x) \neq \varnothing$. f 的所有非游荡点的集合记为 $Q(f)$. $Q(f)$ 是 I 的闭子集且对 f 不变,即 $f(Q(f)) \subset Q(f)$.

设 $p \in P(f)$. 定义 p 的非稳定流形 $W^u(p,f)$ 如下:$x \in W^u(p,f)$,如果对 p 的任意邻域 $V(p) \subset I$,存在 $m>0$,使 $x \in f^m(V(p))$. 设 $p \in F(f)$. 定义 p 的单侧非稳定流形 $W^u(p,f,+)$ 和 $W^u(p,f,-)$ 如下:$x \in W^u(p,f,+)$,如果对任意以 p 为左端点左闭右开的区域 $V_+(p) \subset I$,存在 $m>0$,使 $x \in$

$f^m(V_+(p))$. $x \in W^u(p,f,-)$,如果对任意以 p 为右端点右闭左开的区域 $V_-(p) \subset I$,存在 $m > 0$,使 $x \in f^m(V_-(p))$. 设 $p \in F(f)$. 记

$$W_+^u(p,f) = W^u(p,f) \cap [p,1]$$
$$W_-^u(p,f) = W^u(p,f) \cap [0,p]$$

(规定:$[a,a] = \{a\}$). 易见

$$W_+^u(p,f) \cap W_-^u(p,f) = \{p\}$$
$$W_+^u(p,f) \cup W_-^u(p,f) = W^u(p,f)$$

关于异状点的定义,见文献[65],这里不再重述.

为了行文简洁,我们约定如下:$x \in I, V(x), U(x)$ 恒表示 x 的连通邻域;$V_+(x), U_+(x)$ 恒表示以 x 为左端点左闭右开的连通区域;$V_-(x), U_-(x)$ 恒表示以 x 为右端点右闭左开的连通区域(所有邻域、区域均相对于 I 而言)."任取 x 的邻域 $V(x)$" 简述为"任取 $V(x)$",等等.

引理 1 设 $f \in C^0(I,I)$. 若 $p \in Q(f)$ 为准周期点,$\{p_1, \cdots, p_n\}$ 为属于 $orb(p)$ 的周期轨道,周期为 n,则 $p \in W^u(p_1,f)$.

证明 当 $p \in P(f)$ 时,结论显然. 设 $p \notin P(f)$, p 不同于 $p_1, \cdots, p_n$ 中的任何一点. 先证明 $p \in \overline{W^u(p_1,f)}$. 设 $x \notin \overline{W^u(p_1,f)}$. 于是,存在 $a < b, 0 \leqslant a < p < b \leqslant 1$ (当 p 是 I 的边界点时,需作相应修改),使 $p_i \notin [a,b], i = 1,2,\cdots,n$,且 $[a,b] \cap W^u(p_1,f) = \emptyset$. 由定义,存在 $V(p_1)$,使 $f^m(V(p_1)) \cap (a,b) = \emptyset$,$\forall m > 0$. 因为 $f^m(V(p_1))$ 是连通的,且对每一个 $m > 0, f^m(V(p_1))$ 都至少包含 $p_1, \cdots, p_n$ 中的一点,故 $f^m(V(p_1)) \cap (a,b) = \emptyset, \forall m > 0$.

设 i 是使 $f^i(p) = p_1$ 的最小正整数. 取 $V(p) \subset (a,b)$,使 $f^i(V(p)) \subset V(p_1)$. 我们有

$$f^m(V(p)) \cap V(P) \subset f^{m-i}(V(p_1)) \cap (a,b) = \emptyset \quad (\forall m > i)$$

这显然和 $p \in Q(f)$ 相矛盾. 由此便证明了 $p \in \overline{W^u(p_1,f)}$.

再证明 $p \in W^u(p_1,f)$. 假设不然,则 $p \in \overline{W^u(p_1,f)} - W^u(p_1,f)$. 根据文献[62]中的引理4,$p \in P(f)$,与假设矛盾. 由此便证明了 $p \in W^u(p_1,f)$. 引理 1 证毕.

引理 2 设 $f \in C^0(I,I), p \in F(f)$. 若存在某一个 $V_-(p)$,使 $f(x) \geqslant x$, $\forall x \in V_-(p)$,则 $W^u(p,f,-) \subset W^u(p,f,+)$.

证明 设 $V_-(p)$ 满足假设条件. 若存在 $U_-(p) \subset V_-(p)$,使 $p \geqslant f(x) \geqslant x, \forall x \in U_-(p)$,则由定义易于证明 $\{p\} = W^u(p,f,-) \subset W^u(p,f,+)$. 现假设对任意 $U_-(p) \subset V_-(p)$,都存在 $x \in U_-(p)$,使 $f(x) > p$. 易见这时有

$$f(U_-(p)) \cap [p,1] \neq \{p\}$$
$$f(U_-(p)) \cap [0,p] \subset U_-(p)$$

且对任意 $V_+(p)$,由 f 的连续性,可取 $U_-(p) \subset V_-(p)$,使

$$f(U_-(p)) \cap [p,1] \subset V_+(p)$$

对这样的 $U_-(p)$,有
$$f(U_-(p)) = f(U_-(p)) \cap [0,p] \cup f(U_-(p)) \cap [p,1] \subset U_-(p) \cup V_+(p)$$

由此,易于归纳证明
$$f^m(U_-(p)) \subset U_-(p) \cup \{\bigcup_{i=0}^{m-1} f^i(V_+(p))\} \quad (\forall m > 0)$$

设 $x \in W^u(p,f,-), x \neq p$,取满足上述条件的 $U_-(p)$,且 $x \notin U_-(p)$. 存在
$$m > 0$$
$$x \in f^m(U_-(p)) \subset U_-(p) \cup \{\bigcup_{i=1}^{m-1} f^i(V_+(p))\}$$

易见 $x \in \bigcup_{i=1}^{m-1} f^i(V_+(p))$. 因 $V_+(p)$ 是任意的,故 $x \in W^u(p,f,+)$. 由此便证明了 $W^u(p,f,-) \subset W^u(p,f,+)$. 引理 2 证毕.

引理 3 设 $f \in C^0(I,I), p \in F(f)$. 若 $x \in W^u(p,f), x > p, x \notin W^u(p,f,+)$,则 (1) $W^u_-(p,f) \neq \{p\}$;(2) 存在 $y \in W^u_-(p,f)$,使 $f(y) < y < p$;(3) f 在 $\overline{W^u_-(p,f)}$ 上的最大值大于 p.

证明 (1) 若 $W^u_-(p,f) = \{p\}$,即 $W^u(p,f) = W^u_+(p,f)$. 根据文献[68]中的引理 8,易见 $W^u(p,f) = W^u(p,f,+)$. 这与 $x \notin W^u(p,f,+)$ 相矛盾. 故(1)得证.

(2) 若对所有 $y \in W^u_-(p,f)$,都有 $f(y) \geqslant y$,根据引理 2,$W^u(p,f,-) \subset W^u(p,f,+)$. 这又与 $x \notin W^u(p,f,+)$ 因而 $x \in W^u(p,f,-)$ 相矛盾. 故(2)得证.

(3) 根据(1) $\overline{W^u_-(p,f)}$ 是以 p 为右端点的闭线段. 记 f 在 $\overline{W^u_-(p,f)}$ 上的最大值为 M. 若 $M \leqslant p$,则根据文献[62]中的引理 3,易于归纳证明
$$f^m(\overline{W^u_-(p,f)}) \subset \overline{W^u_-(p,f)} \quad (\forall m > 0)$$

因 $x \notin W^u(p,f,+)$,故存在 $V_+(p)$,对所有 $m > 0, x \notin f^m(V_+(p))$. 取
$$V(p) \subset \overline{W^u_-(p,f)} \cup V_+(p)$$
则
$$f^m(V(p)) \subset f^m(\overline{W^u_-(p,f)} \cup V_+(p)) \subset$$
$$f^m(\overline{W^u_-(p,f)}) \cup f^m(V_+(p)) \subset$$
$$\overline{W^u_-(p,f)} \cup f^m(V_+(p)) \quad (\forall m > 0)$$

由此即得 $x \notin f^m(V(p)), \forall m > 0$(注意,$x > p$,故 $x \notin \overline{W^u_-(p,f)}$). 这与 $x \in W^u(p,f)$ 相矛盾. 由此便证明了 $M > p$.

综上,引理 3 证毕.

引理 4 设 $f \in C^0(I,I)$,且 f 无异状点,$p \in F(f)$,$x \in W^u(p,f)$.则当 $x > p$ 时,$x \in W^u(p,f,+)$;$x < p$ 时,$x \in W^u(p,f,-)$.

证明 我们只证第一种情形.设 $x \in W^u(p,f)$,当 $x > p$ 时,$x \notin W^u(p,f,+)$.根据引理 3,存在 $y_1,y_2 \in W_-^u(p,f)$,使 $f(y_1) < y_1 < p$,$f(y_2) > p$.由介值定理,在 y_1 和 y_2 之间存在 $y \in W_-^u(p,f)$,使 $f(y) = p$.显然 $y \neq p$.这表明 y 是异状点(见文献[65]),与假设矛盾.证毕.

引理 5 设 $f \in C^0(I,I)$,且 f 无异状点.若 $\{p_1,\cdots,p_n\}$ 是 f 的一个周期轨道,周期为 n,则当 $i \neq j$ 时,$p_j \notin W^u(p_i,f^n)$.

证明 假设 p_i,p_j 是 $\{p_1,\cdots,p_n\}$ 中不同的两点,$p_j \in W^u(p_i,f^n)$.我们断言:对于每一个 $k = 1,2,\cdots,n$,$W^u(p_k,f^n)$ 中至少包含 $\{p_1,\cdots,p_n\} - \{p_k\}$ 中的一点.为证此,任取 $V(p_k)$,并设 r 是使 $f^r(p_i) = p_k$ 的最小正整数.存在 $V(p_i)$,使 $f^r(V(p_i)) \subset V(p_k)$.因 $p_j \in W^u(p_i,f^n)$,故存在 $m > 0$,使 $p_j \in f^{nm}(V(p_i))$.于是

$$f^r(p_j) \in f^r \cdot f^{nm}(V(p_i)) \subset f^{nm}f^r(V(p_i)) \subset f^{nm}(V(p_k))$$

因为 $V(p_k)$ 是任意的,故 $f^r(p_j) \in W^u(p_k,f^n)$.由 $f^r(p_i) = p_k$ 和 $p_i \neq p_j$,易见 $f^r(p_j) \neq p_k$,即 $f^r(p_j)$ 是 $\{p_1,\cdots,p_n\} - \{p_k\}$ 中的一点,由此便证明了我们的断言.

下面假设 $p_1 < p_2 < \cdots < p_n$.因为 $W^u(p_1,f^n)$ 是包含 p_1 和 $\{p_2,\cdots,p_n\}$ 中一点的连通集(文献[62]中的引理 1),故 $p_2 \in W^u(p_1,f^n)$.根据同样的理由,$p_1 \in W^u(p_2,f^n)$,$p_3 \in W^u(p_2,f^n)$ 至少有一个成立.

假设 $p_1 \in W^u(p_2,f^n)$.显然 $[p_1,p_2] \subset (p_2,f^n)$.由引理 4,$p_2 \in W^u(p_1,f^n,+)$.故对任意 $V_+(p_1) \subset [p_1,p_2]$,存在 $m > 0$,使 $p_2 \in f^{mn}(V_+(p_1))$,即存在 $p \in V_+(p_1) \subset [p_1,p_2]$,使 $f^{mn}(p) = p_2$.这表明 p 是异状点,矛盾.这样便证明了 $p_3 \in W^u(p_2,f^n)$.

同样可以证明 $p_{i+1} \in W^u(p_i,f^n)$,$i = 1,2,\cdots,n-1$.特别地,有 $p_n \in W^u(p_{n-1},f^n)$.但 $W^u(p_n,f^n)$ 包含 $\{p_1,\cdots,p_{n-1}\}$ 中的一点,故 $p_{n-1} \in W^u(p_n,f^n)$.用同样的方法亦可导出 f 有异状点,矛盾.这样就完成了引理 5 的证明.

第三节 主要定理的证明

定理 3 设 $f \in C^0(I,I)$.若 f 无异状点,则 $p \in Q(f)$ 为准周期点 $\Rightarrow p \in P(f)$.

证明 设 $p \in Q(f)$ 为准周期点,$\{p_1,\cdots,p_n\}$ 为属于 $\mathrm{orb}(p)$ 的周期轨道,周期为 n.根据引理 1,$p \in W^u(p_1,f)$.由文献[62]中的引理 2,不妨设 $p \in W^u(p_1,f^n)$.命 m 是使 $f^{mn}(p)$ 进入周期轨道的最小正整数,并设 $f^{mn}(p) = p_i$.

根据文献[62]中的引理 3,有
$$f^{mn}W^u(p_1,f^n)=W^u(p_1,f^n)$$
因此,$p_i \in W^u(p_1,f^n)$. 因 f 无异状点,根据引理 5,$p_i=p_1$. 若 $p \neq p_1$,则 p 是异状点,与假设矛盾,故 $p=p_1$,即 p 是周期点. 证毕.

定理 4 设 $f \in C^0(I,I)$,若 f 有异状点,则存在 $q \in Q(f)$,q 是准周期点但不是周期点.

证明 因为对任意整数 $n>0$,f 的周期点也是 f^n 的周期点,反之亦然. 再者 $Q(f^n) \subset Q(f)$. 故下述证明不失普遍性(见文献[65],异状点的定义).

设 $p \in F(f)$,且存在 $x \in W^u(p,f)$,$x \neq p$,$f(x)=p$. x 是一个异状点. 不妨设 $x>p$,即 $x \in W^u_+(p,f)$. 若 $x \in Q(f)$,则 $x=q$ 即是所求的点. 故设 $x \notin Q(f)$. 我们要证明,存在 $q \in W^u(p,f)$,$q \neq p$,$f(q)=p$,$q \in Q(f)$. q 显然是非游荡准周期点,但不是周期点. 现分下述几种情形来证明.

(1) 设 $fW^u_+(p,f)=\{p\}$.

在这个假设下,由非稳定流形的定义和基本性质,易于证明 $W^u_-(p,f) \neq \{p\}$,$W^u(p,f,+)=\{p\}$ 和 $W^u(p,f,-)=W^u(p,f)$. 因此 $x \notin W^u(p,f,+)$,$x \in W^u(p,f,-)$. 根据引理 3,存在 $y_0 \in W^u_-(p,f)$,使 $f(y_0)<y_0<p$. 又由
$$W^u(p,f)=fW^u(p,f)=f(W^u_-(p,f) \bigcup W^u_+(p,f)) \subset$$
$$fW^u_-(p,f) \bigcup fW^u_+(p,f)=fW^u_-(p,f)$$
存在 $z_0 \in W^u_-(p,f)$,使 $f(z_0)=x>p>z_0$.

由介值定理,在 y_0 和 z_0 之间存在 $\omega \in W^u_-(p,f)$,$\omega \neq p$,$f(\omega)=p$. 令 $K \subset W^u_-(p,f)$ 是包含 y_0 的最大相对连通开子集,满足条件 $f(z)<p$,$\forall z \in K$. 这样的 K 显然存在. 当 $z_0>y_0$ 时,记 q 为 K 的右端点;$z_0<y_0$ 时,记 q 为 K 的左端点. 显然 $q \in W^u(p,f)$,$f(q)=p$,$q \neq p$,且对任意 $V(q)$,$f(V(q))$ 都包含某一个 $V_-(p)$. 由 $W^u(p,f,-)=W^u(p,f)$,易于看出 $q \in Q(f)$. 故 q 即是所求.

(2) 设 $fW^u_+(p,f) \neq \{p\}$,$fW^u_+(p,f) \subset W^u_+(p,f)$.

在假设条件下,由存在异状点 $x \in W^u_+(p,f)$,易于证明存在 $y \in W^u_+(p,f)$,$y \neq p$,$f(y)=p$,且对任意 $V(y)$,存在 $z \in V(y)$,使 $f(z)>p$.

若 $y \in W^u(p,f,+)$,则因对任意 $V(y)$,$f(V(y))$ 包含某一 $V_+(p)$,所以易于看出 $y \in Q(f)$. 故 $y=q$ 即是所求.

若 $y \notin W^u(p,f,+)$,则 $y \in W^u(p,f,-)$. 用与(1)类似的方法可以证明,存在 $q \in W^u_-(p,f)$,$q \neq p$,$f(q)=p$,$q \in Q(f)$. 因此 q 即是所求.

(3) 设 $fW^u_+(p,f) \neq \{p\}$,$fW^u_+(p,f) \subset W^u_-(p,f)$.

在假设条件下,由存在异状点 $x \in W^u_+(p,f)$,易于证明存在 $q \in W^u_+(p,f)$,$q \neq p$,$f(q)=p$,且对任意 $V(q)$,存在点 $y \in V(q)$,使 $f(y)<p$.

若 $q \in W^u(p,f,-)$,则因对任意 $V(q)$,$f(V(q))$ 包含某个 $V_-(p)$,故 $q \in Q(f)$.

若 $q \in W^u(p,f,+) \neq \{p\}$. 由假设和 f 的连续性知, 存在 $V_+(p)$, 使 $f(V_+(p))$ 包含在任意给定的 $V_-(p)$ 内. 由此亦有 $q \in W^u(p,f,-)$. 由上面的证明知, $q \in Q(f)$. 故 q 即是所求.

(4) 设 $f W^u_+(p,f) \neq \{p\}, f W^u_+(p,f) \bigcap W^u_+(p,f) \neq \{p\}, f W^u_+(p,f) \bigcap W^u_-(p,f) \neq \{p\}$.

在假设条件下, 存在 $y_1, y_2 \in W^u_+(p,f), f(y_1) > p, f(y_2) < p$. 记 $K \subset W^u_+(p,f)$ 为包含 y_1 的最大连通开子集(相对 $W^u_+(p,f)$), 满足条件 $f(z) > p$, $z \in K$. 这样的 K 显然存在. 当 $y_1 < y_2$ 时, 记 K 的右端点为 ω; 当 $y_1 > y_2$ 时, 记 K 的左端点为 ω. 显然 $\omega \in W^u_+(p,f), \omega \neq p, f(\omega) = p$.

当 $\omega \in W^u(p,f,+)$ 时, 因对任意 $V(\omega), f(V(\omega))$ 都包含某一个 $V_+(p)$, 故 $\omega \in Q(f)$. 取 $\omega = q$ 即是所求.

当 $\omega \notin W^u(p,f,+)$ 时, 则 $\omega \in W^u(p,f,-)$. 用与(1)类似的方法可以证明, 存在 $q \in W^u_-(p,f), q \neq p, f(q) = p, q \in Q(f)$. 由此知 q 即是所求.

情形(1)~(4)包含了假设异状点 $x \in W^u_+(p,f)$ 的所有可能情形, 当异状点 $x \in W^u_-(p,f)$ 时证明方法完全相同. 至此定理 4 证明完毕.

主要定理(见第一节)的证明, 充分性由定理 3 给出, 必要性由定理 4 给出.

线段自映射的非游荡集等于周期点集的一个充分条件

第二章

第一节 前 言

我们在文献[66-68]的基础上继续讨论线段到自身连续映射所产生的动力系统性质. 基本定义、名词和符号承文献[67]和[68]. 特别要强调的是,设$f \in C^0(I,I)$,f的不动点集、周期点集和非游荡集分别用$F(f)$,$P(f)$和$Q(f)$表示. 再者,f的周期不是$2^l(l \geqslant 0)$形式的周期点统称为素周期点. L. Block[65]证明了,f有素周期点与f有异状点是等价的.

我们在文献[68]中曾解决了Block提出的一个问题,证明当$P(f)$有限时,则$Q(f) = P(f)$. 在那里我们引用了Block的一个定理(文献[62]中的定理A). 暨南大学的周作领教授1982年1月证明了下述更具普遍性的结果,即:

主要定理 设$f \in C^0(I,I)$. 若f无异状点,$\overline{P(f)} = P(f)$,则$Q(f) = P(f)$.

这个结果包含文献[62]中的定理A,文献[63]中的定理B,文献[68]中的主要定理和文献[66]中的定理1为特例. 特别地,当f的周期点的周期有上界时,主要定理成立.

我们证明上述主要定理的基本工具仍然是非稳定流形的概念,有关定义和基本性质的讨论见文献[67]和[68]. 在第二节中,我们将专门来讨论有关非稳定流形的进一步的性质和有关辅助命题. 在文献[67]中我们曾证明,Block在$P(f)$有限的条件下得到的两个重要命题,即文献[62]中的引理6和定理8,在f无异状点的条件下亦然成立,以及文献[67]中的引理4

和引理 5. 因此, 文献[68]中在 $P(f)$ 有限的条件下所得到的若干引理, 在 f 无异状点条件下也成立, 证明几乎是逐字逐句地照搬(详见第二节).

主要定理的证明将在第三节中给出.

第二节 若干引理

引理 1 设 $f \in C^0(I,I)$, $K \subset I$ 为连通闭线段且对 f 不变. 若 $x \in K$ 为内点, 则 $x \in Q(f^n) \Leftrightarrow x \in Q(g^n)$, 这里 $n > 0$ 为任意整数, $g = f|_k : K \to K$.

证明 由假设可取 x 的邻域 $v(x) \subset K$. 对这样的邻域, 由 K 对 f 的不变性, 易见有
$$f^m(v(x)) = g^m(v(x)) \quad (\forall m > 0)$$
因此
$$f^m(v(x)) \cap v(x) = g^m(v(x)) \cap v(x) \quad (\forall m > 0)$$
由此易于给出本引理的证明.

引理 2 设 $f \in C^0(I,I)$, 且 f 无异状点. 又设 $K \subset I$ 为具有有限个连通分支的闭子集且对 f 不变. 若 $x \in I, x \notin K$, 对某个 $k > 0$, $f^k(x) \in K$, 则 $x \in Q(f)$ 为准周期点 $\Rightarrow x \in P(f)$.

证明 若对所有 $m > k$, $f^m(x)$ 都是 K 的边界点, 因 K 的边界点个数有限, 故 x 是准周期点. 根据文献[67]中的定理 1, $x \in Q(f) \Rightarrow x \in P(f)$.

假设存在某个 $l > k$, $f^l(x)$ 是 K 的内点. 这时可取 x 的邻域 $v(x)$, 使 $v(x) \cap K = \emptyset$, $f^l(v(x)) \subset K$. 对这样的 $v(x)$, 显然有
$$f^m(v(x)) \cap v(x) \subset K \cap v(x) = \emptyset \quad (\forall m \geqslant l)$$
依定义, $x \notin Q(f)$. 证毕.

下面引理 3 的证明与文献[68]中引理 5 的证明完全相同.

引理 3 设 $f \in C^0(I,I)$, 且 f 无异状点. 若 $p \in F(f)$, 则:
(1) $f(W_+^u(p,f)) \subset W_+^u(p,f)$ 或 $f(W_+^u(p,f)) \subset W_-^u(p,f)$.
(2) $f(W_-^u(p,f)) \subset W_-^u(p,f)$ 或 $f(W_-^u(p,f)) \subset W_+^u(p,f)$.

下面引理 4 的证明与文献[67]中引理 2 的证明类似, 其中 $v_+(p)$ 为 p 的 $[p,s) \subset I$ 形状的右半邻域, $p < s \leqslant 1$, 下同.

引理 4 设 $f \in C^0(I,I)$, 且 $p \in F(f)$. 若存在某个 $v_+(p)$ 满足条件: $f(x) \leqslant x, \forall x \in v_+(p)$, 则 $W^u(p,f,+) \subset W^u(p,f,-)$.

引理 5 设 $f \in C^0(I,I)$, 且 f 无异状点. 又设 $p \in F(f), q \in P(f), p < q, (p,q) \cap P(f) = \emptyset$. 若 $(p,q) \subset W_+^u(p,f)$ 且 $f(x) < x, \forall x \in (p,q)$, 则
$$x \in (p,q) \cap Q(f) \Rightarrow x \in Q(f^2)$$

证明 在假设条件下, 由引理 4, 有 $W^u(p,f,+) \subset W^u(p,f,-)$.

我们断言，$f(W_+^u(p,f)) \subset W_-^u(p,f)$. 假设不然，根据引理 3，有 $f(W_+^u(p,f)) \subset W_+^u(p,f)$. 由

$$W_+^u(p,f) \bigcup W_-^u(p,f) = W^u(p,f) = f(W^u(p,f)) =$$
$$f(W_-^u(p,f) \bigcup W_+^u(p,f)) =$$
$$f(W_-^u(p,f)) \bigcup f(W_+^u(p,f))$$

以及引理 3，易见 $f(W_-^u(p,f)) \subset W_-^u(p,f)$

由此，根据单边非稳定流形的定义（见文献[67]），容易看出

$$W_-^u(p,f) = W^u(p,f,-)$$

和

$$W_+^u(p,f) = W^u(p,f,+)$$

但这与 $W^u(p,f,+) \subset W^u(p,f,-)$ 相矛盾. 断言得证.

由 $f(W_+^u(p,f)) \subset W_-^u(p,f)$ 易见亦有 $f(W_-^u(p,f)) \subset W_+^u(p,f)$. 因此对所有 $m > 0$，有

$$f^{2m}(W_+^u(p,f)) \subset W_+^u(p,f)$$
$$f^{2m-1}(W_+^u(p,f)) \subset W_-^u(p,f)$$
$$f^{2m}(W_-^u(p,f)) \subset W_-^u(p,f)$$
$$f^{2m-1}(W_-^u(p,f)) \subset W_+^u(p,f)$$

由 f^2 的非游荡点的定义可以直接证明（参见文献[68]中定理 2 的证明）

$$x \in (p,q) \bigcap Q(f) \Rightarrow x \in Q(f^2)$$

证毕.

下述引理 6 的证明可以逐句照搬文献[68]中引理 9 的证明，只要把引用文献[62]中定理 8 的地方改为引用文献[67]中的引理 5 即可.

引理 6 设 $f \in C^0(I,I)$，且 f 无异状点. 若 $\{p_1 < p_2 < \cdots < p_{2^l}\}$ 是 f 的一个周期轨道，周期为 2^l, $l > 0$，则：

(1) $f(W^u(p_i, f^{2^l})) = W^u(f(p_i), f^{2^l})$, $i = 1, 2, \cdots, 2^l$.

(2) $\{p_1, p_2\}, \{p_3, p_4\}, \cdots, \{p_{2i-1}, p_{2i}\}, \cdots, \{p_{2^l-1}, p_{2^l}\}$ 都是 $f^{2^{l-1}}$ 的周期为 2 的周期轨道（共 2^{l-1} 个）.

(3) $W^u(p_i, f^{2^l}) \bigcap W^u(p_j, f^{2^l}) \neq \varnothing \Rightarrow p_i, p_j$ 属于 $f^{2^{l-1}}$ 的同一个周期轨道，即(2)中之一.

推论 假设同引理 6，则对 $m > 0$, $f^m(W^u(p_i, f^{2^l})) \bigcap W^u(p_i, f^{2^l}) \neq \varnothing \Rightarrow m$ 是 2^{l-1} 的倍数，$i = 1, 2, \cdots, 2^l$.

下述引理 7 的证明可以逐字逐句地照搬文献[68]中定理 2 的证明，只要把引用文献[68]中引理 9 和引理 10 的地方分别改为引用本文引理 6 和文献[67]中的引理 1 即可.

引理 7 设 $f \in C^0(I,I)$，且 f 无异状点. 若 $p \in P(f)$, p 的周期为 2^l, $l > 1$，则

$$x \in Q(f) \cap W^u(p, f) \Rightarrow x \in Q(f^{2^{l-1}})$$

下述引理 8 的证明可以逐字逐句地照搬文献[68]中引理 13 的证明,只要把引用文献[68]中引理 10 和引理 11 的地方分别改为引用文献[67]中的引理 1 和本文的引理 2 即可.

引理 8 设 $f \in C^0(I, I)$,且 f 无异状点. 又设 $K_1 \subset I, K_2 \subset I$ 都是闭线段, $f(K_1) \subset K_2, f(K_2) \subset K_1$,则

$$x \in Q(f) \cap (K_1 \cup K_2 - K_1 \cap K_2) \Rightarrow x \in Q(f^2)$$

引理 9 设 $f \in C^0(I, I)$,且 f 无异状点. 又设 $p < q$ 是 f 的两个周期点,周期分别为 $2^l, 2^k, l \geqslant 0, k \geqslant 0, (p, q) \cap P(f) = \varnothing$,则 $(p, q) \subset W^u_+(p, f^{2^l})$ 和 $(p, q) \subset W^u_-(q, f^{2^k})$ 成立并且只成立一个.

证明 不妨设 $2^l \leqslant 2^k$. 由

$$(p, q) \cap p(f) = (p, q) \cap p(f^{2^k}) = \varnothing$$

且 p, q 均为 f^{2^k} 的不动点,易见 $f^{2^k}(x) > x, \forall x \in (p, q)$,或 $f^{2^k}(x) < x, \forall x \in (p, q)$. 若前者成立,易见有 $(p, q) \subset W^u_+(p, f^{2^k}) = W^u_+(p, f^{2^l})$(参见文献[68],引理 1);若后者成立,易见有 $(p, q) \subset W^u_-(q, f^{2^k})$.

现设 $(p, q) \subset W^u_+(p, f^{2^l})$ 和 $(p, q) \subset W^u_-(q, f^{2^k})$ 同时成立. 先设 $f^{2^k}(x) > x, \forall x \in (p, q)$. 我们断言,$f^{2^k}(x) < q, \forall x \in (p, q)$. 否则由 $f^{2^k}(p) = p < q$,根据介值定理知,存在 $y \in (p, q) \subset W^u_-(q, f^{2^k})$,使 $f^{2^k}(y) = q$. y 显然是 f 的异状点(见文献[65]),与假设矛盾,断言得证. 由上述断言易于从单边非稳定流形的定义直接证明,$W^u(q, f^{2^k}, -) = \{q\}$.

由 $f^{2^k}(x) < q, \forall x \in (p, q)$,根据引理 3,有 $f^{2^k}(W^u_-(q, f^{2^k})) \subset W^u_-(q, f^{2^k})$. 由此显然亦有 $f^{2^k}(W^u_+(q, f^{2^k})) \subset W^u_+(q, f^{2^k})$. 从单边非稳定流形的定义易于看出 $W^u_-(q, f^{2^k}) = W^u(q, f^{2^k}, -), W^u_+(q, f^{2^k}) = W^u(q, f^{2^k}, +)$. 但这与上述 $W^u(q, f^{2^k}, -) = \{q\}$ 相矛盾.

当 $f^{2^k}(x) < x, \forall x \in (p, q)$ 时,同样可以导出矛盾. 证毕.

第三节 主要结果的证明

定理 1 设 $f \in C^0(I, I)$,且 f 无异状点,$\overline{P(f)} = P(f)$. 又设 $a, b (a < b)$ 分别是 f 的最小、最大周期点,则 $(I - [a, b]) \cap Q(f) = \varnothing$.

证明 设 $a > 0, a$ 的周期为 $2^l, l \geqslant 0$. 我们证明 $[0, a) \cap Q(f) = \varnothing$.

因为 $[0, a)$ 上无 f 的周期点,易证明 $f^n(x) > x, \forall x \in [0, a), \forall n > 0$(参

见文献 [66],引理 4).

对任意点 $y \in [0,a)$,记
$$W_y = \bigcup_{n>0} f^n([y,a]) = \bigcup_{k=0}^{2^l-1} \{\bigcup_{\substack{m \geq 0 \\ k=0, m \neq 0}} f^{m \cdot 2^l + k}([y,a])\}$$

易看出 $W_y \subset I$ 对 f 不变且至多包含 2^l 个连通分支. 因此闭集 $\overline{W}_y$ 也有同样的性质. 显然 $f^n(y) = \overline{W}_y, \forall n > 0$. 记 $\overline{W}_y$ 的下确界为 a_y. 易见 $a_y \leq a$ 且 $[a_y, a] \subset \overline{W}_y$.

又记
$$\overline{W}_{y,0} = \overline{\bigcup_{m>0} f^{m \cdot 2^l}([y,a])} \subset \overline{W}_y$$

易见 $\overline{W}_{y,0}$ 连通且对 f^{2^l} 不变. 又 $f^{n \cdot 2^l}(y) \in \overline{W}_{y,0}, \forall n > 0$.

我们断言, 对任意的 $y \in [0,a)$, 恒有 $y \leq a_y$. 假若 $y > a_y$, 这时 $(a_y, y) \subset [a_y, a] \subset \overline{W}_y$. 对任意点 $z \in (a_y, y)$, 由 $\overline{W}_y$ 的构造可以看出, 存在 $w \in [y,a]$ 和 $k > 0$, 使 $f^k(w) = z < y \leq w$, 即 $f^k(w) < w$, 但这是矛盾的. 断言得证.

下面证明, 对任意点 $t \in [0,a), t \notin Q(f)$. 分如下几种情况进行讨论:

(1) 若存在 $k > 0$, 使 $f^k(t) \in P(f)$, 即 t 为准周期点. 因 $t \notin P(f)$, 根据文献 [67] 中的定理 $1, t \notin Q(f)$.

(2) 设对所有 $n > 0, f^n(t) \notin P(f)$. 又分两种情形.

① 存在 $k > 0$, 使 $f^{k \cdot 2^l}(t) \in [0,a)$. 记 $f^{k \cdot 2^l}(t) = z$. 对 z 构造 $\overline{W}_z$. 由上面的断言, 有 $t < z = f^{k \cdot 2^l}(t) \leq a_z$, 即 $t \notin \overline{W}_z$. 但 $f^{(k+1) \cdot 2^l}(t) \in \overline{W}_{z,0} \subset \overline{W}_z$. 根据引理 $2, t \notin Q(f)$.

② 对所有 $k > 0, f^{k \cdot 2^l}(t) \notin [0,a)$, 即 $f^{k \cdot 2^l}(t) > a$, 特别地, $f^{2^l}(t) > a$. 显然, 存在 $p,q \in P(f) \cup \{0,1\}, a < p < q, (p,q) \cap P(f) = \emptyset$ 且 $f^{2^l}(t) \in (p,q)(q = 1 \notin P(f)$ 时, $f^{2^l}(t) \in (p,q])$. 可以证明 (参见文献 [66], 预备定理 1), 存在 $z \in (t,a)$ 和 $m > 0$, 使 $f^{m \cdot 2^l}(t) \in \overline{W}_{z,0} \subset \overline{W}_z$. 但由上面的断言, $t < z \leq a_z$, 即 $t \notin \overline{W}_z$. 由引理 $2, t \notin Q(f)$.

当 $b < 1$ 时, 同样可以证明 $(b,1] \cap Q(f) = \emptyset$. 证毕.

定理 2 设 $f \in C^0(I,I)$, 且 f 无异状点. 又设 $p_1 < q \leq p_2$ 是 f 的 3 个周期点, 其中 $\{p_1, p_2\}$ 是周期为 2 的周期轨道, $(p_1, q) \cap P(f) = \emptyset$. 如果 $(p_1, q) \subset W_+^u(p_1, f^2)$, 则:

(1) p_1, p_2 均不属于 $\overline{W^u(p_1, f^2)} \cap \overline{W^u(p_2, f^2)}$.

(2) $t \in (p_1, q) \cap Q(f) \Rightarrow t \in Q(f^2)$.

证明 (1) 记 $K = \overline{W^u(p_1, f^2)} \cap \overline{W^u(p_2, f^2)}$ (K 可能为空集). 根据引理 6(1), 易见 K 对 f 不变. 因此 p_1, p_2 中一个属于 K, 另一个也属于 K.

假设 $p_1, p_2 \in K$. 根据文献 [66] 中的引理 $5, p_1 \notin W^u(p_2, f^2), p_2 \notin$

$W^u(p_1,f^2)$,故 $W^u(p_1,f^2)=[p_1,p_2]$,$W^u(p_2,f^2)=(p_1,p_2]$.因此 $K=[p_1,p_2]$.由 K 对 f^2 的不变性,易由单边非稳定流形的定义看出

$$W^u(p_1,f^2,+)=W^u_+(p_1,f^2)=[p_1,p_2]$$
$$W^u(p_2,f^2,-)=W^u_-(p_2,f^2)=(p_1,p_2]$$

我们断言,$f^2(x)>x$,$\forall x\in(p_1,q)$.因 $(p_1,q)\cap P(f)=\varnothing$,故相反的情况是 $f^2(x)<x$,$\forall x\in(p_1,q)$.因 K 对 f^2 不变,易由定义直接看出,$W^u(p_1,f^2,+)=\{p_1\}$.但这与上面是矛盾的.断言得证.

令 $\underline{M}$ 是 f^2 在 $[q,p_2](\subset K)$ 上的最小值.我们证明 $q\geqslant\underline{M}>p_1$.

$q\geqslant\underline{M}$ 是显然的.这是因为 q 的周期轨道包含在 $[q,p_2]$ 内,故存在 $[q,p_2]$ 上的点使 f^2 达到 q.

现证 $\underline{M}>p_1$.假设不然,即 $\underline{M}=p_1$(K 对 f^2 不变,$\underline{M}<p_1$ 是不可能的).这时存在 $x\in[q,p_2]$,使 $f^2(x)=p_1$.当 $x\in[q,p_2)\subset W^u(p_1,f^2)$ 时,x 为 f 的异状点(见文献[65]),与题设矛盾.余下 $x=p_2$,但 $f^2(p_2)=p_2\neq p_1$,也不可能,故 $\underline{M}>p_1$,得证.

由 $q\geqslant\underline{M}>p_1$ 和 $f^2(x)>x$,$\forall x\in(p_1,q)$ 以及 K 对 f^2 的不变性,易见 $[\underline{M},p_2]$ 对 f^2 不变.由 $p_1\in\overline{W^u(p_2,f^2,-)}=\overline{W^u_-(p_2,f^2)}$ 和 $\underline{M}>p_1$,显然存在点 $y\in W^u(p_2,f^2,-)=W^u_-(p_2,f^2)$ 但 $y\notin[\underline{M},p_2]$.而这与 $[\underline{M},p_2]$ 对 f^2 的不变性相矛盾.矛盾由假设 $p_1,p_2\in K$ 引出.(1)证毕.

(2)当 $(p_1,q)\cap K=\varnothing$ 时,援引引理 8 即得 $t\in(p_1,q)\cap Q(f)\Rightarrow t\in Q(f^2)$.

现设 $(p_1,q)\cap K\neq\varnothing$,显然 $q\in K$,否则有 $K\subset(p_1,q)$,由 $(p_1,q)\cap P(f)=\varnothing$,易见 $f/_K:K\to K$ 无不动点.这是不可能的.

记 $K=[a,b]\subset(p_1,p_2)$.当 $a=b$ 时,显然有 $a=b=q$.这时再援引引理 8,结论亦然成立.下设 $a<b$.

记 f 在 K 上的限制映射为 g.q 显然是 g 的最小周期点.根据定理 1(相差一个拓扑共轭,见文献[68]§1 末的说明),当 $t\in(p_1,q)\cap K$ 为内点时,$t\notin Q(g)$.再由引理 1,可知 $t\notin Q(f)$.

当 $t\in(p_1,q)$,但 $t\notin K$ 时,$t\in\overline{W^u(p_1,f^2)}\cup\overline{W^u(p_2,f^2)}-K$,根据引理 8,有

$$t\in Q(f)\Rightarrow t\in Q(f^2)$$

还有一种情况是 $t=a$.我们证明 $a\notin Q(f)$.

首先,假设 $f(a)\in K$ 为内点.取 a 的邻域 $v(a)=(c,d)\subset(p_1,q)$,使 $f(v(a))\subset K$.这时易见 $[c,d](\supset K)$ 对 f 不变.因 $a\in(c,b)$,$a<q$,根据定理 1 和引理 1,有 $a\notin Q(f)$.

其次,设 $f(a)=b$.若 $f^2(a)=a$ 或 $f^2(a)=b$,则 a 为准周期点.根据文献[67]中的定理 1,$a\notin Q(f)$.

最后,设 $f(a)=b, f^2(a) \in K$ 为内点. 取 a 的邻域 $v(a)=(c,d) \subset (p_1,q)$, 使 f 在 $\overline{v(a)}=[c,d]$ 上的最小值大于 a, 且 $f^2(v(a)) \subset K$. 令 $\overline{M}$ 为 f 在 $[c,d]$ 上的最大值. 显然 $\overline{M} \geqslant b$. 易见 $[c,\overline{M}] = \overline{v(a)} \cup K \cup \overline{f(v(a))}$ 对 f 不变. 这是因为 $f([c,a]) \subset [a,\overline{M}] \subset [c,\overline{M}], f([a,b])=f(K)=K \subset [c,\overline{M}]$ 和 $f([b,\overline{M}]) \subset f^2([c,d]) \subset K \subset [c,\overline{M}]$. 因 $a \in (c,\overline{M}), a<q$, 同样, 根据定理 1 和引理 1, $a \notin Q(f)$. (2) 证毕.

定理 3 设 $f \in C^0(I,I)$, 且 f 无异状点, $\overline{P(f)}=P(f)$. 又设 $p \in F(f)$, $q \in P(f), p<q, (p,q) \cap P(f) = \varnothing$. 如果 $(p,q) \subset \overline{W_+^u}(p,f)$ 且 $f(x)>x$, $\forall x \in (p,q)$, 则
$$(p,q) \cap Q(f) = \varnothing$$

证明 由题设, 再根据引理 3, 有 $f(\overline{W_+^u}(p,f)) \subset \overline{W_+^u}(p,f)$. 记 $\overline{W_+^u}(p,f)=[p,s]$, 易见 $q \leqslant s<1$. 记 $\underline{M}$ 为 f 在 $\overline{W_+^u}(p,f) \cap [q,1]=[q,s]$ 上的最小值. 用定理 2 中相应的方法易于证明, $q \geqslant \underline{M}>p$, 且 $[\underline{M},s]$ 对 f 不变. 进而可以看出, 对任意 $M \in (p,\underline{M}], [M,s]$ 对 f 亦不变. 记 f 在 $[M,s]$ 上的限制映射为 g. 显然 $q \in [M,s]$ 是 g 的最小周期点. 根据定理 1, g 在 $[M,q]$ 上无非游荡点. 又根据引理 1, f 在 (M,q) 上无非游荡点. 由 $M \in (p,\underline{M}]$ 的任意性, 即得 f 在 (p,q) 上无非游荡点. 证毕.

定理 4 设 $f \in C^0(I,I)$, 且 f 无异状点, $\overline{P(f)}=P(f)$. 又设 $p,q(p<q)$ 是 f 的两个周期点, 周期分别为 $2^l, 2^k, l \geqslant 0, k \geqslant 0$, 且 $(p,q) \cap P(f) = \varnothing$. 则:

(1) 当 $(p,q) \subset W_+^u(p, f^{2^l})$ 时, $(p,q) \cap Q(f^{2^l}) = \varnothing$.

(2) 当 $(p,q) \subset W_-^u(q, f^{2^k})$ 时, $(p,q) \cap Q(f^{2^k}) = \varnothing$.

证明 (1) 设 $(p,q) \subset W_+^u(p, f^{2^l})$. 因 $(p,q) \cap P(f) = \varnothing$, 故 $f^{2^l}(x)>x$, $\forall x \in (p,q)$, 或 $f^{2^l}(x)<x$, $\forall x \in (p,q)$. 对前者, 应用定理 3 到 f^{2^l} 上 (f^{2^l} 亦无异状点且 $P(f)=P(f^{2^l})$), 即得 $(p,q) \cap Q(f^{2^l}) = \varnothing$.

当 $f^{2^l}(x)<x, \forall x \in (p,q)$ 时, 对 f^{2^l} 应用引理 5, 有 $t \in (p,q) \cap Q(f^{2^l}) \Rightarrow t \in Q(f^{2^{l+1}})$. 易于证明, 此时亦有 $f^{2^{l+1}}(x)>x, \forall x \in (p,q)$. 应用定理 3 到 $f^{2^{l+1}}$ 上, 即得 $(p,q) \cap Q(f^{2^{l+1}}) = \varnothing$. 因此 $(p,q) \cap Q(f^{2^l}) = \varnothing$.

(2) 的证明相仿.

现在证明主要定理 (见第一节).

设 $t \in I, t \notin P(f)$. 我们证明 $t \notin Q(f)$.

因 $\overline{P(f)}=P(f)$, 故存在 $P(f) \cup \{0,1\}$ 中的两点 $p,q(p<q), (p,q) \cap P(f) = \varnothing, t \in (p,q)$ (当 $p=0 \notin P(f)$ 时, $t \in [0,q)$; 当 $q=1 \notin P(t)$ 时, $t \in (P,1])$.

当 $p=0 \notin P(f)$ 或 $q=1 \notin P(f)$ 时, 根据定理 1, $t \notin Q(f)$.

现设 p,q 都是周期点,周期分别为 $2^l,2^k,l\geqslant 0,k\geqslant 0$.

根据引理 9,$(p,q)\subset W_+^u(p,f^{2^l})$ 和 $(p,q)\subset W_-^u(q,f^{2^k})$ 成立,且只成立一个. 我们只对前者成立的情形加以证明. 后一情形成立的证明相仿.

下面假设 $(p,q)\subset W_+^u(p,f^{2^l})$. 分 $l=0,l=1$ 和 $l>1$ 三种情况.

① 当 $l=0$ 时,即 p 为不动点.

当 $f(x)>x,\forall x\in(p,q)$ 时,根据定理 3,$t\notin Q(f)$.

当 $f(x)<x,\forall x\in(p,q)$ 时,根据引理 5,$t\in(p,q)\bigcap Q(f)\Rightarrow t\in Q(f^2)$,且易证 $f^2(x)>x,\forall x\in(p,q)$. 因 $(p,q)\subset W_+^u(p,f)=W_+^u(p,f^2)$,对 f^2 应用定理 3,有 $t\notin Q(f^2)$. 故 $t\notin Q(f)$.

② 当 $l=1$ 时. 记 $f(p)=p^1,f(p^1)=p$.

当 $(p,q)\bigcap\overline{W^u(p,f^2)}\bigcap\overline{W^u(p^1,f^2)}=\varnothing$ 时,$(p,q)\subset\overline{W^u(p,f^2)}\bigcup\overline{W^u(p^1,f^2)}-\overline{W^u(p,f^2)}\bigcap\overline{W^u(p^1,f^2)}$. 对 $\overline{W^u(p,f^2)},\overline{W^u(p^1,f^2)}$ 应用引理 8,则 $t\in Q(f)\bigcap(p,q)\Rightarrow t\in Q(f^2)$. 再对 f^2 重复上述 $l=1$ 时的讨论得 $(p,q)\bigcap Q(f^2)=\varnothing$. 故 $t\notin Q(f)$.

当 $(p,q)\bigcap\overline{W^u(p,f^2)}\bigcap\overline{W^u(p^1,f^2)}\neq\varnothing$ 时,显然 $p<q\leqslant p^1$(若 $p^1<p$,则 $p\in W^u(p^1,f^2)$,根据文献[67]中的引理 5 这是不可能的). 根据定理 2,$t\in(p,q)\bigcap Q(f)\Rightarrow t\in Q(f^2)$. 对 f^2 重复上述 $l=0$ 时的讨论得 $(p,q)\bigcap Q(f^2)=\varnothing$. 故 $t\notin Q(f)$.

③ 当 $l>1$ 时.

根据引理 7,$t\in Q(f)\bigcap(p,q)\Rightarrow t\in Q(f^{2^{l-1}})$. p 显然是 $f^{2^{l-1}}$ 的周期为 2 的周期点,对 $f^{2^{l-1}}$ 重复上述 $l=1$ 时的讨论得 $t\notin Q(f^{2^{l-1}})$. 故 $t\notin Q(f)$. 证毕.

推论 设 $f\in C^0(I,I)$. 若 f 的周期点的周期有上界,则 $Q(f)=P(f)$.

证明 设 f 的周期点的周期的上界为 $2^n,n\geqslant 0$. 因为 f 的所有周期点的周期都是 2 的方幂,故 $P(f)=P(f^{2^n})=F(f^{2^n})=\overline{F(f^{2^n})}$,即 $P(f)$ 是闭集. f 显然无异状点. 由主要定理即得 $Q(f)=P(f)$.

区间连续自映射极小轨道的存生性

第一节 引言及结果

设 I 为闭区间 $[0,1]$，$f \in C^0(I,I)$ 称为区间连续自映射. 由前文知，1964 年，乌克兰数学家 Sarkovskii 证明了下述定理.

把自然数以 $3 \rhd 5 \rhd 7 \rhd \cdots \rhd 2 \times 3 \rhd 2 \times 5 \rhd 2 \times 7 \rhd \cdots \rhd 2^3 \rhd 2^2 \rhd 2 \rhd 1$ 顺序排列（Sarkovskii 序），则若自然数 n 是某区间连续自映射 f 某周期点的周期，那么对所有满足 $n \rhd m$ 的自然数 m，存在 f 的以 m 为周期的周期点.

这个定理被称为 Sarkovskii 定理，它以其优美的形式和深刻的内含引起了许多数学家的兴趣. 在周期轨道的结构方面，人们首先关注的是：如果一个函数以 n 为首周期（即不存在周期为 $m(m \rhd n)$ 的周期点），那么 $n-$ 周期轨的结构将如何呢？P. Stefan[69] 于 1977 年解决了 n 为奇数的情况；L. Block[27] 于 1978 年讨论了只有 2 的方幂周期的函数周期轨的结构，解决了 n 为 2 的方幂的情况. 余下的情况比较复杂，但最终还是被 C. U. Ho[70] 和 W. A. Coppel[9] 所解决. 人们也相当关注特定类型周期轨的出现. 这是个极端复杂的问题，所以进展甚微. M. Y. Cosnard[71] 首先明证了：n 为奇数时，若 $f \in C^0(I,I)$ 有 $n-$ 周期轨，则必有 n 简单轨. L. Block 和 D. Hart[72] 1983 年把 n 推广到所有自然数. 中国科学技术大学数学系的叶向东教授 1988 年定义了比简单轨结构更精细的极小轨的概念，证明了若 $f \in C^0(I,I)$ 有 $n-$ 周期轨，则必有 n 极小轨，从而推广了 L. Block 和 D. Hart[72] 的工作. 另外，我们的注记表明：n 极小轨是 $n-$ 周期轨中的极小结构，这样文献[71-72]所开始的工作得以彻底完成.

第三章

第二节　定义及基本引理

设 $f \in C^0(I,I)$，定义 $f^0 = ID$（恒同映射），$f^n = f \circ f^{n-1}(n \geqslant 1)$. 点 $x \in I$ 称为 f 的周期为 n 的周期点，如果 $f^n(x)=x, f^i(x) \neq x, 1 \leqslant i \leqslant n-1$，这时称集合 $\{x,f(x),\cdots,f^{n-1}(x)\}$ 为 f 的一个 n-周期轨. 周期为 1 的点称为不动点. 对区间 I 的闭子区间 K,J，我们用 $K \xrightarrow{f} J$ 或 $K \longrightarrow J$ 表示 $f(K) \supset J$，并用记号 $p \to q$ 表示满足 $f(p)=q$ 的区间 I 中的两点 p,q.

集合 $S=\{x_1 < \cdots < x_n\}$ 称为 $f-r$ 次分离，如果 $S_1=\{x_1 < \cdots < x_n\}$，$S_2=\{x_{n+1} < \cdots < x_{2n}\}$ 在 f 作用下互变，且 S_1, S_2 都是 $f^2-(r-1)$ 次分离的. $f-1$ 次分离便是 S_1, S_2 在 f 作用下互变的.

设 f 为任一区间的连续自映射，$P=\{p_1 < \cdots < p_n\}$ 是 f 的某一周期轨，我们称 P 为 n 极小轨，如果：

(1) n 为奇数时，周期轨结构为
$$f^{n-1}(x) < f^{n-3}(x) < \cdots < f^2(x) < x < f(x) < \cdots < f^{n-2}(x)$$
或
$$f^{n-2}(x) < \cdots < f^3(x) < f(x) < x < f^2(x) < \cdots < f^{n-1}(x)$$
$x = p_{1+n}$ 称为轨道的中心.

(2) n 为 2 的 r 次方幂时，P 为 $f-r$ 次分离.

(3) $n = 2^r \cdot m (m \geqslant 3,$ 为奇数) 时，若记 $P_i = \{p_{(i-1)m+1} < \cdots < p_{im}\}, c_i = p_{(i-\frac{1}{2})m+\frac{1}{2}}, 1 \leqslant i \leqslant 2^r$，则：

① P 为 $f-r$ 次分离.

② P_i 都是 f^{2^r} 的周期为 m 的极小轨.

③ 存在 i_0 使 $\{c_1, c_2, \cdots, c_{2^r}\} = \{c_{i_0}, f(c_{i_0}), \cdots, f^{2^r-1}(c_{i_0})\}$.

引理 1　设 $f \in C^0(I,I), I_i (0 \leqslant i \leqslant n-1)$ 是 I 的闭子区间，且满足 $I_0 \to I_1 \to I_2 \to \cdots \to I_{n-1} \to I$，那么存在点 $x \in I_0$ 满足 $f^n(x)=x, f^i(x) \in I_i, 0 \leqslant i \leqslant n-1$.

第三节　定理的证明

我们着手证明定理. 为方便起见，先给出：

引理 2　设 $f \in C^0(I,I), P=\{p_1 < \cdots < p_n\}$ 是 f 的一个 n-周期轨，f 的首周期为 n，则 f 存在 n 极小轨.

证明 首周期为 n 的函数的 n-周期轨结构在文献[9]和[70]中得以充分的讨论. 他们的结果表明在 $n \neq 2^r \cdot 3$ (r 是自然数)时, 本引理成立, 所以我们只需讨论 $n = 2^r \cdot 3$ 时的情形.

先看 $n = 6$ 时的情形, 由文献[70], $P = \{p_1 < \cdots < p_6\}f-1$ 次分离. 若有 $f(p_2) = p_5$ 或 $f(p_5) = p_2$, 则 P 为极小轨, 所以我们不妨设 $f(p_2) \neq p_5$ 且 $f(p_5) \neq p_2$, 由此有下列四种情况:

① $p_2 \to p_4 \to p_1 \to p_5 \to p_3 \to p_6$.
② $p_2 \to p_4 \to p_1 \to p_3 \to p_5 \to p_6$.
③ $p_2 \to p_6 \to p_1 \to p_5 \to p_3 \to p_4$.
④ $p_2 \to p_6 \to p_3 \to p_1 \to p_5 \to p_4$.

我们就 ① 来证, 其余类似.

因为 $[p_4, p_5] \to [p_1, p_3]$, 所以存在 $q_1 \in [p_4, p_5]$, 使得 $f(q_1) = p_2$; 同理存在 $q_2 \in [p_1, p_2]$, 使得 $f(q_2) = q_1$; $q_3 \in [p_4, q_1]$, 使得 $f(q_3) = q_2$; $q_4 \in [q_2, p_2]$, 使得 $f(q_4) = q_3$.

记 $I_0 = [q_3, q_1], I_1 = [q_4, p_2], I_2 = [p_4, q_3], I_3 = [p_1, q_2], I_4 = [q_1, p_5], I_5 = [p_2, p_3]$, 则有

$$I_0 \to I_1 \to I_2 \to I_3 \to I_4 \to I_5 \to I$$

由引理 1, 存在 f^6 的不动点 x, 使 $f^i(x_5) \in I_i, 0 \leqslant i \leqslant 5$, 易见 $\{x, f(x), \cdots, f^5(x)\}$ 是 f 的一个 6 极小轨.

现设 f 的首周期为 $2^r \cdot 3, r \geqslant 2$. 记 $Q_i = P_{2i-1} \cup P_{2i}, 1 \leqslant i \leqslant 2^{r-1}$. 由文献[70]知, f 置换 $Q_1, \cdots, Q_{2^{r-1}}$ 且 Q_i 是 $f^{2^{r-1}}$ 的周期为 6 的周期轨

$$f^{2^{r-1}}P_{2i} = P_{2i-1}, f^{2^{r-1}}P_{2i-1} = P_{2i} \quad (1 \leqslant i \leqslant 2^{r-1})$$

在每个 Q_i 上对 f^{r-1} 重复前面的步骤, 这样我们就可以得到 $2^{r-1} \cdot 6 = 2^r \cdot 3$-周期轨, 这也是极小轨.

定理 设 $f \in C^0(I, I)$ 有 n-周期轨, 则 f 必有 n 极小轨.

证明 我们分步来证:

(1) 欲证 f 周期点的周期皆为 2 的方幂时, 定理成立.

由文献[73]知, f 的任意周期轨都是极小的.

(2) 欲证首周期为 n 的函数存在 n 极小轨.

这正是引理 2.

(3) 欲证若 f 有 m 极小轨, 则对于任意奇数 $k > m$, f 有 k 极小轨, 其中 m 是大于 1 的奇数.

由(3)的假定, 我们可设 f 的一个 m 极小轨为

$$p_m < \cdots < p_3 < p_1 < p_2 < \cdots < p_{m-1}$$

其中 $f(p_i) = p_{i+1(\bmod m)}, 1 \leqslant i \leqslant m$. 这时存在不动点 $e \in (p_1, p_2), x \in (e, p_2)$ 满足 $f(x) = p_1, y \in (p_1, e)$ 满足 $f(y) = x$. 令 $I_1 = [p_1, p_2], I_2 = [p_3, p_1], I_3 = $

$[p_2,p_4],\cdots$,再令 $J_1=[y,e],J_2=[e,x],J_3=[p_1,y],J_4=[x,p_2]$,且 $J_k=I_{k-3},5\leqslant k\leqslant m+2$.易见 $J_1\to J_2\to\cdots\to J_{m+2}\to J_1$,根据引理 1 知,存在 f^{m+2} 的不动点 v,使得 $f^i(v)\in J_{i+1},1\leqslant i\leqslant m+1$,则 $\{f^{m+1}(v)<\cdots<f^2(v)<v<f(v)<\cdots<f^m(v)\}$ 便是 f 的 $m+2$ 极小轨.用归纳法便知(3)成立.

(4)欲证若 f 有 $2^r\cdot m$ 极小轨,则必有 $2^r\cdot k$ 极小轨,其中 $r\geqslant 0,m,k$ 的定义同(3).

由假定,设 f 的 $2^r\cdot m$ 极小轨为 $P=\{p_2<\cdots<p_{2^r\cdot m}\}$,定义 P_i,C_i 同前,则知 $P_i(1\leqslant i\leqslant 2^r)$ 是 f^r 的周期为 m 的极小轨,存在 c_{i_0} 使 $\{c_1,\cdots,c_{2^r}\}=\{c_{i_0},f(c_{i_0}),\cdots,f^{2^r-1}(c_i)\}$.从 P_{i_0} 开始,对每个 P_i 在 f^{2^r} 下重复(3)中区间 $J_l(1\leqslant l\leqslant m+2)$ 的选取,则我们得到 $(m+2)\cdot 2^r$-周期轨.这个周期轨显然是 $f-r$ 次分离的,因而是极小轨,再用归纳法知(4)成立.

(5)欲证若 f 有 m 极小轨,则必有 6 极小轨,其中 m 为大于 1 的奇数.

根据(3),我们不妨设 f 有周期为奇数 $k\geqslant 9$ 的极小轨道 $p_k<\cdots<p_3<p_1<p_2<\cdots<p_{k-1}$.定义 $I_i(1\leqslant i\leqslant k-1)$ 同(3),则有 $I_{k-6}\to I_{k-5}\to\cdots\to I_{k-1}\to I_{k-6}$,再利用引理 1 便知有 6 极小轨存在.

(6)欲证如 f 有 $2^r\cdot m$(m 为大于 1 的奇数)极小轨.

利用(5)和(4)中所采用的方法,便可得证.

(7)欲证若 f 有 $2^r\cdot m$ 极小轨,则对任意自然数 k,f 必有 2^k 极小轨.

由前面的步骤,我们不妨设 $k=r$.定义 $J_i(1\leqslant i\leqslant 2^k)$ 如下,如果 $f^i(c_{i_0})\in I_j$,则 $J_i=I_j$,其中 $I_i=[p_{(i-1)m+1},p_{im}],1\leqslant i\leqslant 2^k,c_{i_0}$ 的定义同前.则有 $J_1\to J_2\to\cdots\to J_{2^k}\to J_1$,显然我们已经得到了一个 2^k 极小轨.定理证毕.

注记 用类似于文献[69]中构造首周期为 n 的函数的方法可知:对任意可能的 n 极小轨,都存在函数 $f\in C^0(I,I)$,使得 f 仅有一个具有这种结构的 n 极小轨,且首周期为 n.这说明 n 极小轨是 n-周期轨中的极小结构,这使得文献[71-72]的工作得以彻底完成.

第五编
4－周期轨的连续自映射及 Sarkovskii 定理的应用

圆周上有 4－周期轨的连续自映射的周期集

第一章

首都师范大学硕士研究生顾英 2008 年在其指导教师赵学志教授的指导下完成了题为《圆周上有 4－周期轨的连续自映射的周期集》的硕士论文.

他讨论了圆周上所有有 4－周期轨的连续自映射的周期集的情况. 首先, 他介绍了问题的由来与发展以及必要的预备知识, 再根据相对共轭以及相对同伦关系对圆周上所有有 4－周期轨的连续映射进行分类, 之后利用映射覆盖图分别对每一类映射进行其周期集的讨论, 并给出若干实例, 最后给出了对于圆周上所有有 4－周期轨的连续自映射的同伦最小周期集的结论. 将该结论与线段上的 Sarkovskii 定理进行比较发现圆周与线段的情况并不相同, 即除个别特例外, 几乎所有圆周上有 4－周期轨的连续自映射的周期集都一定是全体自然数集.

第一节 简 介

由前文知, 动力系统的研究已经有很长时间的历史了, 人们在寻找适合各自需求的动力系统模型时发现: 一些看似简单的动力系统的模型却可能有十分复杂的行为, 如 T. Y. Li 和 J. A. Yorke 在 1975 年证明的"周期 3 意味着混沌"的结论就是一个很好的例证, 也正是由此开始对于混沌的研究引起了人们的广泛关注. 实际上, 关于单位区间上动力系统的周期轨道之间的制约关系, Sarkovskii 早在 1964 年就已经给出了具有一般性的定理结论, 只是长期不为西方学者所知, 直到 1976 年以后才重新被人们注意到.

在一维动力系统的理论研究中发展出了许多方向,其中之一便是以 Sarkovskii 定理为基础发展起来的. 既然线段上的连续自映射若具有周期为 m 的周期点,则一定会有按 Sarkovskii 序排在 m 之后的一切自然数为周期的周期点,那么自然产生了一个更一般的问题:除了线段,在其他拓扑空间上的映射是否也有类似的"强迫关系"(forcing relation)(文献[74],p.1)? 本文讨论的便是在圆周上的连续自映射的一类具体情形,即圆周上有 4-周期点的连续自映射的最小周期集,以此尝试寻找圆周上的 Sarkovskii 定理. 我们将圆周上有 4-周期点的连续映射按相对于已知周期轨的相对共轭同伦类进行分类讨论后,发现大多数映射的周期集一定是全体自然数 $\mathbf{N}$. 这与线段上的情形完全不同——按 Sarkovskii 定理,线段上有 4-周期点的连续映射应只能确定有按 Sarkovskii 序排 4 之后的 2 周期和 1 周期.

由于 Sarkovskii 定理在一维动力系统研究中起着核心的作用,而它的原始证明缺少系统性和概念性,因此人们试图寻找更好的办法给予新的证明,现在已有很多种方法. 其中有一种方法是利用映射覆盖图(文献[76],p.19)寻找周期点,Block, Guckenheimer, Misiurewicz 和 Young, Ho and Morris, Straffin 以及 Burkart 等人的研究便基于此. 本文在确定圆周自映射的周期点时也将主要采取这种方法. 另外,将圆周上的映射提升为线段上的映射,再由线段映射的性质得到圆周上映射的结论也是研究圆周映射的一种常用的做法,根据映射度的不同取值对映射的周期集进行分类也已有一些结论,可见文献[75](p.124).

本章的结构如下:首先我们将在第二节中介绍必要的预备知识,如映射覆盖图以及最小周期集的概念;第三节则将利用相对共轭的等价关系将圆周上所有有 4-周期点的连续映射划分为一系列相对共轭类;第四节则利用相对同伦的等价关系对这些映射再分类,并写出每类中一个具体映射的形式,这些具体映射我们称之为标准映射,并讨论同伦关系下标准映射的周期集的意义;第五节与第六节的所有内容便是具体讨论这些标准映射的周期集;第七节是第五节与第六节结论的综合与完善,我们将根据周期集的情况,对圆周上所有有 4-周期的标准映射进行分类,并给出一些通过计算得到周期点的例子;第八节则将给出圆周上所有有 4-周期轨的映射的同伦最小周期集的结论,并与单位区间上的 Sarkovskii 定理进行比较.

第二节　　预备知识

我们来介绍映射覆盖图的概念,它可用来表示映射在区间上作用时所产生的覆盖关系,由这些覆盖关系得出的一些结论对后几节的讨论也是十分重要的,而且这些结论也将被反复地运用.

覆盖关系起先用于线段自映射的情形中.

定义 1(文献[1],第二章,定义 2.1) 设一线段 $I \subset R$,$F: I \to R$ 是连续映射,$K, L \subset I$ 为 I 的子线段,如果 $F(K) \supset L$,则称 K 能够 F 覆盖 L,记为 $K \xrightarrow{F} L$,或简记为 $K \to L$.

命题 1(文献[1],第二章,引理 2.3) $K \xrightarrow{F} L \Leftrightarrow$ 存在 $J = [\gamma, \delta] \subset$ 使得 $F(J) = L$.

命题 2(文献[1],第二章,引理 2.4) $K \xrightarrow{F} K \Rightarrow F$ 在 K 中有不动点.

命题 3(文献[1],第二章,引理 2.5) 如果

$$I_1 \to I_2 \to \cdots \to I_{n-1} \to I_n \to I_1$$

那么存在 $x \in \mathrm{Fix}(f^n)$,并使得 $f^{j-1}(x) \in I_j (j=1,2,\cdots,n)$.

圆周上的闭区间(即弧段)间的覆盖关系则可类似定义,且易得到类似的结论.

定义 2 记 $I = [0,1]$,$\omega_i = \{e^{2\pi i x} \mid x \in [i_1, i_2] \subset I\}$,$\omega_j = \{e^{2\pi i x} \mid x \in [j_1, j_2] \subset I\}$ 为圆周 S^1 上的两段弧.设 $f: S^1 \to S^1$ 为一连续映射,如果 $f(\omega_i) \supset \omega_j$,则称 ω_i 能够 f 覆盖 ω_j,记为 $\omega_i \xrightarrow{f} \omega_j$,或简记为 $\omega_i \to \omega_j$.

命题 4 若 $\omega_k \to \omega_j$,则存在 $\omega_l \subset \omega_k$ 并使得 $f(\omega_l) = \omega_j$.

命题 5 $\omega_i \xrightarrow{f} \omega_i \Rightarrow f$ 在 ω_i 中有不动点.

命题 6 如果 f 有如下覆盖关系

$$\omega_1 \to \omega_2 \to \cdots \to \omega_{n-1} \to \omega_n \to \omega_1$$

则存在 $x \in \mathrm{Fix}(f^n) \bigcap \omega_1$,并使得 $f^{j-1}(x) \in \omega_j (j=1,2,\cdots,n)$.

还要特别说明一种将要经常用到的覆盖关系,若 f 可使覆盖关系 $\omega_i \to \omega_i$,$\omega_i \to \omega_j$ 及 $\omega_j \to \omega_i (i \neq j)$ 同时成立,则记为 $\subset \omega_i \rightleftarrows \omega_j$.

注记 1 若 f 有覆盖关系 $\subset \omega_i \rightleftarrows \omega_j$,则由命题 5 首先可知 f 在 ω_i 中有不动点,而对于任意的自然数 $n \geqslant 2$,则可由 $\subset \omega_i \rightleftarrows \omega_j$ 得到以下覆盖关系

$$\underbrace{\omega_i \to \omega_i \to \cdots \to}_{n-1} \omega_i \to \omega_j \to \omega_i$$

由命题 6 知存在 $x \in \mathrm{Fix}(f^n) \bigcap \omega_i$,并使 $f^{n-1}(x) \in \omega_j$.

定义 3(文献[1],第二章,定义 3.1) 把 S^1 上的某些弧段(闭区间)作为顶点,把这些弧段之间的 f 覆盖关系表示为箭头,这样做出的 f 覆盖关系的图示称为 f 的映射覆盖图.

例如图 1,图 1 显示出 $\subset \omega_0 \rightleftarrows \omega_2$,$\omega_3 \to \omega_1$ 等子图代表的覆盖关系.

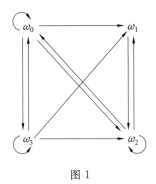

图 1

以下说明关于周期集的一些符号.

f 的周期集记为 $\mathrm{Per}(f)$.

定义 4 设 S^1 上一连续映射为 f,V 是 S^1 的一个子集,则我们把 f 所在的相对 V 的同伦类中所有映射的周期集的交集称为同伦最小周期集,记作 $\mathrm{HPer}(f;S^1,V)$,或简记为 $\mathrm{HPer}(f)$,即

$$\mathrm{HPer}(f;S^1,V) = \bigcap_{g \simeq f} \{m \mid \exists x, g^m(x) = x, g^q(x) \neq x, q < m\}$$

第三节 映射的相对共轭类

圆周上有 $4-$ 周期轨的连续自映射很多都有很复杂的性质,在讨论它们的周期集之前有必要先将它们进行合理的分类. 本节将先把圆周上所有以 4 为周期的连续映射按共轭关系进行分类.

我们将用周期轨中的点,即周期点间的一个顺序进行共轭类的划分,因此首先对周期轨中的点进行排序,这种排序对所有自然数周期的周期轨都是适用的.

定义 5 设 f 为圆周上的一个连续映射,f 的一条周期轨为

$$X = \{e^{2\pi i x_k} \mid k = 0, 1, \cdots, n-1 \text{ 且 } 0 \leqslant x_0 < x_1 < \cdots < x_{n-1} < 1\}$$

则称 $e^{2\pi i x_0}$ 为 f 的起始周期点,记为 $S_0(f)$.

容易看出,起始周期点也就是周期轨中正辐角最小的周期点. 由此又可得知,一条周期轨中的起始周期点是唯一的. 固定了起始周期点之后,我们便可按映射的次序对周期轨中的所有周期点进行排序,而且这个顺序也是唯一的.

定义 6 设 f 为圆周上的一个连续映射,称 $(y_0, y_1, \cdots, y_{n-1})$ 为 f 的一条顺序周期轨,如果 $y_0 = S_0(f)$,$f^i(y_0) = y_i (i = 0, 1, \cdots, n-1)$,$f^n(y_0) = y_0$.

定义 7 设 f 为圆周上的一个有 $4-$ 周期轨的连续映射,f 的一条周期轨为

$$X = \{e^{2\pi i x_k} \mid k = 0, 1, 2, 3 \text{ 且 } 0 \leqslant x_0 < x_1 < x_2 < x_3 < 1\}$$

令$\{l,m,n\}=\{1,2,3\}$,如果f的顺序周期轨为$(\mathrm{e}^{2\pi\mathrm{i}x_0},\mathrm{e}^{2\pi\mathrm{i}x_l},\mathrm{e}^{2\pi\mathrm{i}x_m},\mathrm{e}^{2\pi\mathrm{i}x_n})$,则称$(f,X)$为$f$相对$X$是$(lmn)$型映射,或称$f$是以$X$为周期的$(lmn)$型映射.

关于定义 7 我们可以采用一种更直观的方式理解. 设f为圆周上的一个 4 周期连续映射,f的一条周期轨为$V=\{v_k=\mathrm{e}^{2\pi\mathrm{i}x_k}\mid x_k=\dfrac{k}{4},k=0,1,2,3\}$. 按映射的次序用有向箭头将周期点联结起来,则可用图 2 表示这样的一个映射

$$f:v_0\mapsto v_1,v_1\mapsto v_2,v_2\mapsto v_3,v_3\mapsto v_0$$

则f的顺序周期轨为(v_0,v_1,v_2,v_3),所以f为(123)型. 类似地,图 3 表示的映射则为(321)型,(321)其实就是从起始周期点v_0出发按映射次序(有向箭头)依次经过的周期点的下标的排列. 需要注意的是,这些图形表示的是周期点间的映射次序,并非上节提到的覆盖关系图.

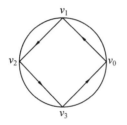

图 2 （123）型映射　　图 3 （321）型映射

一个周期轨中的周期点可按周期点的位置(正辐角大小)排序,也可按定义 6 从起始周期点出发按映射的次序进行排序,这两种顺序显然都是由映射唯一确定的,而定义 7 描述的其实就是这两种排序的一个对应,在起始周期点固定的情况下,这种对应显然也是唯一的. 对于k周期的映射,也可类似定义,只不过"型"的数目会更多.

推论 1 (lmn)型映射一共有 6 种,即$(123),(321),(132),(213),(231),(312)$.

证明 即(lmn)的全排列数.

除了图 2 及图 3 所表示的两种映射,另外 4 种可类似地表示如下(图 4 ~ 图 7):

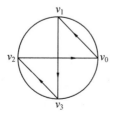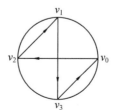

图 4 （132）型映射　　图 5 （213）型映射

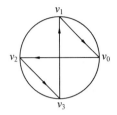 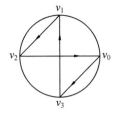

图 6　(231)型映射　　　图 7　(312)型映射

推论 2　圆周上所有连续映射相对其任一 4 — 周期轨都是唯一的一种 (lmn) 型映射.

在共轭的等价关系下,我们可将这 6 种 (lmn) 型映射重新划分.

定理 1　圆周上任一 4 周期连续映射 f 相对其周期轨 X 都共轭于一个以 V 为周期的 (123) 型映射 φ 或 (132) 型映射 ψ,其中

$$V=\{v_k=\mathrm{e}^{2\pi\mathrm{i}x_k}\mid x_k=\frac{k}{4},k=0,1,2,3\}=\{\mathrm{e}^{0\mathrm{i}},\mathrm{e}^{\frac{\pi}{2}\mathrm{i}},\mathrm{e}^{\pi\mathrm{i}},\mathrm{e}^{\frac{3\pi}{2}\mathrm{i}}\}$$

证明　由推论 2,设 (f,X) 为 (lmn) 型映射,即 (f,X) 的顺序周期轨为 $(\mathrm{e}^{2\pi\mathrm{i}x_0},\mathrm{e}^{2\pi\mathrm{i}x_l},\mathrm{e}^{2\pi\mathrm{i}x_m},\mathrm{e}^{2\pi\mathrm{i}x_n})$,则存在同胚映射 $h_1:\mathrm{e}^{2\pi\mathrm{i}x_k}\mapsto v_k,k=l,m,n$,使得 $g=h_1fh_1^{-1}$ 与 f 共轭,且 (g,h_1X) 的顺序周期轨为 (v_0,v_l,v_m,v_n),所以 g 也是以 V 为周期的,且 (g,V) 与 (f,X) 同型,即同为 (lmn) 型映射. 以下只需证 (g,V) 共轭于 (123) 型或 (132) 型映射.

(1) 若 (g,V) 为 (123) 型映射,则取 φ 为 g 即可得证;若 (g,V) 为 (321) 型映射,即 (g,V) 的顺序周期轨为 $(v_0,v_3,v_2,v_1)=(\mathrm{e}^{0\mathrm{i}},\mathrm{e}^{\frac{3\pi}{2}\mathrm{i}},\mathrm{e}^{\pi\mathrm{i}},\mathrm{e}^{\frac{\pi}{2}\mathrm{i}})$,则同胚映射 $h_2:\mathrm{e}^{\theta\mathrm{i}}\mapsto \mathrm{e}^{-\theta\mathrm{i}}$ 可使 $\varphi=h_2gh_2^{-1}$ 与 g 共轭,且 (φ,h_2V) 的顺序周期轨为 $(\mathrm{e}^{0\mathrm{i}},\mathrm{e}^{\frac{\pi}{2}\mathrm{i}},\mathrm{e}^{\pi\mathrm{i}},\mathrm{e}^{\frac{3\pi}{2}\mathrm{i}})=(v_0,v_1,v_2,v_3)$,这样的 (φ,V) 便是 (123) 型映射.

(2) 若 (g,V) 为 (132) 型映射,则取 φ 为 g 即可;若 (g,V) 为 (213) 型映射,且 (g,V) 的顺序周期轨为 $(v_0,v_2,v_1,v_3)=(\mathrm{e}^{0\mathrm{i}},\mathrm{e}^{\pi\mathrm{i}},\mathrm{e}^{\frac{\pi}{2}\mathrm{i}},\mathrm{e}^{\frac{3\pi}{2}\mathrm{i}})$,则同胚映射 $h_2:\mathrm{e}^{\theta\mathrm{i}}\mapsto \mathrm{e}^{(\theta+\frac{\pi}{2})\mathrm{i}}$ 可使得 $\psi=h_2gh_2^{-1}$ 与 g 共轭,且 (ψ,h_2V) 即 (ψ,V) 的顺序周期轨为 (v_0,v_1,v_3,v_2),所以 (ψ,V) 为 (132) 型映射;类似地,若 (g,V) 为 (231) 型映射,则取 $h_2:\mathrm{e}^{\theta\mathrm{i}}\mapsto \mathrm{e}^{(\theta+\pi)\mathrm{i}}$;若 (g,V) 为 (312) 型映射,则取 $h_2:\mathrm{e}^{\theta\mathrm{i}}\mapsto \mathrm{e}^{(\theta+\frac{3\pi}{2})\mathrm{i}}$,相应的 $\psi=h_2gh_2^{-1}$ 便都是以 V 为周期且与 g 共轭的 (132) 型映射.

实际上,通过观察图 2 至图 7 便可很容易选取到适当的 h.

我们已经知道共轭的两个映射有相同的轨道结构,因此以下只需考虑映射周期轨为 V 的,两种不同映射次序的映射的周期即可,这样需要讨论的内容在很大程度上得到了简化. 然而,由于映射在区间上的作用(覆盖关系)仍然很不

明显,所以我们还需要通过同伦等价的关系对映射做进一步的分类以得到映射更具体的表达形式.

第四节 映射的相对同伦类

本节将把圆周上所有以 V 为周期轨的连续映射按同伦等价的关系划分为一系列"标准映射"的相对同伦类,并开始讨论这些标准映射的周期集与其同伦最小周期集的关系.

记 $\omega_k = \{e^{2\pi i[\frac{k}{4}(1-t)+\frac{k+1}{4}t]} \mid 0 \leqslant t \leqslant 1, k=0,1,2,3\}$ 是一条从 v_k 到 v_{k+1} 的道路,在不至于混淆的情况下,有时也用它来记以 v_k, v_{k+1} 为端点的四分之一圆弧(闭区间).

记 $\dot{\omega}_k = \{e^{2\pi i[\frac{k}{4}(1-t)+\frac{k+1}{4}t]} \mid 0 < t < 1, k=0,1,2,3\}$ 则为 ω_k 的内部开区间.

记 $\Omega_0 = \omega_0 \omega_1 \omega_2 \omega_3$ 为一条以 v_0 为基点的圆周上的闭路(或整个圆弧),类似地,记 $\Omega_1 = \omega_1 \omega_2 \omega_3 \omega_0$,$\Omega_2 = \omega_2 \omega_3 \omega_0 \omega_1$,$\Omega_3 = \omega_3 \omega_0 \omega_1 \omega_2$ 分别是以 v_1, v_2, v_3 为基点的闭路(或整个圆弧).

定义 8 圆周上以 V 为周期轨的分段线性连续映射 $\varphi_{(n_0 n_1 n_2 n_3)}$ 和 $\psi_{(n_0 n_1 n_2 n_3)}$ 称为标准映射,其中 $(\varphi_{(n_0 n_1 n_2 n_3)}, V)$ 为 (123) 型,$(\psi_{(n_0 n_1 n_2 n_3)}, V)$ 为 (132) 型,其形式定义如下:

$\varphi_{(n_0 n_1 n_2 n_3)}: \omega_0 \mapsto \omega_1 \Omega_2^{n_0}, \omega_1 \mapsto \omega_2 \Omega_3^{n_1}, \omega_2 \mapsto \omega_3 \Omega_0^{n_2}, \omega_3 \mapsto \omega_0 \Omega_1^{n_3}$.

$\psi_{(n_0 n_1 n_2 n_3)}: \omega_0 \mapsto \omega_1 \omega_2 \Omega_3^{n_0}, \omega_1 \mapsto \omega_3 \Omega_0^{n_1}, \omega_2 \mapsto \omega_0 \omega_1 \Omega_2^{n_2}, \omega_3 \mapsto \Omega_2^{-n_3} \omega_1^{-1} = (\omega_1 \Omega_2^{n_3})^{-1}$.

其中 n_k 称为 $\varphi_{(n_0 n_1 n_2 n_3)}$ 或 $\psi_{(n_0 n_1 n_2 n_3)}$ 在 ω_k 上映射的指数,并可简记 $\varphi_{(n_0 n_1 n_2 n_3)}$ 或 $\psi_{(n_0 n_1 n_2 n_3)}$ 在 ω_k 上映射为 $\varphi_{(n_k)}(\omega_k)$ 或 $\psi_{(n_k)}(\omega_k)$. 还特别规定当 $n_i = -1$ 时,有

$$\varphi_{(-1)}(\omega_0) = \omega_0^{-1} \omega_3^{-1} \omega_2^{-1}, \varphi_{(-1)}(\omega_1) = \omega_1^{-1} \omega_0^{-1} \omega_3^{-1}$$

$$\varphi_{(-1)}(\omega_2) = \omega_2^{-1} \omega_1^{-1} \omega_0^{-1}, \varphi_{(-1)}(\omega_3) = \omega_3^{-1} \omega_2^{-1} \omega_1^{-1}$$

$$\psi_{(-1)}(\omega_0) = \omega_0^{-1} \omega_3^{-1}, \psi_{(-1)}(\omega_1) = \omega_2^{-1} \omega_1^{-1} \omega_0^{-1}$$

$$\psi_{(-1)}(\omega_2) = \omega_3^{-1} \omega_2^{-1}, \psi_{(-1)}(\omega_3) = \omega_2 \omega_3 \omega_0$$

注记 2 按定义 8 分别计算 $\varphi_{(n_0 n_1 n_2 n_3)}$ 或 $\psi_{(n_0 n_1 n_2 n_3)}$ 的映射度可得

$$\deg(\varphi_{(n_0 n_1 n_2 n_3)}) = n_0 + n_1 + n_2 + n_3 + 1$$

$$\deg(\psi_{(n_0 n_1 n_2 n_3)}) = n_0 + n_1 + n_2 - n_3 + 1$$

注记 3 若 n_k 取值不同,则对应的标准映射显然也不会相对同伦. 且容易证明的是 $\varphi_{(n_0 n_1 n_2 n_3)}$ 与 $\psi_{(n_2 n_1 n_0 n_3)}$ 共轭,因此在后面的结论中,n_0 及 n_2 的取值呈现

出了一种对称性.

由 $\varphi_{(n_0 n_1 n_2 n_3)}$ 及 $\psi_{(n_0 n_1 n_2 n_3)}$ 的定义容易得到以下一些覆盖关系.

命题 7 标准映射之间有如下覆盖关系,其中 $k,j=0,1,2,3$:

(1) 或者 $\varphi_{(n)}(\omega_k) \cap \dot{\omega}_j = \varnothing$,或者 $\omega_j \subset \varphi_{(n)}(\omega_k)$,即或者 $\varphi_{(n)}(\omega_k)$ 与 ω_j 的内部没有交集,或者有覆盖关系 $\omega_k \xrightarrow{\varphi_{(n)}} \omega_j$;同理之于 $\psi_{(n)}$.

(2) 若 $\omega_j \not\subset \varphi_{(m)}(\omega_k)$,则对于所有 $n \neq m, \omega_j \subset \varphi_{(n)}(\omega_k)$,即 $\omega_k \xrightarrow{\varphi_{(n)}} \omega_j$;同理之于 $\psi_{(n)}$.

(3) 当 $n=0$ 时,$\varphi_{(0)}(\omega_k) \cap \dot{\omega}_k = \varnothing$;当 $n \neq 0$ 时则有 $\omega_k \xrightarrow{\varphi_{(n)}} \omega_k$;同理之于 $\psi_{(n)}$.

(4) 当 $n>0$ 或 $n<-1$ 时,对所有的 ω_k 及 ω_j 均有 $\omega_k \xrightarrow{\varphi_{(n)}} \omega_j$ 及 $\omega_k \xrightarrow{\psi_{(n)}} \omega_j$. 以上结论将在第五节及第六节中用到.

这些标准映射有具体的表达形式因而覆盖关系明显,以下我们将使圆周上所有以 V 为周期轨的连续映射都相对同伦于这些标准映射.

定理 2 设 g 为圆周上任一以 V 为周期轨的连续映射,若 (g,V) 为 (123) 型,则其相对 V 定端同伦于某一个 (123) 型标准映射 $\varphi_{(n_0 n_1 n_2 n_3)}$;若 (g,V) 为 (132) 型映射,则其相对 V 定端同伦于某一个 (132) 型标准映射 $\psi_{(n_0 n_1 n_2 n_3)}$. 此处相对 V 定端同伦指的是在每一个 ω_k 上定端同伦,$k=0,1,2,3$,记作 $g(\omega_k) \stackrel{\cdot}{\simeq} \varphi_{(n_k)}(\omega_k)$ 以及 $g(\omega_k) \stackrel{\cdot}{\simeq} \psi_{(n_k)}(\omega_k)$.

证明 若 (g,V) 为 (123) 型映射,即 g 有顺序周期轨 (v_0, v_1, v_2, v_3). 以 g 在 ω_2 上的映射为例,则 $g(\omega_2)$ 是从 v_3 到 v_0 的一条道路,因此 $g(\omega_2)\omega_3^{-1}$ 就是一条以 v_3 为基点的圆周上的闭路,所以 $g(\omega_2)\omega_3^{-1} \stackrel{\cdot}{\simeq} \Omega_{32}^{n_2}$,其中 n_2 由 $g(\omega_2)$ 完全确定,再进一步便有

$$g(\omega_2) \stackrel{\cdot}{\simeq} \Omega_{32}^{n_2} \omega_3 = (\omega_3 \omega_0 \omega_1 \omega_2)^{n_2} \omega_3 = \omega_3 (\omega_0 \omega_1 \omega_2 \omega_3)^{n_2} = \omega_3 \Omega_0^{n_2} = \varphi_{(n_2)}(\omega_2)$$

类似地,$g(\omega_k) \stackrel{\cdot}{\simeq} \varphi_{(n_k)}(\omega_k)$,对所有 $k=0,1,2,3$,则 g 在圆周上的映射便相对于 V 定端同伦于某个 $\varphi_{(n_0 n_1 n_2 n_3)}$.

若 (g,V) 为 (132) 型映射,则可用类似的做法得出结论.

相对同伦的映射在同一段区间上的覆盖关系未必相同,但有以下结论.

定理 3 设圆周上一连续映射为 g,且 $k,j=0,1,2,3$,则:

(1) 若 $g(\omega_k) \stackrel{\cdot}{\simeq} \varphi_{(n)}(\omega_k)$ 且 $\omega_j \subset \varphi_{(n)}(\omega_k)$,则 $\omega_j \subset g(\omega_k)$,即 $\omega_k \xrightarrow{\varphi_{(n)}} \omega_j \Rightarrow \omega_k \xrightarrow{g} \omega_j$.

(2) 若 $g(\omega_k) \stackrel{\cdot}{\simeq} \psi_{(n)}(\omega_k)$ 且 $\omega_j \subset \psi_{(n)}(\omega_k)$,则 $\omega_j \subset g(\omega_k)$,即 $\omega_k \xrightarrow{\psi_{(n)}} \omega_j \Rightarrow$

$$\omega_k \xrightarrow{g} \omega_j.$$

证明 (1)以 $\varphi_{(2)}(\omega_1) = \omega_2 \Omega_3^2$ 为例,若 $g(\omega_1) \stackrel{.}{\simeq} \psi_{(2)}(\omega_1)$,则 $g(\omega_1)$ 的端点为

$$g(v_1) = \varphi_{(2)}(v_1) = v_2, g(v_2) = \varphi_{(2)}(v_2) = v_3$$

即 $g(\omega_1)$ 是从 v_2 到 v_3 的一条道路. 以下将使用反证法证明:若存在 $\omega_j \subset \varphi_{(2)}(\omega_1)$,而 $\omega_j \not\subset g(\omega_1)$,则 $g(\omega_1)$ 不会与 $\varphi_{(2)}(\omega_1)$ 定端同伦.

由 $\omega_j \not\subset g(\omega_1)$ 可知,存在一点 $q \in \omega_j$ 且 $q \notin g(\omega_1)$,即 $g(\omega_1)$ 是包含在 $S^1 - q$ 中的从 v_2 到 v_3 的一条道路,由于 $S^1 - q$ 中道路可缩,则根据 ω_j 取法的不同将有以下两种情形,或者 $g(\omega_1) \stackrel{.}{\simeq} \omega_1^{-1} \omega_0^{-1} \omega_3^{-1}$,则此时

$$g(\omega_1)\varphi_{(2)}^{-1}(\omega_1) \stackrel{.}{\simeq} \omega_1^{-1}\omega_0^{-1}\omega_3^{-1}\varphi_{(2)}^{-1}(\omega_1) = \omega_1^{-1}\omega_0^{-1}\omega_3^{-1}\Omega_3^{-2}\omega_2^{-1} = \Omega_2^{-3}$$

所以

$$g(\omega_1) \stackrel{.}{\simeq} \Omega_2^{-3} \varphi_{(2)}(\omega_1)$$

或者 $g(\omega_1) \stackrel{.}{\simeq} \omega_2$,则此时

$$g(\omega_1)\varphi_{(2)}^{-1}(\omega_1) \stackrel{.}{\simeq} \omega_2 \varphi_{(2)}^{-1}(\omega_1) = \omega_2 \Omega_3^{-2} \omega_2^{-1} = \Omega_2^{-2}$$

所以

$$g(\omega_1) \stackrel{.}{\simeq} \Omega_2^{-2} \varphi_{(2)}(\omega_1)$$

显然这两种情况下 $g(\omega_1)$ 都不会与 $\varphi_{(2)}(\omega_1)$ 定端同伦.

(2)类似(1)的做法,可以 $\psi_{(-1)}(\omega_2) = \omega_3^{-1} \omega_2^{-1}$ 为例. 若 $g(\omega_2) \stackrel{.}{\simeq} \psi_{(-1)}(\omega_2)$,则 $g(\omega_2)$ 的端点为

$$g(v_2) = \psi_{(-1)}(v_2) = v_0, g(v_3) = \psi_{(-1)}(v_3) = v_2$$

即 $g(\omega_2)$ 是从 v_0 到 v_2 的一条道路. 若存在 $\omega_j \subset \psi_{(-1)}(\omega_2)$ 而 $\omega_j \not\subset g(\omega_2)$,则存在 $q \in \omega_j$ 且 $q \notin g(\omega_2)$,$g(\omega_2)$ 是 $S^1 - q$ 中从 v_0 到 v_2 的道路,由于 $S^1 - q$ 中道路可缩,所以

$$g(\omega_2) \stackrel{.}{\simeq} \omega_0 \omega_1, g(\omega_2)\psi_{(-1)}^{-1}(\omega_2) \stackrel{.}{\simeq} \omega_0 \omega_1 \omega_2 \omega_3 = \Omega_0$$

则 $g(\omega_2) \stackrel{.}{\simeq} \Omega_0 \psi_{(-1)}(\omega_2) = \psi_{(0)}(\omega_2)$ 而不是 $\psi_{(-1)}(\omega_2)$,与条件矛盾.

对于取其他 n_k 及 ω_k 时均可类似证明.

由定理 3 我们得出以下更为直观的结论.

推论 3 若在标准映射的映射覆盖图中含有 $\omega_k \to \omega_j (k,j = 0,1,2,3)$ 形式的子图,则与之相对同伦的映射的映射覆盖图中也必将含有同样形式的子图.

既然标准映射的覆盖关系也必定是其相对同伦类中所有映射都包含的覆盖关系,由覆盖关系又可得到关于不动点以及周期点的存在情况,那么是否标

准映射的周期集也必定包含在其相对同伦类中所有映射的周期集中,即标准映射的周期集是否就是该类的同伦最小周期集呢?要回答这个问题,我们需要先将标准映射的周期集予以确定.

命题 8 标准映射的周期集与映射覆盖图的关系如下:

(1) 若标准映射的映射覆盖图中含有如下子图

$$\omega_k \to \omega_{j_1} \to \cdots \to \omega_{j_{n-2}} \to \omega_{j_{n-1}} \to \omega_k$$

其中,$k, j_1, j_2, \cdots, j_{n-1} = 0, 1, 2, 3$ 不全相同,则标准映射在 ω_k 中必有 $n-$ 周期点,且 $n > 1$.

(2) 若标准映射在 ω_k 中有 $n-$ 周期点,且 $n \neq 4$,则其必定包含如下子图

$$\omega_k \to \omega_{j_1} \to \cdots \to \omega_{j_{n-2}} \to \omega_{j_{n-1}} \to \omega_k$$

但此时的 $k, j_1, j_2, \cdots, j_{n-1}$ 可以全部相同,即有如下形式

$$\underbrace{\omega_k \to \omega_k \to \cdots \to \omega_k}_{n} \to \omega_k$$

证明 (1) 即命题 6.

(2) 若标准映射 φ 有 $n-$ 周期点 $y_0 \in \omega_k$,且 $\varphi^i(y_0) = y_i \in \omega_{j_i}, i = 1, \cdots, n-1, \varphi^n(y_0) = y_0$,则当 $y_i \notin V$ 时,由 $\varphi(y_{i-1}) = y_i$ 即可得 $\varphi(\omega_{j_{i-1}})$ 与 $\dot{\omega}_{j_i}$ 的交集非空,按命题 7(1) 即有 $\omega_{j_{i-1}} \xrightarrow{\varphi} \omega_{j_i}$;若 $y_i \in V$,则周期轨为 $V = \{v_k, k = 0, 1, 2, 3\}$,此时周期为 4,与条件矛盾.

命题 8 中的(1)可以用来判断周期点的存在性,(2)可以用来确定某些周期点是不存在的,但需要说明的是,当映射覆盖图中含有 $\underbrace{\omega_k \to \omega_k \to \cdots \to \omega_k}_{n} \to \omega_k$ 形式的子图时只能确定该映射有不动点,却无法直接确定其中是否还有其他周期的周期点.不过若结合标准映射的具体形式并加以运算,其中的周期点就可以完全确定了,如以下两个定理所述.这两个定理我们将在第七节加以证明.

定理 4 若标准映射在 $\omega_k (k = 0, 1, 2, 3)$ 上映射的指数为 n,则除 $4-$ 周期点外:

(1) 当 $n = 0$ 时,ω_k 中不包含任何其他周期的周期轨.

(2) 当 n 取 1 及 -1 时,ω_k 中不动点的个数为 1,且不包含其他周期的周期轨.

(3) 当 n 取其他值,即 $|n| \geq 2$ 时,ω_k 中有 n 个不动点,且包含以所有自然数为周期的周期轨.

定理 5 若标准映射在 ω_k, ω_j 上的指数均为 0,其中 $k, j = 0, 1, 2, 3, k \neq j$,且有覆盖关系子图 $\omega_k \rightleftarrows \omega_j$,则标准映射在 ω_k 与 ω_j 中只有 $2-$ 周期轨及 $4-$ 周期轨.

在接下来的两节中我们便根据命题 8,定理 4 及定理 5 确定标准映射的周期集. 此处需要特别指出的是,若标准映射的周期集可由命题 8 完全确定,则由定理 3 及命题 6 就可得到该标准映射的周期集就是其同伦最小周期集的结论,因此在以下讨论标准映射周期集的同时也尽可能地写出了其同伦最小周期集的结论,其中不能直接确定同伦最小周期集的则留到第七节个别解决.

第五节 $\varphi_{(n_0 n_1 n_2 n_3)}$ 的周期集

由定义 8 知

$$\varphi_{(n_0 n_1 n_2 n_3)}: \omega_0 \mapsto \omega_1 \Omega_2^{n_0}, \omega_1 \mapsto \omega_2 \Omega_3^{n_1}, \omega_2 \mapsto \omega_3 \Omega_0^{n_2}, \omega_3 \mapsto \omega_0 \Omega_1^{n_3}$$

当 $n_k = 0, k = 0,1,2,3$ 时,$\varphi_{(n_0 n_1 n_2 n_3)}$ 为标准旋转映射,没有其他周期的周期点. 当 n_k 不全为 $0, k = 0,1,2,3$ 时,例如取 $(n_0, n_1, n_2, n_3) = (1, 0, -1, 2)$ 时,则 $\varphi_{(1,0,-1,2)}$ 为

$$\omega_0 \mapsto \omega_1 \Omega_2, \omega_1 \mapsto \omega_2, \omega_2 \mapsto \omega_2^{-1} \omega_1^{-1} \omega_0^{-1}, \omega_3 \mapsto \omega_0 \Omega_1^2$$

由此可以得到图 1 所示的覆盖图.

如由 $\varphi_{(1,0,-1,2)}(\omega_0) = \omega_1 \Omega_2$ 可得 $\omega_0 \to \omega_i, i = 0,1,2,3$;再如由 $\varphi_{(1,0,-1,2)}(\omega_2) = \omega_2^{-1} \omega_1^{-1} \omega_0^{-1}$ 可得 $\omega_0 \to \omega_i, i = 0,1,2$ 等,此处需要注意的是 ω_2 与 ω_2^{-1} 表示的实际上是同一段弧. 此外,从该覆盖图中可以比较容易地看出周期点的存在情况,例如 $\varphi_{(1,0,-1,2)}$ 在 ω_1 内没有不动点;而由注记 1,根据此中包含的子图 $\subset \omega_0 \rightleftarrows \omega_2$ 得知 $\varphi_{(1,0,-1,2)}$ 在 ω_0 中有以所有自然数为周期的周期点等.

下面我们便根据 n_k 的取值画出 $\varphi_{(n_0 n_1 n_2 n_3)}$ 的覆盖图,并根据覆盖图判断其各周期的周期点的存在情况.

由命题 7 中的(4)知,当 $n_k > 0$ 及 $n_k < -1$ 时,对任取的 k, j,总有 $\omega_k \to \omega_j$ 的覆盖关系,因此以下对 n_k 的讨论大都按 $n_k > 0$ 或 $n_k < -1, n_k = 0$ 以及 $n_k = -1$ 三种情况分别进行讨论. 讨论不妨从 n_0 开始.

命题 9 当 $n_0 > 0$ 或 $n_0 < -1$ 时,$\mathrm{Per}(\varphi_{(n_0 n_1 n_2 n_3)}) = \mathbf{N}$.

证明 由 $\omega_0 \mapsto \omega_1 \Omega_2^{n_0}$ 可得,当 $n_0 > 0$ 或 $n_0 < -1$ 时,都有图 8,在讨论 n_1 的时候发现覆盖图中已有覆盖关系 $\subset \omega_0 \to \omega_1$,若映射使得 $\omega_1 \to \omega_0$,则会出现 $\subset \omega_0 \rightleftarrows \omega_1$ 形式的子图,由此则得到 $\mathrm{Per}(\varphi_{(n_0 n_1 n_2 n_3)}) = \mathbf{N}$;而由 $\varphi_{(n_0 n_1 n_2 n_3)}: \omega_1 \mapsto \omega_2 \Omega_3^{n_1}$ 及命题 7 中的(2),只有当 $n_1 = 0$ 时才能使 $\omega_1 \to \omega_0$ 不成立,因此在选取 n_1 时就以是否为 0 分为两种情形.

(1) 当 $n_1 \neq 0$ 时,都有 $\omega_1 \to \omega_0$,因此有 $\subset \omega_0 \rightleftarrows \omega_1$,此时 $\mathrm{Per}(\varphi_{(n_0 n_1 n_2 n_3)}) = \mathbf{N}$.

(2) 当 $n_1 = 0$ 时,有图 9,再由 $\omega_2 \mapsto \omega_3 \Omega_0^{n_2}$,同样分两种情况进行讨论.

① 当 $n_2 \neq 0$ 时,有 $\subset \omega_0 \rightleftarrows \omega_2$,$\mathrm{Per}(\varphi_{(n_0 n_1 n_2 n_3)}) = \mathbf{N}$.

② 当 $n_2 = 0$ 时,可以得到图 10,再由 $\omega_3 \mapsto \omega_0 \Omega_{13}^{n_3}$ 可知,当 $n_3 = 0$ 时,有 $\subset \omega_0 \rightleftarrows \omega_3$;当 $n_3 \neq 0$ 时,有 $\subset \omega_3 \rightleftarrows \omega_2$,这两种取法都可使 $\mathrm{Per}(\varphi_{(n_0 n_1 n_2 n_3)}) = \mathbf{N}$.

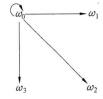 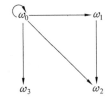 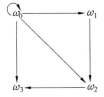

图 8　$n_0 > 0$ 或 $n_0 < -1$　　图 9　接图 8,$n_1 = 0$　　图 10　接图 9,$n_2 = 0$

由上面的讨论可以看出,在对 n_k 的取值时多数情况下都会出现 $\subset \omega_i \rightleftarrows \omega_j$ 的形式,进而断定 $\varphi_{(n_0 n_1 n_2 n_3)}$ 在 ω_i 中有以所有自然数为周期的周期点,因此为简化叙述,以下将只重点讨论那些可能使 $\subset \omega_i \rightleftarrows \omega_j$ 不出现的 n_k.

命题 10　当 $n_0 = -1$ 时,$\mathrm{Per}(\varphi_{(n_0 n_1 n_2 n_3)}) = \mathbf{N}$.

证明　当 $n_0 = -1$ 时,由 $\omega_0 \mapsto \omega_0^{-1} \omega_3^{-1} \omega_2^{-1}$ 可得图 11,由 $\omega_3 \mapsto \omega_0 \Omega_{13}^{n_3}$ 只能取 $n_3 = -1$,否则有 $\subset \omega_0 \rightleftarrows \omega_3$,此时 $\omega_3 \mapsto \omega_3^{-1} \omega_2^{-1} \omega_1^{-1}$,则得图 12,再由 $\omega_2 \mapsto \omega_3 \Omega_{02}^{n_2}$ 可得,当 $n_2 = 0$ 时,有 $\subset \omega_3 \rightleftarrows \omega_2$,而当 $n_2 \neq 0$ 时,则有 $\subset \omega_0 \rightleftarrows \omega_2$,即这两种取法都可使 $\mathrm{Per}(\varphi_{(n_0 n_1 n_2 n_3)}) = \mathbf{N}$,因此 n_1 的取值也不必再讨论.

命题 11　当 $n_0 = 0$ 时,除 $\varphi_{(0,0,0,0)}$ 之外,$\mathrm{Per}(\varphi_{(n_0 n_1 n_2 n_3)}) = \mathbf{N}$;$\mathrm{Per}(\varphi_{(0,0,0,0)}) = \{4\}$.

证明　当 $n_0 = 0$ 时有 $\omega_0 \to \omega_1$,n_1 只能取 0,否则将有 $\subset \omega_1 \rightleftarrows \omega_0$,同理 n_2,n_3 也只有取 0 才可使 $\subset \omega_i \rightleftarrows \omega_j$ 不出现,如此则得到标准旋转映射 $\varphi_{(0,0,0,0)}$ 如图 13 所示,而 $\mathrm{Per}(\varphi_{(0,0,0,0)}) = \{4\}$.

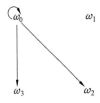 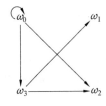 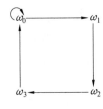

图 11　$n_0 = -1$　　图 12　接图 11,$n_3 = -1$　　图 13　$\varphi_{(0,0,0,0)}$

综上所述,可得所有标准映射 $\varphi_{(n_0 n_1 n_2 n_3)}$ 的周期集的结论.

定理 6　$\mathrm{Per}(\varphi_{(0,0,0,0)}) = \{4\}$;当 n_k 不全为 0 时,$\mathrm{Per}(\varphi_{(n_0 n_1 n_2 n_3)}) = \mathbf{N}$.

定理 7　$\mathrm{HPer}(\varphi_{(0,0,0,0)}) = \{4\}$;$\mathrm{HPer}(\varphi_{(n_0 n_1 n_2 n_3)}) = \mathbf{N}$.

证明　$\mathrm{Per}(\varphi_{(0,0,0,0)}) = \{4\} \supset \mathrm{HPer}(\varphi_{(0,0,0,0)})$,而与 $\varphi_{(0,0,0,0)}$ 相对 V 同伦的映射显然也都有 4 周期,所以 $\mathrm{HPer}(\varphi_{(0,0,0,0)}) = \{4\}$;当 n_k 不全为 0 时,

$\mathrm{Per}(\varphi_{(n_0n_1n_2n_3)}) = \mathbf{N}$,且均由命题 8 得到,则利用定理 3 及命题 6,有
$$\mathrm{HPer}(\varphi_{(n_0n_1n_2n_3)}) = \mathrm{Per}(\varphi_{(n_0n_1n_2n_3)}) = \mathbf{N}$$

第六节 $\psi_{(n_0n_1n_2n_3)}$ 的周期集

由定义 8 知
$$\psi_{(n_0n_1n_2n_3)}: \omega_0 \mapsto \omega_1\omega_2\Omega_3^{n_0}, \omega_1 \mapsto \omega_3\Omega_0^{n_1}$$
$$\omega_2 \mapsto \omega_0\omega_1\Omega_2^{n_2}, \omega_3 \mapsto (\omega_1\Omega_2^{n_3})^{-1}$$

类似第五节的讨论,我们从 n_0 开始讨论.

命题 12 $n_0 > 0$ 或 $n_0 < -1$ 时,$\mathrm{Per}(\psi_{(1,0,-1,0)}) = \{1,2,4\}$;其他映射则均有 $\mathrm{Per}(\psi_{(n_0n_1n_2n_3)}) = \mathbf{N}$.

证明 由 $\omega_0 \mapsto \omega_1\omega_2\Omega_3^{n_0}$,当 $n_0 > 0$ 或 $n_0 < -1$ 时都有图 14,再由 $\omega_1 \mapsto \omega_3\Omega_0^{n_1}$ 可得 n_1 只能取 0,否则都有 $\subset \omega_0 \rightleftarrows \omega_1$. 当 $n_1 = 0$ 时有图 15,再由 $\omega_3 \mapsto (\omega_1\Omega_2^{n_3})^{-1}$,同理可得 n_3 也只能取 0,由此得到图 16,最后由 $\omega_2 \mapsto \omega_0\omega_1\Omega_2^{n_2}$ 可得,仅当 $n_2 = -1$ 时不会出现 $\subset \omega_0 \rightleftarrows \omega_2$ 的形式,此时得到 $\psi_{(n_0,0,-1,0)}$ 的覆盖图如图 17 所示,而由命题 8、定理 4 及定理 5 可得 $\psi_{(1,0,-1,0)}$ 在 ω_0 中有不动点,在 ω_3 中有 2-周期点,且周期集为 $\{1,2,4\}$;而其余 $\psi_{(n_0,0,-1,0)}$ 在 ω_0 中便包含了所有自然数周期,故周期集均为 $\mathbf{N}$.

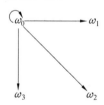

图 14 $n_0 > 0$ 或 $n_0 < -1$

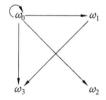

图 15 接图 14,$n_1 = 0$

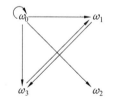

图 16 接图 15,$n_3 = 0$

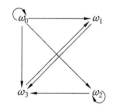

图 17 $\psi_{(n_0,0,-1,0)}$

由上述证明过程还可得到以下结论.

命题 13 当 $n_0 > 0$ 或 $n_0 < -1$ 时,$\mathrm{HPer}(\psi_{(1,0,-1,0)}) = \{1,2,4\}$;对于其他 $\psi_{(n_0,0,-1,0)}$ 形式的标准映射则有 $\mathrm{HPer}(\psi_{(n_0,0,-1,0)}) \subset \mathrm{Per}(\psi_{(n_0,0,-1,0)})$;而对于形如 $\psi_{(n_0,0,-1,0)}$ 之外的其他标准映射则均有 $\mathrm{HPer}(\psi_{(n_0n_1n_2n_3)}) = \mathbf{N}$.

证明 $\psi_{(1,0,-1,0)}$ 的 1,2 周期都可由覆盖关系图得到,所以由定理 3 及命题 6 便可得出 $\mathrm{HPer}(\psi_{(1,0,-1,0)}) = \{1,2,4\}$;对除 $\psi_{(n_0,0,-1,0)}$ 形式之外的 $n_0 > 0$ 或 $n_0 < -1$ 的其他标准映射同理也都有 $\mathrm{HPer}(\psi_{(n_0 n_1 n_2 n_3)}) = \mathrm{Per}(\psi_{(n_0 n_1 n_2 n_3)})$;而对除 $\psi_{(1,0,-1,0)}$ 之外的标准映射 $\psi_{(n_0,0,-1,0)}$ 此时并不能得出任何结论,只有按定义 $\mathrm{HPer}(\psi_{(n_0,0,-1,0)}) \subset \mathrm{Per}(\psi_{(n_0,0,-1,0)})$。

命题 14 当 $n_0 = 0$ 时,$\mathrm{Per}(\psi_{(0,0,0,0)}) = \{2,4\}$;$\mathrm{Per}(\psi_{(0,0,-1,0)}) = \{1,2,4\}$;其他标准映射的周期集均为 **N**。

证明 当 $n_0 = 0$ 时,$\omega_0 \mapsto \omega_1 \omega_2$,由 $\omega_1 \mapsto \omega_3 \Omega_0^{n_1}$ 可得 n_1 只能取 0,否则都有 $\subset \omega_1 \rightleftarrows \omega_0$,当 $n_1 = 0$ 时可得图 18,由 $\omega_2 \mapsto \omega_0 \omega_1 \Omega_2^{n_2}$,当 $n_2 > 0$ 及 $n_2 < -1$ 时均有 $\subset \omega_2 \rightleftarrows \omega_0$,所以只需讨论 $n_2 = 0$ 以及 $n_2 = -1$ 的情形。

(1) 当 $n_2 = 0$ 时如图 19 所示,由 $\omega_3 \mapsto (\omega_1 \Omega_{23}^{n_3})^{-1}$ 可得当 $n_3 > 0$ 及 $n_3 < -1$ 时,均有 $\subset \omega_3 \rightleftarrows \omega_1$,只有:

① 当 $n_3 = 0$ 时如图 20 所示,并由命题 8、定理 4 及定理 5 可得 $\psi_{(0,0,0,0)}$ 只有 2 周期的周期点。

② 当 $n_3 = -1$ 时则如图 21 所示,该图中虽然不含 $\subset \omega_i \rightleftarrows \omega_j$ 的形式,但是由命题 8 不难看出 $\psi_{(0,0,0,-1)}$ 在 ω_0 和 ω_2 中有 2-周期点,而在 ω_3 中有其他各周期的周期点,所以 $\mathrm{Per}(\psi_{(0,0,0,-1)})$ 还是 **N**。

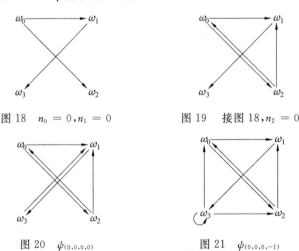

图 18　$n_0 = 0, n_1 = 0$　　　图 19　接图 18,$n_2 = 0$

图 20　$\psi_{(0,0,0,0)}$　　　图 21　$\psi_{(0,0,0,-1)}$

(2) 当 $n_2 = -1$ 时,$\omega_2 \mapsto \omega_3^{-1} \omega_1^{-1}$,如图 22 所示,则 $\omega_3 \mapsto (\omega_1 \Omega_{23}^{n_3})^{-1}$,$n_3$ 不为 0 时,均有 $\subset \omega_3 \rightleftarrows \omega_2$,当 $n_3 = 0$ 时,如图 23 所示,由命题 8、定理 4 及定理 5 可得 $\psi_{(0,0,-1,0)}$ 在 ω_2 中只有不动点,在 ω_1 和 ω_3 中只有 2-周期点,即 $\psi_{(0,0,-1,0)}$ 的周期集为 $\{1,2,4\}$。

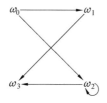
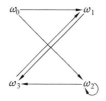

图 22　接图 18，$n_2 = -1$　　　　图 23　$\psi_{(0,0,-1,0)}$

命题 15　当 $n_0 = 0$ 时，$\mathrm{HPer}(\psi_{(n_0 n_1 n_2 n_3)}) = \mathrm{Per}(\psi_{(n_0 n_1 n_2 n_3)})$.

证明　同命题 13.

命题 16　当 $n_0 = -1$ 时，$\mathrm{Per}(\psi_{(-1,-1,-1,0)}) = \mathbf{N} - \{2\}$；$n_2$ 取 $-1,0,1$ 时，$\mathrm{Per}(\psi_{(-1,0,n_2,0)}) = \{1,2,4\}$；除此之外其他标准映射的周期集均为 $\mathbf{N}$.

证明　当 $n_0 = -1$ 时，$\omega_0 \mapsto \omega_0^{-1} \omega_3^{-1}$，如图 24 所示，由 $\omega_3 \mapsto (\omega_1 \Omega_2^{n_3})^{-1}$ 可得 n_3 只能取 0，否则都将有 $\subset \omega_0 \rightleftarrows \omega_3$，当 $n_3 = 0$ 时，则 $\omega_3 \to \omega_1$，此时有图 25，再由 $\omega_1 \mapsto \omega_3 \Omega_0^{n_1}$ 可得当 $n_1 < -1$ 及 $n_1 > 0$ 时，均有 $\subset \omega_1 \rightleftarrows \omega_3$，只有：

（1）当 $n_1 = -1$ 时有图 26，由 $\omega_2 \mapsto \omega_0 \omega_1 \Omega_2^{n_2}$ 可知 $n_2 \neq -1$ 时均有 $\subset \omega_1 \rightleftarrows \omega_2$，只有 $n_2 = -1$ 时，得到的 $\psi_{(-1,-1,-1,0)}$ 如图 27 所示，并由命题 8 及定理 4 可知，其具有除 2 以外的所有自然数周期.

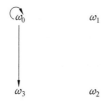
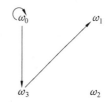

图 24　$n_0 = -1$　　　　图 25　接图 24，$n_3 = 0$

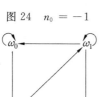
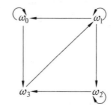

图 26　接图 25，$n_1 = -1$　　　　图 27　$\psi_{(-1,-1,-1,0)}$

（2）当 $n_1 = 0$ 时有图 28，再由 $\omega_2 \mapsto \omega_0 \omega_1 \Omega_2^{n_2}$，并命题 8，定理 4 及定理 5 可得，当 n_2 取 $-1,0$ 以及 1 时，$\psi_{(-1,0,1,0)}$，$\psi_{(-1,0,0,0)}$ 以及 $\psi_{(-1,0,-1,0)}$ 的周期集均为 $\{1,2,4\}$，其余 $\psi_{(-1,0,n_2,0)}$ 的周期集则均为 $\mathbf{N}$. $\psi_{(-1,0,n_2,0)}$ 的映射覆盖图分别如图 29，图 30 和图 31 所示.

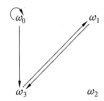
图 28　接图 25，$n_1 = 0$

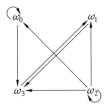
图 29　$\psi_{(-1,0,n_2,0)}$，$n_2 > 0$ 或 $n_2 < -1$

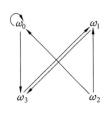
图 30　$\psi_{(-1,0,0,0)}$

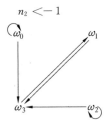
图 31　$\psi_{(-1,0,-1,0)}$

命题 17　当 $n_0 = -1$ 时，若 n_2 取 -1，0 或 1，则 $\mathrm{HPer}(\psi_{(n_0,0,-1,0)}) \subset \mathrm{Per}(\psi_{(n_0,0,-1,0)})$；否则对其他所有映射都有 $\mathrm{HPer}(\psi_{(n_0 n_1 n_2 n_3)}) = \mathbf{N}$。

证明　同命题 13。

综上所述写为以下定理。

定理 8　除 $\psi_{(0,0,0,0)}$，$\psi_{(-1,-1,-1,0)}$，$\psi_{(1,0,-1,0)}$，$\psi_{(0,0,-1,0)}$，$\psi_{(-1,0,-1,0)}$，$\psi_{(-1,0,0,0)}$，$\psi_{(-1,0,1,0)}$ 之外，其他所有标准映射 $\psi_{(n_0 n_1 n_2 n_3)}$ 的周期集均为 $\mathbf{N}$；而 $\mathrm{Per}(\psi_{(0,0,0,0)}) = \{2,4\}$；$\mathrm{Per}(\psi_{(-1,-1,-1,0)}) = \mathbf{N} - \{2\}$；$\psi_{(1,0,-1,0)}$，$\psi_{(0,0,-1,0)}$，$\psi_{(-1,0,-1,0)}$，$\psi_{(-1,0,0,0)}$，$\psi_{(-1,0,1,0)}$ 的周期集则均为 $\{1,2,4\}$。

注记 4　除了当 $|n| \geqslant 2$ 时的 $\psi_{(n,0,-1,0)}$ 及 $\psi_{(-1,0,n,0)}$，对其他所有标准映射 $\psi_{(n_0 n_1 n_2 n_3)}$ 均已有 $\mathrm{HPer}(\psi_{(n_0 n_1 n_2 n_3)}) = \mathrm{Per}(\psi_{(n_0 n_1 n_2 n_3)})$。而对于 $|n| \geqslant 2$ 时的 $\psi_{(n,0,-1,0)}$ 及 $\psi_{(-1,0,n,0)}$ 的同伦最小周期集，现在只有 $\mathrm{HPer}(\psi_{(n,0,-1,0)}) \subset \mathrm{Per}(\psi_{(n,0,-1,0)}) = \mathbf{N}$ 及 $\mathrm{HPer}(\psi_{(-1,0,n,0)}) \subset \mathrm{Per}(\psi_{(-1,0,n,0)}) = \mathbf{N}$ 的结论，要想证明 $\mathrm{HPer}(\psi_{(n,0,-1,0)})$ 与 $\mathrm{HPer}(\psi_{(-1,0,n,0)})$ 也满足 $\mathrm{HPer}(\psi_{(n_0 n_1 n_2 n_3)}) = \mathrm{Per}(\psi_{(n_0 n_1 n_2 n_3)})$ 的形式，则只需证明与 $\psi_{(n,0,-1,0)}$ 及 $\psi_{(-1,0,n,0)}$ 相对同伦的映射的周期集也都为 $\mathbf{N}$ 即可。这个证明将在第八节给出。

注记 5　定理 8 中的标准映射 $\psi_{(1,0,-1,0)}$，$\psi_{(0,0,-1,0)}$，$\psi_{(-1,0,-1,0)}$，$\psi_{(-1,0,0,0)}$，$\psi_{(-1,0,1,0)}$ 实际上都是 $|n| \leqslant 1$ 时 $\psi_{(n,0,-1,0)}$ 及 $\psi_{(-1,0,n,0)}$ 的形式，且周期集均为 $\{1,2,4\}$；而 $|n| \geqslant 2$ 时，$\psi_{(n,0,-1,0)}$ 及 $\psi_{(-1,0,n,0)}$ 的周期集则均为 $\mathbf{N}$，即 $\mathrm{Per}(\psi_{(n,0,-1,0)}) = \mathrm{Per}(\psi_{(-1,0,n,0)})$，这种对称性的原因如注记 3 所述是 $\psi_{(n,0,-1,0)}$ 与 $\psi_{(-1,0,n,0)}$ 的共轭所致。

第七节　标准映射的周期集

本节先对前两节的结论做一个小结，然后给出几个通过标准映射的表达形式计算周期点的实例，最后证明定理 4 与定理 5.

由定理 6，定理 7，定理 8 及注记 4，可按周期集对标准映射分类如下（表 1）.

表 1

标准映射	标准映射的周期集
$\varphi_{(0,0,0,0)}$	$\{4\}$
$\psi_{(0,0,0,0)}$	$\{2,4\}$
$\psi_{(-1,-1,-1,0)}$	$\mathbf{N}-\{2\}$
$\psi_{(1,0,-1,0)},\psi_{(0,0,-1,0)},\psi_{(-1,0,-1,0)},\psi_{(-1,0,0,0)},\psi_{(-1,0,1,0)}$	$\{1,2,4\}$
$\|n\| \geqslant 2$ 时，$\psi_{(n,0,-1,0)},\psi_{(-1,0,n,0)}$	$\mathbf{N}^*$
其他标准映射	$\mathbf{N}$

注记 6　关于"$*$"的说明. 表 1 中只有 $|n| \geqslant 2$ 时 $\psi_{(n,0,-1,0)}$ 与 $\psi_{(-1,0,n,0)}$ 的周期集现在还不能断言就是其同伦最小周期集，因此未将其直接并入最后一行而是在其周期集的位置做了一个"$*$"的标记，后面需要对这种形式的标准映射进行再说明.

前几节中用到的标准映射的形式只体现了弧段之间的映射以及覆盖关系，事实上，若标准映射为线性映射则其对圆周上每一点的作用是可以完全确定的. 以下我们给出几个实例说明如何写出这些具体的表达式，以及根据这些表达式计算周期的具体位置，这些计算过程和计算结果可以带来一些更直观的认识. 计算中的主要想法是，对于一个给定的标准映射 f，选取合适的线性映射 $F(\theta)$，使得 $f(e^{\theta i})=e^{F(\theta)i}$，并据此计算周期点的位置.

例 1　$\psi_{(-1,0,0,0)}:\omega_0 \mapsto \omega_0^{-1}\omega_3^{-1},\omega_1 \mapsto \omega_3,\omega_2 \mapsto \omega_0\omega_1,\omega_3 \mapsto \omega_1^{-1}$.

各段之间的映射关系我们可表示如下（图 32）：

如下定义 $F(\theta)$

$$F(\theta)=\begin{cases} F_0(\theta)=-2\theta+\dfrac{\pi}{2}, \theta \in \left[0,\dfrac{\pi}{2}\right] \\ F_1(\theta)=\theta-\pi, \theta \in \left[\dfrac{\pi}{2},\pi\right] \\ F_2(\theta)=2\theta-2\pi, \theta \in \left[\pi,\dfrac{3\pi}{2}\right] \\ F_3(\theta)=-\theta+\dfrac{5\pi}{2}, \theta \in \left[\dfrac{3\pi}{2},2\pi\right] \end{cases}$$

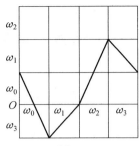

图 32

则可验证当 $\theta \in [0, 2\pi]$ 时,线性映射 $e^{F(\theta)i}$ 对 $\psi_{(-1,0,0,0)}$ 的周期轨 V 中的 4 个周期点 v_k 的作用与 $\psi_{(-1,0,0,0)}$ 完全相同,由于 $\psi_{(-1,0,0,0)}$ 也是线性映射,因此对 $\theta \in [0, 2\pi]$ 时的各个以 v_k 为端点的弧段,都有 $\psi_{(-1,0,0,0)}(e^{\theta i}) = e^{F(\theta)i}$.

$\psi_{(-1,0,0,0)}$ 的覆盖图如图 33 所示.

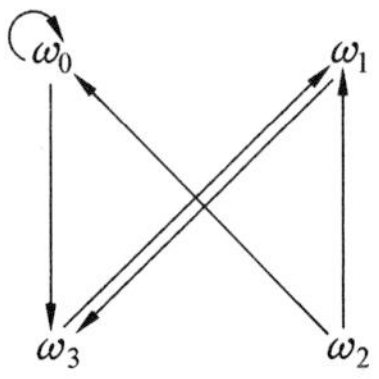

图中显示 $\psi_{(-1,0,0,0)}$ 在 ω_1 及 ω_3 中有 2 − 周期点,以下我们试求 $\psi_{(-1,0,0,0)}$ 在 ω_1 中 2 − 周期点的确切值.取 $\theta \in \left[\dfrac{\pi}{2}, \pi\right]$,则 $e^{\theta i} = \omega_1$. 由此

图 33

$$\psi_{(-1,0,0,0)}(e^{\theta i}) = e^{F(\theta)i} = e^{(\theta - \pi)i}.$$

此时,由于 $\theta - \pi \in \left[-\dfrac{\pi}{2}, 0\right]$ 已超出 F 定义区间的范围,所以无法直接迭代,但是由于 $e^{(\theta - \pi)i} = e^{(\theta + \pi)i}$,而 $\theta + \pi = F_1(\theta) + 2\pi \in \left[\dfrac{3\pi}{2}, 2\pi\right]$,所以此时这样计算

$$\psi^2_{(-1,0,0,0)}(e^{\theta i}) = \psi_{(-1,0,0,0)}(e^{(\theta - \pi)i}) = \psi_{(-1,0,0,0)}(e^{(\theta + \pi)i}) =$$
$$e^{F(\theta + \pi)i} = e^{(-(\theta + \pi) + \frac{5\pi}{2})i} = e^{(-\theta + \frac{3\pi}{2})i}$$

令 $-\theta + \dfrac{3\pi}{2} = \theta + 2k_1\pi, k_1 \in \mathbf{Z}$,则 $\theta = \dfrac{3 - 4k_1}{4}\pi$,再由 $\dfrac{\pi}{2} \leqslant \theta = \dfrac{3 - 4k_1}{4}\pi \leqslant \pi$ 及 $k_1 \in \mathbf{Z}$ 即可确定唯一的 $k_1 = 0$,此时对应 $\theta = \dfrac{3\pi}{4}$. 即 $e^{\frac{3\pi}{4}i}$ 是 $\psi_{(-1,0,0,0)}$ 的一个 2 − 周期点. 这点验证起来也非常简单

$$\psi^2_{(-1,0,0,0)}(e^{\frac{3\pi}{4}i}) = \psi_{(-1,0,0,0)}(e^{F_1(\frac{3\pi}{4})i}) = \psi_{(-1,0,0,0)}(e^{-\frac{\pi}{4}i}) =$$
$$\psi_{(-1,0,0,0)}(e^{\frac{7\pi}{4}i}) = e^{F_3(\frac{7\pi}{4})i} = e^{(-\frac{7\pi}{4} + \frac{5\pi}{2})i} = e^{\frac{3\pi}{4}i}$$

由上面这个验证的过程还可以看出 $e^{\frac{7\pi}{4}i}$ 也是 $\psi_{(-1,0,0,0)}$ 的一个 2 − 周期点,实际上它就是 ω_3 中的那个 2 − 周期点. 即 $\psi_{(-1,0,0,0)}$ 的(唯一)一条 2 − 周期轨为 $\left\{e^{\frac{3\pi}{4}i}, e^{\frac{7\pi}{4}i}\right\}$.

在上述计算过程中,由于 $F_1(\theta)$ 的取值已经超出定义的区间,所以我们利用 $e^{\theta i} = e^{(\theta + 2l\pi)i}, l \in \mathbf{Z}$,并选取 $l = 1$ 使 $F_1(\theta) + 2\pi$ 的取值回到定义区间以便可以

再次迭代，实际上此时若直接使用 $F_1(\theta)$ 进行迭代可以得到

$$F_3(F_1(\theta)) = F_3(\theta - \pi) = -(\theta - \pi) + \frac{5\pi}{2} = -\theta + \frac{7\pi}{2}$$

形式的表达式，再解方程 $-\theta + \frac{7\pi}{2} = \theta + 2k_2\pi$ 可得 $\theta = \frac{7 - 4k_2}{4}\pi$，则由 $\frac{\pi}{2} \leqslant \frac{7 - 4k_2}{4}\pi \leqslant \pi$ 可得 $k_2 = 1$，但是 θ 的解仍为 $\frac{3\pi}{4}$.

结果相同的原因如下：由于线性函数 F 的定义中 θ 的系数均为整数，因此若某一步对 θ 的值增加或减少了 $2l\pi(l \in \mathbf{Z})$，则迭代的结果也只差 $2l\pi$ 的某整数倍，而在最后解方程时，由于方程的右端含有 $2k\pi(k \in \mathbf{Z})$ 的形式，因此可将左端含 $2l\pi$ 的项移至右端与 $2k\pi$ 合并为一项，则左端剩下的形式即为每一步直接取 θ 得到的表达式，右端则变为 $2k'\pi$，其中 $k' = k + l, k' \in \mathbf{Z}$ 且 θ 的取值范围不变．因此，最后结果中 θ 的取值并不会改变，但 k 与 k' 有可能不同．如从上述两个满足 $\theta \in \left[\frac{\pi}{2}, \pi\right]$ 的方程 $\theta = \frac{3 - 4k_1}{4}\pi$ 与 $\theta = \frac{7 - 4k_2}{4}\pi$ 中便可很明显地看出，θ 的取值必定相同，而 k_1, k_2 不同也无须相同．因此在某一步取值超出定义范围时，我们直接按其最小正幅角所在的区间选择分段函数的表达式进行下一步的迭代也得到了同样的 θ 的解．

如果需要对 θ 的取值做特别的限制以使其在 F 下的像落在某个特定的区间，则在每次迭代之前都应先确定好 θ 的取值范围，因为这将决定最后 k 的范围及 θ 的取值．

例 2 $\psi_{(-1,-1,-1,0)}: \omega_0 \mapsto \omega_0^{-1}\omega_3^{-1}, \omega_1 \mapsto \omega_2^{-1}\omega_1^{-1}\omega_0^{-1}$, $\omega_2 \mapsto \omega_3^{-1}\omega_2^{-1}, \omega_3 \mapsto \omega_1^{-1}$.

映射关系如图 34 所示．

如下定义 $F(\theta)$

$$F(\theta) = \begin{cases} F_0(\theta) = -2\theta + \frac{\pi}{2}, \theta \in \left[0, \frac{\pi}{2}\right] \\ F_1(\theta) = -3\theta + \pi, \theta \in \left[\frac{\pi}{2}, \pi\right] \\ F_2(\theta) = -2\theta, \theta \in \left[\pi, \frac{3\pi}{2}\right] \\ F_3(\theta) = -\theta - \frac{3\pi}{2}, \theta \in \left[\frac{3\pi}{2}, 2\pi\right] \end{cases}$$

映射覆盖图如图 35 所示．

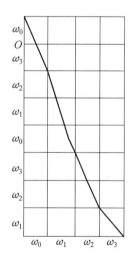

图 34

$\psi_{(-1,-1,-1,0)}$ 在 ω_3 中应有 3 - 周期点，按覆盖关系 $\omega_3 \to \omega_1 \to \omega_2 \to \omega_3$，取 $\theta \in \left[\frac{3\pi}{2}, 2\pi\right]$，则

$$\psi_{(-1,-1,-1,0)}(\mathrm{e}^{\theta\mathrm{i}}) = \mathrm{e}^{F(\theta)\mathrm{i}} = \mathrm{e}^{(-\theta-\frac{3\pi}{2})\mathrm{i}}$$

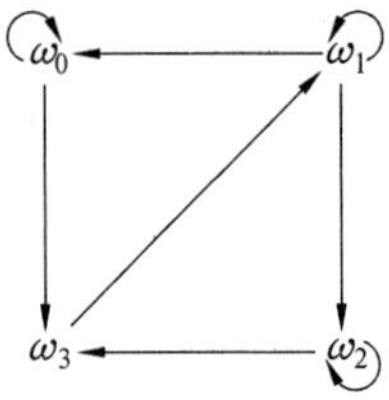

由于 $-\theta - \dfrac{3\pi}{2} \in \left[-\dfrac{7\pi}{2}, -3\pi\right]$，而 $\mathrm{e}^{(-\theta-\frac{3\pi}{2})\mathrm{i}} = \mathrm{e}^{(-\theta+\frac{5\pi}{2})\mathrm{i}}$，且 $-\theta + \dfrac{5\pi}{2} \in \left[\dfrac{\pi}{2}, \pi\right]$，所以 $\mathrm{e}^{(-\theta+\frac{5\pi}{2})\mathrm{i}}$ 在 ω_1 中，因此满足覆盖关系 $\omega_3 \to \omega_1$ 且可以进行下一次迭代

$$\psi_{(-1,-1,-1,0)}^2(\mathrm{e}^{\theta\mathrm{i}}) = \psi_{(-1,-1,-1,0)}(\mathrm{e}^{(-\theta+\frac{5\pi}{2})\mathrm{i}}) = \mathrm{e}^{F(-\theta+\frac{5\pi}{2})\mathrm{i}} =$$
$$\mathrm{e}^{(-3(-\theta+\frac{5\pi}{2})+\pi)\mathrm{i}} = \mathrm{e}^{(3\theta-\frac{13\pi}{2})\mathrm{i}} = \mathrm{e}^{(3\theta-\frac{9\pi}{2})\mathrm{i}}$$

此时 $3\theta - \dfrac{9\pi}{2} \in \left[0, \dfrac{3\pi}{2}\right]$，按覆盖关系图应要求 $3\theta - \dfrac{9\pi}{2} \in \left[\pi, \dfrac{3\pi}{2}\right]$ 才能使 $\mathrm{e}^{(3\theta-\frac{9\pi}{2})\mathrm{i}}$ 位于 ω_2 中，此时 $\theta \in \left[\dfrac{11\pi}{6}, 2\pi\right]$；再次迭代有

$$\psi_{(-1,-1,-1,0)}^3(\mathrm{e}^{\theta\mathrm{i}}) = \psi_{(-1,-1,-1,0)}(\mathrm{e}^{(3\theta-\frac{\pi}{2})\mathrm{i}}) = \mathrm{e}^{F(3\theta-\frac{\pi}{2})\mathrm{i}} = \mathrm{e}^{-2(3\theta-\frac{\pi}{2})\mathrm{i}} = \mathrm{e}^{(-6\theta+\pi)\mathrm{i}}$$

此时求方程

$$-6\theta + \pi = \theta + 2k\pi, \theta \in \left[\dfrac{11\pi}{6}, 2\pi\right]$$

的解，则只有 $k=-6$ 时对应的 $\theta = \dfrac{13\pi}{7}$ 可以满足方程.

在本例中，若在第二次迭代之前不对 θ 补充限制，则不能保证在每次迭代后 θ 的像按覆盖关系 $\omega_3 \to \omega_1 \to \omega_2 \to \omega_3$ 依次落入各指定弧段，最后的解也有可能出现差错.

例 3 $\psi_{(2,0,-1,0)}: \omega_0 \mapsto \omega_1\omega_2\Omega_3^2, \omega_1 \mapsto \omega_3, \omega_2 \mapsto \omega_3^{-1}\omega_2^{-1}, \omega_3 \mapsto \omega_1^{-1}$.

同样，先如图 36 表示出映射关系，再由此定义 $F(\theta)$

$$F(\theta) = \begin{cases} F_0(\theta) = 10\theta + \dfrac{\pi}{2}, \theta \in \left[0, \dfrac{\pi}{2}\right] \\ F_1(\theta) = \theta + 5\pi, \theta \in \left[\dfrac{\pi}{2}, \pi\right] \\ F_2(\theta) = -2\theta + 8\pi, \theta \in \left[\pi, \dfrac{3\pi}{2}\right] \\ F_3(\theta) = -\theta + \dfrac{13\pi}{2}, \theta \in \left[\dfrac{3\pi}{2}, 2\pi\right] \end{cases}$$

由 $\psi_{(2,0,-1,0)}$ 的覆盖图（图 37）及定理 4，$\psi_{(2,0,-1,0)}$ 在 ω_0 上的映射度为 2，所以 ω_0 中应有两个不动点.

类似前面的办法，取 $\theta \in \left[0, \dfrac{\pi}{2}\right]$，则 $\mathrm{e}^{\theta\mathrm{i}} \in \omega_0$.

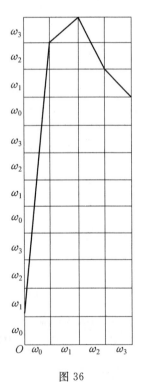

图 35

图 36

$F(\theta) = 10\theta + \frac{\pi}{2}$,解方程 $10\theta + \frac{\pi}{2} = \theta + 2k\pi$ 在 $\theta \in \left[0, \frac{\pi}{2}\right]$ 中的解,则有 $k=1$ 时的 $\theta = \frac{\pi}{6}$ 以及 $k=2$ 时的 $\theta = \frac{7\pi}{18}$ 两个解,即 $\psi_{(2,0,-1,0)}$ 在 ω_0 中有两个不动点 $e^{\frac{\pi}{6}i}$ 与 $e^{\frac{7\pi}{18}i}$.

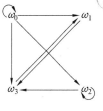

图 37

经过以上几个计算的例子之后,我们开始进行定理 4 和定理 5 的证明. 通过第五节与第六节中对映射覆盖图的讨论,我们可看出定理 4 和定理 5 实际上是针对无法应用命题 8 的几种特殊情形下的结论. 那么在证明这两个结论的过程中如有必要可直接通过计算得到结论.

若标准映射在 ω_k 上映射的指数为 n,以 $\varphi_{(n)}(\omega_0) = \omega_1 \Omega_2^n$ 为例,则按类似例 1 至例 3 的方法可定义以下线性映射

$$\lambda_{(n)} : \left[0, \frac{\pi}{2}\right] \to R^1$$

满足

$$\lambda_{(n)}(\theta) = (4n+1)\theta + \frac{\pi}{2}, \theta \in \left[0, \frac{\pi}{2}\right]$$

则当 $\theta \in \left[0, \frac{\pi}{2}\right]$ 时,有

$$\varphi_{(n)}(e^{\theta i}) = e^{\lambda_n(\theta)i}$$

类似地,可写出其他标准映射以及在不同 ω_k 上作用的表达式. 利用这个形式便可证明定理 4.

定理 4 的证明 以下证明以 $\varphi_{(n)}(\omega_0)$ 为例,实际上对其他标准映射以及所有 ω_k 都成立.

(1) 当 $n = 0$ 时,由命题 7 得 $\varphi_{(0)}(\omega_0) \cap \dot{\omega}_0 = \varnothing$,即任取 $y \in \omega_0$ 不为端点,$\varphi_{(0)}(y) \notin \omega_0$,因此 $\varphi_{(0)}$ 在 ω_0 中不可能有其他任何周期的周期轨.

(2) 当 $n \neq 0$ 时,若 $\varphi_{(0)}$ 在 ω_0 中有不动点 $p = e^{\theta i}, \theta \in \left[0, \frac{\pi}{2}\right]$,则 $\varphi_{(n)}(p) = p$,$e^{((4n+1)\theta + \frac{\pi}{2})i} = e^{\theta i}$,即要解出所有满足

$$\lambda_{(n)}(\theta) = (4n+1)\theta + \frac{\pi}{2} = \theta + 2l\pi \quad (l \in \mathbf{Z})$$

的解,计算之后可得 $\theta = \frac{4l-1}{8n}\pi$,令 $\theta \in \left[0, \frac{\pi}{2}\right]$,则 $0 \leqslant \frac{4l-1}{8n} \leqslant \frac{1}{2}$. 当 $n > 0$ 时,$\frac{1}{4} \leqslant l \leqslant n + \frac{1}{4}$,再由 $l \in \mathbf{Z}$ 可得 $1 \leqslant l \leqslant n$. 因此满足条件的 l 有 n 个,则对应的 $\theta = \frac{4l-1}{8n}\pi$ 也有 n 个,因而不动点也有 n 个;当 $n < 0$ 时,$n + \frac{1}{4} \leqslant l \leqslant$

$\frac{1}{4}$,由 $l \in \mathbf{Z}$ 可得 $n+1 \leqslant l \leqslant 0$,因此满足条件的 l,θ 以及不动点也都有 $|n|$ 个.

当 $n=1$ 时,$l=1$,由 $\theta = \frac{4l-1}{8n}\pi$ 可知,$\varphi_{(1)}$ 在 ω_0 中唯一的一个不动点 p 对应 $\theta = \frac{3}{8}\pi$. 若 $\varphi_{(1)}$ 在 ω_0 中有一条 $m-$ 周期轨为 $\{p_1, p_2, \cdots, p_m\}$,其中 $\varphi_{(1)}(p_l) = p_{l+1}$,$\varphi_{(1)}(p_m) = p_1$,且设 $p_1 = \mathrm{e}^{\theta \mathrm{i}}$,$\theta \in \left[0, \frac{\pi}{2}\right]$,以下说明 θ 的取值范围需要进行限制.

由 $\theta \in \left[0, \frac{\pi}{2}\right]$ 可得 $\lambda_{(1)}(\theta) = 5\theta + \frac{\pi}{2} \in \left[\frac{\pi}{2}, 3\pi\right]$,则若要 $p_2 = \varphi_{(1)}(p_1) = \mathrm{e}^{\lambda_{(1)}(\theta) \mathrm{i}} \in \omega_0$,则 θ 应使 $\lambda_{(1)}(\theta) \in \left[2\pi, 2\pi + \frac{\pi}{2}\right]$.

同理,若要使
$$p_3 = \varphi_{(1)}^2(p_1) = \varphi_{(1)}(p_2) = \mathrm{e}^{\lambda_{(1)}(\lambda_{(1)}(\theta) - 2\pi)\mathrm{i}} \in \omega_0$$
则 θ 应使 $\lambda_{(1)}(\lambda_{(1)}(\theta) - 2\pi) \in \left[2\pi, 2\pi + \frac{\pi}{2}\right]$.

依此类推,并代入 $\lambda_{(1)}(\theta) = 5\theta + \frac{\pi}{2}$ 计算 $\varphi_{(1)}^m(p_1)$,整理后可得
$$\varphi_{(1)}^m(p_1) = \exp\left(5^m \theta - \frac{3 \cdot (5^m - 1)}{8}\pi\right)\mathrm{i}$$
且 θ 应使其中的 $5^m \theta - \frac{3 \cdot (5^m - 1)}{8}\pi \in \left[0, \frac{\pi}{2}\right]$,则
$$\frac{3\pi}{8} - \frac{3\pi}{8 \cdot 5^m} \leqslant \theta \leqslant \frac{3\pi}{8} + \frac{\pi}{8 \cdot 5^m}$$

上式表明只有在不动点附近的一个很小的邻域里的点才能在很多次迭代后仍在 ω_0 中.

最后,由 $\varphi_{(1)}^m(p_1) = p_1$,令
$$5^m \theta - \frac{3 \cdot (5^m - 1)}{8}\pi = \theta + 2k\pi$$
得 $\theta = \frac{2k\pi}{5^m - 1} + \frac{3\pi}{8}$,再代入上述 θ 的取值范围可得
$$-\frac{3}{8} + \frac{3}{8 \cdot 5^m} \leqslant 2k \leqslant \frac{1}{8} - \frac{1}{8 \cdot 5^m}$$

显然对任意的 $m > 0$,k 均只能取 0,此时 $\theta = \frac{3\pi}{8}$,即只有不动点 $\theta = \frac{3\pi}{8}$ 对应的 $p_1 = \mathrm{e}^{\theta \mathrm{i}}$ 才满足 $\varphi_{(1)}^m(p_1) = p_1$.

当 $n = -1$ 时,定义 $\lambda_{(-1)}(\theta) = -3\theta + \frac{\pi}{2}$,类似地,可得 $\varphi_{(-1)}$ 在 ω_0 中的不动

点为 $e^{\frac{\pi}{8}i}$ 以及证明 $\varphi_{(-1)}$ 在 ω_0 中没有其他周期的周期轨.

(3) 当 $|n| \geqslant 2$ 时,则 $\varphi_{(n)}$ 在 ω_0 中有 $|n|$ 个不动点. 由 $\varphi_{(n)}(\omega_0) = \omega_1 \Omega_2^n$ 及命题 4 知,存在 $\omega \subset \omega_0$ 使得 $\varphi_{(n)}(\omega) = \omega_1 \Omega_2 \supset \omega_0$,进而存在 $\omega_p \subset \omega$ 使得 $\varphi_{(n)}(\omega_p) = \omega_0$. 又 $\varphi_{(n)}(\omega_0 - \omega) \supset \Omega_2 \supset \omega_0$,同理存在 $\omega_q \subset \omega_0 - \omega$ 使得 $\varphi_{(n)}(\omega_q) = \omega_0$,如此则得到 $\omega_p \cap \omega_q = \varnothing$,且有覆盖关系 $\subset \omega_q \rightleftarrows \omega_p$,因此 $\varphi_{(n)}$ 在 ω_p(以及 ω_q)中有以所有自然数为周期的周期点,即周期集为 **N**.

注记 7 在定理 4(2) 的证明中有如下结论,m 次迭代但始终在 ω_0 中的点应满足

$$\frac{3\pi}{8} - \frac{3\pi}{8 \cdot 5^m} \leqslant \theta \leqslant \frac{3\pi}{8} + \frac{\pi}{8 \cdot 5^m}$$

即这样的点与不动点应非常接近,它们之间的距离与迭代次数有关. 此时便已容易想到结果,若在 ω_0 中存在 $m-$ 周期轨,则周期轨中的点再经过无穷多次迭代都应还在 ω_0 中的周期轨内,则其与不动点应无限接近,如此则只有不动点能满足要求. 通过计算可以更明显地看出这一点.

定理 4 主要说明的是可以覆盖自己的弧段上除不动点之外其他周期点的存在情况,即出现形如

$$\omega_k \underbrace{\rightarrow \omega_k \rightarrow \cdots \rightarrow \omega_k}_{n} \rightarrow \omega_k$$

时的结论. 我们曾在第六节中讨论 $\psi_{(0,0,0,0)}$,$\psi_{(-1,-1,-1,0)}$ 以及 $|n| \leqslant 1$ 时 $\psi_{(n,0,-1,0)}$ 与 $\psi_{(-1,0,n,0)}$ 的周期集时使用过.

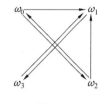

图 38

另外,对于形如 $\psi_{(0,0,0,0)}$ 的覆盖图(图 38),我们还需证明定理 5.

定理 5 的证明 设标准映射 f 使得 $\omega_k \rightleftarrows \omega_j$,则首先 ω_k 中必有 $2-$ 周期点 p,且 $q = f(p) \in \omega_j$. 又易知 ω_k 及 ω_j 不可能有公共端点,否则端点不可能为 $4-$ 周期点. 因此根据覆盖关系的不同分两种情况进行讨论. 另外,指数为 0 意味着标准映射不会让 ω_k 和 ω_j 覆盖自身.

(1) 对于形如 $\psi_{(0,0,0,0)}$ 中 ω_1 及 ω_3 的情况,即只有互相覆盖而不再覆盖其他弧段的映射 f,一定满足

$$f: v_k \mapsto v_j, v_j \mapsto v_{k+1}, v_{k+1} \mapsto v_{j+1}, v_{j+1} \mapsto v_k$$

以下记 $\omega_{[a,b]}$ 为点 a 到点 b 的道路,则弧段间有映射关系

$$f: \omega_{[v_k,p]} \mapsto \omega_{[v_j,q]}, \omega_{[v_j,q]} \mapsto \omega_{[v_{k+1},p]}$$
$$\omega_{[v_{k+1},p]} \mapsto \omega_{[v_{j+1},q]}, \omega_{[v_{j+1},q]} \mapsto \omega_{[v_k,p]}$$

即 $f^4: \omega_{[v_k,p]} \mapsto \omega_{[v_k,p]}$,且 $f^4(v_k) = v_k, f^4(p) = p$. 由于标准映射 f 为线性映射,

而且内部不可能再有小于 4 周期的周期点,所以 $\omega_{[v_k,p]}$ 内部的点都是 4-周期点. 同理可得 $\omega_{[v_{k+1},p]}$, $\omega_{[v_j,q]}$ 以及 $\omega_{[v_{j+1},q]}$ 的内部均为 4-周期点,即在 ω_k 及 ω_j 中除各有一个 2-周期点外,其余所有点均为 4-周期点,因而再无其他周期的周期点.

(2)对于形如 $\psi_{(0,0,0,0)}$ 中 ω_0 及 ω_2 的情况,即除了互相覆盖还覆盖其他弧段但不覆盖自身的标准映射,我们可通过类似定理 4 中的(2)得出结果,以 $\psi_{(0,0,0,0)}$ 为例,定义 $F(\theta)$ 如下

$$F(\theta) = \begin{cases} F_0(\theta) = 2\theta + \dfrac{\pi}{2}, \theta \in \left[0, \dfrac{\pi}{2}\right] \\ F_1(\theta) = \theta + \pi, \theta \in \left[\dfrac{\pi}{2}, \pi\right] \\ F_2(\theta) = 2\theta, \theta \in \left[\pi, \dfrac{3\pi}{2}\right] \\ F_3(\theta) = -\theta + \dfrac{9\pi}{2}, \theta \in \left[\dfrac{3\pi}{2}, 2\pi\right] \end{cases}$$

对 $\theta \in \left[0, \dfrac{\pi}{2}\right]$, $e^{\theta i} \in \omega_0$,有

$$\psi_{(0,0,0,0)}(e^{\theta i}) = e^{F(\theta)i} = e^{(2\theta + \frac{\pi}{2})i}, 2\theta + \dfrac{\pi}{2} \in \left[\dfrac{\pi}{2}, \dfrac{3\pi}{2}\right]$$

若要其落在 ω_2 中,则需令 $2\theta + \dfrac{\pi}{2} \in \left[\pi, \dfrac{3\pi}{2}\right]$,此时 $\theta \in \left[\dfrac{\pi}{4}, \dfrac{\pi}{2}\right]$,然后迭代

$$\psi_{(0,0,0,0)}^2(e^{\theta i}) = \psi_{(0,0,0,0)}(e^{(2\theta + \frac{\pi}{2})i}) = e^{F(2\theta + \frac{\pi}{2})i} = e^{(4\theta + \pi)i}$$

令 $4\theta + \pi = \theta + 2k\pi$,解出在 $\left[\dfrac{\pi}{4}, \dfrac{\pi}{2}\right]$ 中唯一满足方程的解为 $\theta = \dfrac{\pi}{3}$,则 $e^{\frac{\pi}{3}i}$ 为 ω_0 中的 2-周期点.

对 $\psi_{(0,0,0,0)}$ 的任意一个从 ω_0 出发最后可回到 ω_0 的覆盖关系都有如下形式

$$\omega_0 \underbrace{\to \omega_2 \to \omega_0 \to \omega_2 \to \cdots \to \omega_0 \to \omega_2 \to}_{m} \omega_0$$

则 m 显然不可能为奇数,因此设 ω_0 中有一个 m-周期点为 $p = e^{(\frac{\pi}{3} + \theta_0)i}$,其中 $\dfrac{\pi}{3} + \theta_0 \in \left[0, \dfrac{\pi}{2}\right]$,则 $\psi_{(0,0,0,0)}^{2l-1}(p) \in \omega_2$,$\psi_{(0,0,0,0)}^{2l}(p) \in \omega_0$,其中 $l = 1, 2, \cdots, \dfrac{m}{2}$.

则类似定理 4(2) 的证明中确定 θ 精确范围的做法,经过计算得到以下形式

$$\psi_{(0,0,0,0)}^m(p) = e^{(\frac{\pi}{3} + 2^m \theta_0)i}$$

其中 $\dfrac{\pi}{3} + 2^m \theta_0 \in \left[0, \dfrac{\pi}{2}\right]$. 再解方程

$$\psi_{(0,0,0,0)}^m(p) = p = e^{(\frac{\pi}{3} + \theta_0)i}$$

由于 $\frac{\pi}{3}+\theta_0 \in \left[0,\frac{\pi}{2}\right]$，所以得到 $2^m\theta_0=\theta_0$，即 $\theta_0=0$，此时得 $p=\mathrm{e}^{\frac{\pi}{3}\mathrm{i}}$，已证明其最小周期为 2，所以 ω_0 中没有其他偶数以及奇数周期的周期点可以满足

$$\underbrace{\omega_0 \to \omega_2 \to \omega_0 \to \omega_2 \to \cdots \to \omega_0 \to \omega_2}_{m} \to \omega_0$$

形式的覆盖关系.

注记 8　定理 5 证明的最后一段与定理 4(2) 的证明中确定 θ 精确范围的做法没有实质上的不同，但从形式上看可以使某些性质更加明显，如 $\psi_{(0,0,0,0)}^m(p)=\mathrm{e}^{(\frac{\pi}{3}+2^m\theta_0)\mathrm{i}}$，若需始终满足 $\frac{\pi}{3}+2^m\theta_0 \in \left[0,\frac{\pi}{2}\right]$，则随着迭代次数 m 的（按偶数）不断增大，$\mathrm{e}^{(\frac{\pi}{3}+2^m\theta_0)\mathrm{i}}$ 表示了一个离不动点越来越远但始终在 ω_0 中的单调点列，则不到端点处都不可能再经过若干次迭代回到原来的位置.

有了命题 8 以及上述两个定理的支持，表 1 中标准映射的周期集至此已得到了完全的确定.

第八节　所有 4 周期连续映射的同伦最小周期集

仅讨论标准映射只能得到很少一部分关于映射的周期集的结论，讨论其同伦最小周期集的目的是为了给出一个对圆周上所有有 4－周期轨的连续自映射都适用的一般性的结论. 第五节与第六节中对某些标准映射已经证明其周期集等于其同伦最小周期集，以下只需对剩下的标准映射 $\psi_{(n,0,-1,0)}$ 及 $\psi_{(-1,0,n,0)}$ 给出确定的结论即可.

定理 9　标准映射的周期集就是其同伦最小周期集.

证明　由第七节的表 1，只需证明当 $|n| \geqslant 2$ 时，$\psi_{(n,0,-1,0)}$ 及 $\psi_{(-1,0,n,0)}$ 的同伦最小周期集也为 **N** 即可.

类似定理 4(3) 的证明，由定义 $\varphi_{(n)}(\omega_0)=\omega_1\Omega_2^n$，若 $f_1(\omega_0)$ 与 $\varphi_{(n)}(\omega_0)$ 相对同伦，则将定理 4(3) 证明中 $\varphi_{(n)}$ 的位置均换为 f_1 即可得到完全相同的结果，因此 f_1 在 ω_0 中也将有以所有自然数为周期的周期点，即周期集也为 **N**.

最后，我们根据定理 9 以及表 1 可得以下主要结论.

定理 10　圆周上所有有 4－周期轨的连续自映射 f 的最小周期集可按其相对同伦类做如表 2 所示的分类.

这样，对于圆周上任一有 4－周期轨的连续映射 f，可先找到一个与其相对 V 共轭的连续映射 g，再找到与 g 相对 V 同伦的标准映射，则此标准映射的周期

集就是 g 的同伦最小周期集,这与 f 的同伦最小周期集只差一个共轭变换,但结构完全相同.

表 2

与 f 相对同伦的标准映射	HPer(f)
$\varphi_{(0,0,0,0)}$	$\{4\}$
$\psi_{(0,0,0,0)}$	$\{2,4\}$
$\psi_{(-1,-1,-1,0)}$	$\mathbf{N}-\{2\}$
$\psi_{(1,0,-1,0)}$,$\psi_{(0,0,-1,0)}$,$\psi_{(-1,0,-1,0)}$,$\psi_{(-1,0,0,0)}$,$\psi_{(-1,0,1,0)}$	$\{1,2,4\}$
其他	$\mathbf{N}$

与 Sarkovskii 定理相比,若线段上的自映射有 4 – 周期轨,则按 Sarkovskii 序只能确定一定有不动点及 2 – 周期点,这与表 2 所述结论的差别很大 —— 按表 2 所述,有些标准映射并没有不动点或 2 – 周期点,如 $\varphi_{(0,0,0,0)}$,$\psi_{(0,0,0,0)}$ 和 $\psi_{(-1,-1,-1,0)}$,而且除了表中特别列出的 8 个标准映射,其他所有标准映射所在同伦类中的所有映射的最小周期集都一定为 $\mathbf{N}$,所以周期集也一定为全体自然数. 这说明 Sarkovskii 定理不适用于圆周自映射的情况,这也充分表明圆周上的连续自映射与线段上的连续自映射的周期轨道的结构的确有很大不同.

分岔、混沌、奇怪吸引子、湍流及其他
—— 关于确定论系统中的内在随机性

第二章

第一节 引　　言

1963 年气象学家 Lorenz(洛伦茨)在数值实验中发现，Saltzman 在前一年提出的简化的液体对流模型虽然是一个完全确定的三阶常微分方程组，却在一定参数范围内给出非周期的、看起来很混乱的输出．1964 年天文工作者 Hénon 等人发现，一个自由度数目为 2 的不可积的 Hamilton(哈密顿)系统，当能量渐高时其轨道在相空间的分布似乎越来越随机．1971 年，Ruelle 等为耗散系统引入"奇怪吸引子"概念，建议了一种新的湍流发生机制．1976 年，R. May 在一篇起了很大促进作用的综述中指出，生态学中一些非常简单的数学模型，具有极为复杂的动力行为，包括分岔序列和混沌．随后 Feigenbaum 和 Coullet 等人独立地发现了倍周期分岔现象中的标度性和普适常数．这些研究方向迅速融成一片，引起了许多物理和数学工作者的关注．

人们把这一类现象称为"混沌(chaos)""自发混沌(self-generated chaos)""动力随机性(dynamical stochasticity)""内在随机性"等．目前的形势是：发现了一批细致的现象，它们背后有一类无穷嵌套的自相似的几何结构，而且具有相当的普适性，涉及由差分方程、常微分方程或偏微分方程描述的许多数学模型和物理系统．已经有若干严格的数学结果，更多的是计算机实验，真正的物理实验报道也日益增多．

这是一个活跃的领域,其状态与20世纪70年代初期相变理论因引入重正化群方法而有所突破时相像,而且人们也正在从相变理论中借用临界指数、标度性和普适类等概念. 近些年有多次国际会议部分或全部地讨论与此有关的问题. 已经发表了一些专著、综述和通俗介绍. 本章打算系统地评述这一领域的现状和问题.

一、确定论和概率论描述

对于同一个客观世界,在物理学中有确定论和概率论的两套描述体系. Newton力学,或更确切地说,天体力学曾经是确定论描述的典范. 热力学、流体力学这类宏观描述,需借助统计概念论证,可以作为概率论描述的代表(本文不涉及量子力学问题). 在一定意义上说,这是两套基本精神相反的描述. 天体力学是"一一对应"的:一组确定的初值导致一条确定的轨道,它一举决定体系的过去与未来. 热力学是多一对应的,一个平衡态对应瞬息万变的众多微观状态,它又可以是许多非平衡态的归宿,由平衡态本身无法判断它从何而来. 无穷小分析的 $\varepsilon-\delta$ 语言,体现在力学之中,就是只要初始条件的变动很小,轨道的改变也不应很大,否则"轨道"概念本身就不再适用(不稳定点附近不是这样,但过去以为这样的点在相空间中极为稀少,把它们加到一起也只是体积为零,或称"测度为零"的区域). 只要外力不突变,运动方式就不会自发地产生突变. 而热力学描述中可能有相变现象,这时控制参数(温度、压力……)原则上无限小的变化,会使系统的某些特征量表现出有限的突变、无穷的尖峰等. 力学方程是可逆的,热力学允许有不可逆过程,如此等等.

确定论的思想自 Newton 以来根深蒂固,以至对于物理学中统计描述的必要性,长期以来有两种对立的解释. 一种观点把统计的必要性归结为自由度和方程数目太多,不可能完全列举初始条件、模型中不能计入一切次要因素等外在的和技术上的原因. 另一种观点则强调统计规律性是复杂系统所特有的,决不能把它还原为力学规律;物质运动和结构由低级向高级的发展是统计规律性的后果,决不应来自力学描述中没有计入的次要因素.

其实,这种对立在很大程度上基于传统的力学教科书观念. 这些教科书实际上只讲解在力学系统中稀如凤毛麟角的特例,即可积,甚至可解的简单系统,而完全没有论及更典型的、更普遍的不可积系统. 现在知道,只要确定论的系统稍为复杂一些,它就会表现出随机行为. Newton力学具有内在的随机性. 确定论和概率论描述之间,存在着由此及彼的桥梁. 这主要是20世纪60年代以来的发展.

二、两类确定论方程

微观运动的确定论方程,以 Newton 方程为代表. 只要不加与时间有关的

外力，它们就都描述保守系统，刻画时间上可逆的运动. 如果系统变得足够复杂，会不会自发地出现随机性和统计描述的必要性，甚至出现不可逆性？这仍是力学与统计力学关系那个老难题. 物理学早就把它让给数学去研究. 在数学家手中，它作为遍历理论、动力系统理论和微分方程定性理论的篇章，有了很大发展. 现在已经到了物理学应当回过头来学习和消化新的数学结论的时期.

另外，物理学中还有一批宏观方程. 例如，描述流体速度场 V 的 Navier-Stokes 方程

$$\frac{\partial V}{\partial t} + (V \nabla)V = -\frac{1}{\rho}\nabla p + v\Delta V \tag{1}$$

其中，p 是压力，v 是运动黏滞系数，ρ 是密度. 又如，描述不均匀系统中化学反应的反应扩散方程

$$\frac{\partial x_i}{\partial t} = f_i(x_1, \cdots, x_N) + D_i \Delta x_i \quad (i=1,2,\cdots,N) \tag{2}$$

右端第一项描述化学反应动力学，f_i 通常是非线性函数，第二项代表空间不均匀引起的扩散效应，D_i 是组元 x_i 的扩散系统.

这是一批非线性（表现在 $(V\nabla)V$ 项或 f_i 函数中）、有耗散（表现在 v 和 D 项），因而不可逆的时间演化方程. 它们虽然原则上都可以从微观方程经过统计平均推导出来，但方程本身已是确定论的. 只要适当地给定初值和边界条件，这些方程的解似乎也应当是完全确定的. 一个基本实验事实是，流体或化学反应系统，会在一定条件下出现湍流这类很混乱的、需要统计描述的运动状态. 物理学中一个历史悠久的难题，就是 (1) 和 (2) 这些确定论的宏观演化方程，能不能描述湍流的发生机制，进而刻画发达的湍流状态本身.

粗略地划分，这两类确定论方程，前者是保守系统，后者是耗散系统（有些非耗散的宏观方程甚至是完全可积的，这涉及另一个迅速发展的领域，即非线性微分方程孤立解与统计模型严格解的关系，它完全超出了本文的范围）. 保守系统中的自发随机性与平衡态统计物理的基础密切相关，而耗散系统中的混沌可能与湍流的发生机制有联系. 这是两个不同层次上的随机性问题. 1963 年，Lorenz 的发现是在耗散系统中，但对它的普遍意义理解较晚. 1964 年，Hénon 等人研究的模型则是不可积的保守系统，它以动力系统的数学理论为背景，早有比较深刻的认识.

三、外在和内在的随机性

为了正确理解本文强调的内在随机性，先回顾一下人们普遍承认的外在随机性.

一支数学摆的运动也不能完全由力学方程决定，忽略摆长涨落、空气摩擦等物理因素后，数学摆的方程是

$$\ddot{\varphi} + \frac{g}{l\sin\varphi} = 0 \tag{3}$$

这里 l 是摆长，g 是重力加速度. 它的相空间由角位移 φ 和角速度 $\dot{\varphi}$ 形成. 由于运动的周期性，可以只考虑 $-\pi < \varphi \leqslant \pi$ 的一个条带(图1). 图中联结 $(-\pi,0)$ 和 $(\pi,0)$ 的两条分界线，把相平面分成 3 个区域，对应三种不同的运动类型. 中间是摆动区，上下是方向相反的转动区. 只要把两条分界线排除，相平面上任何一点都可以有一个邻域. 取邻域中某个点做初值，我们不仅知道它属于同一种运动类型，而且可以精确地预言它未来的轨迹. 运动类型对初值的不敏感性和未来轨道的可预言性，这相互联系的两个特点是确定论描述的前提.

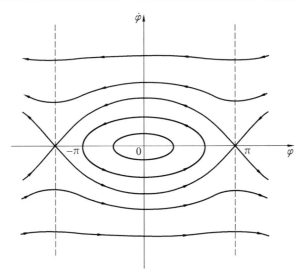

图 1　数学摆的相平面

然而，相平面上 3 个区域的分界线，特别是分界线的交点 $(\pm\pi,0)$ 就不满足这个前提. 点 $(\pm\pi,0)$ 对应数学摆处于正上方的不稳定平衡位置. 根据力学方程，初值如取在这一点，摆就会永远静止在那里. 事实上，初始条件的任何微小偏差，都会被放大，从而决定摆的未来命运——向左侧或右侧倒下去. 人们承认，在这种情况下仅仅靠力学是不够的，只有计入外界环境的随机性，才能对运动有"完全"的描述. 这种思想发展起来，引入随机初始条件、随机参数、随机外力(噪声)等，使方程本身不是确定论的. 这就是外在随机性.

这种外在随机性与本文将着重讨论的内在随机性，至少有两条本质差别. 第一，可能出现随机性的初值区域在相空间中的测度(体积)为零，在上述例子中限于相平面上的点和线. 第二，为了计入随机性，必须在原有方程中外加随机项(随机的系数、初始条件或外源). 我们将看到，某些完全确定论的方程，不需附加任何随机因素，即可表现出随机行为，而且导致随机行为的初值范围或参数范围在相应的相空间或参数空间中具有非零测度.以后除了在第六节第五部分中讨论湍流和相变的类比时提到外噪声的影响,本文不再涉及外在随机性.

我们顺便利用图 1,指出以后用作对比的两类特殊点.原点 $(0,0)$ 是一个稳定的椭圆点.如果初值取于此,在小扰动下只产生微振动,运动限制在绕原点的小椭圆上.不稳定的 $(\pm\pi,0)$ 则是双曲点.局部看来,有两条通向这个点的分界线是稳定轨道,另外两条分界线是不稳定轨道.无论沿稳定轨道趋向 $(\pm\pi,0)$,或沿不稳定轨道离开该点,都需要无穷长的时间.换言之,通过点 $(\pm\pi,0)$ 的是无穷长周期的轨道.整体看来,一条分界线由 $(\pi,0)$ 作为不稳定轨道出发,而作为稳定轨道进入 $(-\pi,0)$,另一条分界线则反过来.这个特殊的整体性质在更复杂的系统中不能保持下来.这在一定意义下将成为内在随机性的一种来源.

第二节 保守系统中的随机性

虽然 Newton 的《自然哲学的数学原理》一书出版已近三百多年,但我们对 Newton 方程解的一般性质其实所知甚少.三体问题已经是众所周知的难题.多体问题级数解的收敛性和太阳系本身的稳定性曾长期得不到证明.20 世纪初 Poincaré(庞加莱)对天体力学的深刻分析,以及统计物理奠基所提出的根本性问题,曾经是重新研究经典力学的一个良好开端.部分由于相对论和量子力学的成功,部分由于现代技术的迅猛发展吸引了物理学的注意力,艰难的经典力学问题被留给数学家们去静心研究.

20 世纪 60 年代以来,包括经典力学在内的动力系统理论有了很大发展.现在知道,如果在一切 Hamilton 函数组成的"空间"中随便取一个点,则它几乎一定是不可积的.可积系统虽然极其稀少,但其中有一些可用反散射方法严格求解(这还包括某些非 Hamilton 系统),甚至具有无穷多个守恒量.这类系统没有随机性的运动.另外,在不可积系统中,随机行为则是典型的.应当说,这些研究迄今仍是数学家的领地,许多有益的物理结论仍然包裹在现代数学的抽象形式里,需要进一步具体化为直观的物理概念.从发展看,这方面的许多成果应当写进经典力学或统计物理的教科书,但目前为物理工作者阅读的这类书籍还很少.Balescu 在《平衡和非平衡统计力学》的附录中对遍历理论的介绍是一次尝试.本节也只能略述梗概,为后面讨论耗散系统做一些准备.叙述中自然不追求数学上的严格性.

本文将着重讨论与物理实验关系更为密切的耗散系统.严格说来,即使约化成少数自由度的确定论方程组,耗散系统也总有一个无穷多自由度的背景.这表现在 v, D 这些输运系数上.这是一大类特殊的动力系统,它们的有效相空间在演化过程中不断收缩,而不是 Liouville(刘维尔)定理所保证的相体积不变.这类系统的数学理论远不如保守系统那样完备,许多概念(如双曲线、单褶点、轨道不稳定等)是从普通动力系统理论中借来的.这是我们先写这部分的原因.

一、可积和不可积的 Hamilton 系统

先复习一点解析力学的基本概念.考虑有 N 个自由度的保守系统,其 Hamilton 函数是

$$H = H(p_1, p_2, \cdots, p_N, q_1, q_2, \cdots, q_N) \tag{4}$$

它的运动由 Hamilton 正则方程

$$\dot{q}_i = \frac{\partial H}{\partial p_i}, \dot{p}_i = -\frac{\partial H}{\partial q_i} \tag{5}$$

描述.如果能找到一系列正则变换,从广义动量 $p_1, p_2, \cdots, p_N$ 和广义坐标 $q_1, q_2, \cdots, q_N$ 变到另一套变量 $J_1, \cdots, J_N, \theta_1, \cdots, \theta_N$,使得用新变量表示的 Hamilton 函数只依赖于前一半变量 J_i,而与 θ_i 无关,即

$$H = \mathcal{H}(J_1, J_2, \cdots, J_N) \tag{6}$$

则相应的 Hamilton 方程是

$$\begin{cases} \dot{\theta}_i = \frac{\partial \mathcal{H}}{\partial J_i} = \Omega_i(J_1, J_2, \cdots, J_N) \\ \dot{J}_i = -\frac{\partial \mathcal{H}}{\partial \theta_i} = 0 \end{cases} \tag{7}$$

由于 Ω_i 是与 θ_i 无关的函数,这些方程可立即积分出来

$$\begin{cases} \theta_i(t) = \Omega_i t + \theta_i(0) \\ J_i = J_i(0) \end{cases} \tag{8}$$

这个力学系统的运动方程就完全解出来了.$2N$ 个由初始条件决定的常数 $\theta_i(0)$ 和 $J_i(0)$,反过来通过最初的广义坐标和广义动量表示,就是 $2N$ 个运动不变量.J_i, θ_i 称为作用角度变量.这样的 Hamilton 系统称为可积的.事实上,只要知道了 N 个适当的运动积分,运动方程的解就可以通过积分表示出来.这样的系统也是可积的.

大家知道,根本困难还在于如何找到所需的正则变换或运动积分.如果从一切可能的解析的 Hamilton 函数中任取一个,那么它几乎一定是不可积的(只要$N \geq 2$).可积的 Hamilton 函数是如此稀少,以至于用它们来逼近一个不可积系统也是办不到的.

可积系统在相空间中的运动与统计力学的要求格格不入.如果系统的运动对于一切广义坐标都是有界的,那么各种力学量只能是角度变量的周期函数.

这时系统在相空间的运动限制在 N 维环面上，$J_i = J_i(0)$ 是环面的各个半径，而 θ_i 描述在环面上的绕动。高维环面不易形象化，$N=1$ 和 $N=2$ 的情形示于图 2 中。只要 $N \geqslant 2$，由 J_i 决定的 N 维环面就仅仅是 $2N-1$ 维等能面的一部分。换句话说，等能面上有大片区域是系统的运动达不到的，而微正则系统的基本假定要求系统到达等能面上各点的概率相等。可积系统的运动是确定论的，要寻求通向随机性的桥梁，必须研究不可积系统。

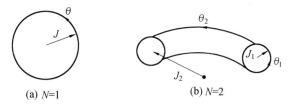

图 2　环面

二、近可积系统的 KAM 定理

如果 Hamilton 函数中可以分出一项小扰动
$$H = H_0 + V$$
而当 $V=0$ 时，H_0 是可积的，即可以变换到作用角度变量 J_i, θ_i，求得 N 个频率 $\Omega_i(J_1, \cdots, J_N)$，运动限制在 N 维环面上等，那么当 $V \neq 0$ 时运动的定性图像如何呢？

答案是由 Коломогоров 在 1954 年指出，到 20 世纪 60 年代初由 Арнольд 和 Moser 分别证明的，通常称为 KAM 定理。它的证明涉及论证多体问题级数解的收敛性，成功地处理其中遇到的小分母问题。所需的数学知识超过物理工作者的一般水准，但是其结论和图像是清楚易懂的。我们也就限于表述定理的大意，然后讨论其物理后果。

KAM 定理的证明在两个条件下，即：

第一，Hamilton 函数中导致不可积性的扰动项 V 很小。

第二，未扰动的可积 Hamilton 函数 H_0 对应的频率满足不相关（或非共振）条件

$$\frac{\partial(\Omega_1, \cdots, \Omega_N)}{\partial(J_1, \cdots, J_N)} \neq 0 \tag{9}$$

Hamilton 函数 $H = H_0 + V$ 的绝大多数解（只除去测度为零的集合）仍然留在 N 维环面上。这些环面的形状比起 $V=0$ 时可能略有改变，但运动的定性图像与未扰动的可积系统相同。

这个定理的结论初看之下有些出乎意料。正像 Balescu 所指出的，KAM 定

理使天体力学家们高兴,而令统计物理工作者"失望". 在统计物理教学中常常从没有相互作用的理想系统出发,指出虽然理想系统不会趋近平衡,但只要计入无限小的相互作用,系统就会达到平衡. KAM 定理告诉我们要当心:即使有很弱的相互作用,系统的运动可能仍限制在 N 维环面上,与理想系统差不多,这时根本不能使用等能面上或等能面附近的系统平衡. 统计力学的适用性看来要从 KAM 定理的不适用处开始寻觅. 事实上,许多理想系统(如简谐振子的集合)并不满足 KAM 第二条件(Ω_i 是常数!).

三、KAM 环面的破坏过程

破坏两个 KAM 条件中的任何一个,都会出现随机的运动. 在考察这些随机运动之前,我们先看一个普遍的现象:Арнольд 扩散.

既然满足 KAM 定理的绝大多数轨道,其运动仍然限制在 N 维环面上,那么自然可以提出这样的问题:这些 N 维环面能否成为等能面的边界,使 KAM 定理管不了的少数迷走轨道被限制在边界的一面,而达不到另一面. 若如此,则那些迷走轨道的运动虽然已是不稳定的,但仍然限制在等能面的一定区域内,从整体看来,还是具有某种"稳定性"的.

N 个自由度的系统,具有 $2N$ 维的相空间和 $2N-1$ 维的等能面. 因此,等能面的边界是 $2N-2$ 维的超曲面. N 维环面要成为等能面的边界,就必须满足

$$N \geqslant 2N-2 \tag{10}$$

可见只有 $N \leqslant 2$ 的系统,N 维环面才可能把等能面包围起来或分割成几部分. 只要 $N \geqslant 3$,迷走轨道就可以逐步弥散到整个等能面上去. 这是一种很慢的类似扩散的过程,称为 Арнольд 扩散. Арнольд 扩散的存在不仅在一些简单模型中有严格证明或计算机实验的演示,而且在磁约束等离子体或粒子对撞机中作为不稳定性的一种来源,成为物理工作者必须考虑的现象.

KAM 定理是关于近可积 Hamilton 系统运动稳定性的论断. 混沌、遍历、随机性等是稳定性的对立面. 在 KAM 定理的两个条件不成立时,迷走轨道的数目越来越多,运动逐渐分布到整个等能面上. 我们现在就定性地讨论 KAM 定理的条件遭到破坏时,N 维不变环面怎样逐渐消失,混沌行为如何出现. 这个过程首先是由 Hénon 等用一个简单的不可积 Hamilton 系统为例,以数值计算说明的. 他们的工作以 KAM 及前人关于动力系统的严格结论为背景.

Hénon 等人研究了具有非线性耦合的双振子系统,其 Hamilton 函数是

$$H = \frac{1}{2}(p_1^2 + p_2^2 + q_1^2 + q_2^2) + q_1^2 q_2 - \frac{1}{3}q_2^3 \tag{11}$$

这个自由度为 2 的系统具有四维相空间. 为了形象地表示出计算结果,取 q_1,p_1

固定的截面,在这个平面(q_2,p_2)上观察系统的时间演化.取相空间中某点为初值,积分由式(11)得到的运动方程.每当轨道按一定方向穿过平面(q_2,p_2),就将相应的交点 $P_n=(q_2^{(n)},p_2^{(n)})$ 记录下来,这样就得到一个离散点列

$$P_0,P_1,P_2,\cdots,P_n,P_{n+1},\cdots$$

于是 Hamilton 函数(11)所决定的连续运动("流")在平面(q_2,p_2)中就表现为离散点的映象

$$P_{n+1}=TP_n \tag{12}$$

这就是所谓的 Poincaré 映象(图 3).由于 Poincaré 映象是研究本文所涉及问题的重要手段,所以我们再稍微详细地看看它的性质.

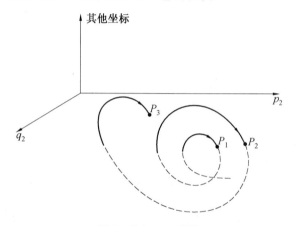

图 3 Poincaré 截面

相空间中不同的初值可能对应不同的运动类型.只要运动是有界的,轨道穿过一次平面(q_2,p_2)后,迟早会第二次、三次以及之后的每一次均穿过.最简单的情形是每次都从同一个点穿过,这是一个不动点

$$P=TP \tag{13}$$

相空间中的运动是一条简单的封闭曲线(周期轨道).

如果原来的轨道在二维环面上,那就要区分两种情况.当决定二维环面的两个频率(角度变量的导数,见式(7))之比是有理数时,运动轨道就是绕在环面上的封闭曲线,Poincaré 截面中只出现有限个,例如 m 个点

$$P_1,P_2,\cdots,P_m,P_{m+1}=P_1,\cdots$$

(m 点周期).这些点中每一个都是映象 T^m 的不动点

$$P=T^mP \tag{14}$$

当上述频率之比是无理数时,运动轨道绕满整个环面,无始无终,永不封闭.相应的 Poincaré 截面表现为一条封闭曲线.

高维环面与二维平面的截迹也是一些点或封闭曲线.在相空间中迷走的轨道,其 Poincaré 映象则是看起来随机分布的点.

我们可以抛开原来相空间中的轨道,只考虑 Poincaré 映象.孤立的不动点有稳定与不稳定之分.稳定不动点附近是一些同心椭圆,沿椭圆发生准周期运动.这样的点称为椭圆点或中心不动点.不稳定的不动点则是双曲点,其附近是双曲线族.任何沿稳定方向趋近不动点的运动,最终都要沿不稳定方向离开不动点远去(参看图 1 及第一节节末的解释).对于保守的 Hamilton 系统,Liouville 定理保证相体积不变,因此我们排除了在邻域中单纯压缩的稳定结点或焦点,以及单纯膨胀的不稳定结点或焦点.研究耗散系统时就会遇到它们.

对于 Poincaré 截面中的封闭椭圆,可以局部地引入极坐标(r,θ)来描述其上的点在映象 T 作用下的运动,即

$$P(r_{n+1},\theta_{n+1})=TP(r_n,\theta_n) \tag{15}$$

每次映象的平均转动角,称为转动数(rotation number)

$$\rho=\lim_{n\to\infty}\frac{\theta_n}{2\pi n} \tag{16}$$

ρ 可以简单地理解为平均转动频率,因为对频率为 v 的连续周期运动 $\cos(2\pi vt+\varphi_0)$,角度增量是 $\Delta\varphi=2\pi v\Delta t$,而离散映象乃是 $\Delta t=1$ 的跃变.在我们关心的情形下,ρ 与 (r_0,θ_0) 的选择无关,转动数是整个准周期运动的特征.ρ 等于有理数,即两个整数之比 $\frac{n}{m}$ 时,相应环面可以称为有理环面.当 ρ 离开 $\frac{n}{m}$ 适当距离时(这个距离当然与 m 有关,因为有理数是稠密的,如果不固定 m,ρ 总可以很接近另外两个整数之比),相应环面可以有条件地称为无理环面.

现在我们已经做好准备,可以开始讨论 KAM 环面的破坏过程.对于 Hamilton 函数(11),取总能量 E 做控制参数.Hénon 等人的计算结果,在 E 较小(如 $E=\frac{1}{12}$)时确如 KAM 定理的要求,Poincaré 截面由一些环面的截迹组成.图 4 对应 $E=\frac{1}{8}$,其中每个椭圆由一条轨道生成,而弥散分布的各点由另一条轨道产生.E 继续增加时,有理环面首先消失.其实图 4 中右侧 5 个围绕中心不动点的小圈,就是 $m=5$ 时有理环面的痕迹.这 5 个中心不动点之间,还夹有 5 个图中看不见的双曲点.如果放大分辨率,它们之间的排列大致如图 5 所示,图中双曲点附近只画出了两条分界线.问题在于分界线在双曲点之间的走向,是否仍如图 1 中的分界线那样简单.

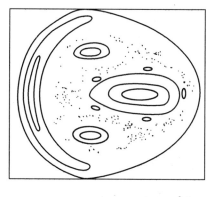
图 4　Hénon-Heile 模型 $\left(E=\dfrac{1}{8}\right)$

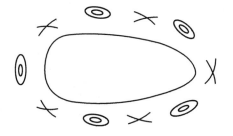
图 5　图 4 的细部示意

Poincaré 早在 19 世纪末就知道这里可能发生很复杂的情况.一条"不稳定"分界线离开一个双曲点,并不作为稳定轨道直接进入另一个双曲点,而是在无穷次折叠中趋近该点,在折叠过程中与另一条稳定轨道无穷次相交.这样就在双曲点附近形成了一种复杂的网络结构,其中稳定轨道与不稳定轨道在折叠中互相交叉.如果所涉及的双曲点来自同一个有理环面,则这样的交点称为单褶(homoclinic)点,如果来自不同的有理环面,则称为杂褶(heteroclinic)点.从图 6 可以看出,如果系统中出现了一个单褶点,则必定存在着无穷多个单褶点.稳定分界线与不稳定分界线的相交与相切,还可能出现多种其他组合.

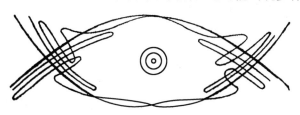
图 6　单褶点的产生

其实,图 5 中每个中心不动点附近的环面仍有无理和有理之分,在更小的尺度上重复着有理环面破坏,出现交错的椭圆点和双曲点,同时出现单褶点的过程.因此,只要有足够的分辨力,图 5 中任何一个椭圆点附近,都具有图 7 所示的结构.这是本文引言中提到的"无穷嵌套的自相似的几何结构"的第一个例子.

现在回到 Hénon 等人的模型(11).当 E 继续增加时,越来越多的环面被破坏,最后在 Poincaré 截面中剩下随机分布着的点.每一种运动类型的点的邻域中,可能有任何其他运动类型的点存在(图 1 中只有三种运动类型,它们被分界线明确隔开).稍加思索,就会看出这种在无穷多个尺度上形成的犬牙交错的局面,对作为 Newton 力学基础的轨道概念和无穷小分析提出了挑战,要求把统计描述作为基本手段引入力学体系.难怪 Арнольд 指出:动力学中的不可积问题并非现代数学工具所能及.

本小节介绍的定性图像后面,有着艰深的数学背景.

图 7

四、三体问题中的随机性

前面提到,Hénon 等人的模型当控制参数 E 足够大时,运动轨迹在 Poincaré 截面中表现为随机分布的点.这是真正的随机性,还是看起来像"随机"呢?须知 Hamilton 函数(11)导致决定论的运动方程.只要取同一个初值,Poincaré 截面中的点是可以重复得到的.这恰似计算机上用的伪随机数发生器,用确定论的过程产生有限长的随机数序列,它能通过任何有限的随机性检验,与同样长的"真正的"随机数序列原则上无法区分.我们把这个涉及哲学的问题推迟到本文最后一节去讨论,先看两个三体问题中出现随机性的例子.

第一个例子是 Ситников 和 Алексеев 在 20 世纪 60 年代给出的.取相同的两个大质量 M,令小质量 m 在穿过前两者质心,并垂直于它们运动平面的直线上运动.三个质量之间按 Newton 引力定律相吸.质量 m 穿过上述平面后,可能在时刻 $T_1, T_2, \cdots, T_n$ 多次经过此平面,然后不再返回(逃逸). Алексеев 等人的严格数学结果可以表述为:给定任意一个随机数,存在这样的初始条件,使得质量 m 依次以这些随机数为时间间隔,穿过大质量的轨道平面,然后逃逸掉.换言之,无论对于质量 m 过去的返回历史 $\cdots T_{n-2}, T_{n-1}, T_n$ 做多少观测,也无法预言下一次是返回还是逃逸,以及返回间隔将是多长.

第二个例子是天体力学家 Szebehely 等人在 1981 年给出的. 它出现在所谓的有限制的平面三体问题中. 考虑小质量 m_3 在大质量 m_1 和 m_2 作用下的运动, 忽略 m_3 对两个大质量的影响, 并且把运动限制在平面内(图 8). 这样就得到一个四阶非线性常微分方程组

$$\begin{cases} \ddot{x} - 2\dot{y} = \dfrac{\partial \Omega}{\partial x} \\ \ddot{y} + 2\dot{x} = \dfrac{\partial \Omega}{\partial y} \end{cases} \tag{17}$$

其中

$$\Omega = \frac{1}{2}[(1-\mu)r_1^2 + \mu r_2^2] + \frac{1-\mu}{r_1} + \frac{\mu}{r_2}$$

这里 μ 是约化质量, r_1, r_2 是 m_3 到 m_1, m_2 的距离. 这个方程组有 5 个平衡点, 其中垂直于 m_1 和 m_2 连线(在转动坐标系中)的 L_4 和 L_5 两个点当 $\mu < 0.038\,521$ 时是稳定的, 在天体力学中称为平动点, 其余三点是不稳定的. 如果在平动点放置一个没有初始速度的小质量, 它会停留在那里. 如果它具有小小的初速度或不准确处于平动点上, 就会在平动点附近摆动. 其他情况下它都会从平动点逃逸, 下面讨论它以后是否离开 m_1, m_2 系统, 都算是不同于摆动的另一类运动. Szebehely 等人在稳定平动点附近用一个十二阶积分程序仔细求积方程组 (17), 发现摆动与非摆动两种情形并不处处有光滑的分界线. 图 9 是点 L_4 附近初值的分布, 黑点导致平动, 白点对应逃逸. 值得注意的是两种区域有一些随机的交错. 可见初值的微小差异会导致定性不同的后果. 难怪这位《轨道理论》一书的作者也认为天体力学不再是确定论的科学.

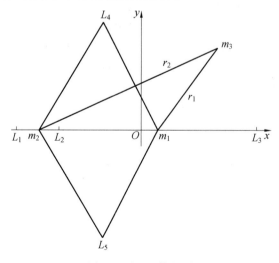

图 8　平面三体问题

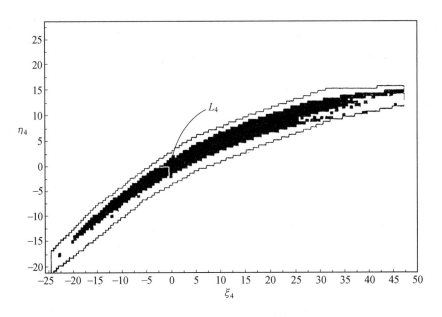

图 9　平动点 L_4 附近的运动类型

黑点代表导致平动的初值,白点为非平动初值.折线内是已经仔细研究过的区域

随机或混沌是稳定性的对立面,KAM 定理实质上是一种关于整体稳定性的论断. KAM 环面的破坏以及前面实例中随机运动的出现,都是不稳定性的表现. 保守的不可积系统的特点,在于相空间中导致不稳定运动的点不必都是测度为零的例外情形,而可能占据有限测度的区域. 耗散系统中出现新的整体性的稳定因素,那就是耗散使得相体积不断收缩(而不是 Liouville 定理所保证的相体积不变). 这就使得前面介绍的无穷嵌套的自相似的几何结构,在相空间中被压缩、扭曲和折叠,形成更为错综复杂的图像. 耗散同时带来重要的简化,即各种各样的运动模式在演化中逐渐衰亡,最后只剩下少数自由度决定系统的长时间行为. 我们现在就转而叙述少数自由度系统中的分岔和混沌现象.

第三节　最简单的耗散系统
——一维线段的非线性映象

20 世纪 70 年代相变理论的进展,说明了物理系统在相变点上的行为具有深刻的普遍性,它超出了引起相变的相互作用(量子、经典或半经典)的差异,而由一些更普遍的几何特征(空间维数、序参量个数等)决定. 本节所讨论的经由非线性方程解的分岔而出现内在随机性的过程,也超出了方程本身的差异,具有很强的普遍性.这里涉及一维和高维的差分方程,自治和非自治的常微分方程,微分积分方程和偏微分方程等.其中研究得最透彻,而且已经有一批严格数学结果的是如下的一维迭代过程

$$x_{n+1} = f(\mu, x_n) \tag{18}$$

f 是 x_n 的非线性函数,它依赖于参数 μ.恰当选取 μ 的范围,可把 x_n 和 x_{n+1} 都限制在线段 I 内,于是式(18)同时是线段 I 到自身的非线性映象

$$f: I \to I \tag{19}$$

由于对非线性函数 $f(\mu, x_n)$,不能单值地定义逆映象 $f^{-1}(\mu, x_{n+1})$,这类一维非线性映象都是不可逆的.式(18)也是对离散时间(n 相当于 t_n,$\Delta t = 1$)的演化方程.不可逆性在一定意义下相当于存在耗散,因而一维非线性映象可以看作最简单的耗散系统.

一维非线性映象的重要性,在于高维耗散系统的相空间体积在演化过程中不断收缩,结果在很多截面中很接近一维映象.一维映象的研究有近一百年的历史,然而它们的丰富内容却是最近几年才揭示出来的.目前无论是从理论,还是实验上研究内在随机性,都把一维映象作为原型.因此,我们在这一节里稍微详细地介绍一维非线性映象的研究结果.下面先描述观察到的现象,再扼要列举已知的规律和较严格的数学结论.

一、简例 $x_{n+1} = 1 - \mu x_n^2$

生态学中有一些简单的虫口模型.例如,没有世代交叠的某种昆虫,第 n 代虫口数为 x_n,则下一代数目是

$$x_{n+1} = x_n(a - bx_n) \tag{20}$$

其中,$-bx_n$ 项计入由于食物有限等因素导致的虫口饱和.恰当定义参数和变量后,可把它写成

$$x_{n+1} = 1 - \mu x_n^2 \tag{21}$$

如果把参数 μ 限制在区间 $(0, 2)$ 内,那么式(21)就是从线段 $I = (-1, 1)$ 到它本身的一个非线性映象,只要 x_n 取自 I,x_{n+1} 也就落在 I 内.

用普通台式计算机就可以发现,当参数 μ 从 0 变大时,迭代过程(21)出现多次突变.

(1) $0 < \mu < 0.75$.

在线段 I 内任选一个初值 x_0,迭代过程迅速趋向一个不动点 $x_n \to x^*$

$$x^* = 1 - \mu(x^*)^2 \tag{22}$$

由方程(22)解出两个不动点的值

$$\begin{cases} x^* = \dfrac{\sqrt{1+4\mu} - 1}{2\mu} \\ \bar{x}^* = -\dfrac{\sqrt{1+4\mu} + 1}{2\mu} \end{cases} \tag{23}$$

实际迭代过程中得到的只是 x^*. 这是由不动点的稳定性决定的. 在稳定的不动点 x^* 附近, 如果把每次迭代的结果写成

$$x_n = x^* + \varepsilon_n \tag{24}$$

则偏差量 ε_n 的绝对值应当逐步缩小. 将式(24)代入式(18), 并展开到小量 ε_n 的线性项

$$x^* + \varepsilon_{n+1} = f(\mu, x^* + \varepsilon_n) = f(\mu, x^*) + f'(\mu, x^*)\varepsilon_n + \cdots$$

利用不动点方程

$$x^* = f(\mu, x^*) \tag{25}$$

消去两边第一项后, 得到稳定性条件

$$\left|\frac{\varepsilon_{n+1}}{\varepsilon_n}\right| = |f'(\mu, x^*)| < 1 \tag{26}$$

在我们的具体情况下, 这就是

$$|2\mu x^*| < 1$$

把这个条件和不动点的式子(23)联立, 得出不动点 x^* 的稳定条件是

$$\sqrt{1 + 4\mu} < 2$$

即 $\mu < 0.75$.

另一个不动点 $\bar{x}^*$ 在我们所考虑的参数范围($0 < \mu < 2$)内总是不稳定的.

由初值 x_0 经过迭代达到或离开不动点的过程可以作图表示. 图10 中画出 $f(x)$ 的曲线, 它和第 I, III 项限分角线的交点就是不动点 x^* 和 $\bar{x}^*$. 稳定性条件(26)要求不动点处的斜率在 -1 到 $+1$ 之间. 在图10 所示的情形中($\mu = 0.5$), x^* 处的切线斜率满足(26), 而 $\bar{x}^*$ 处则不然. 由初值 x_0 出发的迭代过程总是离开 $\bar{x}^*$ 而趋近 x^*, 图中用箭头标出了这个过程.

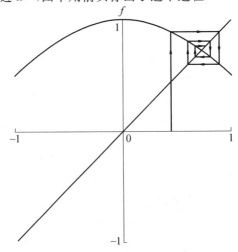

图10 单峰映象 $f = 1 - 0.5x^2$

(2) $0.75 < \mu < 1.25$.

μ 超过 0.75 以后，x^* 和 $\bar{x}^*$ 都成为不稳定的不动点. 这时考察历次迭代结果,可以看到经过不长的过渡阶段后,即达到两个数值交替出现的状态

$$\begin{cases} x_2^* = 1 - \mu(x_1^*)^2 \\ x_1^* = 1 - \mu(x_2^*)^2 \end{cases} \tag{27}$$

用虫口的语言说，如果今年夏天虫口数目是 x_1^*，明年夏天就是 x_2^*，后年又是 x_1^*，如此重复下去. 对于原来的迭代(21)，这是一个稳定的 2 点周期. 如果我们定义一个复合函数

$$F(2,\mu,x) \equiv f(\mu, f(\mu,x)) \tag{28}$$

容易看出 x_1^* 和 x_2^* 都是这个函数的不动点，即

$$x_i^* = F(2,\mu,x_i^*) \quad (i=1,2) \tag{29}$$

其实这就是式(27)的另一种写法. 为了判断这个不动点的稳定性，重复上面的分析，可以得到稳定条件

$$|F'(2,\mu,x_i^*)| < 1$$

利用复合函数的微分规则，这个条件可以写成

$$|f'(\mu,x_1^*) f'(\mu,x_2^*)| < 1 \tag{30}$$

可见不动点 x_1^* 和 x_2^* 具有相同的稳定条件，在同一个 $\mu = \mu_2$ 处失稳. 这个 μ_2 可由稳定边界

$$|F'(2,\mu,x_i^*)| = 1 \tag{31}$$

和不动点方程(29)联立求得，$\mu_2 = 1.25$.

图 11 中绘出了 $\mu = 1.0$ 时 $f(\mu,x)$ 和 $F(2,\mu,x) = f^2$ 的曲线. $f(\mu,x)$ 变得很陡，两个不动点处的切线斜率的绝对值都大于 1，而 $F(2,\mu,x)$ 的 4 个不动点中有两个是稳定的(四点中有一点在区间外).

(3) $\mu > 1.25$ 后，上述 2 点周期失稳，出现稳定的 4 点周期 x_i^*, $i = 1,2,3,4$. 它们都是复合函数

$$F(4,\mu,x) = f(\mu, f(\mu, f(\mu, f(\mu,x)))) \tag{32}$$

的不动点. 稳定条件

$$|F'(4,\mu,x_i^*)| < 1 \quad (i=1,2,3,4)$$

按复合函数的微分规则写出来便是

$$\prod_{i=1}^{4} |f'(\mu,x_i^*)| < 1$$

它对 4 个点都是相同的. 为了确定 4 点周期的稳定边界，要联立求解两个高次代数方程，这可用数值方法做到. 出现 4 点稳定周期时的 $F(2,\mu,x)$ 和 $F(4,\mu,x)$ 的曲线示于图 12(a) 和图 12(b) 中 ($\mu = 1.3$). 这几个图我们以后还要提到.

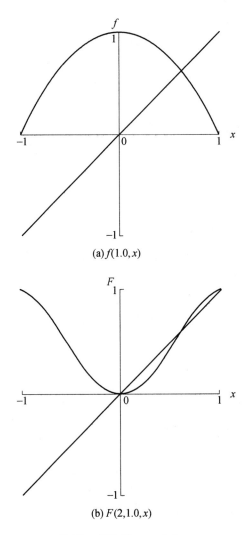

(a) $f(1.0, x)$

(b) $F(2, 1.0, x)$

图 11 f 和 $f^2, \mu = 1.0$

4 点周期之后相继出现稳定的 2^n 点周期($n = 3, 4, 5, \cdots$),相应的稳定范围越来越窄. 稳定周期中的 $p = 2^n$ 个点都是复合函数

$$F(p, \mu, x) = \overbrace{f(\mu, f(\mu, f(\mu, \cdots f(\mu, x))\cdots))}^{p 次} \tag{33}$$

的稳定不动点,稳定条件

$$|F'(p, \mu, x_i^*)| = \prod_{j=1}^{p}|f'(\mu, x_j^*)| < 1 \quad (i = 1, 2, \cdots, p) \tag{34}$$

对于 p 个点都是相同的.

上面描述的这个过程称为倍周期分岔,它在 $\mu = \mu_\infty = 1.40115\cdots$ 处迅速达到无穷长周期:$n \to \infty, p \to \infty$.

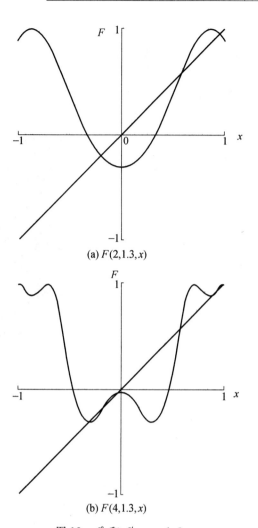

(a) $F(2, 1.3, x)$

(b) $F(4, 1.3, x)$

图 12　f^2 和 f^4，$\mu = 1.3$

(4)$\mu > \mu_\infty$ 后会出现什么情况呢？这才是与本节主题有关的重要之处．我们先看一组计算机的结果．把区间 $(0, 2)$ 按 $\Delta\mu = 0.007\,5$ 分成小段，对于每个固定的 μ 都以初值 $x_0 = 0.4$ 进行迭代．为了躲开暂态过程，先舍去前 300 迭代的结果，把后 200 次迭代所得的 x_n 都标在同一条垂直线上，这样就得到图 13[①]．这张图的纵坐标范围是从 -1 到 $+1$．图的左侧能够清楚地看到前面描述的倍周期分岔序列．由于 $\Delta\mu$ 取得不够细，所以图中只能看到 $n \leqslant 3$ 的分岔．

更有趣的是 μ 超过 μ_∞ 之后，多数迭代结果看起来像是连续分布在一定区

---

① 图 13～15，以及后面的图 34，都是与 G. Parisi 一起使用罗马大学马可尼物理研究所的 VAX 计算机显示设备绘制的．

间内的随机数. 图 13 中在 μ_∞ 右侧可以辨认出四类"混沌"区域,其中迭代结果分别落在 $2^n (n=3,2,1,0)$ 个区间内. 事实上,如果把 μ 和 x 的尺度放大,可以看出这里有一个混沌带的序列,由右向左逐步分裂为 $2^n (n=0,1,2,\cdots)$ 个段落. 对于一个固定的 n,迭代结果依次在 2^n 个区间内,但点 x 在每个区间内的分布似乎又是随机的. 我们以后称它为周期等于 2^n 的混沌带.

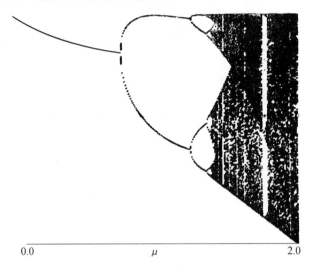

图 13 $x_{n+1} = 1 - \mu x_n^2$ 的迭代结果

横坐标 $\mu = 0 \sim 2.0$,纵坐标 $x = -1 \sim +1$

这样我们看到,在参数区间 $(0, \mu_\infty)$ 内有一个 2^n 点周期的"正"的倍周期分岔序列,而在区间 $(\mu_\infty, 2)$ 内有一个"反"的周期为 2^n 的混沌带的序列. 它们从两面收敛到同一个 μ_∞ 处. 本节之后要多次提到这类分岔结构. 为了行文简单,以后把"n 点周期"记为 nP(P 代表周期 Period 或 Poincaré 映象中的点 Points),而把"周期为 n 的混沌带"写作 nI(I 代表反序列 Inverse 或 Poincaré 映象中的岛屿 Islands);有时也沿用微分方程的述语,称它们为"周期轨道"或"混沌轨道".

从图 13 还可以看出,混沌带并非乱成一片. 混沌带中不少透明处清楚地存在着多点周期,其中最明显的是 $\mu = 1.75$ 处开始的 $3P$,它还继续分岔为 $6P$,$12P$ 等. 如果把 $\mu = 1.75 \sim 1.7924$ 一段取出来放大,可以看到 $3P$ 中的每一个都发展成像图 13 本身一样的分岔序列,包括倍周期的正序列和混沌带的反序列.

把 $\mu = 1.78 \sim 1.79$ 一段取出分为 200 格,舍去暂态过程以后,再三次迭代画出一点,就得到图 14. 事实上这是从图 13 中 $3P$ 序列里取出居中的那一个的尾部. 纵坐标也放大了近 10 倍 ($x = -0.13 \sim 0.11$). 从图 14 可以清楚地看到,在二级混沌带中有大量三级序列,其中最明显的又是一个 $3P$(实际是 $3I$ 中的

$9P$,因为图中只保留了三分之一的迭代结果).

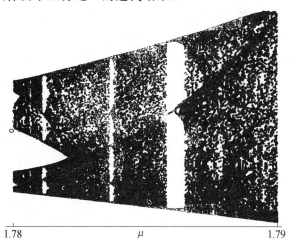

图 14　图 13 的细部

横坐标 $\mu = 1.78 \sim 1.79$,纵坐标 $x = -0.13 \sim 0.11$

再取出 $\mu = 1.78630 \sim 1.78650$ 一段,迭代达到定态后,每九次绘出一点,得到图 15. 这里看到的是嵌在三级混沌带中的四级分岔序列. 其实这些图中除了 $3^m \cdot 2^n P$ 类型的序列,还有大量 $5^m \cdot 2^n P, 7^m \cdot 2^n P, \cdots$ 无穷多种序列,其中每一个又是与整个图 13 相似的. 这种无穷层次的嵌套结构,是与内在随机性密切相关的几何性质,我们以后还要专门讨论.

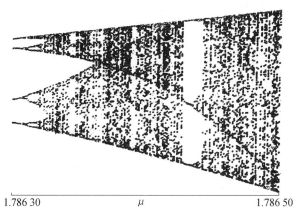

图 15　图 14 的细部

横坐标 $\mu = 1.78630 \sim 1.78650$,纵坐标 $x = -0.015 \sim +0.014$

嵌在混沌带中的周期,其来源不同于主分岔序列. 主序列中 $2^n P$ 到 $2^{n+1} P$ 的分岔,是由于复合函数 $F(2^n, \mu, x)$ 决定的不动点失稳,具体表现为导数 F' 的值达到 -1. 这时在分岔点的另一侧出现新的稳定周期,而原来的周期还延伸过来,作为不稳定轨道继续存在.这种情形示于图 16(a) 中,根据它的形状,常称为树枝(pitchfork)分岔.

$\mu=1.75$ 时在 $1I$ 带中出现 $3P$ 的过程与此不同.图 17 给出 μ 略小于 1.75 时 $F(3,\mu,x)$ 的曲线,它与 45° 分角线只交于一点.这里切线很陡,是不稳定的不动点.图中还有 3 个峰或谷已经很接近分角线.一旦 μ 增加到 1.75,这 3 个峰或谷便同时与分角线相切,导数 F' 的值等于 +1,恰好达到稳定的边界. μ 进一步增加,每个切点分成两个割点.由简单的代数分析看出,一个割点处导数小于 1,另一割点处导数大于 1,因此同时出现一对稳定和不稳定的周期.加上原有的不动点,一共有 7 个不动点,但其中只有 3 个是稳定的,它们给出图 13 中看到的 $3P$.这一类分岔点的另一侧根本没有任何稳定或不稳定的周期存在,因此特称切分岔,示于图 16(b) 中.切分岔继续发展,又经过一系列树枝分岔而进入混沌带的反序列,除了尺度变小,与主序列并没有什么不同.

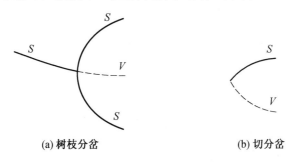

(a) 树枝分岔　　　　　　　　(b) 切分岔

图 16

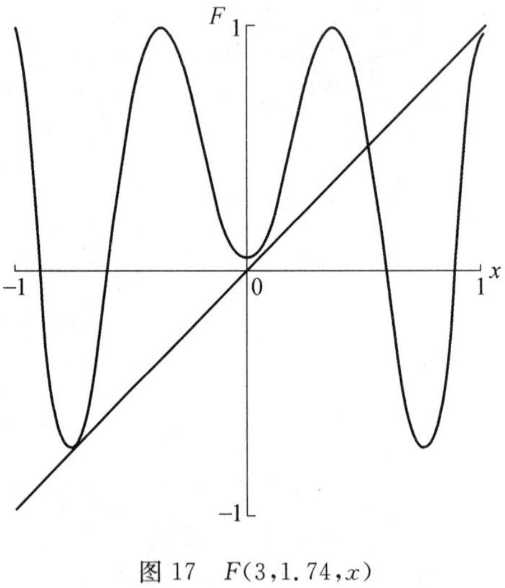

图 17　$F(3,1.74,x)$

二、普适性和标度性

如果上面所介绍的复杂的分岔结构和混沌行为只限于某些具体的非线性迭代,那只不过是在数学动物园中又展出了几支珍禽异兽. 重要的是近几年物理工作者们发现,这类分岔"谱"的整体结构和它的许多定量特征具有相当大的普遍性,出现在许多更复杂的非线性系统的计算机实验和实际观测中.

现在已经知道,很大一类非线性映象具有前面描述的分岔和混沌结构. 这就是所谓单峰(unimodal)映象:函数 $f(\mu, x)$ 在区间 I 上仅有一个最大值 $f_{\max} = f(\mu, x_c)$,最大值附近可以展开为

$$f(\mu, x) = f_{\max} - a(x - x_c)^z + \cdots \tag{35}$$

在其他地方只要分段光滑就行了,它可以由几段直线和曲线拼成. 单峰映象的许多性质不依赖于函数 $f(\mu, x)$ 的具体形状. 有一些性质,例如周期轨道的种类和出现顺序,只取决于"单峰"的存在,有人称为"结构普适性";另一些性质则进一步取决于式(35)中的展开幂次 z,也叫作"测度普适性". $z=2$ 当然是最重要的,也是研究得最透彻的情况. 上一小节中介绍的简例(21)可以说是这一类映象的代表. 属于这一类的非线性映象很多,例如又一种虫口模型

$$x_{n+1} = x_n e^{\mu(1-x_n)} \tag{36}$$

当 x_n 很小时,虫口数目指数增长,x_n 变大以后传染病蔓延使虫口稳骤下降. 又如非线性迭代

$$x_{n+1} = \mu \sin(\pi x_n) \quad (x \in (0,1)) \tag{37}$$

也具有与(21)完全相似的行为.

现在我们列举单峰映象的一部分普适性质.

(1) 分岔序列的收敛速率.

主序列中由 $2^{n-1}P$ 到 $2^n P$ 的分岔点 μ_n,迅速收敛到 $n=\infty$ 的参数值 μ_∞,收敛方式是

$$\mu_n = \mu - \mathrm{const} \cdot \frac{1}{\delta^n} \tag{38}$$

其中

$$\delta = \lim_{n \to \infty} \delta_n \equiv \lim_{n \to \infty} \frac{\mu_n - \mu_{n+1}}{\mu_{n+1} - \mu_{n+2}} \tag{39}$$

是一个普适常数. 对于 $z=2$ 的单峰映象

$$\delta = 4.669\,201\,609\,102\,990\,9 \cdots \tag{40}$$

这个 δ 也适用于嵌在混沌带中的二、三……级分岔序列. 如果把各个混沌带的边界,即 $2^{n+1}I$ 汇合为 $2^n I$ 的 μ 值确定出来,那么它们也按 δ^{-n} 收敛.

用数值计算由 μ_n 确定 δ 不是很有效的途径. 这是因为靠近 μ_∞ 时,出现"慢化"现象很难判断 μ_n 的精确位置. 更好的方法是确定所谓的超稳定点,即导致

$$F'(p, \bar{\mu}, x) = 0 \tag{41}$$

的点. 对于单峰映象, 超稳定夹在两个相邻分岔点之间

$$\mu_n < \bar{\mu}_n < \mu_{n+1} \quad (n = 0, 1, 2, \cdots)$$

必须以同样的速率收到 μ_∞. 因此, 只要把不动点方程

$$x = F(p, \mu, x) \tag{42}$$

和超稳定条件(41)联立, 就可以同时定出 $\bar{\mu}_n$ 和 x^* 来. 这是一个二元非线性方程组, 用 Newton 迭代法可迅速求解. Feigenbaum 最初就是用这种办法计算 δ 到小数点后十多位的. 关于 δ 的解析估算, 要借助重正化群考虑. 应当指出, δ 的值依赖于 z, 对于 $z = 4, 6, 8$, 其值分别为 $7.284, 9.296, 10.048$.

(2) 标度变换因子.

我们从图 13~15 已经看到, 分岔谱和混沌带具有无穷嵌套的几何结构, 同一种行为在越来越小的尺度上重复出现. 与分岔有关的几何特征, 例如混沌带中"岛屿"的尺寸, 在每次分岔后缩小. $n \to \infty$ 时, 这个缩小因子也趋向一个普适常数

$$\alpha = 2.502\ 907\ 875\ 095\ 892\ 848\ 5\cdots \tag{43}$$

α 的精确值是从以下考虑计算的.

比较图 11 中的 $f(\mu, x)$ 和 $F(2, \mu, x)$, 图 12 中 $F(2, \mu, x)$ 和 $F(4, \mu, x)$ 的形状, 容易看出每个图(b)的中心部分很像是图(a)的纵横坐标都改变一个因子, 然后再颠倒过来. 为这个标度变换定义一个算子 T, 即

$$Tf(x) = -\alpha f\left(f\left(-\frac{x}{\alpha}\right)\right) = -\alpha F\left(2, \mu, -\frac{x}{\alpha}\right)$$

$$T^2 f(x) = -\alpha T F\left(2, \mu, -\frac{x}{\alpha}\right) = (-\alpha)^2 F\left(2^2, \mu, \frac{x}{(-\alpha)^2}\right) \tag{44}$$

$$\vdots$$

Feigenbaum 证明, 无穷次继续这个过程, 最后达到一个与 $f(\mu, x)$ 无关的普适函数

$$\lim_{n \to \infty} (-\alpha)^n F\left(2^n, \mu_\infty, \frac{x}{(-\alpha)^n}\right) \Rightarrow g(x) \tag{45}$$

再提醒一下, 多次套用 $f(\mu, x)$ 而得的复合函数 F, 由前面的式(33)定义. 式(45)中不写等号, 而用"$\Rightarrow$", 是因为 $g(x)$ 的形状虽是普适的, 但为了使等号成立, 还要调整一下 $g(x)$ 纵横坐标的整体比例, 写成 $\nu g\left(\frac{x}{\nu}\right)$, 而常数 ν 与 $f(\mu, x)$ 有关. 根据 F 的定义(33), 可以写

$$F\left(2^n, \mu_\infty, \frac{x}{(-\alpha)^n}\right) = F\left(2^{n-1}, \mu_\infty, \left(2^{n-1}, \mu_\infty, \frac{x}{(-\alpha)^{n-1}}\right)\right)$$

两边乘以 $(-\alpha)^n$, 再按式(45)取极限得

$$g(x) = -\alpha g\left(g\left(-\frac{x}{\alpha}\right)\right) \tag{46}$$

P. Collet 等人引入另一个常数

$$\lambda = -\frac{1}{\alpha}$$

把式(46)写成

$$\lambda g(x) = g(g(\lambda x)) \tag{47}$$

这就是决定 $g(x)$ 的函数方程. 作为边界条件, 可以参照超稳定条件(41), 取

$$g(0) = 1, g'(0) = 0 \tag{48}$$

式(47)和(48)就是决定倍周期分岔普适性质的重正化群方程. 目前还不知道这个方程的准确解(但请对照后面第六节第四部分末尾), 然而有一些关于 $g(x)$ 的数值结果和 $g(x)$ 连续性的数学定理.

由式(44)和(46)看出, 在单峰映象 $\{f(x)\}$ 的空间中, 普适函数 $g(x)$ 是算子 T 的不动点, 即

$$Tg(x) = g(x) \tag{49}$$

事实上, 在不动点附近展开到线性项, 线性化算子的本征值决定前面引入的普适常数 δ.

(3) 分岔点附近的慢化指数.

在靠近分岔点时, 迭代过程的收敛速度变慢. 这很像连续相变点附近的临界慢化. 与常规的临界慢化理论一样, 假定到不动点的距离按指数缩小

$$\varepsilon_n = x_n - x^* \propto e^{-\frac{n}{\tau}}$$

代入不动点附近的展开式

$$\varepsilon_{n+1} = F'(p, \mu, x^*) \varepsilon_n$$

(参看式(26)和(34)), 得到

$$\tau = -\frac{1}{\ln |F'(p, \mu, x^*)|} \tag{50}$$

考虑形状为 $f(\mu, x) = \mu h(x)$ 的函数, 在分岔点处

$$|F'(p, \mu_n, x^*)| = |\mu_n^p \prod_{i=1}^{p} h'(x_i^*)| = 1$$

取对数后给出零. 因此, 将式(50)中 μ 在 μ_n 附近展开, 得

$$\tau = \frac{\mu_n}{p |\mu - \mu_n|^\Delta} \tag{51}$$

其中慢化指数 $\Delta = 1$, 恰好与相变平均场理论一致. 对于一般的 $f(\mu, x)$, 仍有 $\Delta = 1$, 只是式(51)中的系数比 $\frac{\mu_n}{p}$ 复杂些. 分岔点附近的慢化与临界慢化的差别, 在于它是一种单边现象. 只有从未分岔的状态逼近分岔点时, 才会因接近失稳而

发生慢化；从另一侧逼近分岔点时，由于始终处在稳定支上，所以不会感到慢化.

(4) 与功率谱有关的普适常数.

实验中可以直接测量的对象之一，是时间序列 $x_1, x_2, \cdots, x_N$ 的功率谱. 对 N 个采样值加上周期条件 $x_{N+j} = x_j$，计算自关联函数（即离散卷积）

$$C_j = \frac{1}{N} \sum_{i=1}^{N} x_i x_{i+j} \tag{52}$$

然后对 C_j 完成离散傅氏变换，计算傅氏系数

$$P_k = \sum_{j=1}^{N} C_j e^{\frac{2\pi k j}{N}\sqrt{-1}} \tag{53}$$

P_k 说明第 k 个频率分量对 x_i 的贡献. 这是功率谱的本来定义.

1965 年重新发现快速傅氏变换算法之后，人们通常直接由 x_i 作快速傅氏变换，得到系数

$$a_k = \frac{1}{N} \sum_i x_i \cos \frac{\pi i k}{N}$$

$$b_k = \frac{1}{N} \sum_i x_i \sin \frac{\pi i k}{N}$$

然后计算 $p'_k = a_k^2 + b_k^2$. 由许多组 $\{x_i\}$ 得一批 $\{p'_k\}$，求平均后即趋近前面定义的功率谱 P_k.

在倍周期分岔过程中，每分岔一次功率谱中就出现一批对应新分频及其倍频的峰. 例如 $1P$ 的功率谱中只有基频及其倍频

$$1, 2, 3, 4, \cdots$$

由 $1P$ 分岔到 $2P$ 后出现

$$\frac{1}{2}, \frac{3}{2}, \frac{5}{2}, \cdots$$

$2P$ 到 $4P$ 后出现

$$\frac{1}{4}, \frac{3}{4}, \frac{5}{4}, \frac{7}{4}, \cdots$$

等等. 图 18 是一幅 $32P$ 的功率谱. 新出现的分频峰达到一定高度后就不再增长. 这时 $2^n P$ 的平均峰高 $\Phi(n)$ 与 $2^{n+1} P$ 的平均峰高 $\Phi(n+1)$ 之比是一个普适常数. 由于定义的差别，这个常数的理论值略有分歧. Nauenberg 和 Rudnick 的结果是

$$2\beta^{(2)} \equiv \frac{\Phi(n)}{\Phi(n+1)} = 20.963\cdots \quad (\text{当 } n \to \infty)$$

---

① 本文中许多示例用图都取自我们研究过的模型(81). 为了便于读者把它们作为第四节第四部分的补充，这里给出图 18 对应的参数，$A = 0.4, B = 1.2, \alpha = 0.0833, \omega = 0.8$.

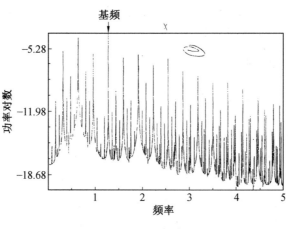

图 18 功率谱

取对数并表示为分贝得

$$10\log_{10}\frac{\Phi(n)}{\Phi(n+1)}=13.2\text{db}$$

较严格的数学上限估计在 13.45～14 db 之间,而 Feigenbaum 原来求出的值则高得多(16.4 db). 实验结果也表明,每次分岔平均峰高下降 11～15 db. 应当指出,这些估值是针对 $n\gg 1$ 时许多同级分频峰的平均高度. 实践中 n 小时个别分频峰(特别是在频谱低端)并不一定低于分频前. 这就没有完全排除利用这一效应制造分频器件的可能性.

混沌带功率谱的特点是,依次出现各阶宽峰. 当 n 很大时,均方峰宽遵从标度关系

$$W_n=W_0\beta^{-n} \tag{54}$$

其中

$$\beta=3.235\ 7\cdots \tag{55}$$

B. A. Huberman 等人曾经宣称, β 是与 δ, α 无关的独立的普适常数. 其实,分频峰高和峰宽都与"轨道"在更小尺度上的行为有关, $\beta^{(2)}$ 和 β 应由标度变换因子 α 决定. 关于 β 也有两种不同的近似表达式,即

$$\beta=\frac{2\alpha^2}{\alpha+1}=3.58\cdots \tag{56}$$

和

$$\beta=\frac{\sqrt{2}\alpha^2}{\sqrt{\alpha^2+1}}=3.29\cdots \tag{57}$$

数值是相近的.

在结束本部分前再强调一下,所谓"普适性"有双重含义. 一是同样的分岔结构和定量特征出现在不同的非线性映象中,二是对于同一个映象它们适用于

不同层次的内嵌结构. 此外, 在第六节第五部分中我们还要引入与外噪声有关的一个指数和相应的标度函数.

三、严格数学结果的概述

关于一维非线性映象有不少严格的数学结果, 其中多数已总结. 我们只限于列举一些以后可能用到的结论.

(1) 单峰映象最多只有一个稳定周期.

固定参数 μ 之后, $f(\mu,x)$ 决定的迭代过程最多只有一个稳定的周期. 取不同的 x 做初值, 可能经历不同的暂态过程, 最后都达到同一个稳定的多点周期. 数学家们早就知道, 某些单峰映象最多只有一个稳定周期. 区分这一类映象的必要条件直到 1978 年才弄清楚. 原来 $f(x)$ 必须在区间 I 上具有负的 Schwartz(施瓦茨)导数. 这类映象有时特称为 S 单峰映象.

注 Schwartz 在 1869 年定义

$$Sf(x) \equiv \frac{f'''(x)}{f'(x)} - \frac{3}{2}\left(\frac{f''(x)}{f'(x)}\right)^2 \tag{58}$$

线性有理分式在 S 作用下, 很像普通导数下的常数.

如果 $f(\mu,x)$ 是像(21)那样的二次式, 总有 $f'''=0$, 那么自然 $Sf(x)<0$. 然而这个条件并不充分, 即使 $Sf(x)<0$, $f(x)$ 可能连一个稳定周期也没有. 这时从不同的 x 初值出发, 会经历不同的无穷序列. 正是这个不充分性才打开了出现混沌轨道的可能性.

为避免误解, 请读者注意图 13～15 中看到的各种周期, 对应不同的 μ 值. 对于固定的 μ 值, 计算机实验中只能看见稳定的周期或"非周期"行为.

(2) 对应混沌轨道的参数集合具有正测度.

单纯靠数值结果, 很难区分以下三种情形. 一是极长的周期, 二是准周期轨道(只要存在两个比值是无理数的周期, 迭代结果就永不重复), 三是真正的混沌行为. 从功率谱中是否有宽广的噪声背景, 可以做一些区分. 但要确认迭代过程中得到的 x_n 随机分布在线段 I 或它的一些区间上, 就必须有数学定理做依据.

首先, 对于特定的非线性映象和某些具体的参数值, 我们陆续证明了 x 遵从连续的分布函数. 例如, 对于式(21), 当 $\mu=2$ 时 x_n 在线段 $(-1,+1)$ 上的分布密度是

$$\rho(x) = \frac{1}{\pi\sqrt{1-x^2}} \tag{59}$$

这是所谓的 Chebyshëv(切比雪夫) 分布. 又如, 同一个映象在 $\mu=1.543\cdots$ 处, 即图 13 中 $2I$ 带合并为 $1I$ 之点, 也存在着连续测度 $\Gamma(x)$. 对于物理工作者, 这里连续测度 $\Gamma(x)$ 与连续分布 $\rho(x)$ 的关系, 可以与概率论中分布函数与分布密

度类比,认为
$$\mathrm{d}\Gamma(x)=\rho(x)\mathrm{d}x$$
关键是存在 $\Gamma(x)$ 时还不一定有连续的 $\rho(x)$,因此许多数学定理都只证到存在 $\Gamma(x)$.

其次,具有连续测度 $\Gamma(x)$ 的参数值 μ,在整个 μ 区间中占多大分量呢？如果它们只构成测度为零的集合,就只是一些自然界中很难实现的小概率事件,不会带来什么物理后果.但事实并不是这样的.早就有人猜测,而最近由 Jakobson 严格证明了,对于包括(21)在内的两大类非线性映象,具有连续测度 $\Gamma(x)$ 的 μ 值,在参数 μ 的区间上具有正测度.

(3) 周期轨道的分类和编序.

这是一个有较长历史的数学问题,因而积累了大量文献.我们摘要介绍可能有益于物理研究的结论.

对于参数 μ 固定的单个映象 $x_{n+1}=f(\mu,x_n)$,不同的初值 x 可能导致不同的周期,其中一定包括大量不稳定周期,因为单峰映象最多具有一个稳定周期.如果问哪些周期轨道可能出现,出现的顺序如何,则有：

Sarkovskii 定理 考虑如下的整数编序
$$3,5,7,9,\cdots,3\cdot 2,5\cdot 2,7\cdot 2,9\cdot 2,\cdots$$
$$3\cdot 2^2,5\cdot 2^2,7\cdot 2^2,9\cdot 2^2$$
$$\vdots$$
$$3\cdot 2^n,5\cdot 2^n,7\cdot 2^n,9\cdot 2^n$$
$$\vdots$$
$$2^m,\cdots,32,16,8,4,2,1 \quad (60)$$

如果单峰映象 f 具有一个周期为 p 的点,则在上面编序的意义下,它必定对于每个随在 p 后的 q,具有一个周期为 q 的点.

这个定理最初是在 1964 年证明的,后来主要由于 Stefan 的介绍才为物理工作者所知.它有许多推论和变种.例如,当一个映象具有 $3P$ 的点,则它必定具有一切周期的点,其中包括非周期轨道.这种表述在文献中有时称为 Li-Yorke 定理.他们文章的标题《周期 3 意味着混沌》容易引起误解,因为定理本身只预言有非周期轨道存在,并不管这些非周期点的集合是否具有非零测度,也不管哪个周期是稳定的.这个定理后来又被推广到周期 $5,7,\cdots$ 乃至一切非 2^n 的周期.其实,它们都是 Sarkovskii 定理的复述,因为 $3,5,7,\cdots$ 乃至非 2^n 的周期在序列(60)中"领先".

对于物理学有更直接意义的,是映象 $f(\mu,x)$ 在参数 μ 改变时,可能出现哪些稳定周期,以及它们在 μ 区间上的排列顺序.

我们首先介绍一下 U(意为"普适")序列的概念.它在文献中有时也因作者

姓氏而称为 MSS 序列,或根据映象的手续称为揉(knedading)序列.

以单峰映象峰值对应的横坐标为中点,观察历次迭代落在中点的那一边. 右边记为 R,左边记为 L,中点本身记为 C. 每一个初值 x 导致的迭代序列,对应由若干个字母 R, L, C 拼成的字 $K(x)$. 可以为这些字定义一个先后顺序,使得线段 I 上 x 值的顺序几乎与相应字的排列一一对应. 这里说"几乎",是因为对于单峰映象可以证明:如果线段上两点 x_1 和 x_2 对应 $K(x_1)$ 和 $K(x_2)$ 两个字,则 $K(x_1) < K(x_2)$ 可导出 $x_1 < x_2$,但反过来 $x_1 < x_2$ 只能推得 $K(x_1) \leq K(x_2)$. 这个关系已经足以从 μ 值一定的一切迭代序列中取出"最大"者,它显然对应线段 I 的右端点. 如果 $I = (-1, 1)$,这就是 $K(1)$. 这样,每一个 μ 值对应一个 $K_\mu(1)$.

由于我们只关心稳定的周期序列,而单峰映象至多有一个稳定周期,可以只考虑初值 1 导致的序列 $K_\mu(1)$. MSS 说明,在 μ 值变化过程中各种 $K_\mu(1)$ 只能按一定顺序出现. 例如,5 点周期只有三种,而且按以下顺序出现

$$1 \to R \to L \to R \to R \to 1 \quad (\text{记为 } RLR^2)$$
$$1 \to R \to L \to L \to R \to 1 \quad (\text{记为 } RL^2R)$$
$$1 \to R \to L \to L \to L \to 1 \quad (\text{记为 } RL^3)$$

MSS 列举了周期 11 以内的全部 $K_\mu(1)$,其排列顺序只取决于映象 $f(\mu, x)$ 具有单峰,而与 f 的形状(如峰值附近展开式(35)中的指数 z)无关. 这是本节第三部分前面所说"结构普适性"的一例. 表 1 中列举了 7P 以内的全部周期,并附了一些说明. 这些说明宜和后面图 22 对照.

表 1 周期 7 以内的 U 序列

顺序	周期	$K_\mu(1)$	说明
1	2	R	唯一的 $2P, 2 \cdot 2^n$ 序列的开始
2	4	RLR	
3	6	RLR^3	嵌在 $2I$ 中的 $3P$,二级 $2 \cdot 3 \cdot 2^n$ 序列的开始
4	7	RLR^4	
5	5	RLR^2	嵌在 $1I$ 中的 $5P$,二级 $1 \cdot 5 \cdot 2^n$ 序列的开始
6	7	RLR^2LR	
7	3	RL	唯一的 $3P, 3 \cdot 2^n$ 序列的开始
8	6	RL^2RL	
9	7	RL^2RLR	
10	5	RL^2R	嵌在 $1I$ 中的 $5P$,另一个二级 $1 \cdot 5 \cdot 2^n$ 序列的开始
11	7	RL^2R^3	
12	6	RL^2R^2	

续表

顺序	周期	$K_\mu(1)$	说明
13	7	RL^2R^2L	
14	4	RL^2	第二个,也是最后一个 $4P, 4\cdot 2^n$ 序列的开始
15	7	RL^3RL	
16	6	RL^3R	
17	7	RL^3R^2	
18	5	RL^3	最后一个 $5P, 5\cdot 2^n$ 序列的开始
19	7	RL^4R	
20	6	RL^4	最后一个 $6P, 6\cdot 2^n$ 序列的开始
21	6	RL^5	最后一个 $7P, 7\cdot 2^n$ 序列的开始

对于 $f(\mu,x)=1-\mu x^2$,当 μ 从小变大时,各种周期严格按表 1 中的顺序出现.然而 μ 和 $K_\mu(1)$ 的这种单调对应关系,并不如 MSS 最初所想的那样普适.其实只要把上述映象中的参数重新定义一下,写作

$$g(\mu,x) \equiv 1 - \frac{9}{4}\mu\left(\mu-\frac{1}{3}\right)^2 x^2$$

则 μ 由 0 变到 1 时,f 中只出现一次的某些周期在 g 中就会重复出现.正确的说法是,只要在 μ 的一个区间两端(例如 0 和 1)观察到了两个不同的序列 $K_0(1)$ 和 $K_1(1)$,则对于任何排在 $K_0(1)$ 和 $K_1(1)$ 之间的序列 A,都会在区间上找到一个 μ 值,使得 $K_\mu(1)=A$. 最近在化学湍流实验和非线性微分方程的数值研究中都看到了 U 序列.

Derrida 等人证明,排列好的 U 序列的集合具有内部自相似结构,即序列的全体可以对应到它的一个子集合上.这就是图 13～15 表现出自相似几何结构的数学原因.

对于 Sarkovskii 定理和 U 序列的编序,容易发生混淆.这里再做一点形象的说明.图 13 中能看到的只是稳定周期.只要有足够的分辨本领,就可以发现越来越长的周期,它们在 μ 轴上对应的区间也越来越窄.这就是 U 序列的集合.如果把每次分岔后已经失稳但仍然存在的周期也都画出来,如图 19 中虚线所示,则固定 μ 时,不仅遇到稳定周期(最多一个),还有更多的不稳定周期.图 19 中 μ_0 处的垂直线,除与稳定的 $8P$ 相交外,还遇见不稳定的 $4P, 2P$ 和 $1P$,这就是序列(60)中最后的 8,4,2,1.如果把 μ_0 取在 $3P$ 切分岔右侧,则从左侧延伸过来的不稳定周期包含(60)中的全体,然而除了 $3P$ 外全是不稳定的.这就是 Li-Yorke 定理.

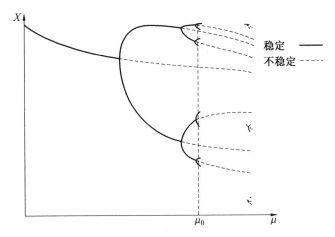

图 19　稳定和不稳定周期

应当指出,无论是 Sarkovskii 定理的表述,还是 U 序列的编序,针对的都是周期轨道,没有明显涉及混沌带(当时甚至还不知道混沌带的存在).然而,这些分类中实际上反映了 $2^n I$ 带的结构.周期轨道组成整个分岔谱的骨架,混沌带像是填充这一骨架的材料.两者关系并非完全清楚.

四、二维离散映象

我们在结束一维映象的讨论之前,插入一段二维离散映象的介绍,因为二维映象在许多方面起着从一维到高维的衔接作用,一维非线性映象都是不可逆的,只对应耗散系统.二维映象却可以从保守(保面积)到耗散(收缩),从可逆到不可逆,提供了考察由此及彼的过渡(Crossover)的可能性.线段的映象有许多性质严格限于一维,而二维映象和高维映象有更多共性.高维的"流"通过 Poincaré 映象自然地对应许多二维映象.

研究得最多的是所谓 Hénon 映象

$$\begin{cases} x_{n+1} = 1 - \mu x_n^2 + y_n \\ y_{n+1} = b x_n \end{cases} \tag{61}$$

这个二维变换的 Jacobi 行列式

$$J = \frac{\partial(x_{n+1}, y_{n+1})}{\partial(x_n, y_n)} = -b \tag{62}$$

只要 $b \neq 0$,变换就是可逆的.$b = 1$ 时,它保持面积不变,是一种保守系统,$b < 1$ 对应耗散系统,$b = 0$ 时则回到一维映象(21).Hénon 等人研究了 $b = 0.3$ 时的情形,他们的主要结果有两条:

第一,二维映象的结果可能依赖于初值,即平面 (x, y) 划分为流域(basin),在不同流域开始的迭代过程收敛到不同的周期或非周期轨道.这是不同于一维映象的.那里最多只有一个稳定周期,无论初值如何,都会殊途同归.

第二，对于某些控制参数和初值，迭代结果迅速收敛到平面(x,y)上接近一维的"吸引子"上。这个吸引子很像是平滑曲线，但它具有宽度。如果取来吸引子的一小段不断放大，可以看到在越来越小的尺度上重复出现近似的自相似结构。这是第一个实际观察到的具有非整数维数的奇怪吸引子，我们在第五节还要提到。

Marotto证明了Hénon映象中存在着稳定流型和不稳定流型的相交，即由单褶点导致混沌。事实上，这两类流型还有许多相切处。这是保守系统中单褶点概念用于耗散系统的一例。

保守的二维映象具有不同的普适常数。例如，映象

$$\begin{cases} x_{n+1} = x_n + y_n \pmod{1} \\ y_{n+1} = y_n - \mu f(x_n + y_n) \pmod{1} \end{cases} \quad (63)$$

其中，f是周期为1的函数，如$\sin(2\pi x)$。Benettin等人发现(63)的倍周期分岔点的收敛速率$\delta = 8.7210\cdots$，而标度变换因子$\alpha = 4.02$，均不同于Feigenbaum为一维映象确定的数值。对$b=1$的Hénon映象的研究，也给出$\delta = 8.7210$和$\alpha = 4.018$。Zisook研究了二维映象

$$\begin{cases} x_{n+1} = 2\mu(x_n + x_n^2) - y_n \\ y_{n+1} = bx_n \end{cases} \quad (64)$$

其Jacobi行列式也等于$-b$。当$b=1$时$\delta = 8.7210$，而$b<1$时$\delta = 4.66920$。引入有效参数$b_{eff} = b^{2^n}$，则δ在$n \to \infty$极限下作为b_{eff}的函数，连续地由4.66920变到8.7210。这是二维映象具有的一种新的标度性质。

另一类研究得较多的是所谓"标准映象"

$$\begin{cases} y_{n+1} = y_n - \dfrac{\mu}{2\pi}\sin(2\pi x_n) \\ x_{n+1} = x_n + y_{n+1} \end{cases} \quad (65)$$

它出现在许多自由度为2的非线性振子理论中，是带电粒子在环形磁场中运动的一种模型，同时也是二维Hamilton系统的一例。

二维映象虽然在某些方面表现出与一维线段映象不同的性质，但一维非线性迭代的许多普适特点在高维映象中仍然保持下来。在下一节中，我们将介绍一批非线性常微分方程中出现分岔序列和混沌现象的实例，那里近些年积累的事实远超过已证明的数学定理。

第四节　非线性常微分方程中的分岔和混沌

重要的物理过程多由微分方程描述，人们当然更关心这些方程中是否会出现与离散映象不同（或类似）的分岔序列和混沌行为。目前，对偏微分方程的这类性质，即同时涉及空间分布的混沌现象还知道得不多。常微分方程刻画有限

个互相耦合的自由度的时间演化过程,近来开始积累大量计算机实验的结果.

实际上,我们不是讨论单个的非线性方程组,而是考察依赖于参数 μ_1,μ_2,$\cdots$,μ_M 的方程"族"

$$\frac{\mathrm{d}x_i}{\mathrm{d}t}=f_i(x_1,\cdots,x_N;\mu_1,\cdots,\mu_M;t) \quad (i=1,\cdots,N) \tag{66}$$

这里状态变量 $x_1,x_2,\cdots,x_N$ 构成 N 维的相空间,而 $\mu_1,\cdots,\mu_M$ 支起 M 维的参数空间.参数空间中的每一个点对应一个特定的方程组——一个演化过程.

本节先列举迄今已经研究过的系统,说明它们与离散映象的关系,然后讨论研究常微分方程中分岔与混沌的数值方法,最后就一个比较典型的实例,介绍若干具体结果.

一、三类常微分方程系统

已经观察到分岔序列和混沌行为的常微分方程有三类:3 个以上变量的自治方程组,两个以上变量的非自治方程组和一个以上变量的延时方程.

(1) 自治方程.

当式 (66) 右端函数不显含时间 t 时,方程组称为自治的.出现混沌行为的"经典"例子是 Lorenz 模型

$$\begin{cases} \dot{x}=-\sigma(x-y) \\ \dot{y}=-xz+rx-y \\ \dot{z}=xy-bz \end{cases} \tag{67}$$

这个方程组来自无限平板间液体的热对流问题.作为平面问题将未知函数展为傅氏级数,只保留 3 个运动模式并进行无纲化,就得到 (67).方程组中有 3 个参数,r 是瑞利数

$$R_a=\frac{gah^3\Delta T}{vk} \tag{68}$$

(g:重力加速度;a:热膨胀系数;v:运动学黏滞系数;k:热传导系数;h:平面间距;ΔT:温度差)与它的临界值 $R_c=\dfrac{27\pi^4}{4}$ 之比

$$r=\frac{R_a}{R_c} \tag{69}$$

σ 是 Prandtl 数

$$\sigma=\frac{v}{k} \tag{70}$$

b 没有直接的物理意义.通常取 $b=\dfrac{8}{3}$,$\sigma=10$(接近水的值),改变 r 进行研究.

将流体力学方程限制在二维环面上,两个方向都加周期边界条件,然后作傅氏变换,就可以把原来的偏微分方程化为傅氏系数的无穷阶常微分方程组.

从物理考虑保留最主要的运动模式,可以得到5个模的"截断"Navier-Stokes 方程,如

$$\begin{cases}\dot{x}_1=-2x_1+4x_2x_3+4x_4x_5\\\dot{x}_2=-9x_2+3x_1x_3\\\dot{x}_3=-5x_3-7x_1x_2+r\\\dot{x}_4=-5x_4-x_1x_5\\\dot{x}_5=-x_5-3x_1x_4\end{cases} \tag{71}$$

或7个模的方程组,如

$$\begin{cases}\dot{x}_1=-2x_1+4\sqrt{5}x_2x_3+4\sqrt{5}x_4x_5\\\dot{x}_2=-9x_2+3\sqrt{5}x_1x_3+9\sqrt{5}x_5x_6\\\dot{x}_3=-5x_3-7\sqrt{5}x_1x_2+9x_1x_7-5\sqrt{5}x_4x_6+r\\\dot{x}_4=-5x_4-\sqrt{5}x_1x_5+5\sqrt{5}x_3x_6\\\dot{x}_5=-x_5-3\sqrt{5}x_1x_4-\sqrt{5}x_2x_6\\\dot{x}_6=-10x_6-8\sqrt{5}x_2x_5\\\dot{x}_7=-5x_7-9x_1x_3\end{cases} \tag{72}$$

当然,模的数目增加后,截断的方案迅速增多. 在(71)和(72)两个例子中都看到了倍周期分岔序列和混沌区域,特别是在(72)中看到了复杂的流域划分和不能归结为倍周期分岔的突变.

上面这些方程组的行为都十分复杂. Rössler 构造了一些简单的具有混沌行为的非线性方程. 他的例子之一是

$$\begin{cases}\dot{x}=-(y+z)\\\dot{y}=x+ay\\\dot{z}=b+xz-cz\end{cases} \tag{73}$$

其中只有最后一个方程含有非线性项,功率谱研究发现(73)具有正的分岔序列($1P\sim 16P$)和反的混沌带序列($16I\sim 1I$).

发现混沌行为的其他常微分方程组还有等离子体中3个非线性波的耦合方程,双组元流体的 Lorenz 模型,截断到14个模的 Lorenz 模型,描述转动流体 Taylor(泰勒)不稳定性(见第七节第三部分)的32模耦合方程组,Gunn 不稳定性的40模耦合方程等. 这个名单正在继续增长. 此外,为解释地磁场在地质史上随机反向而提出的一些模,例如 Russel 等人提出的双盘发电机模型

$$\begin{cases}\dot{x}=-\mu x+zy\\\dot{y}=-\mu y-\alpha x+xz\\\dot{z}=1-xy\end{cases} \tag{74}$$

显然与 Lorenz 或 Rössler 模型很接近,应有相似的行为.

前面列举的各种自治方程组,都至少具有 3 个变量. 这是微分方程解的唯一性决定的. 试设想参数做微小改变,解的周期突然增长为原来的 2 倍,那么相空间中的运动图像将如何变化呢? 由连续性考虑知道,轨道不可能突然发生有限的形变. 事实上,这时原有的周期轨道劈裂为二,劈裂的程度可以微乎其微,但绕行一周的时间增长为原来的 2 倍(图 20). 如果劈裂发生在二维相空间中,则轨道至少有一个自交点,在这个点上微分方程的解不具有唯一性. 因此,至少要在三维相空间中才能既发生劈裂,又不破坏解的唯一性. 图 20 那样的交叉只能发生在对某些平面的投影中.

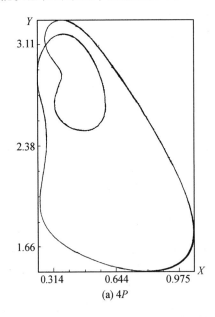 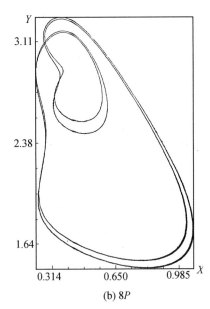

图 20　倍周期分岔时的轨道变化①

(2) 非自治方程.

非自治方程总可以借助增加新变量而成为自治方程组. 例如,在方程组(66)中增加新变量 $x_{N+1} \equiv t$ 和自变量 τ,以及新的方程

$$\frac{\mathrm{d}x_{N+1}}{\mathrm{d}\tau} = 1 \tag{75}$$

这样就成为有 $N+1$ 个变量的自治方程组了. 由此便不难理解,为什么对于非自治方程组只需两个变量就可以观察到分岔和混沌现象了.

实际上研究得较多的只是一类非自治方程,即周期外力驱动或具有周期参数的非线性振子. 早在 1945 年就发现周期外力作用下的 Van der Pol 振子

---

① 参数 $A = 0.4, B = 1.2, \alpha = 0.05, \omega$ 从 $0.77(4P)$ 变到 $0.771(8P)$.

$$\ddot{x} - k(1-x^2)\dot{x} + x = b\lambda k\cos(\lambda t + \varphi) \tag{76}$$

表现出随机行为,只是没有使用奇怪吸引子等现代述语.近些年报道有分岔序列和混沌行为的非自治系统包括:

强迫非简谐振子

$$\ddot{x} - k\dot{x} - \beta x + \alpha x^3 = b\cos(\omega t) \tag{77}$$

这实际上是 Duffing 方程

$$\ddot{x} + k\dot{x} + f(x) = g(t) \tag{78}$$

的一例,其中 $g(t)$ 是周期函数,而 $f(x)$ 是一个非线性函数.

参量摆

$$\ddot{x} + k\dot{x} + [A + \alpha\cos(\omega t)]\sin x = 0 \tag{79}$$

以及更一般的具有周期系统的非线性 Mathieu 方程

$$\ddot{x} + k\dot{x} + [A + \alpha\cos(2t)]x + x^3 = 0 \tag{80}$$

强迫布鲁塞尔振子

$$\begin{cases} \dot{x} = A - (B+1)x + x^2 y + \alpha\cos(\omega t) \\ \dot{y} = Bx - x^2 y \end{cases} \tag{81}$$

等等.我们不在此详述这些方程的情况,因为后面将以(81)为例,较为仔细地介绍.此外,在微波场中的 Josephson 结,超声场中的位错线等,都由这一类方程描述,我们在讨论物理实验的第七节中再讲.

(3) 延时方程.

单变量的延时方程,如

$$\dot{x}(t) + ax^3(t) = x(t-\tau) \tag{82}$$

可以化成无穷阶的自治方程组,办法是将延时操作写成算子形式

$$x(t-\tau) = e^{-\tau\frac{d}{dt}}x(t) = \sum_{n=0}^{\infty} \frac{(-\tau)^n}{n!} \frac{d^n}{dt^n} x(t) \tag{83}$$

因此某些延时方程应具有多变量自治方程组的分岔与混沌行为.早就知道,许多延时方程的解是很不稳定的,看来也与此有关.最近发现激光双稳态上出现混沌现象,其模型就是一个含延时项的方程组,我们在第七节第六部分中还要介绍.

二、微分方程和离散映象的关系

前面提到的各类微分方程之间,以及微分方程与离散映象之间,存在相互关系.非自治方程和延时方程可以化为自治方程,这已经非常清楚.某些自治方程组,特别是含有线性方程的系统,可以形式上积出一部分,化为与时间有关外力作用下的非自治系统.例如,Lorenz 方程(67)就化成了在有记忆效应的外力作用下的阻尼振子.又如,Farmer 等人猜测,某些 3 个变量的自治系统等价于

周期驱动的二维系统. 自治微分方程组通过 Poincaré 映象, 周期驱动的系统通过分频采样, 总可以对应许多个离散映象. 这在下一节中介绍数值方法时还要讨论.

现在先看一个有实际意义的特例: 一个周期驱动的微分方程准确地变换成离散映象. 考虑高能粒子碰撞环中两组相对运动的束流脉冲. 单个粒子流的运动可用简谐振子描述

$$\frac{d^2 y}{d\varphi^2} = -\omega^2 y \tag{84}$$

其中, φ 是正比于时间的转角, ω 由磁场决定. 每转一圈迎面运动的束流脉冲"碰撞"一次. 碰撞的时间很短, 存在某个非线性函数 $F(y)$ 代表碰撞的作用, 于是

$$\frac{d^2 y}{d\varphi^2} = -\omega^2 y + BF(y) \sum_{n=0}^{\infty} \delta(\varphi - 2n\pi) \tag{85}$$

在两次碰撞之间, 线性方程(84)的解可写为

$$y = a\sin(\omega\varphi) + b\cos(\omega\varphi)$$

具体到 $\varphi = 2\pi n$ 时刻是

$$y_n = a\sin(2\pi n\omega) + b\cos(2\pi n\omega)$$

用三角公式立即得迭代关系

$$y_{n+1} = Cy_n + \frac{S}{\omega}P_n \tag{85a}$$

其中, $C \equiv \cos(2\pi\omega)$, $S \equiv \sin(2\pi\omega)$, P_n 是 $P = \frac{dy}{d\varphi}$ 取在 $\varphi = 2\pi n$ 时刻的值. 积分式(84) 知道, P 每经过一次碰撞获得增量 $BF(y)$, 于是

$$P_{n+1} = CP_n - Sy_n + BF(y_n) \tag{85b}$$

式(84)就是与式(83)准确对应的离散映象. 从上面的讨论可以看出, 周期脉冲驱动的系统, 只要线性部分具有周期解, 而非线性部分带 "Dirac 梳", 即 $\sum \delta(t - n\pi)$, 就总可以准确地化为离散现象. 由于进行离散迭代比解微分方程远为节省时间, 如能把微分方程近似地变成离散现象, 有时也是可取的.

讲到这里, 正是讨论离散映象与连续流(即微分方程的解)关系的恰当地方. 由于 D 维映象至少对应 $D+1$ 维的流, 因此在同样维数下离散系统的内容总比连续系统更丰富. 一维流只能从"源"到"漏", 没有其他花样, 而一维映象则可能表现出上一节介绍的分岔与混沌行为. 其实, 这是一个普遍规律: D 维量子统计模型在一定意义下对应 $D+1$ 维经典模型, 序参量具有离散对称时在二维已可能发生相变, 而连续对称时三维才有长程序. 离散映象是研究复杂系统的重要简化手段, 这一点应有更广泛的意义.

三、研究分岔和混沌的数值方法

目前, 电子计算机几乎是揭示非线性微分方程中丰富的分岔和混沌现象的唯

一工具. 同时,不稳定和分岔也是许多计算方法本身的特性,因此数值工作中必须认真排除由算法不稳定或有限字长引起的假象. 因此,这部分专门讨论方法问题.

(1) 分频采样法.

许多周期驱动系统可以看作非线性振子和线性振子的耦合系统. 在耦合太弱时,系统中存在两个独立的振动频率,发生准周期运动或拍频现象. 耦合稍增加时,非线性振子就锁频到线性振子的基频或分频上,系统中只剩下一个共同的、通常较长的运动周期. 这个"非常普遍而又十分复杂的现象",恰好可用来推广普通的闪烁采样思想,实现分频采样. 这就是不仅按控制频率 ω 的基本周期 T_0 采样,而且还按适当分频的更长周期采样. 闪烁采样的这一简单推广,提供了其他数值方法所不能比拟的高分辨能力. 因而某些周期驱动系统(例如,强迫布鲁塞尔振子)中分岔和混沌状态的细致结果,远远超过研究了多年的 Lorenz 模型.

图 21 是分频采样的一例,其中每张图都标出了 256 个采样点. 图 21(a) 中 $NS=1$ 表示按基本周期 T_0 采样. 图中看到 8 个岛屿,但它们的性质很难判断. 改用 $NS=8$ 后,可以靠移动采样起始时刻,即移动 $NK=0,1,\cdots,NS-1$ 个周期,分别取出图 21(a) 中各个岛屿. $NK=7$ 时取出图 21(a) 方框中部分,示于图 21(b) 中. 这里采用了纵横两个方向独立地自动变比例的绘图方法,以获得最高的分辨. 改用 $NS=64,NK=7$ 后,又取出图 21(b) 左下角的方框,示于图 21(c) 中. 现在清楚看到,这是一个周期为 128 的混沌轨道.

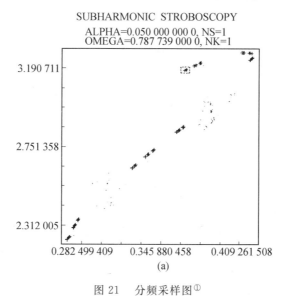

图 21 分频采样图[①]

---

① 参数 $A=0.4, B=1.2, \alpha=0.05, \omega=0.787\,739$.

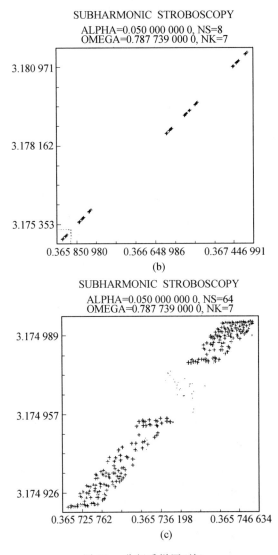

图 21　分频采样图(续)

分频采样作为一种离散时间序列的采样方法,和后面要介绍的功率谱分析一样,具有两个缺点,即解释不唯一,而且不能分辨比采样频率更高的频率. 但只要注意从基频逐步走向分频,并在有可能时与功率谱对照,这些缺点是可以克服的.

(2) Poincaré 截面法.

我们已在第二节中介绍过 Poincaré 截面的做法,它使连续的"流"降为低维的离散映象. 由于自治系统中没有确定的频率可作控制参数,所以 Poincaré 截面成为研究它们的主要手段. 截面位置的选择很重要,通常应经过原来稳定而后失稳的不动点附近,才能反映出分岔和混沌的过程.由于分岔序列往往伴随着在不同几何尺度上重复的层次结构,原则上可以靠分割和限制空间范围与采样间隔,实现"空间分辨的 n 次返回映象"(第二节图 3 所示的是 $n=1$ 的情形),从而大为提高分辨能力.借助现代计算机绘图设备,这一改进是容易实现的.

(3) 功率谱分析.

周期运动在功率谱中对应尖峰.混沌的特征是谱中出现噪声背景和宽峰.因此功率谱分析自然成为计算机实验和实验室观测分岔与混沌的重要方法.功率谱的定义已在第三节中给过,这里着重讨论它的局限性.

设采样间隔为 τ,每采 N 个点作一次快速傅氏变换,计算功率谱.每个谱所需总采样时间是 $L=N\tau$. L 和 τ 决定两个量纲为频率的数

$$f_{\max}=\frac{1}{2\tau}, \Delta f=\frac{1}{L} \tag{86}$$

$f_{\max}$ 是采样间隔 τ 所能反映的最高频率("采样定理"). Δf 是两个相邻傅氏系数对应的频率差,即给定 N 时的分辨力极限.设所研究的系统基频为 f_0.必须取 $f_{\max}=kf_0, k=4\sim 8$,并且只保留所得谱的一半或四分之一,才能有效地避免"混淆"现象,即"反射"到 $f_{\max}$ 以下的虚假的高频成分.另外,研究分岔现象时希望观察到 p 分频.为了使最精细的峰能由 s 个点组成,必须要求

$$f_{\max}=\frac{f_0}{p}=s\Delta f \tag{87}$$

从以上各式中消去 f_0 和 τ,得到

$$p=\frac{N}{2ks} \tag{88}$$

如果取 $N=8\,192, k=4, s=8$,得 $p=128$.这基本上是在现代电子计算机上用功率谱分析研究分岔现象的分辨限度.

应当指出,功率谱分析仍是十分有益的工具.谱的精细结构特别有助于区分嵌在不同混沌带中的周期轨道,以及区分周期一样的 U 序列各成员.下一节中将给出几个实例.

(4) 运动轨道的直接观察.

分别观察各个 $x_i(t)$ 的时间行为,是发现"阵发混沌"(见第六节第四部分)的直接办法.但多次分频后,非线性振动的形态往往比较复杂,必须借助其他手段才能做出判断.

更直观的做法是把运动投影到相空间的某些截面中.周期运动当然对应封闭曲线.混沌则对应在一定区域内随机分布的永不封闭的轨道.如果绘出的周期足够多,混沌轨道会把整个区域逐步填满,但任何时候都在更小的尺度下留下空隙,以后再继续填充.这就是所谓的奇怪吸引子,我们要用整个第五节讨论它们.

为了看清奇怪吸引子的结构,往往要先把运动轨道在三维空间中旋转,选择恰当的投影平面(参看图27).动态显示奇怪吸引子随参数的变化,仍然超乎现代计算机的能力.

现在简要地比较以上方法.

从分辨能力看,直接观察轨道的分辨力最低,只能达到 $p \leqslant 32$,但形象直观;功率谱分析限于 $p \leqslant 128$,其精细结构可以提供其他方法不能替代的信息;分频采样方法目前已经做到 $p \leqslant 8\,192$,然而只适用于周期外力驱动的非线性系统;Poincaré 截面法如果不做特别改进,分辨力也不能超过功率谱分析.

从计算机的容量和时间要求看,分频采样和 Poincaré 截面的限制仅仅是机器字长和计算时间,而功率谱分析还受到存储容量影响,因为通常必须将多个谱平均,才能得到质量较好的结果.直接观察运动轨道作为以上方法的副产品,不需附加计算时间.

四、典型结果:强迫布鲁塞尔振子

非线性微分方程中分岔和混沌行为的许多特点是普适的,并不依赖于具体模型.我们扼要介绍一个目前研究得最细致的方程组,这就是在周期外力作用下,但不含扩散项的三分子反应模型(81),即强迫布鲁塞尔振子.富田和久等人最初研究这个模型,发现了一个混沌区和若干周期轨道,但整个工作基本上是在 Feigenbaum 发现普适性所引起的"混沌"热潮之前完成的,甚至专门研究混沌区的文章中,也没有给出功率谱.许多近几年提出的新问题在强迫布鲁塞尔振子上得不到回答.因此才有深入研究这一模型的必要.

我们把方程组(81)写成耦合振子形式

$$\begin{cases} \dot{x} = A - (B+1)x + x^2 y + \alpha z \\ \dot{y} = Bx - x^2 y \\ \dot{z} = -\omega u \\ \dot{u} = \omega z \end{cases} \tag{89}$$

固定初值 $u(0) = 0, z(0) = 1$.这是一个自治方程组,除了三次非线性项,与第四节第一部分中介绍的其他自治系统没有原则上的区别.式(81)中 α 和 ω 的地位表面上是不同的,而这里参数 A, B, α 和 ω 以同等地位进入方程组.我们综合使用上一节介绍的各种方法,对(89)做了较深入的研究.下面给出一些典型图片,以佐证迄今叙述过的种种概念.

图22是参数空间中 $B = 1.2, \alpha = 0.05$ 的截面,可称为 $A - \omega$ 相图.图中用黑点涂布了混沌区,混沌区本身还分成周期不同的带,各个带中嵌有高阶的分岔序列.除了两个以周期5为基础的分岔序列,大量细节均未绘出.由左上角往

右下角看,依次出现以 $2,3,4,5,6,7,\cdots$ 为基本周期的倍周期分岔序列,它们对应 U 序列中由 $R,RL,RL^2,\cdots,RL^3,\cdots$ 开始的段落(比较表 1).各个周期的出现顺序看来也与表 1 一致.表 1 中总共有三种 $5P$ 周期:RLR^2,RL^2R 和 RL^3,图 22 中也只有三种 $5P$.周期轨道的分类和编序,迄今是严格于一维的数学结果,图 22 是第一个实例,说明多变量的微分方程组,在参数空间的某些部分也能出现准确的 U 序列.

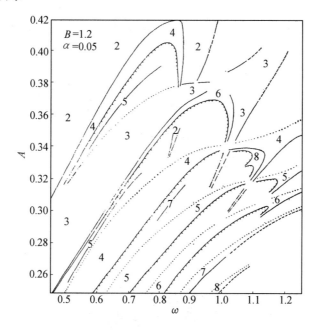

图 22 $A-\omega$ 相图

— 周期边界,⋯ 阵发混沌边界,ⅲ 倍周期分岔,—•— 边界不明确,---- 准周期边界,无数字的空白区是混沌或准周期

图 23 是 $A=0.4,B=1.2$ 的 $\alpha-\omega$ 相图,它对应图 22 中 $A=0.4$ 的一条水平线.富田等人研究的是这张图中 $\alpha=0.05$ 的一条线.图 23 中央部分是混沌区,从各个方面都可经过倍周期分岔序列进入混沌区,混沌区还标出了 $1I,2I$ 和 $4I$ 区的边界.

图 24 给出了沿图 23 中 $\omega=0.80$ 垂直线的分岔情况示意.这张图可用耦合振子的语言解释如下:当耦合强度 α 很小时,外周期力不足以影响非线性振子,系统中有两个独立的频率.当 α 增加到 0.008 时(注意这个值仍是很小的!)系统突变到锁频状态.这里一下子就锁到二分频上,然后经过倍周期分岔进入混沌带的反序列.由于图 23 中 $\omega=0.80$ 直线位置偏左,未穿过 $1I$ 区,所以图 24 中混沌带也合并到 $2I$ 为止.另一个极端是 α 数值足够大,线性振子取得压倒性优

势，系统完全锁到外频率上．从图中可以看出，这个过程又是经过一对反、正的分岔序列实现的．因此可以说，混沌是两种倾向妥协的产物．一方面（α 小时）非线性振子力图表现自己，另一方面（α 大时）线性振子要取得支配地位，两者不相上下时出现混沌．在这里，混沌是非线性振动的一种特殊制度．

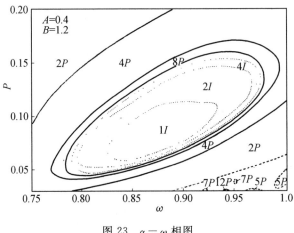

图 23　α—ω 相图

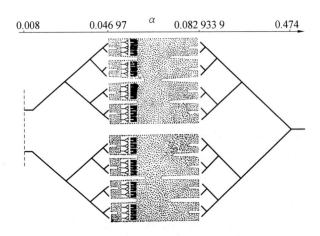

图 24　沿 $\omega = 0.80$ 的分岔示意

图 24 每个混沌带中还嵌有许多二阶序列，每个序列都有正的分岔部分和反的混沌带的合并过程．图中只在 $8I$ 带中示出一个二阶序列．图 25 是周期轨道和混沌轨道功率谱的对比，其中图（a）（b）是 $4P$ 和 $8P$ 的功率谱，而图（c）（d）是 $4I$ 和 $8I$ 的功率谱，参数值都在图 24 所示的 $\omega=0.80$ 的直线上．混沌带的功率谱除了有明显的噪声背景，还有与周期轨道对应的尖峰．这些尖峰反映了运动轨道访问各个混沌带的严格周期性．

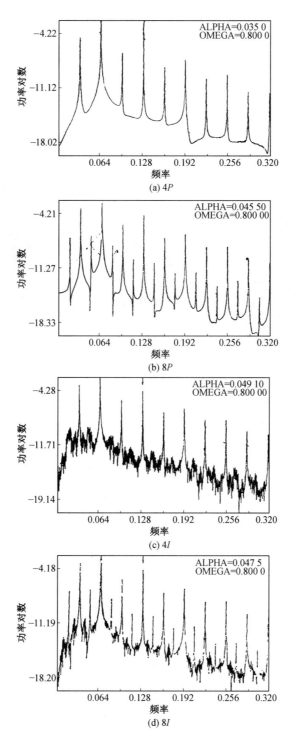

图 25　周期轨道和混沌轨道的功率谱

混沌轨道在相空间中"填满"有限的区域,形成奇怪吸引子."宏观"地看,$1I$ 的奇怪吸引子是一个单连通的对象(图26(a)),而 $2I$ 以上的吸引子是复连通的(图26(b)和(c))."微观"地看,图中黑色部分也并非密致填满的,而是具有各种尺度上的空隙,并随着时间演化继续填充,同时留下更细微尺度上的空洞.形象地说,围绕奇怪吸引子上"宏观"空洞的平均的周期运动,给出功率谱中的尖峰,而不断留下"微观"空洞的随机运动,导致功率谱中的噪声背景.

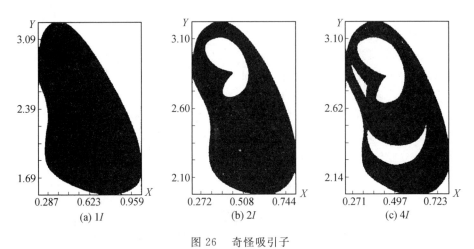

图 26 奇怪吸引子

图26中三张图都是在平面 (x,y) 中的投影,其中"宏观"空洞来自混沌轨道在高维相空间中的扭曲.为了看清楚这一点,应在三维相空间中观察运动轨道,并把它旋转起来.图27就是这样一组立体投影,参数与图26略有不同:$A=0.4,B=1.21,\alpha=0.05,\omega=0.78$,是一条正在填充的 $4I$ 轨道.所用的三维坐标是 $(x,y,\dot{x})$.图27(a)仍是平面 (x,y).设想此时奇怪吸引子的纵轴与垂直平面 (x,y) 的 $\dot{x}$ 坐标轴重合,两个轴的夹角 $\theta=0$,绕 $\dot{x}$ 轴的转角 φ 也取为0.如果保持奇怪吸引子不动,而将坐标系转动,达到 $\theta=-30°,\varphi=0$ 或 $\theta=45°,\varphi=0$ 的位置,就得到图27(b)和(c).

嵌在不同混沌带中的周期轨道可由功率谱的精细结构识别.例如,$24P$ 的轨道出现在 $4I$ 或 $8I$ 混沌带中,分别具有 $4\times 3\times 2$ 或 8×3 的精细结构(图28).这是功率谱的一种重要用处,为其他方法所不及.

我们将在下一节中详细讨论奇怪吸引子.

THET=0.0 PHI=0.0

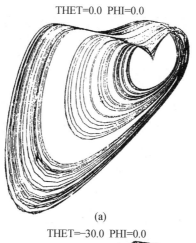

(a)

THET=-30.0 PHI=0.0

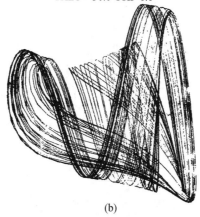

(b)

THET=45.0 PHI=0.0

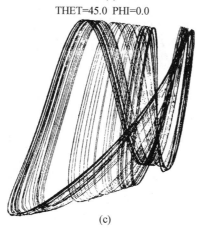

(c)

图 27　奇怪吸引子的立体投影

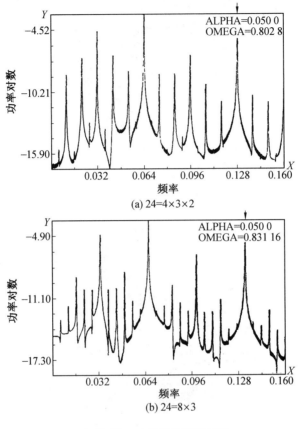

图 28　功率谱的精细结构

第五节　奇怪吸引子

　　保守的 Hamilton 系统遵从 Liouville 定理. 把相空间中一定体积内的点都取作初值, 这个区域的形状在演化过程中随时间改变, 但体积始终不变. 耗散系统则不然, 相体积在演化过程中不断收缩. 收缩的原因就是流体力学方程(1) 中的 $v\Delta v$、反应扩散方程(2)中的 $D\Delta x_i$ 等耗散项. 只有相体积不变, 才可能存在 Poincaré 返回, 即经过足够长的时间后, 系统必然回到距初始点任意近的地方. 换言之, 保守 Hamilton 运动总是准周期的, 虽然通常返回周期很长, 以致没有实际意义. 耗散系统的运动最终趋向维数比原始相空间低的极限集合——吸引子, 因而对于相空间中的大多数区域, 系统根本不会再返回.

　　由高维相空间收缩到低维吸引子的演化, 实际上是一个归并自由度的过程. 耗散消磨掉大量小尺度的较快的运动模式, 使决定系统长时间行为的有效自由度数目减少.许多自由度在演化过程中成为"无关变量",最终剩下支撑起吸引子的少数自由度.如果为描述非平衡定常状态所选取的宏变量集合中,恰好包括了这些 $t \to \infty$ 时起作用的自由度,那就会有一个比较成功的宏观描述.

一、平庸吸引子

我们来考察常微分方程解的极限集合,即相空间某一区域的点都取作初值时,这些轨道的 $t \to \infty$ 的极限行为.极限集合的一些平庸情况是熟知的,即零维不动点、一维极限环和二维环面等.

如果 $t \to \infty$ 时系统趋向一个与时间无关的定常态,即相空间中一个特定的点,这就是不动点.不动点是零维的吸引子.一维以上的系统原则上就可能(但不必定)具有不动点.

如果 $t \to \infty$ 时系统中剩下一个周期振动,这就是一维的吸引子——极限环.只有二维以上的相空间中,才可能出现极限环.通常极限环是由不动点发展来的.当某个不动点在参数变化过程中由稳定而失稳,新的稳定状态往往是围绕着原有不动点的周期运动.这个过程称为 Hopf 分岔.第三节第一部分中介绍的由不动点到 $2P$ 的分岔就是最简单的一例.

二维以上的吸引子,表现为相空间中相应维数的环面.我们从第二节第二部分的讨论已经知道,二维环面上两个运动方向的频率呈有理比例关系时,才会有周期运动.一般情形下,高维环面上的运动总是准周期的.

通常整个相空间可以划分为一个或多个"流域"或"盆地".每个流域中的点在 $t \to \infty$ 的过程中趋向一个特定的吸引子.各个流域加到一起,组成整个相空间(除去体积为零的分水岭脊线).系统的长时间行为,依赖于初始点所在的流域,但同一流域中的点都会殊途同归,达到同一个吸引子.吸引子上的运动,对应定常态;吸引子外的运动,乃是暂态过程.

由不动点到极限环的 Hopf 分岔可以形象地理解如下:一个稳定的不动点附近,代表系统运动状态的流线如图 29(a) 所示,从四面汇聚到不动点.不稳定的不动点是流线的源,所有的流线都向外散开(图 29(b)).假定控制参数的微小变化,使不动点由稳定而失稳,不动点附近的局部形势就要由图 29(a) 变到图 29(b).但是一般来说,参数的这种微小变化还不足以使整个流域内"河水倒流",距不动点较远处的流线仍应是向中央汇聚的.近处向外,远处向内,两种流向统一起来的办法,就是在中间出现一条封闭曲线,成为内外两套流线的共同极限(图 29(c)).这就是一个极限环.类似的几何考虑,可用以理解高维环面的产生.

综上所述,非线性系统可能具有 0,1,2,3,… 各种维数的平庸吸引子.高维吸引子上最可能有准周期运动,而不是周期振动.然而自 Ruelle-Takens 的工作以来,人们越来越清楚地看到,一般来说准周期轨道成为吸引子的可能性不大,更可能出现的是所谓的奇怪吸引子.

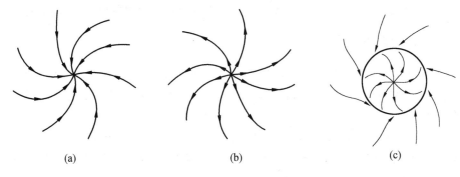

图 29　Hopf 分岔示意

二、奇怪吸引子

奇怪吸引子的出现与运动轨道的不稳定密切相关.耗散是一种整体性的稳定因素,它使运动轨道稳定地收缩到吸引子上.如果在相体积收缩的同时,沿某些方向的运动又是不稳定的,那么会发生什么情况呢?

大家知道,不稳定的运动轨道在局部看来总是指数分离的.任何一个自治的非线性常微分方程组

$$\frac{\mathrm{d}x_i}{\mathrm{d}t} = f_i(x_1, \cdots, x_N) \tag{90}$$

可以在已知的解 x_0 附近展开

$$x_i = x_{0j} + \delta x_i \tag{91}$$

线性化为一个非自治的(依赖于 x_0)方程组

$$\frac{\mathrm{d}\delta x_i}{\mathrm{d}t} = U_{ij}(x_0)\delta x_j \tag{92}$$

矩阵

$$U_{ij}(x_0) = \left.\frac{\partial f_i}{\partial x_j}\right|_{x=x_0} \tag{93}$$

称为线性化演化算子或 Lyapunov 矩阵.当它的某个本征值实部是正数时,相应的 δx_i 分量就会指数上升,即 x 和 x_0 指数式地分离开.

现在必须把两件事统一起来.一是耗散运动最终要收缩到相空间的有限区域即吸引子上,二是运动轨道局部看来又是不稳定的,要沿某些方向指数分离.怎样在有限的几何对象上实现指数分离呢?办法就是无穷次地折叠起来(图 30),制造出一种新的几何对象——奇怪吸引子.

奇怪吸引子具有某种膨胀起来的"双曲性".双曲点有一个稳定方向和一个

不稳定方向(图 1). 奇怪吸引子有内外两种方向：一切在吸引子之外的运动都向它靠拢,这是"稳定"方向,而一切到达吸引子内的轨道都互相排斥,对应不稳定的方向. 奇怪吸引子的维数必须大于零,才有"排斥"的余地. 零维之下只有不稳定的不动点,没有奇怪吸引子. 无穷折叠使奇怪吸引子具有层次结构和非整数的维数. 关于分数维数的定义和计算,在下一节讲.

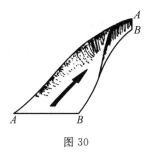

图 30

奇怪吸引子作为一个整体又是运动的不变量,它对小扰动是稳定的. 这是一种整体稳定、局部不稳定的运动状态.

奇怪吸引子也有人称为"随机吸引子",至今还没有为人们普遍接受的定义. 对于物理工作者而言,应当把握住以下几条"怪"处：

第一,奇怪吸引子上的运动对于初始条件十分敏感. 进入奇怪吸引子的部位稍有差异,运动轨道就会截然不同.

第二,奇怪吸引子作为相空间中的子集合,往往具有非整数的维数,例如 2.06 维.

第三,即使原来的微分方程连续地依赖于参数,奇怪吸引子的"结构"也完全不是连续地随参数变化. 这里"结构"是指那些导致非整数维数的各种层次的"空洞". 当参数发生微小变化时,奇怪吸引子的外部轮廓可能变化不大,但"空洞"的位置和填充过程却毫无相似之处.

正是对初值的敏感性,使得物理量在奇怪吸引子上的平均值反而对初值不敏感. 奇怪吸引子上的运动不仅是遍历的,而且是混合的,可以在其上引入定常态的分布函数,进行统计描述. 例如,奇怪吸引子上可以定义关联函数,它随距离指数衰减.

奇怪吸引子最初是在 Hénon 映象(61)中看到的. 构造这个映象,是为了模拟出 Lorenz 模型(67)的吸引子. 对于参数值 $\mu=1.4, b=0.3$,图 31(a) 呈现了一定初值下一万次迭代的结果,图中往返折叠了几次的曲线就是吸引子本身. 把迭代次数增加到十万次,取出图 31(a) 小方框中的部分示于图 31(b) 中,它仍然具有内部结构. 再增加迭代次数,继续取出图 31(b) 中的方框并放大,仍然得到与图 31(b) 相似的情景. 这个过程可以重复多次. 这些图清楚地显示了奇怪吸引子具有无穷嵌套的自相似结构(注意,图 13~15 的自相似结构是在状态空间 $\otimes$ 参数空间中,图 31 是在参数固定的状态空间中). Hénon 吸引子的势达不到二维连续流,而只相当于一维连续流 $\otimes$ Cantor 集合,因此它的维数介于 1 和 2 之间. 下一节再继续讨论这个问题.

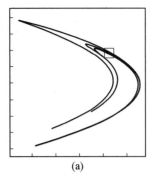 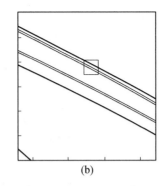

图 31 Hénon 吸引

Lorenz 模型的奇怪吸引子由两片构成(图 32),每片各自围绕着原来的一个不动点. 运动轨道在一片中由外向内绕到中心附近后,"随机"地跳到另一片外缘继续向内绕,再突然跳回原来那片的外缘. 关于 Lorenz 吸引子的结构已经有大量文献,这里不再叙述.

Rössler 建议的几个模型,都是想构造比图 32 简单的、只有一片的吸引子.

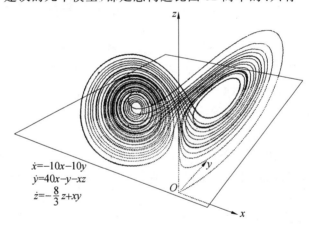

图 32 Lorenz 吸引子

顺便提一下奇怪吸引子的结构突变现象. 在参数连续变化的过程中,奇怪吸引子的整体结构会突然发生转变,这在一维迭代中看得最清楚. 图 33 是图 13 中 $3P$ 切分岔那一段的放大,只是沿 x 轴画出了 $y = \dfrac{x}{\mu}$ 的数值,因为计算中用的迭代公式为

$$y_{n+1} = \mu - y_n^2$$

与(51)略有差别. 在 $\mu_3^* = 1.790\,327\,492$ 处 3 个二阶混沌带突然合并成一个. 发生突变的原因是不稳定周期(图中虚线)与同阶的混沌带相碰,μ_3^* 的精确值由下式决定

$$F(4,\mu_3^*,0)=F(7,\mu_3^*,0) \quad (F\text{ 的定义见式}(63))$$

这一现象在更小的尺度上重复. 图 34 是图 14 中 $15P$ 切分岔居中的那个序列尾部的放大. 这是三阶混沌带的结构突变. 突变现象称为奇怪吸引子的"危机"(crisis). 它在高维吸引子中应有更复杂的表现,而且可能影响吸引子的维数,但目前所知甚少.

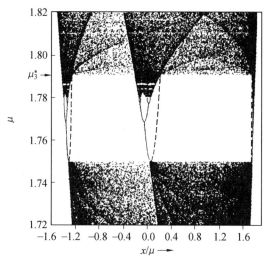

图 33　吸引子的突变

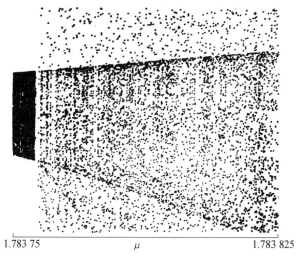

图 34　图 14 的另一细部,示出三阶混沌带的突变
　　　　（横坐标 $\mu = 1.78375 \sim 1.783825$,
　　　　纵坐标 $x = -0.0155 \sim +0.0145$）

三、Cantor 集合和 Hausdorff 维数

具有无穷自相似层次的几何结构,出现在不可积 Hamilton 系统 KAM 环面的破坏过程中(见第二节第三部分,出现在连续相变的重正化群理论中,出现在耗散系统的奇怪吸引子中.它们通常具有非整的空间维数.Hausdorff 在 1919 年引入的不限于整数的维数概念,看来今后在物理学中要起更大的作用.我们结合描述奇怪吸引子,在此稍做介绍.

一个普通的"规整"的几何对象,如果把线度放大 l 倍,整个对象就放大为原来的 $k=l^D$ 倍,D 是空间维数.例如,当线度放大 2 倍时,平面图形的面积增长为 $2^2=4$ 倍,而立体对象的体积增长为原来的 $2^3=8$ 倍.把关系式 $l^D=k$ 取对数,就得到维数的新定义

$$D=\frac{\ln k}{\ln l} \tag{94}$$

这里,D 已经不必限为整数.

最简单的非整数维的实例,是 Cantor 集合.取 $(0,1)$ 线段三等分后舍去中段.剩下的两段再分别三等分后舍去中段,如此无穷地继续下去(图 35),最后剩下的点的总体就是 Cantor 集合.这是一种处处稀疏的几何对象,为了确定它的维数,可取 $\left(0,\frac{1}{3}\right)$ 段为一个单位,将线度放大 $3(l=3)$ 倍,恢复原来的 $(0,1)$ 线段,其中只有 $\left(0,\frac{1}{3}\right)$,$\left(\frac{2}{3},1\right)$ 两段与原来的单位相当,于是 $k=2$.这样,根据式(94),Cantor 集合的维数是

$$D=\frac{\ln 2}{\ln 3}=0.630\,9\cdots \tag{95}$$

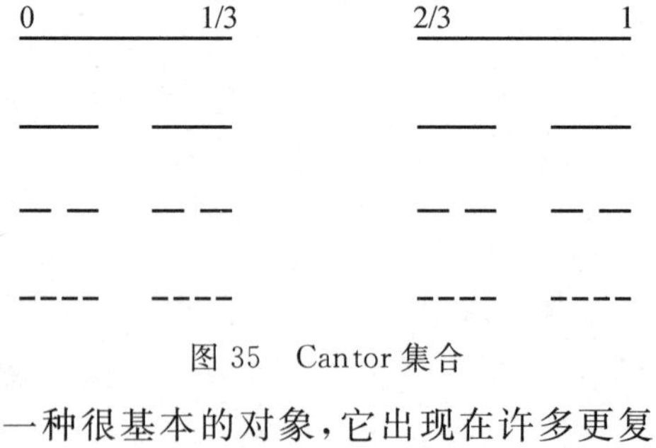

图 35 Cantor 集合

Cantor 集合是一种很基本的对象,它出现在许多更复杂的具有无穷自相似层次的几何结构的某些截面中.图 31 所示的 Hénon 吸引子,或者图 27 所示的强迫布鲁塞尔振子的吸引子投影,都是在一个方向具有连续的一维结构,而在垂直方向上虽有一定宽度,但又处处稀疏,达不到一维连续流.确定吸引子的空间维数,有助于判断它是否"奇怪".

奇怪吸引子的维数可由式(94)直接计算. 办法是将相空间或其投影划分为大量边长为 ε 的小格,然后长期跟踪一条混沌轨道,看它穿过了多少不同的小格,其数目记为 $n(\varepsilon)$. 再缩小 ε,重复以上手续. 如果存在下面的极限

$$D = \lim_{\varepsilon \to 0} \frac{\ln n(\varepsilon)}{\ln\left(\frac{1}{\varepsilon}\right)} \tag{96}$$

那么它就是吸引子的维数. 这个办法显然要耗费很大的计算量,因而不适用于维数较高的吸引子,但它可以测量奇怪吸引子任何局部的维数.

更有效的办法是,利用人们猜测的 Lyapunov 指数与 Hausdorff 维数的关系. 但它只能把奇怪吸引子作为一个整体来计算维数.

四、Lyapunov 指数和维数的关系

前面已经讲过,非线性微分方程解在一个点附近的局部稳定性质,由线性化后的 Lyapunov 矩阵的本征值决定. 这些本征值可以是复数或纯虚数. 为了刻画相体积收缩过程中几何特征的变化,最好定义一套纯实数的量. 在相空间中跟踪一条轨道. 以轨道上某点 $x(t)$ 为原点,随机地取 n 个独立的小矢量(n 是相空间的维数),正交之后它们组成一个直角坐标架. 将 $x(t)$ 按原来 x 的微分方程(90)积分一步,达到点 $x(t+\tau)$,同时将各个矢量的端点按线性化的方程(92)积分一步,再与 $x(t+\tau)$ 连成 n 个矢量 $e_1, e_2, \cdots, e_n$(图36). 这些新的矢量一般不再是正交的. 这两组矢量决定一批几何尺寸的比值. 首先是 n 个矢量长度之比,其次是它们支起的 C_n^2 个平行四边形的面积之比,最后是 n 维平行多面体的体积之比,一共有 $2^n - 1$ 个实数. 再取 $x(t+\tau)$ 为原点,将 $e_1, e_2, \cdots, e_n$ 正交后重复以上过程. 最后把所求得的数沿整个轨道平均,得到

$$\lambda(e_i) = \lim_{k \to \infty} \frac{1}{k\tau} \sum_{a=1}^{k} \log \frac{\| e_i^{(a)} \|}{\| e_i^{(a-1)} \|} \quad \text{(共 } n \text{ 个)}$$

$$\lambda(e_i, e_j) = \lim_{k \to \infty} \frac{1}{k\tau} \sum_{a=1}^{k} \log \frac{\| e_i^{(a)} \Lambda e_j^{(a)} \|}{\| e_i^{(a-1)} \Lambda e_j^{(a-1)} \|} \quad \text{(共 } C_n^2 \text{ 个)}$$

$$\vdots \tag{97}$$

以及最后 $C_n^n = 1$ 个值

$$\lambda(e_1, \cdots, e_n) = \lim_{k \to \infty} \frac{1}{k\tau} \sum_{a=1}^{k} \log \frac{\| e_1^{(a)} \Lambda e_2^{(a)} \Lambda \cdots \Lambda e_n^{(a)} \|}{\| e_1^{(a-1)} \Lambda e_2^{(a-1)} \Lambda \cdots \Lambda e_n^{(a-1)} \|}$$

这些式子中引入了外乘积符号 Λ,它是矢量积"×"在高维空间中的推广. 重要的是,数值计算表明,在许多重要的情形下,式(97)中各个极限存在,而且与初值 $x(t)$ 和 τ 的选择无关(只要 τ 和矢量 e_i 足够小).

Oseledes 证明,只要 $e_1, \cdots, e_n$ 这些基矢量是随机选取的,那么式(97)定义的 $2^n - 1$ 个量与 n 个 Lyapunov 指数 $\lambda_1, \cdots, \lambda_n$ 就有以下关系

$$\begin{aligned}\lambda(\boldsymbol{e}_1) &= \max\{\lambda_1,\lambda_2,\cdots,\lambda_n\}\\ \lambda(\boldsymbol{e}_i,\boldsymbol{e}_j) &= \max\{\lambda_1+\lambda_2,\lambda_1+\lambda_3,\cdots,\lambda_{n-1}+\lambda_n\}\\ &\vdots\\ \lambda(\boldsymbol{e}_1,\boldsymbol{e}_2,\cdots,\boldsymbol{e}_n) &= \lambda_1+\lambda_2+\cdots+\lambda_n\end{aligned} \qquad (98)$$

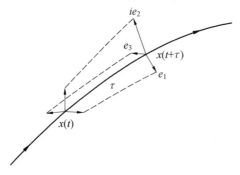

图 36

因此,只要将 λ_i 按数值大小排列

$$\lambda_1 \geqslant \lambda_2 \geqslant \lambda_3 \geqslant \cdots \geqslant \lambda_n \qquad (99)$$

它们就可依次从式(97)求得

$$\begin{cases}\lambda_1 = \lambda(\boldsymbol{e}_i)\\ \lambda_2 = \lambda(\boldsymbol{e}_i,\boldsymbol{e}_j) - \lambda(\boldsymbol{e}_i)\\ \lambda_3 = \lambda(\boldsymbol{e}_i,\boldsymbol{e}_j,\boldsymbol{e}_k) - \lambda(\boldsymbol{e}_i,\boldsymbol{e}_j)\\ \lambda_n = \lambda(\boldsymbol{e}_1,\boldsymbol{e}_2,\cdots,\boldsymbol{e}_n) - \lambda(\boldsymbol{e}_1,\boldsymbol{e}_2,\cdots,\boldsymbol{e}_{n-1})\end{cases} \qquad (100)$$

式(98)中最后一个量 $\lambda(\boldsymbol{e}_1,\cdots,\boldsymbol{e}_n)$ 是相体积的收缩率,它可由微分方程(90)直接算得.例如,$n=3$ 时有

$$\lambda(\boldsymbol{e}_1,\boldsymbol{e}_2,\boldsymbol{e}_3) = \frac{\mathrm{d}}{\mathrm{d}x_1}\dot{x}_1 + \frac{\mathrm{d}}{\mathrm{d}x_2}\dot{x}_2 + \frac{\mathrm{d}}{\mathrm{d}x_3}\dot{x}_3 = \mathrm{div}\,f \qquad (101)$$

f 是方程(90)右端函数所决定的矢量场.对于第四节第一部分中介绍的某些自治方程组,如 Lorenz 模型(67)、5模或7模的截断流体力学方程(71)和(72)等,$\mathrm{div}\,f$ 是一个负常数,这时式(101)可用以检验数值计算的正确性.

一维映象只有一个指数,常常就称为 Lyapunov 数

$$\lambda(\mu) = \lim_{k\to\infty}\frac{1}{k}\sum_{i=0}^{k-1}\log|f'(\mu,x_i)| \qquad (102)$$

图37是非线性迭代(21)的 $\lambda(\mu)$ 的计算结果.从图中可以看出,周期轨道对应 $\lambda<0$,混沌轨道对应 $\lambda>0$,在各分岔点处 $\lambda=0$.数值计算当然反映不出无穷多个趋向 $-\infty$ 的尖峰(各周期轨道的超稳定点,见式(41)),然而图37恰好可与图13中嵌有的各种周期对照.

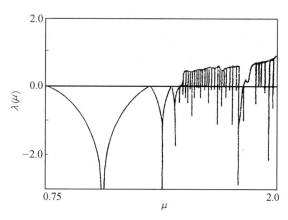

图 37　一维映象 Lyapunov 数随参数的变化

在倍周期分岔序列中,由式(51)知,当 $\mu \to \mu_n$ 而 n 有限时,λ 趋向零的方式是

$$\lambda \propto -\frac{1}{\tau} \propto -p \mid \mu - \mu_n \mid \tag{103}$$

但在 μ_∞ 附近,却有

$$\lambda \propto \mid \mu - \mu_\infty \mid^t \tag{104}$$

其中,$t = \dfrac{\log 2}{\log \delta} = 0.44980\cdots$(参看第六节第五部分).

应当强调指出,Lyapunov 指数 λ_i 与 Lyapunov 矩阵(93)的本征值有本质差别.后者由微分方程组(90)的右端在相空间某点线性化得到,数值可实可复,是与轨道无关的局部量,不必求解微分方程即可算出.λ_i 作为沿轨道长期平均的结果,是一种整体特征,其值总是实数,可正可负,也可等于零.两者之间的关系还可与统计物理中自由能 F 和系统的能谱 E_i 对比

$$\mathrm{e}^{-\beta F} = \sum_i \mathrm{e}^{-\beta E_i}$$

(式(102)不难变为相像的形式).微观量 E_i 对应局部的 Lyapunov 矩阵本征值,而宏观量 F 对应整体性的 Lyapunov 指数.

在 Lyapunov 指数小于零的方向,相体积收缩,运动稳定,且对初始条件不敏感;在 $\lambda > 0$ 的方向轨道迅速分离,长时间行为对初始条件敏感,运动呈混沌状态.$\lambda = 0$ 对应稳定边界,初始误差不放大也不缩小.按照 λ_i 的符号,可对吸引子分类.$n = 3$ 时有以下几种情形:

(−,−,−) 不动点,$D = 0$.
(0,−,−) 极限环,$D = 1$.
(0,0,−) 二维环面,$D = 2$.
(+,0,−) 奇怪吸引子,$D = ?$

奇怪吸引子是不稳定($\lambda>0$)和耗散($\lambda<0$)两种因素竞争的结果. 人们猜测,Lyapunov 指数与奇怪吸引子的维数应有确定关系. 较严格的数学处理只给出不等式,Kaplan 和 York 曾经猜测,如果 λ_i 的非递升序列(99)中直到第 j 个指数均为非负数,而第 $j+1$ 个是负的,则

$$D = j + \frac{1}{|\lambda_{j+1}|} \sum_{i=1}^{j} \lambda_i \tag{105}$$

注意,只有一个最大的负指数出现在这个式子中.

森肇从 Hausdorff 维数的定义(94)出发,"推导"了另一个维数公式. 设在(99)中正、零和负指数分别有 m_+, m_0, m_- 个. 引入平均值

$$\lambda_+ = \frac{1}{m_+} \sum_{\lambda_i>0} \lambda_i, \quad \lambda_- = \frac{1}{m_-} \sum_{\lambda_i<0} \lambda_i \tag{106}$$

则森肇的维数公式是

$$D = m_0 + m_+ \left(1 - \frac{\lambda_+}{\lambda_-}\right) \tag{107}$$

如果总共只有一个负指数,则式(105)和(107)相同,负 λ_i 个数较多时,两个式子肯定不一致. 哪一个对呢?Farmer 倾向于式(105),特别是基于相空间维数 $n \to \infty$,但 D 仍有限的情形.

应当指出,以上两个式子都不完全适用于一维映象. 这时只有一个 λ,正、零和负三种情况不能兼而有之. 根据式(105)或(107)只能得出整数维数. 事实上,$\lambda<0$ 导致零维不动点,$\lambda>0$ 给出 $D=1$ 的混沌轨道,但 $\lambda=0$ 的点应有介于 0 和 1 之间的非整数维数. 对于倍周期分岔序列的收敛点 μ_∞,存在普适的非整数维数 $D=0.538\cdots$. 对于 $1P \to 2P$ 的分岔点 $\mu_1, D = \frac{2}{3}$,而在 $3P$ 切分岔的起点 $D = \frac{1}{2}$. 这些 $\lambda=0$ 的点在参数轴上是一些测度很小的区域,高维吸引子中看到的稀疏结构不是它们造成的,而是源于 $D \geqslant 1$ 的极限集合的无穷次折叠.

Lyapunov 指数与动力系统理论中定义的各种"熵"有密切关系. 这类动态"熵"不同于统计热力学中由微观状态数所决定的"静态"熵.

五、已知奇怪吸引子的维数

奇怪吸引子的测度和统计性质,属于现在的研究前沿,许多问题尚无定论. 物理工作者在缺乏数学支持的情况下已经实际计算了一批吸引子的维数.

目前,数学背景较好的是微分动力系统理论中定义的"满足公理 A 的吸引子"(Axiom A Attractor 简称 AAA). AAA 的要点是具有处处均匀的双曲线,而且周期轨道稠密地分布在吸引子中. AAA 可能有非整数维数,但它们不一定是奇怪吸引子. Lorenz 吸引子(图 32)和 Hénon 吸引子(图 31)都不满足公理

A,但又在相空间中保持均匀的收缩速率,即式(101)中 divf 是与坐标无关的负常数.直观上容易期望这类吸引子的整体维数与局部维数一致.

如果收缩速率依赖于相空间的坐标,如 Rössler 模型(73)
$$\text{div } f = a + x - c$$
或强迫布鲁塞尔振子(81)
$$\text{div } f = -(B+1) + 2xy - x^2$$
奇怪吸引子是否处处具有同样的维数呢?现在还不清楚.需知本节第三部分中定义的 Hausdorff 维数乃是一种测度性质,而非拓扑性质,它可能随参数或空间位置变化.由 Lyapunov 指数算得的维数,是奇怪吸引子的整体特征.原则上从定义式(96)可以计算吸引子各个局部的维数,但计算量太大,目前只能用于低维吸引子.

表 2 中列出了已知的一些奇怪吸引子在特定参数下的维数.没有列入表中的还有若干二维映象的结果.

表 2 奇怪吸引子的维数

模型	参数值	维数
Hénon 映象(61)	$\mu = 1.2, b = 0.3$	1.20
	$\mu = 1.4, b = 0.3$	1.26
		1.236 5
		1.19
Lorenz 模型(67)	$r = 40, \sigma = 16, b = 4$	2.06
双组元 Lorenz 模型		2.15
三波耦合方程		2.32
Rössler 模型(73)	$a = b = 0.2, c = 5.7$	2.014
强迫布鲁塞尔振子(81)	$A = 0.4, B = 1.2$ $\alpha = 0.08, \omega = 0.852$	2.15

在结束关于奇怪吸引子的叙述之前,简单讨论一下如何从实验数据中恢复吸引子的形状和维数.与理论模型不同,很难事先知道实验对象相空间的大小.例如,很可能是无穷维的相空间中有一个相当低维的吸引子.维数是确定吸引子上一个点的位置所需的独立坐标数目.即使实验中只采集了单一的时间序列
$$x_1, x_2, \cdots, x_N, \cdots \tag{108}$$
它也应当包含着关于维数的信息.人们建议了各种办法从单一序列(108)来恢复吸引子的形状.办法之一是取 $(x_i, x_{i+\tau}, x_{i+2\tau}, \cdots, x_{i+N\tau})$ 为一个点的坐标.为了恰当选择 N,可试用多元线性回归并比较统计检验的效果.Roux 等人从混沌

化学反应（见第七节第四部分）的实验数据中恢复了吸引子的形状. 目前用这类办法, 只能定出吸引子维数的整数部分, 非整数部分还得借助模型方程的数值计算.

第六节　　条条道路通湍流

第一节中我们已经提到, 湍流是物理学中一个历史悠久的难题. 困难的根源, 部分地在于它涉及从大到小的许多尺度上的运动. 这一点与连续相变同时涉及无穷多个自由度是相像的. 由于对流体力学的基本方程组, 至今并没有整体性的存在和唯一定理, 一种极端的观点认为湍流现象本身就说明了 Navier-Stokes 方程的应用界限. 然而, 目前更普遍的看法是, 至少有可能不借助外部原因, 在 Navier-Stokes 方程的框架内说明湍流的发生机制. 自从 Ruelle-Takens 把湍流和奇怪吸引子联系起来之后, 这个领域经历了一个思想解放的过程. Landau 和 Hopf 在 20 世纪 40 年代建议的湍流发生机制, 看来是不正确的. 人们又建议了其他多种走向湍流的道路, 形成了"条条道路通湍流"的局面. 在液氦中进行精细测量, 引入激光多普勒测速方法和现代数据处理技术, 从连续相变理论中汲取思想, 这一切使得湍流的研究又回到了物理实验室中.

然而, 为了不引起误解, 应当先说明几点:

第一, 当前研究的主要是湍流的发生机制或弱湍流的情形, 并未涉及工程上更有意义的完全发达的湍流. 理论模型多属自由度很少的系统, 而且主要研究时间演化, 尚未系统地考虑时间和空间两个方面的发展. 如果试图在现有认识水平上区分"湍流"和"混沌", 那混沌首先是指时间演化中的随机行为, 而湍流则必须涉及空间分布上的随机性. 由于远未达到统一概念的阶段, 人们往往把种种分岔和混沌现象一言而蔽之曰"湍流".

第二, 真正的湍流是三维空间中的过程, 而目前理论模型和实验对象大多限于有限的低维的几何条件, 例如转动圆柱间的流体不稳定性和小型容器中的对流不稳定性. 完全发达的湍流虽然涉及大量运动模式, 但湍流的发生机制则可能先表现为少量模式的失稳. 有限的几何正是保证大量运动模式衰减, 使实验与理论更好符合的因素.

第三, 混沌和湍流正在成为跨越物理学许多分支的普遍概念, 其重要性将不亚于有序和相变. 固体湍流、化学湍流、声学湍流、光学湍流这些新名词正应运而生, 我们在下一节要稍做介绍. 混沌和有序这两类现象的理论也有许多共同之处. 例如, 普适类、标度性和重正化群等概念就在两处都发挥着作用. 因此, 湍流宜受到物理工作者的更多重视, 而不应把它看作单纯的流体问题.

一、Landau 和 Hopf 道路

Landau 和 Hopf 在 20 世纪 40 年代，基于 Hopf 类型的不稳定和分岔，先后独立地提出了湍流的发生机制。当雷诺数 R 很小时，流体处于和时间无关的层流状态，对应相空间中的不动点。R 达到第一个阈值 R_{c_1} 时，不动点失稳，代之以极限环，即频率为 f_1 的振荡。这个过程我们已在第五节第一部分中描述过。R 继续增大，极限环又失稳，出现另一个新频率 f_2，运动扩充到二维环面上。只要 f_1 和 f_2 之比是无理数（以后称为不可比），就有永不重复的周期运动。之后相继出现不可比的频率 $f_3, f_4, \cdots$，最终达到湍流状态。

目前还不知道哪一个数学模型严格按照上述模式进入混沌状态。从功率谱看，在 R 增加过程中应当不断地出现新峰，但整个谱始终是由分立的谱线组成的。湍流实验的功率谱中确实先出现几个频率，随后就发展成宽的噪声带。Landau-Hopf 道路对初始条件并不敏感，而湍流状态却敏感地依赖于初始条件。此外，上述图像忽略了一个重要的物理现象——锁频。事实上，耗散系统中不能无限制地出现不可比的新频率，相近的频率会突然靠拢并锁住，频谱中反而剩下较少的独立频峰。刚才列举的种种考虑，从理论和实验两方面基本上否定了 Landau-Hopf 的湍流发生机制。

二、Ruelle-Takens 道路

Ruelle 等人最初证明，根本不必出现无穷多个不可约的频率成分，只需四次分岔就可以产生湍流，那就是：不动点 → 极限环 → 二维环面 → 三维环面 → 奇怪吸引子（湍流）。后来，他们又和 Newhause 一起放宽了数学条件，指出只要三部曲就够了，即二维环面上的准周期运动可以直接失稳而成为奇怪吸引子。

这条道路看来与后来几年流体中的实验观测一致。功率谱中通常先看到两个不可比的频率带，然后突然出现宽的噪声带。在特殊实验条件下，偶尔也看到 3 个不可比的频率。

应当指出，这条道路虽然提出较早，但是关于突变点附近的"临界"行为研究得远不如下面要介绍的倍周期分岔道路和阵发混沌道路。例如，目前尚不清楚这里是否也存在着普适的临界指数。最近，Feigenbaum 等人开始用重正化群方法研究这类转变点。

三、倍周期分岔道路

我们在第三节中详细讨论了一维非线性映象在参数改变时如何经过倍周期分岔序列进入混沌状态。在第四节中，我们说明了类似的现象也发生在许多微分方程描述的系统中。虽然关于一维单峰映象的若干严格数学结果，目前只

推广到了$R^n \to R^n$的离散映象(因而也适用于连续流的Poincaré映象),但倍周期分岔肯定是研究得最细致的一条通向湍流的道路.我们将在下一节专门介绍有关实验.这里只用几句话概括一下当前状况.

从物理上看,Landau-Hopf道路中未考虑的锁频现象起着重要作用.这在Libchaber等人的实验中看得很清楚:流体中先出现两个不可约的频率,然后锁频到其中之一,随后开始一个倍周期分岔序列.对于耦合的振子系统,非线性振子在相当弱的耦合下即可锁频到线性振子的基频或分频上,随之展开倍周期分岔序列.倍周期分岔序列表现出普适的分岔结构和数学特征(临界指数),这已在第三节第二部分中讲过.这些理论结果最近在非线性电路及其他一些实验中得到了定量证实,详见第七节第二部分.

四、阵发混沌道路

阵发混沌(intermittent chaos)发生于切分岔起点之前,表现在时间行为忽而周期、忽而混乱,随机地在两者之间跳跃.我们仍以一维离散映象为例,说明阵发混沌是怎样产生的.沿用式(33)的复合函数记法,考虑$F(3,\mu,y)$导致的映象

$$y_{n+1} = F(3, \mu, y_n) \qquad (109)$$

当然,$\{y_n\}$也可以从式(18)即$f(\mu,x)$迭代所得序列中留下$\{x_{3n}\}$子序列得到.根据初始时刻的差异,可有3个这样的子序列,它们都满足式(109).

现在回到第三节第一部分末尾讨论过的3P切分岔附近.对于非线性映象(21),这个切分岔发生在$\mu = \mu_c = 1.75$处.考察$\mu < \mu_c$但很接近μ_c的情况.这时$F(3,\mu,y)$曲线和45°分角线之间有三处狭窄的"走廊"(参看图17).当迭代中一个点恰好落在某个"走廊"附近时,就发生如图38所示的过程.一开始好像是往不动点收敛,但由于并不存在不动点,所以迭代限在"走廊"中多次之后,终于从另一端离去.经过一些大幅度的跳跃之后,又可能来到这个或另一个"走廊"附近,再次重复以上过程,然而每次都不是准确地重蹈覆辙.这样,"走廊"中的迭代很像是在不动点附近踏步,对应"层流"或近乎周期的运动.在不同"走廊"之间的跳跃,对应混沌的"湍流"相.这就说明,为什么整个迭代过程看起来就像是周期运动中随机地夹杂了一些混沌阶段,"层流"时而被阵发的"湍流"打断.μ越是接近μ_c,"走廊"就越狭窄,"层流"时间即通过"走廊"所需的时间也越长.μ达到μ_c时,层流时间趋向无穷大,即达到完全的周期状态.这个过程倒过来看,"层流"时间随μ偏离μ_c而越来越短,终于完全成为"湍流"状态.这就是从有序(周期)进入混沌的阵发道路."层流"时间的发散方式,可以简单地估计如下:

在不动点y^*和μ_c附近,把$F(3,\mu,y)$展开

$$F(3,\mu,y) = y^* + \frac{\partial F}{\partial y}(y-y^*) + \frac{\partial F}{\partial \mu}(\mu-\mu_c) + \frac{1}{2}\frac{\partial^2 F}{\partial y^2}(y-y^*)^2 + \cdots$$

在 $\mu=\mu_c$ 处，斜率 $\frac{\partial F}{\partial y}=1$，对应图 38 所示的情形，上式可写为

$$F(3,\mu,y) = y^* + (y-y^*) + a(\mu_c-\mu) + b(y-y^*)^2 + \cdots$$

a,b 都是正数（每个"走廊"附近，a,b 的数值不同）. 如果 $(y-y^*)^2$ 的系数为零，则取下一个非零项，记为 $b(y-y^*)^2$. 于是在图 38 所示的"走廊"附近，迭代 (109) 成为

$$y_{n+1} - y^* = y_n - y^* a(\mu_c-\mu) + b(y_n-y^*)^2 + \cdots \tag{110}$$

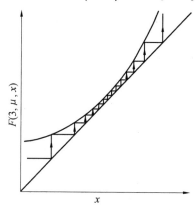

图 38　阵发混沌的机制

在"走廊"中，y_{n+1} 与 y_n 相差甚少，可引入连续变量 $x=y-y^*$，并把 n 看作 $\Delta t=1$ 的离散时间，将式 (110) 换成微分方程

$$\frac{\mathrm{d}x}{\mathrm{d}t} = a(\mu_c-\mu) + bx^2 \tag{111}$$

积分时间从"走廊"入口 y_1 算到出口 y_2，当 $\mu \to \mu_c$ 时结果是

$$t \propto [ab(\mu_c-\mu)]^{-(1-\frac{1}{z})} \tag{112}$$

$z=2$ 时，指数是 $-\frac{1}{2}$. 这个结果应与连续相变点附近关联长度的发散对比

$$\xi \propto |T_c - T|^{-\nu}$$

在这个意义下，式 (112) 中的临界指数恰好取平均场理论中的数值 $\nu=\frac{1}{2}$. 以上讨论当然适用于其他 $F(p,\mu,y)$ ($p=4,5,6,7,\cdots$) 导致的切分岔附近. 只不过 $p=3$ 时运动形态比较单纯.

顺便指出，这里"阵发"一词的用法与普通湍流理论中稍有差别. 大片流体中湍流与非湍流部分之间有明确边界，但边界形状无规则，且随着流体不断运动和改变. 如果取边界附近一点，并将其固定，则此点忽而落入湍流区，忽而置

身区外,其速度的记录显示出湍流与层流随机交替的"阵发"行为.本节所述阵发混沌,则是动力系统本身的时间行为,完全没有涉及空间分布.

阵发混沌最早见于 Lorenz 模型,然而较详细的研究均是在非线性映象上做的.它与倍周期分岔是孪生现象,凡是观察到倍周期分岔的系统,原则上均应有阵发混沌.最近,在强迫布鲁塞尔振子(81)中也证实了这一点.

阵发混沌和倍周期分岔的密切关系,还表现在它们都由同一个重正化群方程(47)描述,只是边界条件不同.切分岔来自导数 F' 等于 $+1$ 的失稳(见3.3.1 小节),因此边界条件(48)变换为

$$g(0) = 0, g'(0) = 1 \tag{113}$$

与(48)不同,这时无论对一维或二维映象,都找到了函数方程(47)的严格解.

五、湍流和相变的类比

经过分岔进入混沌的转变,是从有序到"无序"(混沌不能等同于无序,而是某种具备不同周期性的有序)的"反"相变,它与连续相变在许多方面可以类比.尤其是经过倍周期分岔道路的转变,这种类比更为深刻.

首先,相变发生在温度 T 和压力 p 等控制参数的渐变过程中,许多热力学量在 $|T-T_c| \to 0$ 时具有奇异性,而混沌转变发生在雷诺数等控制参数 μ 达到临界值 μ_c 时,并对 $|\mu-\mu_c|$ 有奇异性.新相以出现不等于零的序参量刻画,在铁磁相变中这就是平均磁化强度 $M \neq 0$.混沌状态也可以用某种"无序参量"描述.最初曾以为 Lyapunov 指数可作为无序参量,其实它应与关联长度的倒数对应,而另外取奇怪吸引子随机运动的统计特征("熵"或对涨落的积分)I 做无序参量.

其次,有序相既可在相变点自发出现,也能用适当外场诱导出来.例如,外磁场对于铁磁相变就起着这种"有序场"的作用,在相变理论中常称之为与序参量共轭的对耦场.那么什么是混沌状态的"无序场"呢?混沌的特征是自发出现的噪声或随机运动.因此,外部噪声可以起到"无序场"的作用.为了计入外部噪声,可以在非线性迭代(18)中加上随机项,使它成为离散的郎之万方程

$$x_{n+1} = f(\mu, x_n) + \sigma \xi_n \tag{114}$$

其中,ξ_n 是遵从某种分布的随机数,而且

$$\overline{\xi_n} = 0, \overline{\xi_n \xi_m} = \delta_{nm}$$

随机项的系数 σ 可与相变理论中的外磁场 H 类比,作为无序场的量度.图39是混沌转变与连续相变的类比示意.

第三,相变理论中的一个重要概念是关联长度 ξ,它在相变点发散

$$\xi \propto |T-T_c|^{-\nu}$$

在 T_c 附近,关联函数 $G(r)$ 的指数衰减由 ξ 决定

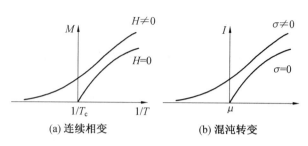

(a) 连续相变   (b) 混沌转变

图 39   混沌转变和连续相变的类比

$$G(r) \propto \frac{1}{r} e^{-\frac{r}{\xi}}$$

本文讨论的混沌现象尚未涉及空间分布,而只限于时间行为.从第五节第四部分知道,当 Lyapunov 指数 λ 为负数时,相应方向初始条件的影响迅速消失,运动趋向与初始条件无关的极限状态;当 λ 为正数时,运动轨道指数分离,初始条件的任何差异都随时间放大,出现对初始条件的敏感依赖性.换言之,λ^{-1} 可以取为时间关联的尺度,在各个分岔点 λ 经过零,λ^{-1} 发散.这是外噪声强度 $\sigma = 0$ 的情形.当 $\sigma \neq 0$ 时,与相变现象中 $\xi \neq \infty$ 相像,λ 也保持有限值.

从离散的朗之万方程(114)出发,可以借用相变临界动力学中的各种方法,建立混沌转变点附近的标度理论.例如,λ 满足的标度关系是

$$\lambda(\mu_\infty - \mu, \sigma) = (\mu_\infty - \mu)^t \Phi\left(\frac{\sigma^\theta}{(\mu_\infty - \mu)^t}\right) \tag{115}$$

其中,Φ 是一个普适的标度函数,而

$$\begin{cases} t = \dfrac{\ln 2}{\ln \delta} = 0.449\,806\,9\cdots \\ \theta = \dfrac{\ln 2}{\ln k} = 0.366\,759\cdots \end{cases} \tag{116}$$

这里 $k = 6.619\,0\cdots$ 是一个与外噪声标度有关的新的临界指数.在式(115)中令 $\sigma = 0$,得到

$$\lambda(\mu_\infty - \mu, 0) \propto (\mu_\infty - \mu)^t \tag{117}$$

有人求得的标度关系为

$$\lambda(\mu_\infty - \mu, \sigma) = \sigma^\theta L\left(\frac{\mu_\infty - \mu}{\sigma^{\frac{\theta}{t}}}\right) \tag{118}$$

其实只要把标度函数的定义换一下,令

$$\frac{\sigma^\theta}{(\mu_\infty - \mu)^t} L\left(\left(\frac{(\mu_\infty - \mu)^t}{\sigma^\theta}\right)^{1-t}\right) \equiv \Phi\left(\frac{\sigma^\theta}{(\mu_\infty - \mu)^t}\right)$$

则式(118)就与式(115)相同.

应当指出,分岔点附近的许多临界指数具有相变平均场理论中的数值,如第三节第二部分中的慢化指数 $\Delta = 1$,本节第四部分中的层流时间发散指数 $v =$

$\frac{1}{2}$. 只有在分岔序列的聚点 μ_∞ 附近,才能期待超乎平均场的结果,如 Feigenbaum 的两个指数 δ 和 α,以及标度关系(115)等. 正是在 μ_∞ 附近,才能发挥重正化群技术的威力.

最后,再扼要概括一下外噪声对分岔和混沌现象的影响. 第一,外噪声会抹掉高阶分岔(包括正的周期序列和反的混沌带序列)的细节. 想要多看到一次分岔,就必须使噪声强度 σ 降低 $6.619\,0\cdots$ 倍,这是噪声指数 k 的意义. 由于外噪声存在于一切实际观察和计算机实验(舍入误差)中,它是实验中必须考虑的因素. 第二,外噪声的存在使周期轨道的分岔点位置变模糊,并令混沌转变点 μ_∞ 略有降低. 这与外噪声作为"无序场"的作用是一致的. 第三,设有外噪声时,Lyapunov 指数在各个分岔点和转变点经过零值,但加入外噪声后不复如此.

第七节 分岔和混沌的实验研究

分岔和混沌绝不只是一堆有趣的数学现象,它在自然界中有种种表现. 一般来说,混沌是比有序更为普遍的现象,就像无理数远多于有理数一样. 混沌是非线性振动的一类新制度,是共振的叠加,是许多失稳点的聚集,是湍流的序幕. 因此,可以设想各种各样的实验条件,产生混沌现象. 关于分岔和混沌真正(real,以区别于计算机)的实验观测,近些年正在迅速增加. 尤其是经过倍周期分岔进入混沌状态的实验结果,最为系统和明确. 下面扼要介绍一批实验,说明所涉及物理现象的广度.

自然界比任何理论更丰富. 实验观测不仅是为了证实现存理论的正确性,还应突破原有框架,揭示新的现象和规律. 这是一个方兴未艾的新领域,短期内一定会有更多的实验结果发表.

一、浅水波的强迫振动

早在一百五十多年前,Faraday 曾经观察在以频率 f_0 垂直振动的容器中的浅水波,发现产生了 $\frac{f_0}{2}$ 的频率成分. 后来 Rayleigh 曾重复这个实验,并在《声学》一书中有过讨论. 现在知道,周期外力驱动的非线性振动系统中很容易产生倍周期分岔序列. Faraday 和 Rayleigh 所见的很可能是序列中的第一次分频. Keolian 等人使用现代的传感和数据采集技术,精细地重复了 Faraday 实验,果然发现了更长的分岔序列. 然而,Keolian 等人宣称,在他们进行的可以重复实现的观察中,看到的并不是准确的倍周期分岔,而是有明显的偏离. 例如,以基

本周期 T_0 为 1,他们曾看到如下的序列

$$1,2,4,12,14,16,18,20,22,24,28,35 \tag{119}$$

有时还看到在一些分频之间的跳跃或更奇怪的出现顺序.

对于这组实验,可做两点评论.

第一,外噪声总要掩盖掉分岔序列的细节,某些高阶分岔序列可能只表现出一个频率,被误算在其他序列中,并使后者偏离标准图式.Keolian 等人改用液氦为工作物质,这样就可能获得更精细的结果.

第二,Keolian 等人虽然准备了近乎一维的实验条件,严格地控制和改变一个参数,但实际上参数空间和状态空间都不止一维.从计算机模拟的经验知道,如果实验中另有一个参数只能保持在一定范围内,那么观测结果就反映了参数空间中的一个带,而不是一条线上的变化,这时很可能混淆不同的分岔序列(例如,图 22 所示的条件下,就能找到这类条带).事实上,Keolian 等人给出了(119) 序列中对应 $14T_0$ 的功率谱,它明显具有 $14 = 2 \times 7$ 的精细结构,因此是 $2I$ 中 $7P$ 的开端,不应与 $2^n P$ 的主序列放到一起(参看图 28).

二、非线性电路中的分频与混沌

迄今最完美的实验结果是在非线性振荡电路中得到的,因为这里可以精密地控制实验条件.

早期的实验使用多个耦合非线性振子,出现的频率组合比较复杂,未能发现后人揭示出的规律,但是已经看到了混沌的振动状态.

在周期电压驱动下的单个非线性 RLC 回路中,首先清楚地看到了倍周期分岔序列,以及嵌在混乱带中的切分岔,并且测量了 Feigenbaum 常数 δ 的值.这个实验设备很简单,大意示于图 40 中.唯一的非线性元件是一支变容二极管,它的电容随电压变化

$$C(V_c) = \frac{C_0}{(1 + \alpha V_c)^\gamma} \tag{120}$$

C_0,α 和 γ 是 3 个常数.当讯号发生器的输出电平较低时,RLC 回路的响应是线性的,有一个确定的共振频率 f_0.把发生器调到这个频率上,以讯号电压 V 为控制参数.在增加 V 的过程中,首先出现熟知的信频.当 V 达到某个阈值 V_0 时,突然出现分频 $\frac{f_0}{2}$.随后在 V_n 处出现 2^{n+1} 分频,$n = 1,2,3,\cdots$,V_n 按照 Feigenbaum 发现的几何级数收敛.超过 V_n 后进入混沌区,其中还看到了 $3P$ 和 $5P$ 等切分岔.这个实验涉及的频率范围不超过 $2Mc$,在许多实验室中都不难做到.然而 20 世纪 30 年代以来对非线性电路的大量研究,竟漏过了这里的分频现象,可见物理思想对于实验设计的重要意义.按照图 40 可以立即写出描述这个 RLC 回路的方程组

$$\begin{cases} L\dfrac{dI}{dt} + V_c + RI = V\sin(2\pi f_0 t) \\ I = \dfrac{dQ}{dt} = \dfrac{d}{dt}V_c C(V_c) \end{cases} \quad (121)$$

计算机模拟给出了与观测一致的结果.

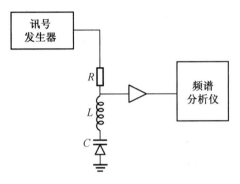

图 40　观测倍周期分岔的非线性电路示意图

同样利用非线性电路,Testa 等人在双线示波器上再现了图 13～15 所示的分岔谱.这是一组美丽的实验结果,它证实了第三节和第四节中介绍的许多细节.表 3 是实验测得的各种常数与理论上的普适值对比.

在同一套实验装置上还能直接观察到 $3P$ 和 $5P$ 的切分岔序列,切分岔开始处的阵发混沌,以及奇怪吸引子的突变(见图 33)和外噪声的影响.

表 3　倍周期分岔序列的数字特征

	理论值	实验值
收敛速率 δ	4.669 20…	4.26±0.1
标度因子 α	2.50…	2.4±0.1
噪声指数 k	6.619…	6.3±0.3
功率谱中平均峰高比	13.2 db	11～15 db

非线性电路的实验能够给出较好的定量结果,观察到比较单纯的、接近理论模式的分岔和混沌行为.更为丰富的混沌形态见于流体不稳定的观察,它们在许多方面还远不能纳入现有的理论框架.

三、流体力学不稳定的发生过程

低温条件、激光多普勒测速以及各种显示和数据采集技术的发展,使得湍流发生机制的研究又成为物理实验室中的热门课题.目前研究得较细致的是有限容器中流体力学不稳定的发生过程. 这时许多运动模式迅速衰减掉, 观测结果比较接近简单的理论模型. 至于更有实际意义的切流的失稳, 由于涉及大量自由度, 进展反而较慢.

(1) 热对流失稳.

底板加热的容器中热对流的失稳的研究, 始自 1900 年 Benard 的工作. 液体自由表面的存在, 表面张力对失稳所起的作用, 使得理论分析更为复杂. 因此, 现在研究得最多的是封闭容器中的热对流, 即所谓 Rayleigh-Benard 不稳定性. 1974 年, Ahlers 首先用液氦为对象, 在低温下研究失稳过程. Libchaber 等人在小 Prandtl 数(见式(70))情形下看到先后出现两个不可约频率, 随之发生锁频和倍周期分岔. 他们的功率谱分辨出 $1P \sim 16P$ 的周期振动和 $2I \sim 16I$ 的混沌运动. Prandtl 数加大之后, 出现三维的不稳定性和阵发混沌现象.

用汞为工作物质(273 K 时 $P_t = 0.031$)观察 Rayleigh-Benard 不稳定时, 可见到出现两个或 3 个不可约频率的准周期运动, 随即失稳进入混沌态. 这与第六节第二部分中介绍的 Ruelle-Takens 道路是一致的. Gollub 等人把容器下底板的温度做小小的周期性调制, 这时通常见不到 3 个不可约频率, 而只出现两个不可约频率, 即转入混沌态. 这些实验的精度都不够高, 未能明确分辨出倍周期序列.

意大利米兰小组首次在 Rayleigh-Benard 实验中测量了 Feigenbaum 常数 δ 和功率谱中分谱峰高的比值. 他们看到了从 f_0 到 $\frac{f_0}{16}$ 的分频, 算得前 4 个 δ_i 的值(见式(39))是 $2, 3.3, 3.6$ 和 4.3, 显然不及非线性电路的测量精度.

(2) 旋转圆柱间的流动不稳定性.

另一类有限容器中的流体力学不稳定, 是同心圆柱间的流体, 当外圆柱静止而内圆柱转速渐增时的失稳(Taylor 不稳定). 我们早就知道, 雷诺数 R 增大到临界值 R_c 时, 整体均匀的转动失稳, 出现径向流动, 向内和向外的流动分成相间的环形层, 但整个图像还是与时间无关的. R 继续增加, 水平的环层失稳, 开始上下摆动, 流体速度的频谱中出现一个明确的尖峰 f_1. 随后出现另一个不可约的频峰 f_2, 系统进入准周期状态. 随着 R 继续增加, 谱中出现噪声成分, f_2 和 f_1 又相继消失, 最后剩下连续的噪声谱. 图 41 是一组实验结果的示意. 它基本符合 Ruelle-Takens 的湍流发生图像, 与 14 个模的 Lorenz 模型或 32 个模的截断方程组进行的数值模拟也是一致的.

事实上, Taylor 不稳定的发展过程更为复杂. 对于同一个雷诺数, 视激发方式的差异(例如, 令外圆柱先转后停), 可能看到不同的与时间无关或有关的图像. 此外, 同心圆球间的流体不稳定, 看来更接近 Ruelle-Takens 图像.

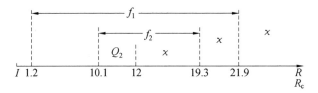

图 41 旋转圆柱间流体的失稳过程(示意)

Q_2—具有两个不可比频率的准周期运动;χ—混沌

四、化学湍流

不少化学反应中,某些中间产物的浓度随时间振荡.例如研究得最透彻的 Belousov-Zhabotinskii(以下简称 BZ)反应,由约 20 个反应过程组成.最近以来,这些系统是研究自组织现象,即在外界能量和物质流支持下自发产生时空有序的例子之一.如果搅拌良好,反应系统空间均匀,它们的动力学方程是自治的非线性常微分方程组,往往也同构于某种耦合的非线性振子系统.1977 年以来开始有在 BZ 反应中观察到混沌行为的实验报道,同时在该反应的一些数学模型中也发现混沌解.

为了使反应达到定常态,要求不断提供和排除某些反应物与生成物.这些物质的流量 r 可以取作控制参数,同时连续监测某些组分(如 Br 离子)的浓度变化.r 很小时,系统会趋近热力学平衡,表现不出复杂的时间行为;r 很大时,来不及发生化学反应物质就从容器中流过,行为也比较简单.对于中间的 r 值,观察到多种多样的动力行为,例如多重定常态、简单和复杂的振荡、阵发混沌、倍周期分岔以及周期和混沌行为的交替出现等.人们还从实验上论证,这些行为确是化学反应而不是物质的流动引起的.

最初曾经倾向于把 BZ 反应列为不同于流体力学系统的一类复杂对象,还专门给予过理论解释.后来从实验数据构造出 BZ 反应的奇怪吸引子截面,它的维数并不高.实验中观察到的振荡周期,其出现顺序很好地满足一维迭代的 U 序列(见第三节第三部分).这些都说明 BZ 反应与其他非线性系统的共性更多.只要参数空间中有类似图 23 所示的结构,沿不同方向改变控制参数,就可能看到多种类型的分岔和混沌行为.BZ 反应实验工作者把"周期和混沌交替出现"列为一条新的通向湍流的道路,其实图 23 某些方向上就有这种行为.当然,现在不能排除在化学系统中会观察到不能纳入已知理论模式的新型混沌行为.应当指出,除了非线性电路,化学反应是另一类比较容易控制的实验对象,两者频率范围也很不同,因此值得深入研究.

其他观察到或推测有混沌行为的化学反应系统,包括催化反应、酶反应、$S_2O_4^-$ 离解反应以及糖酵解反应等.

五、声学湍流

强驱动的扩大器中出现二分频和四分频,是 20 世纪 30 年代就知道的事实. 超声空化噪声含有一些分频成分,也已知道多年,而且未曾很好地给予解释. 以对混沌现象的现代认识为背景,人们开始重温这类实验.

超声空化是指大功率的声波通过液体时,由于波前压力可以有若干大气压的正负变化,液体在减压时汽化形成空泡. 空化产生噪声是熟知的事,但它可能来自一种内在的机制则是新的认识. Lauter born 等人仔细地重做了水中的空化噪声分析,发现存在着直到 $\frac{f_0}{8}$ 的倍周期分岔序列,而且有迹象表明存在着反的混沌带序列. 由于外部噪声的限制(第六节第五部分),在这种实验中不可能看到很高阶的分岔,也很难判断它是否属于倍周期类型.

如果用液氦做对象,则在超流转变点($T = 2.17$ K)之上,它与普通液体没有原则上的区别,也可看到空化噪声. 但在 2.17 K 以下,氦成了超流的量子液体,不能产生普通气泡,从而排除了空化噪声的机制. 这时在液氦中反而看到了明确的倍周期分岔序列,以及一些 $3P, 5P, 7P$ 的周期. 实验判定,第一次分岔出现在产生量子涡线的阈值处,此时声压比空化阈值还低两个量级. 因此,超流液氦中的倍周期分岔来自量子效应,却具有和其他经典分岔效应一致的普适性质. 这一点与连续相变的普适性相像.

六、光学湍流

激光器是一类典型的非线性振动系统. 半经典理论中描述单模激光器的 Maxwell-Bloch 方程是 3 个变量的常微分方程组. Haken 证明该方程组在一定条件下化为 Lorenz 方程(66),然而出现混沌的物理条件在激光器中并不现实. 它可能在超荧光情形下实现,这些混沌表现为随机出现的单模脉冲尖峰. 这也许是某些激光器中偶尔看到单模尖峰的一种解释.

Lkeda 曾指出,使用环形腔的光学双稳定实验中可能看到分岔和混沌. 实验上只需从通过非线性介质的输出光束中取出信号,经过电路延迟再反馈到非线性介质上以控制后者的状态,就可以实现光电混合型的双稳装置. 光学湍流就是在这类混合型装置上首先看到的. 实际上是用微处理机控制延迟时间 t_R,观察输出光强与输入光强的关系. 当输入光强超过一定阈值后,普通双稳态回线的上支失稳,出现 $2t_R, 4t_R$ 的分频和混沌振荡,但始终未看到 $8t_R$ 的振荡. 这可能是外噪声的抑制效果.

这类带反馈的装置由延迟型的非线性方程组描述,在一定条件下可简化为相位 φ 的单个方程

$$\tau\dot{\varphi}(t) = -\varphi(t) + A^2\{1 + 2B\cos(\varphi(t-t_R) - \varphi_0)\} \tag{122}$$

其中,τ 是非线性介绍的响应时间,$B = 1 - T$,T 是腔两端镜面的透射率,$A = T^{\frac{1}{2}}E_0$,E_0 是入射光场强. 在大延迟 $\tau \ll t_R$ 的极限下,可以忽略式(122)中的时间导数项. 如果只在 $t = nt_R$ 时采样观测,令

$$\varphi_n \equiv \varphi(nt_R) \tag{123}$$

则方程(122)归纳为典型的一维非线性迭代

$$\varphi_n = A^2[1 + 2B\cos(\varphi_{n-1} - \varphi_0)] \tag{124}$$

它给出分岔和混沌行为也就不足为奇了. 在 $t_R \ll \tau$ 的另一极端情形,双稳装置中也可能产生混沌的自发脉冲.

七、固体物理中的混沌现象

固体物理学中耦合和周期外力驱动的非线性振子模型俯拾即是,它们的时间行为应反映出混沌制度. 另外,各种可比和不可比的空间周期的匹配(调制结果,可公度、不可公度相变等),使得混沌成为"无序"(或更确切地说,"没有周期性的有序")的一种内在原因. 从这两方面都已经提出不少理论模型和实验建议,下面略述几例.

(1) 射频驱动约瑟夫森结中的反常噪声.

1977年以来发现,用作参量放大器的约瑟夫森结,随着增益提高出现反常的噪声. 等效噪声温度高达五万度(实验在 4 K 下进行),无论如何不能用各种已知的噪声源和放大机制解释. Huberman指出,这种噪声可能是内在的,来自约瑟夫森结的动力学本身. 在用电阻分路的结模型中,电流方程是

$$C\frac{\mathrm{d}V}{\mathrm{d}t} + \frac{V}{R} + I_c\sin\varphi = I_r\cos(\omega t) + I_0 \tag{125}$$

其中,R, C 分别为电阻和电容;I_c 是临界电流;I_r 为射频电流;I_0 是直流偏置. 结两端的相位差 φ 由约瑟夫森方程决定

$$\frac{\mathrm{d}\varphi}{\mathrm{d}t} = \frac{2e}{\hbar}V \tag{126}$$

合并这两个方程并引入无纲参数,得到强迫阻尼振子的方程

$$\ddot{\varphi} + \frac{1}{Q}\dot{\varphi} + \sin\varphi = i_0 + i_r\cos\left(\frac{\omega}{\omega_0}t\right) \tag{127}$$

其中

$$\omega_0 = \left(\frac{2eI_l}{\hbar C}\right)^{\frac{1}{2}}$$

是结的等离子体频率,品质因子 $Q = RC\omega_0$. 对这个方程进行的数值计算,表明它在一定参数范围内确实给出混沌行为. 此外,超导量子干涉器件(SQUID)中也可能出现混沌.

(2) Gunn 氏振荡器中的反常噪声.

我们早就知道,在 Gunn 氏二极管构成的振荡电路中,电流超过阈值 I_c 后会出现反常增大的电流涨落. 后来,中村指出,这种反常涨落来自 Gunn 不稳定的内在动力学. 他把描述 Gunn 不稳定的一维偏微分方程,在周期边界条件下化为 40 个模的耦合方程组,然后用计算机求解,发现了混沌行为. 这个方程组有许多个吸引子,它们的"流域"以极为复杂的方式互相穿插交织. 这导致长时间行为对初值的敏感依赖性. 看来,这是在高维系统中较为普遍的产生随机运动的一种机制.

(3) 超声激励下的位错动力学.

超声场中的位错线运动方程,可以归结为周期驱动的非简谐振子(76). 因此 Herring 等人建议在这类实验中观察固体湍流.

(4) 调制结构中的混沌相.

固体物理中有许多两种以上周期作用互相竞争的情形. 这时可能产生新的周期或"无序"的结构,并在这些结构之间看到相变. 例如,吸附在石墨衬底上的惰性气体单原子层,原子可以排成点阵,它不一定与衬底的点阵结构一致. 吸附层和衬底间作用很弱时,吸附层保持着自己的周期性. 相反,两者作用很强时,吸附层被迫服从衬底的对称和周期. 在这两个极端之间,会发生"锁相"或混沌. 这和第四节图 24 所反映的耦合振子很相像,只不过时间行为换成了空间排列.

我们来看一个简单的例子. 设一维原子链处于衬底的按余弦变化的周期场中,第 n 个原子的位置是 x_n. 系统的 Hamilton 函数可写成

$$H = \sum_n \frac{1}{2}(x_{n+1} - x_n - a)^2 + \frac{\mu}{(2\pi)^2}\cos(2\pi x_n) \tag{128}$$

其中衬底场的周期取为 1,而 μ 代表耦合强度. 当 $\mu = 0$ 时,这些原子排成周期为 a 的链. 当 $\mu \neq 0$ 时,由 $\frac{\partial H}{\partial x_n} = 0$ 确定 x_n 的位置,得到

$$x_n - x_{n-1} - (x_{n+1} - x_n) - \frac{\mu}{2\pi}\sin(2\pi x_n) = 0 \tag{129}$$

令 $y_n = x_n - x_{n-1}$,于是式(129) 可以写成二维迭代形式

$$\begin{cases} y_{n+1} = y_n - \dfrac{\mu}{2\pi}\sin(2\pi x_n) \\ x_{n+1} = x_n + y_{n+1} \end{cases} \tag{130}$$

它和第三节中提到的"标准映象"(65) 完全相同. 对不同的耦合强度 μ,可能出现各种周期或混沌的排列也就很自然了. 这里混沌是产生无序的原因,它与其称为无序,倒不如看作一种没有周期性的有序. 关于固体中的混沌相,特别是调制结构的特征波矢随参数变化中出现无穷多可公度相的情形,即所谓"魔

梯"(devil's staircase).

八、鸡胚心肌细胞的强迫跳动

早在 1928 年 Van der Pol 等人就用耦合的非线性电路模拟过心脏搏动和心律不齐现象. 心脏搏动的驱动振子位于窦房结, 激励传导到房室结、房室束和它附近的束支之后, 发生心肌的收缩. 如果窦房结不能正常地发出激励信号, 位于其他地方的导位节奏点(ectopic pacemaker)可能也发出激励信号, 这是心律不齐的一种原因. 因此, 心脏的正常和病态搏动, 可用耦合非线性振子的同步过程来模拟.

Guevara 等人把鸡胚心肌细胞成团地分离出来, 在培养皿中观察. 在没有外加因素时, 这些细胞团自发地无规则地跳动着, 周期在 0.4～1.3 s 之间. 当外加脉冲电流之后, 它们的跳动就同步起来, 而且锁频到脉冲频率上. 把脉冲周期从 0.1 s 调整到 0.7 s 的过程中, 细胞集团的跳动经过倍周期分岔进入混沌状态. 由于近几年有解剖学和电生理学的证据, 说明在房室结下方还有一个潜在的振子. 因此, Guevara 等人建议用周期驱动的非线性振子模型, 代替传统的传导"阻滞"概念, 来解释更多的病理现象.

心律失常的另一种表现是心房或心室完全无规则地颤动, 特别是室性颤动属于十分危险的症状. 看来不能排除借助非线性振动的混沌状态, 来认识这类症状的可能性. 此外, 在非线性的药物代谢动力学中, 在心理和病理现象的自动调节模型中, 都遇到耦合的非线性方程组. 因此, 混沌行为的研究可能在生物和医学领域中找到更多应用.

关于混沌的应用或实验的建议, 还有等离子体中非线性波的相互作用, 粒子对撞机中束流稳定性问题等, 这里不再叙述.

第八节　结　束　语

在结束这篇综述之前, 我们先讨论一些有待解决的问题, 然后从更一般的角度再次考虑确定论与随机性的关系.

一、混沌现象提出的新问题

在分岔与混沌现象这样蓬勃发展的领域中, 新提出的问题总是远多于已经知道的结果, 有些问题的提法本身甚至还不全清楚. 下面列举一个不完全的清单, 其中有些是具体的研究课题, 有些涉及带根本性的数学或物理问题.

(1) 偏微分方程与空间分岔问题.

除了第七节第七部分中关于固体调制结构的简短介绍,本文几乎全都是讨论时间行为中的分岔和混沌,所涉及的数学模型也止于常微分方程组. 为了讨论发达湍流、生物中的形态发生或细胞分化等问题,必须研究空间分布上的分岔和混沌,涉及偏微分方程. Ruelle 和 Takens 的工作中,就认为低维的常微分方程组的行为,可以说明无穷维的偏微分方程,即 Navier-Stokes 方程中出现湍流的过程. 偏微分方程的长时间行为能否由足够低维的吸引子描述,以及各种有限维吸引子的分类,都是未解决的问题.

(2) 混沌的量子方面.

经典耗散系统的长时间行为,恰恰是没有"量子对应"的情形. 问题在于含时间的量子力学的任意阶的准经典近似,都只能在一定的时间范围内成立,$t \to \infty$ 时的量子修正一定不再是小量. 在这种意义下,前面讨论的各种混沌行为乃是经典现象. 另外,量子系统的运动在一定条件下总是准周期的. 因此,只有经典运动才会越来越复杂,而量子性反而是保持一定"序"的原因. 这一点可能有深刻后果.

保守的不可积系统的量子化,是爱因斯坦早年就指出过的问题. 量子力学教科书同经典力学一样,通常只讲述可积系统的量子化条件. 经典 KAM 环面的破坏,对应量子数的减少. 量子混沌还可能与无序系统中的局域化问题有密切关系.

顺便指出,广义相对论中的混沌问题已经引起了人们的注意.

(3) 研究动态过程的必要性.

除了在第三节第二部分中讨论的慢化指数,本文所考虑的都是抛开暂态过程之后的定常态,即 $t \to \infty$ 的极限行为. 事实上,与时间有关的暂态行为更加丰富多彩. 周期轨道和准周期轨道之间的过渡,可能因为两者对称类型是否一致而表现为连续或不连续的转变,并且转变本身就发生在暂态过程中. 在有限观察时间内看到的某些奇怪吸引子可能是亚稳的,$t \to \infty$ 时它们终究退化为不动点、极限环或其他形式的吸引子.

从连续相变临界动力学的经验知道,动态普适类的划分比静态普适类要细,而目前混沌现象的许多理论还处于平均场,即过分普适的阶段. 这里一定会有许多新的现象. 在超流液氦声吸收的倍周期分岔实验中,也看到了丰富的暂态过程,但未见报道系统的研究结果.

(4) 非平衡定态的分类问题.

混沌丰富了我们对远离平衡现象的认识. 物理系统在远离平衡条件下,既可能通过突变进入更为有序和对称的状态,也可能经过突变进入混沌状态. 混沌不是简单的"无序"或"混乱",而是没有明显的周期和对称,但同时具备丰富的内部层次的"有序"状态. 一般说来, 在自然界中混沌是更为普遍的现象.

从元过程的角度, 我们还可以提出非平衡定态的分类问题. 大家知道, 许多非平衡相变与连续相变的相似, 基于两者都是由元过程的细致平衡保证. 细致平衡不是保证总平衡的唯一机制. 原则上可以设想, 非平衡定态可能由细致平衡、各种环平衡以及混沌平衡来保证. 这可能导致一个完备的分类, 犹如实数划分为整数、有理数和无理数一样. 当然, 目前必须对于非细致平衡保证的定常态有更多的物理认识, 才能真正提出分类问题.

(5) 无穷嵌套的自相似几何结构上的数学工具问题.

连续相变重正化群理论和混沌现象的理论, 都说明无穷嵌套的自相似的几何结构将在物理学中起重要作用. 然而目前并没有适用于这类几何结构的恰当的分析工具. 符号动力学是数学家们针对这类对象建议的一种工具. 然而从物理学的发展看, 基于自相似性的重正化群观念可能更有益. 这一点还没有引起数学界的充分重视.

二、再谈确定论和概率论描述

纯确定论和纯概率论的描述都是理想化的极限, 涉及某种无穷过程. 如果说一个质点的轨道是完全确定的, 这就意味着能以无穷的精度来测量它. 只要允许任意小但有限的公差 ε, 就可以构造一个随机过程, 使其在 ε 的观测精度下与确定论的轨道无法区分. 相反, 一个完全随机的过程应能通过"无穷长"的统计检验. 以均匀分布在区间 $(0,1)$ 上的随机数为例, 当只取来 N 个随机数时, 只能要求它们在一定的置信程度上通过各种随机性检验. 这里总存在一个量级约为 $N^{-\frac{1}{2}}$ 的统计偏差. 只要 N 不是无穷大, 那就可以设计某种确定论的过程来产生 N 个数, 使其同样好地通过全部随机性检验. 事实上, 目前在电子计算机上使用的伪随机数发生器, 都是基于确定论过程的子程度.

Erber 等人曾说, 动力系统的混沌行为, 只不过是"维数投影"导致的幻觉. 所举的例子, 却很好地说明了确定论和概率论的辩证关系. 考虑具体的一维映象

$$x_{n+1} = 2x_n^2 - 1 \tag{131}$$

它与第三节重点讨论的映象 (21) 有密切联系, 但是可把多次迭代的结果解析地写出来. 这要用到 Chebyshëv 多项式 $T_m(x)$ 的性质. 由定义

$$T_m(x) = \cos(m\cos^{-1} x)$$

可引入半群乘法

$$T_m \cdot T_k(x) \equiv T_m(T_k(x)) = T_{m \cdot k}(x) \tag{132}$$

取 $k = m$ 有

$$(T_m)^n(x) = T_{m^n}(x) \tag{133}$$

式(131)相当于 $m=2$ 的情形.于是可把 n 次迭代的结果写成
$$x_n = T_{2^n}(x) = \cos(2^n \cos^{-1} x_0)$$
只要令 $t_0 = \cos^{-1} x_0$,这就是一个完全确定的离散动力过程
$$x_n = \cos(t_n), t_n = 2^n t_0 \tag{134}$$
其结构是按照密度(59)随机地分布在区间 $(-1,1)$ 上的数.式(134)代表两个确定论规律:一个余弦函数,一个按指数增长的采样过程,而两者的交叉却给出了随机性.这有什么奇怪呢?它使我们想起马克思主义经典作家普列汉诺夫的一段话:

"黑格尔曾说:'In allem Endlichen ist ein Element des Zufälligen'(一切有限现象都包含有偶然性的成分).我们在科学中所考察的只是'有限现象'.因此可以说科学所研究的一切过程都包含有偶然性的成分.这是否会使对于各种现象的科学认识成为不可能呢?绝对不会.偶然性是一种相对的东西.它只会在各个必然过程的交叉点上出现."

如果把有限性(包括测量精度的有限性、随机性检验的有限性)作为认识自然的基本出发点,承认自然现象的有限性,我们就可以从确定论和概率论的根深蒂固的对立中解脱出来.混沌现象的研究牵动了这个涉及经典力学另一应用极限("复杂"系统)的根本问题.

参 考 文 献

[1] SARKOVSKII A N. Coexistence of cycles of a continuous map of a line into itself[J]. Ukraine Math. Z. , 1964,16:61-71.

[2] LI T, YORKE J A. Period three implies chaos[J]. American Mathematical Monthly, 1975,82:985-992.

[3] STEFAN P. A theorem of Sarkovskii on the existence of periodic orbits of continuous endomorphisms of the real line[J]. Comm. Math. Phys. , 1977,54:237-248.

[4] BLOCK L, GUEKENHEIMER J, MISIUREWICZ M, et al. Periodic points and topological entropy of one dimensiona[J]. Notes Math. , 1980, 819: 18-34.

[5] STRAFFIN P. Peridic points of continuous functions[J]. Math. Mag. , 1978, 51: 99-105.

[6] OSIKAWA M, OONO Y. Chaos in C^0-Endomorphism of interval[J]. Publ. RIMS, Kyoto Univ. , 1981,17:165-177.

[7] HO C W, MORRIS C. A graphy theoretic proof of Sarkovskii's theorem on the periodic points of continuous functions[J]. Pacific J. Math. , 1981,96(2):361-370.

[8] 熊金城.关于线段连续自映射周期点存在性的Sarkovskii定理的一个简要证明[J].中国科学技术大学学报,1982,1214:17-20.

[9] COPPEL W A. Sarkovskii-minimal orbits[J]. Math. Proc. Camh. Phil. Soc. 1983, 93(3):397-408.

[10] 张景中,杨路.关于Sarkovskii序的一些定理[J].数学进展,1987,16(1):33-48.

[11] 吕新忠.关于组合的Sarkovskii序定理[J].兰州铁道学院学报,1992,11(2):19-25.

[12] COLLET P, ECKMANN J. Iterated maps on the Interval as dynamical systems[M]. Boston:Birkhauser, 1980,173-183.

[13] BLOCK L, HART D. Orbit types for maps of the interval[J]Ergod. Th. Dynam. Sys. 1987,7(02):161-164.

[14] BHATIA N P, EGERLAND W O. A refinement of Sarkovskii's theo-

rem[J]. Proc. Amer. Math. Soc., 1988, 102(4):965-972.

[15] COLLET P, ECKMANN J P. Iterated maps of the interval as dynamicals systems[M]. Boston: Birkhauser, 1980.

[16] BEYER W A, MAULDIN R D, STEIN P R. J. Shift-maximal sequences in function iteration: existence, uniqueness and multiplicity [J]. Journal of math. Anal. & App., 1986, 115(2):305-362.

[17] BLOCK L, HART D. Stratification of the space of Unimodal interval maps(eng)[J]. Ergod. Th. Dynam. Sys., 1983, 3(04):533-539.

[18] ELAYDI S. On a converse of Sarkovskii's theorem[J]. Amer. Math. Monthly, 1996, 103(5):386-392.

[19] MISIUREWICZ M. Remarks on Sarkovskii's theorem[J]. Amer. Math. Monthly, 1997, 104(9):846-847.

[20] BLOCK L S, COPPEL W A. Dynamics in One Dimension[C]. Lecture Notes in Mathematics, 1513, Springer-Verlag, 1992:178-188.

[21] VENTURA A. A new approach to the method of nonlinear variation of parameters for a perturbed nonlinear neutral functional differential equation[J]. Journal of mathematical analysis and applications, 1989, 138:59-74.

[22] 麦结华. 连续函数中单峰轨道系列的完整性及 Sarkovskii 定理的推广 [J]. 中国科学, 1989, 12(A):1233-1240.

[23] 麦结华. 3-周期轨道蕴含 6831726876986508 个 85-周期轨道——连续函数中周期轨道数目的下确界[J]. 中国科学, 1991, 9(A):929-937.

[24] MINC P, TRANSUE W R R. Sarkovskii theorem for hereditarily decomposeable chainable continua[J]. Tran. Amer. Math. Soc., 1989, 315:173-188.

[25] 熊金城, 叶向东, 张志强, 等. 华沙圈上的连续映射的某些动力系统性质 [J]. 数学学报, 1996, 39(3):294-299.

[26] ALSEDA L, LLIBRE J, MISIUREWICZ M. Periodic orbits of maps of Y[J]. Trans. Amer. Math. Soc., 1989, 313:475-538.

[27] BLOCK L. Simple Periodic orbit of mappings of the interval[J]. Trans. Amer. Math. Soc., 1979, 245:391-398.

[28] BLOCK L S, COPPEL W A. Stratification of maps of an interval[J]. Trans. Amer. Math. Soc., 1986, 297:578-604.

[29] 麦结华. 有返回轨道的区间连续自映射[J]. 广西大学学报(自然科学版), 1994, 19(4):308-312.

[30] LI T, MISIUREWICZ M, PIANIGIANI G, et al. Odd chaos[J]. phys. Lett., 1982,87(A):271-273.

[31] LI T, MISIUREWICZ M, PIANIGIANI G, et al. No division implies chaos[J]. Trans. Amer. Math. Soc., 1982,273:191-199.

[32] MAI J H. Multi-separation, centrifugality and centripetality imply chaos[J]. Trans. Amer. Math. Soc., 1999,351:343-351.

[33] BROUWER L E J. Beweiss des ebenen Translationssatzes[J]. Math. Ann., 1912,72:37-54.

[34] BROWN M. Fixed points for orientation preserving homeomorphisms of the plane which interchange two points[J]. Pacific J. Math., 1990,143:37-41.

[35] NIELSEN J. Jakob Nielsen: collected mathematical paper, Vol 2[M]. Birkhanser, Boston Inc. Boston Ma., 1986.

[36] DICKS W, LLIBRE J. Orientation-preserving self-homeomorphisms of the surface of genus two have points of period at most two[J]. Proc. AMS, 1996,124(5):1583-1591.

[37] KERÈKJÀRTÒ B V. Vorlesungen[M]. Verlag von Julius Springer, Berlin, 1923.

[38] WEAVER N. Pointwise periodic homemaorphisms of continua[J]. Ann. Moth., 1972,95:83-85.

[39] EPSTEIN D B A. Periodic flows on three-manifolds[J]. Ann. Moth., 1972,95:66-82.

[40] 麦结华. 二维流形的子空间上的逐点周期自映射[J]. 中国科学,1989,4(A):352-359.

[41] 麦结华. 二维可定向流形上保持定向的周期自同胚[J]. 中国科学,1990,10(A):1029-1036.

[42] MAI J H. Retracts fixed point property and existence of periodic points[J]. Science in China, 2001,44:1381-1386.

[43] LI T, YORKE J. Period three implies chaos[J]. Amer. Math. Monthly, 1975,82:985-992.

[44] DEVANEY R. An Introduction to Chaotic Dynamical Systems[M]. Addison-Wesley, Reading, MA, 1989.

[45] GLASNER E, WEISS B. Sensitive dependence on initial conditions[J]. Nonlinearity, 1993, 6: 1067-1075.

[46] BURKART U. Interval mapping graphs and periodic points of continu-

ous functions[J]. J. Combin. Theory Ser. B, 1982, 32(1):57-68.

[47] GAWEL B. On the theorems of Sarkovskii and Stefan on cycles[J]. Proc. AMS, 1989, 107(1):125-132.

[48] NITECKI Z. Ergodic theory and dynamical systems, Vol I [M]. Progress in Math, Birhauser Boston, 1981.

[49] 张景中,熊金城. 函数迭代与一维动力系统[M]. 四川教育出版社, 1992:124-126.

[50] BLOCK L. Homoclinic points of mappings of the interval[J]. Proc. Amer. Math. Soc., 1979, 254:391-398.

[51] XIONG J. Continuous self-maps of the closed interval whose periodic point from a close set[J]. Journal of China University of Science and Technology, 1981, 11:14-23.

[52] FORTI G L, PAGANONI L, SMITAL J. Triangular maps with all periods and no infinite-limit set containing periodic points[J]. Topology and its Applications, 2005, 153(5):818-832.

[53] 卢天秀,朱培勇. 线性序拓扑空间上不稳定流形的映射性质[J]. 四川理工学院学报:自然科学版, 2009, 22(4):32-34.

[54] 卢天秀,朱培勇. 完备稠序线性序拓扑空间上不稳定流形的边界点的周期性[J]. 西南大学学报:自然科学版, 2009, 31(6):139-142.

[55] 王廷庚,卫国,李瑞. Hit-or-miss 拓扑上的度量:直接扩充[J]. 纯粹数学与应用数学, 2008, 24(4):643-645.

[56] 汪贤华. δ-连通空间[J]. 纯粹数学与应用数学, 2008, 20(3):243-247.

[57] MUNKRES J R. 拓扑学[M]. 熊金城,吕杰,谭枫,译. 北京:机械工业出版社, 2006.

[58] 朱培勇,雷银彬. 拓扑学导论[M]. 北京:科学出版社, 2009.

[59] 章雷. 线段自映射回归点的回归方式[T]. 数学季刊, 1987, 4:81-84.

[60] BERNHARDT C. The ordering on permutations induced by continuous maps of the real line[J]. Ergod. Th. and Dynam. Sys., 1987, 7:155-160.

[61] ADLER R, KONHEIM A, MCANDREW M. Topological entropy[J]. Trans. Amer. Math. Soc., 1965, 114:309-319.

[62] BLOCK L. Continuous maps of the interval with finite nonwandering set[J]. Trans. Amer. Math. Soc., 1978, 240:221-230.

[63] BLOCK L. Mappings of the interval with finitely many periodic points have zero entropy[J]. proc. Amer. Math. Soc., 1977, 67:357-360.

[64] BOWEN R, FRANKS J. The periodic points of maps of the disk and the interval[J]. Topology,1976,15:337-342.

[65] BLOCK L. Homoclinic points of mappings of the interval[J]. ibidl.,1978,72:576-580.

[66] 周作领,刘旺金.线段自映射拓扑熵为零的一个充分条件[J].数学进展,1982,(03):58-61.

[67] 周作领,刘旺金.线段自映射有异状点的一个充要条件[J].数学进展,1982,(01):68-73.

[68] 周作领.线段自映射非游荡集有限的一个充要条件[J].数学年刊,1982,(01):121-130.

[69] STEFAN P. A theorem of Sarkovskii on the existence of periodic orbits of continuous endomorphisms of the real line[J]. Comm. Math. Phys.,1977,54:237-248.

[70] HO C U. On the structure of the minium orbits of periodic points for maps of the real line[M]. Southern Illinois University at Edwardsville (Preprint),1984.

[71] COSNARD M Y. On the behavrior of successive approximations[J]. SIAM. Numer. Anal.,1979,16:300-310.

[72] BLOCK L, HART D. Stratifcation of the space of unimodal interval maps[J]. Erg. Thco. & Dyn. Sys.,1983,3:533-539.

[73] BLOCK L. Simple periodic orbits of mappings of the initial[J]. Trans. Amer. Math. Soc.,1979,254:391-398.

[74] ZHAO X. Period orbits with least period three on the circle[M]. Fixed point theory and application,2008,8,DOI:10.1155/2008/194875.

[75] ALSEDA L, LLIBRE J, MISIUREWICZ M. Combinatorial dynamics and entropy in dimension one[M]. Advanced Series in Nonlinear Dynamics,5. World Scientific Publishing Co., Inc, River Edge, NJ,1993.

[76] 张筑生.微分动力系统原理[M].科学出版社,1997.

[77] 丁玖.自然的奥秘:混沌与分形[J].数学文化,2012,3(1):56-61.

[78] 韩茂安,邢业朋.离散动力系统[M].毕平,译.北京:机械工业出版社,2007:387-388.

[79] GREFERATH M, SCHMIDT S E. Finite-ring combinatorics and Mac Williams equivalence theorem[J]. J. Combin. Theory A,2000,92(1):17-28.

[80] BARTON R, BURNS K. A simple special case of Sarkovskii's theorem [J]. Amer. Math. Monthly, 2000, 107(10):932-933.

[81] COPPEL W A. The solution of equations by iteration[J]. Proc. Cambridge Philos. Soc, 1955, 51(1):41-43.

[82] 罗承忠. 扩展原理和 Fuzzy 数(Ⅱ)[J]. 模糊数学, 1984, 4(4):105-114.

[83] 金凤鸣. 线性序拓扑空间上连续自映射的几个性质[J]. 松辽学刊, 2005, (5):88-90.

刘培杰数学工作室
已出版(即将出版)图书目录——初等数学

书　　名	出版时间	定　价	编号
新编中学数学解题方法全书(高中版)上卷(第2版)	2018—08	58.00	951
新编中学数学解题方法全书(高中版)中卷(第2版)	2018—08	68.00	952
新编中学数学解题方法全书(高中版)下卷(一)(第2版)	2018—08	58.00	953
新编中学数学解题方法全书(高中版)下卷(二)(第2版)	2018—08	58.00	954
新编中学数学解题方法全书(高中版)下卷(三)(第2版)	2018—08	68.00	955
新编中学数学解题方法全书(初中版)上卷	2008—01	28.00	29
新编中学数学解题方法全书(初中版)中卷	2010—07	38.00	75
新编中学数学解题方法全书(高考复习卷)	2010—01	48.00	67
新编中学数学解题方法全书(高考真题卷)	2010—01	38.00	62
新编中学数学解题方法全书(高考精华卷)	2011—03	68.00	118
新编平面解析几何解题方法全书(专题讲座卷)	2010—01	18.00	61
新编中学数学解题方法全书(自主招生卷)	2013—08	88.00	261
数学奥林匹克与数学文化(第一辑)	2006—05	48.00	4
数学奥林匹克与数学文化(第二辑)(竞赛卷)	2008—01	48.00	19
数学奥林匹克与数学文化(第二辑)(文化卷)	2008—07	58.00	36'
数学奥林匹克与数学文化(第三辑)(竞赛卷)	2010—01	48.00	59
数学奥林匹克与数学文化(第四辑)(竞赛卷)	2011—08	58.00	87
数学奥林匹克与数学文化(第五辑)	2015—06	98.00	370
世界著名平面几何经典著作钩沉——几何作图专题卷(共3卷)	2022—01	198.00	1460
世界著名平面几何经典著作钩沉——民国平面几何老课本	2011—03	38.00	113
世界著名平面几何经典著作钩沉——建国初期平面三角老课本	2015—08	38.00	507
世界著名解析几何经典著作钩沉——平面解析几何卷	2014—01	38.00	264
世界著名数论经典著作钩沉——算术卷	2012—01	28.00	125
世界著名数学经典著作钩沉——立体几何卷	2011—02	28.00	88
世界著名三角学经典著作钩沉——平面三角卷Ⅰ	2010—06	28.00	69
世界著名三角学经典著作钩沉——平面三角卷Ⅱ	2011—01	38.00	78
世界著名初等数论经典著作钩沉——理论和实用算术卷	2011—07	38.00	126
世界著名几何经典著作钩沉——解析几何卷	2022—10	68.00	1564
发展你的空间想象力(第3版)	2021—01	98.00	1464
空间想象力进阶	2019—05	68.00	1062
走向国际数学奥林匹克的平面几何试题诠释.第1卷	2019—07	88.00	1043
走向国际数学奥林匹克的平面几何试题诠释.第2卷	2019—09	78.00	1044
走向国际数学奥林匹克的平面几何试题诠释.第3卷	2019—03	78.00	1045
走向国际数学奥林匹克的平面几何试题诠释.第4卷	2019—09	98.00	1046
平面几何证明方法全书	2007—08	48.00	1
平面几何证明方法全书习题解答(第2版)	2006—12	18.00	10
平面几何天天练上卷·基础篇(直线型)	2013—01	58.00	208
平面几何天天练中卷·基础篇(涉及圆)	2013—01	28.00	234
平面几何天天练下卷·提高篇	2013—01	58.00	237
平面几何专题研究	2013—07	98.00	258
平面几何解题之道.第1卷	2022—05	38.00	1494
几何学习题集	2020—10	48.00	1217
通过解题学习代数几何	2021—04	88.00	1301
最新世界各国数学奥林匹克中的平面几何试题	2007—09	38.00	14

— 1 —

刘培杰数学工作室
已出版(即将出版)图书目录——初等数学

书　名	出版时间	定　价	编号
数学竞赛平面几何典型题及新颖解	2010—07	48.00	74
初等数学复习及研究(平面几何)	2008—09	68.00	38
初等数学复习及研究(立体几何)	2010—06	38.00	71
初等数学复习及研究(平面几何)习题解答	2009—01	58.00	42
几何学教程(平面几何卷)	2011—03	68.00	90
几何学教程(立体几何卷)	2011—07	68.00	130
几何变换与几何证题	2010—06	88.00	70
计算方法与几何证题	2011—06	28.00	129
立体几何技巧与方法(第2版)	2022—10	168.00	1572
几何瑰宝——平面几何500名题暨1500条定理(上、下)	2021—07	168.00	1358
三角形的解法与应用	2012—07	18.00	183
近代的三角形几何学	2012—07	48.00	184
一般折线几何学	2015—08	48.00	503
三角形的五心	2009—06	28.00	51
三角形的六心及其应用	2015—10	68.00	542
三角形趣谈	2012—08	28.00	212
解三角形	2014—01	28.00	265
三角函数	2024—10	38.00	1744
探秘三角形:一次数学旅行	2021—10	68.00	1387
三角学专门教程	2014—09	28.00	387
图天下几何新题试卷.初中(第2版)	2017—11	58.00	855
圆锥曲线习题集(上册)	2013—06	68.00	255
圆锥曲线习题集(中册)	2015—01	78.00	434
圆锥曲线习题集(下册·第1卷)	2016—10	78.00	683
圆锥曲线习题集(下册·第2卷)	2018—01	98.00	853
圆锥曲线习题集(下册·第3卷)	2019—10	128.00	1113
圆锥曲线的思想方法	2021—08	48.00	1379
圆锥曲线的八个主要问题	2021—10	48.00	1415
圆锥曲线的奥秘	2022—06	88.00	1541
论九点圆	2015—05	88.00	645
论圆的几何学	2024—06	48.00	1736
近代欧氏几何学	2012—03	48.00	162
罗巴切夫斯基几何学及几何基础概要	2012—07	28.00	188
罗巴切夫斯基几何学初步	2015—06	28.00	474
用三角、解析几何、复数、向量计算解数学竞赛几何题	2015—03	48.00	455
用解析法研究圆锥曲线的几何理论	2022—05	48.00	1495
美国中学几何教程	2015—04	88.00	458
三线坐标与三角形特征点	2015—04	98.00	460
坐标几何学基础.第1卷,笛卡儿坐标	2021—08	48.00	1398
坐标几何学基础.第2卷,三线坐标	2021—09	28.00	1399
平面解析几何方法与研究(第1卷)	2015—05	28.00	471
平面解析几何方法与研究(第2卷)	2015—06	38.00	472
平面解析几何方法与研究(第3卷)	2015—07	28.00	473
解析几何研究	2015—01	38.00	425
解析几何学教程.上	2016—01	38.00	574
解析几何学教程.下	2016—01	38.00	575
几何学基础	2016—01	58.00	581
初等几何研究	2015—02	58.00	444
十九和二十世纪欧氏几何学中的片段	2017—01	58.00	696
平面几何中考.高考.奥数一本通	2017—07	28.00	820
几何学简史	2017—08	28.00	833
四面体	2018—01	48.00	880
平面几何证明方法思路	2018—12	68.00	913
折纸中的几何练习	2022—09	48.00	1559
中学新几何学(英文)	2022—10	98.00	1562
线性代数与几何	2023—04	68.00	1633
四面体几何学引论	2023—06	68.00	1648

— 2 —

刘培杰数学工作室
已出版(即将出版)图书目录——初等数学

书　名	出版时间	定　价	编号
平面几何图形特性新析.上篇	2019—01	68.00	911
平面几何图形特性新析.下篇	2018—06	88.00	912
平面几何范例多解探究.上篇	2018—04	48.00	910
平面几何范例多解探究.下篇	2018—12	68.00	914
从分析解题过程学解题:竞赛中的几何问题研究	2018—07	68.00	946
从分析解题过程学解题:竞赛中的向量几何与不等式研究(全2册)	2019—06	138.00	1090
从分析解题过程学解题:竞赛中的不等式问题	2021—01	48.00	1249
二维、三维欧氏几何的对偶原理	2018—12	38.00	990
星形大观及闭折线论	2019—03	68.00	1020
立体几何的问题和方法	2019—11	58.00	1127
三角代换论	2021—05	58.00	1313
俄罗斯平面几何问题集	2009—08	88.00	55
俄罗斯立体几何问题集	2014—03	58.00	283
俄罗斯几何大师——沙雷金论数学及其他	2014—01	48.00	271
来自俄罗斯的5000道几何习题及解答	2011—03	58.00	89
俄罗斯初等数学问题集	2012—05	38.00	177
俄罗斯函数问题集	2011—03	38.00	103
俄罗斯组合分析问题集	2011—01	48.00	79
俄罗斯初等数学万题选——三角卷	2012—11	38.00	222
俄罗斯初等数学万题选——代数卷	2013—08	68.00	225
俄罗斯初等数学万题选——几何卷	2014—01	68.00	226
俄罗斯《量子》杂志数学征解问题100题选	2018—08	48.00	969
俄罗斯《量子》杂志数学征解问题又100题选	2018—08	48.00	970
俄罗斯《量子》杂志数学征解问题	2020—05	48.00	1138
463个俄罗斯几何老问题	2012—01	28.00	152
《量子》数学短文精粹	2018—09	38.00	972
用三角、解析几何等计算解来自俄罗斯的几何题	2019—11	88.00	1119
基谢廖夫平面几何	2022—01	48.00	1461
基谢廖夫立体几何	2023—04	48.00	1599
数学:代数、数学分析和几何(10—11年级)	2021—01	48.00	1250
直观几何学:5—6年级	2022—04	58.00	1508
几何学:第2版.7—9年级	2023—08	68.00	1684
平面几何:9—11年级	2022—10	48.00	1571
立体几何.10—11年级	2022—01	58.00	1472
几何快递	2024—05	48.00	1697

谈谈素数	2011—03	18.00	91
平方和	2011—03	18.00	92
整数论	2011—05	38.00	120
从整数谈起	2015—10	28.00	538
数与多项式	2016—01	38.00	558
谈谈不定方程	2011—05	28.00	119
质数漫谈	2022—07	68.00	1529

解析不等式新论	2009—06	68.00	48
建立不等式的方法	2011—03	98.00	104
数学奥林匹克不等式研究(第2版)	2020—07	68.00	1181
不等式研究(第三辑)	2023—08	198.00	1673
不等式的秘密(第一卷)(第2版)	2014—02	38.00	286
不等式的秘密(第二卷)	2014—01	38.00	268
初等不等式的证明方法	2010—06	38.00	123
初等不等式的证明方法(第二版)	2014—11	38.00	407
不等式·理论·方法(基础卷)	2015—07	38.00	496
不等式·理论·方法(经典不等式卷)	2015—07	38.00	497
不等式·理论·方法(特殊类型不等式卷)	2015—07	48.00	498
不等式探究	2016—03	38.00	582
不等式探秘	2017—01	88.00	689

刘培杰数学工作室
已出版(即将出版)图书目录——初等数学

书　　名	出版时间	定　价	编号
四面体不等式	2017—01	68.00	715
数学奥林匹克中常见重要不等式	2017—09	38.00	845
三正弦不等式	2018—09	98.00	974
函数方程与不等式：解法与稳定性结果	2019—04	68.00	1058
数学不等式．第1卷，对称多项式不等式	2022—05	78.00	1455
数学不等式．第2卷，对称有理不等式与对称无理不等式	2022—05	88.00	1456
数学不等式．第3卷，循环不等式与非循环不等式	2022—05	88.00	1457
数学不等式．第4卷，Jensen不等式的扩展与加细	2022—05	88.00	1458
数学不等式．第5卷，创建不等式与解不等式的其他方法	2022—05	88.00	1459
不定方程及其应用．上	2018—12	58.00	992
不定方程及其应用．中	2019—01	78.00	993
不定方程及其应用．下	2019—02	98.00	994
Nesbitt不等式加强式的研究	2022—06	128.00	1527
最值定理与分析不等式	2023—02	78.00	1567
一类积分不等式	2023—02	88.00	1579
邦费罗尼不等式及概率应用	2023—05	58.00	1637
同余理论	2012—05	38.00	163
[x]与{x}	2015—04	48.00	476
极值与最值．上卷	2015—06	28.00	486
极值与最值．中卷	2015—06	38.00	487
极值与最值．下卷	2015—06	28.00	488
整数的性质	2012—11	38.00	192
完全平方数及其应用	2015—08	78.00	506
多项式理论	2015—10	88.00	541
奇数、偶数、奇偶分析法	2018—01	98.00	876
历届美国中学生数学竞赛试题及解答(第1卷)1950～1954	2014—07	18.00	277
历届美国中学生数学竞赛试题及解答(第2卷)1955～1959	2014—04	18.00	278
历届美国中学生数学竞赛试题及解答(第3卷)1960～1964	2014—06	18.00	279
历届美国中学生数学竞赛试题及解答(第4卷)1965～1969	2014—04	28.00	280
历届美国中学生数学竞赛试题及解答(第5卷)1970～1972	2014—06	18.00	281
历届美国中学生数学竞赛试题及解答(第6卷)1973～1980	2017—07	18.00	768
历届美国中学生数学竞赛试题及解答(第7卷)1981～1986	2015—01	18.00	424
历届美国中学生数学竞赛试题及解答(第8卷)1987～1990	2017—05	18.00	769
历届国际数学奥林匹克试题集	2023—09	158.00	1701
历届中国数学奥林匹克试题集(第3版)	2021—10	58.00	1440
历届加拿大数学奥林匹克试题集	2012—08	38.00	215
历届美国数学奥林匹克试题集	2023—08	98.00	1681
历届波兰数学竞赛试题集．第1卷，1949～1963	2015—03	18.00	453
历届波兰数学竞赛试题集．第2卷，1964～1976	2015—03	18.00	454
历届巴尔干数学奥林匹克试题集	2015—05	38.00	466
历届CGMO试题及解答	2024—03	48.00	1717
保加利亚数学奥林匹克	2014—10	38.00	393
圣彼得堡数学奥林匹克试题集	2015—01	38.00	429
匈牙利奥林匹克数学竞赛题解．第1卷	2016—05	28.00	593
匈牙利奥林匹克数学竞赛题解．第2卷	2016—05	28.00	594
历届美国数学邀请赛试题集(第2版)	2017—10	78.00	851
全美高中数学竞赛：纽约州数学竞赛(1989—1994)	2024—08	48.00	1740
普林斯顿大学数学竞赛	2016—06	38.00	669
亚太地区数学奥林匹克竞赛题	2015—07	18.00	492
日本历届(初级)广中杯数学竞赛试题及解答．第1卷(2000～2007)	2016—05	28.00	641
日本历届(初级)广中杯数学竞赛试题及解答．第2卷(2008～2015)	2016—05	38.00	642
越南数学奥林匹克题选：1962—2009	2021—07	48.00	1370
罗马尼亚大师杯数学竞赛试题及解答	2024—09	48.00	1746
欧洲女子数学奥林匹克	2024—04	48.00	1723
360个数学竞赛问题	2016—08	58.00	677

刘培杰数学工作室
已出版(即将出版)图书目录——初等数学

书　　名	出版时间	定　价	编号
奥数最佳实战题.上卷	2017—06	38.00	760
奥数最佳实战题.下卷	2017—05	58.00	761
解决问题的策略	2024—08	48.00	1742
哈尔滨市早期中学数学竞赛试题汇编	2016—07	28.00	672
全国高中数学联赛试题及解答:1981—2019(第4版)	2020—07	138.00	1176
2024年全国高中数学联合竞赛模拟题集	2024—01	38.00	1702
20世纪50年代全国部分城市数学竞赛试题汇编	2017—07	28.00	797
国内外数学竞赛题及精解:2018—2019	2020—08	45.00	1192
国内外数学竞赛题及精解:2019—2020	2021—11	58.00	1439
许康华竞赛优学精选集.第一辑	2018—08	68.00	949
天问叶班数学问题征解100题.Ⅰ,2016—2018	2019—05	88.00	1075
天问叶班数学问题征解100题.Ⅱ,2017—2019	2020—07	98.00	1177
美国初中数学竞赛:AMC8准备(共6卷)	2019—07	138.00	1089
美国高中数学竞赛:AMC10准备(共6卷)	2019—08	158.00	1105
中国数学奥林匹克国家集训队选拔试题背景研究	2015—01	78.00	1781
高考数学核心题型解题方法与技巧	2010—01	28.00	86
高考数学压轴题解题诀窍(上)(第2版)	2018—01	58.00	874
高考数学压轴题解题诀窍(下)(第2版)	2018—01	48.00	875
突破高考数学新定义创新压轴题	2024—08	88.00	1741
北京市五区文科数学三年高考模拟题详解:2013～2015	2015—08	48.00	500
北京市五区理科数学三年高考模拟题详解:2013～2015	2015—09	68.00	505
向量法巧解数学高考题	2009—08	28.00	54
高中数学课堂教学的实践与反思	2021—11	48.00	791
数学高考参考	2016—01	78.00	589
新课程标准高考数学解答题各种题型解法指导	2020—08	78.00	1196
全国及各省市高考数学试题审题要津与解法研究	2015—02	48.00	450
高中数学章节起始课的教学研究与案例设计	2019—05	28.00	1064
新课标高考数学——五年试题分章详解(2007～2011)(上、下)	2011—10	78.00	140,141
全国中考数学压轴题审题要津与解法研究	2013—04	78.00	248
新编全国及各省市中考数学压轴题审题要津与解法研究	2014—05	58.00	342
全国及各省市5年中考数学压轴题审题要津与解法研究(2015版)	2015—04	58.00	462
中考数学专题总复习	2007—04	28.00	6
中考数学较难常考题型解题方法与技巧	2016—09	48.00	681
中考数学难题常考题型解题方法与技巧	2016—09	48.00	682
中考数学中档题常考题型解题方法与技巧	2017—08	68.00	835
中考数学选择填空压轴好题妙解365	2024—08	80.00	1698
中考数学:三类重点考题的解法例析与习题	2020—04	48.00	1140
中小学数学的历史文化	2019—11	48.00	1124
小升初衔接数学	2024—06	68.00	1734
赢在小升初——数学	2024—08	78.00	1739
初中平面几何百题多思创新解	2020—01	58.00	1125
初中数学中考备考	2020—01	58.00	1126
高考数学之九章演义	2019—08	68.00	1044
高考数学之难题谈笑间	2022—06	68.00	1519
化学可以这样学:高中化学知识方法智慧感悟疑难辨析	2019—07	58.00	1103
如何成为学习高手	2019—09	58.00	1107
高考数学:经典真题分类解析	2020—04	78.00	1134
高考数学解答题破解策略	2020—11	58.00	1221
从分析解题过程学解题:高考压轴题与竞赛题之关系探究	2020—08	88.00	1179
从分析解题过程学解题:数学高考与竞赛的互联互通探究	2024—06	88.00	1735
教学新思考:单元整体视角下的初中数学教学设计	2021—03	58.00	1278
思维再拓展:2020年经典几何题的多解探究与思考	即将出版		1279
十年高考数学试题创新与经典研究:基于高中数学大概念的视角	2024—10	58.00	1777
高中数学题型全解(全5册)	2024—10	298.00	1778
中考数学小压轴汇编初讲	2017—07	48.00	788
中考数学大压轴专题微言	2017—09	48.00	846

刘培杰数学工作室
已出版(即将出版)图书目录——初等数学

书 名	出版时间	定 价	编号
怎么解中考平面几何探索题	2019—06	48.00	1093
北京中考数学压轴题解题方法突破(第10版)	2024—11	88.00	1780
助你高考成功的数学解题智慧:知识是智慧的基础	2016—01	58.00	596
助你高考成功的数学解题智慧:错误是智慧的试金石	2016—04	58.00	643
助你高考成功的数学解题智慧:方法是智慧的推手	2016—04	68.00	657
高考数学奇思妙解	2016—04	38.00	610
高考数学解题策略	2016—05	48.00	670
数学解题泄天机(第2版)	2017—10	48.00	850
高中物理教学讲义	2018—01	48.00	871
高中物理教学讲义:全模块	2022—03	98.00	1492
高中物理答疑解惑65篇	2021—11	48.00	1462
中学物理基础问题解析	2020—08	48.00	1183
初中数学、高中数学脱节知识补缺教材	2017—06	48.00	766
高考数学客观题解题方法和技巧	2017—10	38.00	847
十年高考数学精品试题审题要津与解法研究	2021—10	98.00	1427
中国历届高考数学试题及解答.1949—1979	2018—01	38.00	877
历届中国高考数学试题及解答.第二卷,1980—1989	2018—10	28.00	975
历届中国高考数学试题及解答.第三卷,1990—1999	2018—10	48.00	976
跟我学解高中数学题	2018—07	58.00	926
中学数学研究的方法及案例	2018—05	58.00	869
高考数学抢分技能	2018—07	68.00	934
高一新生常用数学方法和重要数学思想提升教材	2018—06	38.00	921
高考数学全国卷六道解答题常考题型解题诀窍:理科(全2册)	2019—07	78.00	1101
高考数学全国卷16道选择、填空题常考题型解题诀窍.理科	2018—09	88.00	971
高考数学全国卷16道选择、填空题常考题型解题诀窍.文科	2020—01	88.00	1123
高中数学一题多解	2019—06	58.00	1087
历届中国高考数学试题及解答:1917—1999	2021—08	118.00	1371
2000~2003年全国及各省市高考数学试题及解答	2022—05	88.00	1499
2004年全国及各省市高考数学试题及解答	2023—08	78.00	1500
2005年全国及各省市高考数学试题及解答	2023—08	78.00	1501
2006年全国及各省市高考数学试题及解答	2023—08	88.00	1502
2007年全国及各省市高考数学试题及解答	2023—08	98.00	1503
2008年全国及各省市高考数学试题及解答	2023—08	88.00	1504
2009年全国及各省市高考数学试题及解答	2023—08	88.00	1505
2010年全国及各省市高考数学试题及解答	2023—08	98.00	1506
2011~2017年全国及各省市高考数学试题及解答	2024—01	78.00	1507
2018~2023年全国及各省市高考数学试题及解答	2024—03	78.00	1709
突破高原:高中数学解题思维探究	2021—08	48.00	1375
高考数学中的"取值范围"	2021—10	48.00	1429
新课程标准高中数学各种题型解法大全.必修一分册	2021—06	58.00	1315
新课程标准高中数学各种题型解法大全.必修二分册	2022—01	68.00	1471
高中数学各种题型解法大全.选择性必修一分册	2022—06	68.00	1525
高中数学各种题型解法大全.选择性必修二分册	2023—01	58.00	1600
高中数学各种题型解法大全.选择性必修三分册	2023—04	48.00	1643
高中数学专题研究	2024—05	88.00	1722
历届全国初中数学竞赛经典试题详解	2023—04	88.00	1624
孟祥礼高考数学精刷精解	2023—06	98.00	1663
新编640个世界著名数学智力趣题	2014—01	88.00	242
500个最新世界著名数学智力趣题	2008—06	48.00	3
400个最新世界著名数学最值问题	2008—09	48.00	36
500个世界著名数学征解问题	2009—06	48.00	52
400个中国最佳初等数学征解老问题	2010—01	48.00	60
500个俄罗斯数学经典老题	2011—01	28.00	81
1000个国外中学物理好题	2012—04	48.00	174
300个日本高考数学题	2012—05	38.00	142
700个早期日本高考数学试题	2017—02	88.00	752

刘培杰数学工作室
已出版(即将出版)图书目录——初等数学

书　名	出版时间	定　价	编号
500个前苏联早期高考数学试题及解答	2012—05	28.00	185
546个早期俄罗斯大学生数学竞赛题	2014—03	38.00	285
548个来自美苏的数学好问题	2014—11	28.00	396
20所苏联著名大学早期入学试题	2015—02	18.00	452
161道德国工科大学生必做的微分方程习题	2015—05	28.00	469
500个德国工科大学生必做的高数习题	2015—06	28.00	478
360个数学竞赛问题	2016—08	58.00	677
200个趣味数学故事	2018—02	48.00	857
470个数学奥林匹克中的最值问题	2018—10	88.00	985
德国讲义日本考题.微积分卷	2015—04	48.00	456
德国讲义日本考题.微分方程卷	2015—04	38.00	457
二十世纪中叶中、英、美、日、法、俄高考数学试题精选	2017—06	38.00	783
中国初等数学研究　2009卷(第1辑)	2009—05	20.00	45
中国初等数学研究　2010卷(第2辑)	2010—05	30.00	68
中国初等数学研究　2011卷(第3辑)	2011—07	60.00	127
中国初等数学研究　2012卷(第4辑)	2012—07	48.00	190
中国初等数学研究　2014卷(第5辑)	2014—02	48.00	288
中国初等数学研究　2015卷(第6辑)	2015—06	68.00	493
中国初等数学研究　2016卷(第7辑)	2016—04	68.00	609
中国初等数学研究　2017卷(第8辑)	2017—01	98.00	712
初等数学研究在中国.第1辑	2019—03	158.00	1024
初等数学研究在中国.第2辑	2019—10	158.00	1116
初等数学研究在中国.第3辑	2021—05	158.00	1306
初等数学研究在中国.第4辑	2022—06	158.00	1520
初等数学研究在中国.第5辑	2023—07	158.00	1635
几何变换(Ⅰ)	2014—07	28.00	353
几何变换(Ⅱ)	2015—06	28.00	354
几何变换(Ⅲ)	2015—01	38.00	355
几何变换(Ⅳ)	2015—12	38.00	356
初等数论难题集(第一卷)	2009—05	68.00	44
初等数论难题集(第二卷)(上、下)	2011—02	128.00	82,83
数论概貌	2011—03	18.00	93
代数数论(第二版)	2013—08	58.00	94
代数多项式	2014—06	38.00	289
初等数论的知识与问题	2011—02	28.00	95
超越数论基础	2011—03	28.00	96
数论初等教程	2011—03	28.00	97
数论基础	2011—03	18.00	98
数论基础与维诺格拉多夫	2014—03	18.00	292
解析数论基础	2012—08	28.00	216
解析数论基础(第二版)	2014—01	48.00	287
解析数论问题集(第二版)(原版引进)	2014—05	88.00	343
解析数论问题集(第二版)(中译本)	2016—04	88.00	607
解析数论基础(潘承洞,潘承彪著)	2016—07	98.00	673
解析数论导引	2016—07	58.00	674
数论入门	2011—03	38.00	99
代数数论入门	2015—03	38.00	448

刘培杰数学工作室
已出版（即将出版）图书目录——初等数学

书　名	出版时间	定　价	编号
数论开篇	2012—07	28.00	194
解析数论引论	2011—03	48.00	100
Barban Davenport Halberstam 均值和	2009—01	40.00	33
基础数论	2011—03	28.00	101
初等数论 100 例	2011—05	18.00	122
初等数论经典例题	2012—07	18.00	204
最新世界各国数学奥林匹克中的初等数论试题（上、下）	2012—01	138.00	144,145
初等数论（Ⅰ）	2012—01	18.00	156
初等数论（Ⅱ）	2012—01	18.00	157
初等数论（Ⅲ）	2012—01	28.00	158
平面几何与数论中未解决的新老问题	2013—01	68.00	229
代数数论简史	2014—11	28.00	408
代数数论	2015—09	88.00	532
代数、数论及分析习题集	2016—11	98.00	695
数论导引提要及习题解答	2016—01	48.00	559
素数定理的初等证明.第2版	2016—09	48.00	686
数论中的模函数与狄利克雷级数（第二版）	2017—11	78.00	837
数论：数学导引	2018—01	68.00	849
范氏大代数	2019—02	98.00	1016
解析数学讲义.第一卷，导来式及微分、积分、级数	2019—04	88.00	1021
解析数学讲义.第二卷，关于几何的应用	2019—04	68.00	1022
解析数学讲义.第三卷，解析函数论	2019—04	78.00	1023
分析·组合·数论纵横谈	2019—04	58.00	1039
Hall 代数：民国时期的中学数学课本：英文	2019—08	88.00	1106
基谢廖夫初等代数	2022—07	38.00	1531
基谢廖夫算术	2024—05	48.00	1725
数学精神巡礼	2019—01	58.00	731
数学眼光透视（第2版）	2017—06	78.00	732
数学思想领悟（第2版）	2018—01	68.00	733
数学方法溯源（第2版）	2018—08	68.00	734
数学解题引论	2017—05	58.00	735
数学史话览胜（第2版）	2017—01	48.00	736
数学应用展观（第2版）	2017—08	68.00	737
数学建模尝试	2018—04	48.00	738
数学竞赛采风	2018—01	68.00	739
数学测评探营	2019—05	58.00	740
数学技能操握	2018—03	48.00	741
数学欣赏拾趣	2018—02	48.00	742
从毕达哥拉斯到怀尔斯	2007—10	48.00	9
从迪利克雷到维斯卡尔迪	2008—01	48.00	21
从哥德巴赫到陈景润	2008—05	98.00	35
从庞加莱到佩雷尔曼	2011—08	138.00	136
博弈论精粹	2008—03	58.00	30
博弈论精粹.第二版（精装）	2015—01	88.00	461
数学 我爱你	2008—01	28.00	20
精神的圣徒　别样的人生——60位中国数学家成长的历程	2008—09	48.00	39
数学史概论	2009—06	78.00	50

刘培杰数学工作室
已出版(即将出版)图书目录——初等数学

书　　名	出版时间	定　价	编号
数学史概论(精装)	2013—03	158.00	272
数学史选讲	2016—01	48.00	544
斐波那契数列	2010—02	28.00	65
数学拼盘和斐波那契魔方	2010—07	38.00	72
斐波那契数列欣赏(第2版)	2018—08	58.00	948
Fibonacci数列中的明珠	2018—06	58.00	928
数学的创造	2011—02	48.00	85
数学美与创造力	2016—01	48.00	595
数海拾贝	2016—01	48.00	590
数学中的美(第2版)	2019—04	68.00	1057
数论中的美学	2014—12	38.00	351
数学王者　科学巨人——高斯	2015—01	28.00	428
振兴祖国数学的圆梦之旅:中国初等数学研究史话	2015—06	98.00	490
二十世纪中国数学史料研究	2015—10	48.00	536
《九章算法比类大全》校注	2024—06	198.00	1695
数字谜、数阵图与棋盘覆盖	2016—01	58.00	298
数学概念的进化:一个初步的研究	2023—07	68.00	1683
数学发现的艺术:数学探索中的合情推理	2016—07	58.00	671
活跃在数学中的参数	2016—07	48.00	675
数海趣史	2021—05	98.00	1314
玩转幻中之幻	2023—08	88.00	1682
数学艺术品	2023—09	98.00	1685
数学博弈与游戏	2023—10	68.00	1692
数学解题——靠数学思想给力(上)	2011—07	38.00	131
数学解题——靠数学思想给力(中)	2011—07	48.00	132
数学解题——靠数学思想给力(下)	2011—07	38.00	133
我怎样解题	2013—01	48.00	227
数学解题中的物理方法	2011—06	28.00	114
数学解题的特殊方法	2011—06	48.00	115
中学数学计算技巧(第2版)	2020—10	48.00	1220
中学数学证明方法	2012—01	58.00	117
数学趣题巧解	2012—03	28.00	128
高中数学教学通鉴	2015—05	58.00	479
和高中生漫谈:数学与哲学的故事	2014—08	28.00	369
算术问题集	2017—03	38.00	789
张教授讲数学	2018—07	38.00	933
陈永明实话实说数学教学	2020—04	68.00	1132
中学数学学科知识与教学能力	2020—06	58.00	1155
怎样把课讲好:大罕数学教学随笔	2022—03	58.00	1484
中国高考评价体系下高考数学探秘	2022—03	48.00	1487
数苑漫步	2024—01	58.00	1670
自主招生考试中的参数方程问题	2015—01	28.00	435
自主招生考试中的极坐标问题	2015—04	28.00	463
近年全国重点大学自主招生数学试题全解及研究.华约卷	2015—02	38.00	441
近年全国重点大学自主招生数学试题全解及研究.北约卷	2016—05	38.00	619
自主招生数学解证宝典	2015—09	48.00	535
中国科学技术大学创新班数学真题解析	2022—03	48.00	1488
中国科学技术大学创新班物理真题解析	2022—03	58.00	1489
格点和面积	2012—07	18.00	191
射影几何趣谈	2012—04	28.00	175
斯潘纳尔引理——从一道加拿大数学奥林匹克试题谈起	2014—01	28.00	228
李普希兹条件——从几道近年高考数学试题谈起	2012—10	18.00	221
拉格朗日中值定理——从一道北京高考试题的解法谈起	2015—10	18.00	197

刘培杰数学工作室
已出版（即将出版）图书目录——初等数学

书　名	出版时间	定　价	编号
闵科夫斯基定理——从一道清华大学自主招生试题谈起	2014－01	28.00	198
哈尔测度——从一道冬令营试题的背景谈起	2012－08	28.00	202
切比雪夫逼近问题——从一道中国台北数学奥林匹克试题谈起	2013－04	38.00	238
伯恩斯坦多项式与贝齐尔曲面——从一道全国高中数学联赛试题谈起	2013－03	38.00	236
卡塔兰猜想——从一道普特南竞赛试题谈起	2013－06	18.00	256
麦卡锡函数和阿克曼函数——从一道前南斯拉夫数学奥林匹克试题谈起	2012－08	18.00	201
贝蒂定理与拉姆贝克莫斯尔定理——从一个拣石子游戏谈起	2012－08	18.00	217
皮亚诺曲线和豪斯道夫分球定理——从无限集谈起	2012－08	18.00	211
平面凸图形与凸多面体	2012－10	28.00	218
斯坦因豪斯问题——从一道二十五省市自治区中学数学竞赛试题谈起	2012－07	18.00	196
纽结理论中的亚历山大多项式与琼斯多项式——从一道北京市高一数学竞赛试题谈起	2012－07	28.00	195
原则与策略——从波利亚"解题表"谈起	2013－04	38.00	244
转化与化归——从三大尺规作图不能问题谈起	2012－08	28.00	214
代数几何中的贝祖定理（第一版）——从一道IMO试题的解法谈起	2013－08	18.00	193
成功连贯理论与约当块理论——从一道比利时数学竞赛试题谈起	2012－04	18.00	180
素数判定与大数分解	2014－08	18.00	199
置换多项式及其应用	2012－10	18.00	220
椭圆函数与模函数——从一道美国加州大学洛杉矶分校(UCLA)博士资格考题谈起	2012－10	28.00	219
差分方程的拉格朗日方法——从一道2011年全国高考理科试题的解法谈起	2012－08	28.00	200
力学在几何中的一些应用	2013－01	38.00	240
从根式解到伽罗华理论	2020－01	48.00	1121
康托洛维奇不等式——从一道全国高中联赛试题谈起	2013－03	28.00	337
拉克斯定理和阿廷定理——从一道IMO试题的解法谈起	2014－01	58.00	246
毕卡大定理——从一道美国大学数学竞赛试题谈起	2014－07	18.00	350
拉格朗日乘子定理——从一道2005年全国高中联赛试题的高等数学解法谈起	2015－05	28.00	480
雅可比定理——从一道日本数学奥林匹克试题谈起	2013－04	48.00	249
李天岩－约克定理——从一道波兰数学竞赛试题谈起	2014－06	28.00	349
受控理论与初等不等式：从一道IMO试题的解法谈起	2023－03	48.00	1601
布劳维不动点定理——从一道前苏联数学奥林匹克试题谈起	2014－01	38.00	273
莫德尔－韦伊定理——从一道日本数学奥林匹克试题谈起	2024－10	48.00	1602
斯蒂尔杰斯积分——从一道国际大学生数学竞赛试题的解法谈起	2024－10	68.00	1605
切博塔廖夫猜想——从一道1978年全国高中数学竞赛试题谈起	2024－10	38.00	1606
卡西尼卵形线：从一道高中数学期中考试试题谈起	2024－10	48.00	1607
格罗斯问题：亚纯函数的唯一性问题	2024－10	48.00	1608
布格尔问题——从一道第6届全国中学生物理竞赛预赛试题谈起	2024－09	68.00	1609
多项式逼近问题——从一道美国大学生数学竞赛试题谈起	2024－10	48.00	1748
中国剩余定理：总数法构建中国历史年表	2015－01	28.00	430
斯特林公式：从一道2023年高考数学（天津卷）试题的背景谈起	2025－01	28.00	1754
分圆多项式：从一道美国国家队选拔考试试题的解法谈起	2025－01	48.00	1786
卢丁定理——从一道冬令营试题的解法谈起	即将出版		
沃斯滕霍姆定理——从一道IMO预选试题谈起	即将出版		
卡尔松不等式——从一道莫斯科数学奥林匹克试题谈起	即将出版		
信息论中的香农熵——从一道近年高考压轴题谈起	即将出版		

刘培杰数学工作室
已出版(即将出版)图书目录——初等数学

书　　名	出版时间	定　价	编号
约当不等式——从一道希望杯竞赛试题谈起	即将出版		
拉比诺维奇定理	即将出版		
刘维尔定理——从一道《美国数学月刊》征解问题的解法谈起	即将出版		
卡塔兰恒等式与级数求和——从一道 IMO 试题的解法谈起	即将出版		
勒让德猜想与素数分布——从一道爱尔兰竞赛试题谈起	即将出版		
天平称重与信息论——从一道基辅市数学奥林匹克试题谈起	即将出版		
哈密尔顿—凯莱定理：从一道高中数学联赛试题的解法谈起	2014—09	18.00	376
艾思特曼定理——从一道 CMO 试题的解法谈起	即将出版		
阿贝尔恒等式与经典不等式及应用	2018—06	98.00	923
迪利克雷除数问题	2018—07	48.00	930
幻方、幻立方与拉丁方	2019—08	48.00	1092
帕斯卡三角形	2014—03	18.00	294
蒲丰投针问题——从 2009 年清华大学的一道自主招生试题谈起	2014—01	38.00	295
斯图姆定理——从一道"华约"自主招生试题的解法谈起	2014—01	18.00	296
许瓦兹引理——从一道加利福尼亚大学伯克利分校数学系博士生试题谈起	2014—08	18.00	297
拉姆塞定理——从王诗宬院士的一个问题谈起	2016—04	48.00	299
坐标法	2013—12	28.00	332
数论三角形	2014—04	38.00	341
毕克定理	2014—07	18.00	352
数林掠影	2014—09	48.00	389
我们周围的概率	2014—10	38.00	390
凸函数最值定理：从一道华约自主招生题的解法谈起	2014—10	28.00	391
易学与数学奥林匹克	2014—10	38.00	392
生物数学趣谈	2015—01	18.00	409
反演	2015—01	28.00	420
因式分解与圆锥曲线	2015—01	18.00	426
轨迹	2015—01	28.00	427
面积原理：从常庚哲命的一道 CMO 试题的积分解法谈起	2015—01	48.00	431
形形色色的不动点定理：从一道 28 届 IMO 试题谈起	2015—01	38.00	439
柯西函数方程：从一道上海交大自主招生的试题谈起	2015—02	28.00	440
三角恒等式	2015—02	28.00	442
无理性判定：从一道 2014 年"北约"自主招生试题谈起	2015—01	38.00	443
数学归纳法	2015—03	18.00	451
极端原理与解题	2015—04	28.00	464
法雷级数	2014—08	18.00	367
摆线族	2015—01	38.00	438
函数方程及其解法	2015—05	38.00	470
含参数的方程和不等式	2012—09	28.00	213
希尔伯特第十问题	2016—01	38.00	543
无穷小量的求和	2016—01	28.00	545
切比雪夫多项式：从一道清华大学金秋营试题谈起	2016—01	38.00	583
泽肯多夫定理	2016—03	38.00	599
代数等式证题法	2016—01	28.00	600
三角等式证题法	2016—01	28.00	601
吴大任教授藏书中的一个因式分解公式：从一道美国数学邀请赛试题的解法谈起	2016—06	28.00	656
易卦——类万物的数学模型	2017—08	68.00	838
"不可思议"的数与数系可持续发展	2018—01	38.00	878
最短线	2018—01	38.00	879
数学在天文、地理、光学、机械力学中的一些应用	2023—03	88.00	1576
从阿基米德三角形谈起	2023—01	28.00	1578

刘培杰数学工作室
已出版(即将出版)图书目录——初等数学

书 名	出版时间	定 价	编号
幻方和魔方(第一卷)	2012—05	68.00	173
尘封的经典——初等数学经典文献选读(第一卷)	2012—07	48.00	205
尘封的经典——初等数学经典文献选读(第二卷)	2012—07	38.00	206
初级方程式论	2011—03	28.00	106
初等数学研究(Ⅰ)	2008—09	68.00	37
初等数学研究(Ⅱ)(上、下)	2009—05	118.00	46,47
初等数学专题研究	2022—10	68.00	1568
趣味初等方程妙题集锦	2014—09	48.00	388
趣味初等数论选美与欣赏	2015—02	48.00	445
耕读笔记(上卷):一位农民数学爱好者的初数探索	2015—04	28.00	459
耕读笔记(中卷):一位农民数学爱好者的初数探索	2015—05	28.00	483
耕读笔记(下卷):一位农民数学爱好者的初数探索	2015—05	28.00	484
几何不等式研究与欣赏.上卷	2016—01	88.00	547
几何不等式研究与欣赏.下卷	2016—01	48.00	552
初等数列研究与欣赏·上	2016—01	48.00	570
初等数列研究与欣赏·下	2016—01	48.00	571
趣味初等函数研究与欣赏.上	2016—09	48.00	684
趣味初等函数研究与欣赏.下	2018—09	48.00	685
三角不等式研究与欣赏	2020—10	68.00	1197
新编平面解析几何解题方法研究与欣赏	2021—10	78.00	1426
火柴游戏(第2版)	2022—05	38.00	1493
智力解谜.第1卷	2017—07	38.00	613
智力解谜.第2卷	2017—07	38.00	614
故事智力	2016—07	48.00	615
名人们喜欢的智力问题	2020—01	48.00	616
数学大师的发现、创造与失误	2018—01	48.00	617
异曲同工	2018—09	48.00	618
数学的味道(第2版)	2023—10	68.00	1686
数学千字文	2018—10	68.00	977
数贝偶拾——高考数学题研究	2014—04	28.00	274
数贝偶拾——初等数学研究	2014—04	38.00	275
数贝偶拾——奥数题研究	2014—04	48.00	276
钱昌本教你快乐学数学(上)	2011—12	48.00	155
钱昌本教你快乐学数学(下)	2012—03	58.00	171
集合、函数与方程	2014—01	28.00	300
数列与不等式	2014—01	38.00	301
三角与平面向量	2014—01	28.00	302
平面解析几何	2014—01	38.00	303
立体几何与组合	2014—01	28.00	304
极限与导数、数学归纳法	2014—01	38.00	305
趣味数学	2014—03	28.00	306
教材教法	2014—04	68.00	307
自主招生	2014—05	58.00	308
高考压轴题(上)	2015—01	48.00	309
高考压轴题(下)	2014—10	68.00	310

刘培杰数学工作室
已出版(即将出版)图书目录——初等数学

书　　名	出版时间	定　价	编号
从费马到怀尔斯——费马大定理的历史	2013—10	198.00	I
从庞加莱到佩雷尔曼——庞加莱猜想的历史	2013—10	298.00	II
从切比雪夫到爱尔特希(上)——素数定理的初等证明	2013—07	48.00	III
从切比雪夫到爱尔特希(下)——素数定理100年	2012—12	98.00	III
从高斯到盖尔方特——二次域的高斯猜想	2013—10	198.00	IV
从库默尔到朗兰兹——朗兰兹猜想的历史	2014—01	98.00	V
从比勃巴赫到德布朗斯——比勃巴赫猜想的历史	2014—02	298.00	VI
从麦比乌斯到陈省身——麦比乌斯变换与麦比乌斯带	2014—02	298.00	VII
从布尔到豪斯道夫——布尔方程与格论漫谈	2013—10	198.00	VIII
从开普勒到阿诺德——三体问题的历史	2014—05	298.00	IX
从华林到华罗庚——华林问题的历史	2013—10	298.00	X
美国高中数学竞赛五十讲.第1卷(英文)	2014—08	28.00	357
美国高中数学竞赛五十讲.第2卷(英文)	2014—08	28.00	358
美国高中数学竞赛五十讲.第3卷(英文)	2014—09	28.00	359
美国高中数学竞赛五十讲.第4卷(英文)	2014—09	28.00	360
美国高中数学竞赛五十讲.第5卷(英文)	2014—10	28.00	361
美国高中数学竞赛五十讲.第6卷(英文)	2014—11	28.00	362
美国高中数学竞赛五十讲.第7卷(英文)	2014—12	28.00	363
美国高中数学竞赛五十讲.第8卷(英文)	2015—01	28.00	364
美国高中数学竞赛五十讲.第9卷(英文)	2015—01	28.00	365
美国高中数学竞赛五十讲.第10卷(英文)	2015—02	38.00	366
三角函数(第2版)	2017—04	38.00	626
不等式	2014—01	38.00	312
数列	2014—01	38.00	313
方程(第2版)	2017—04	38.00	624
排列和组合	2014—01	28.00	315
极限与导数(第2版)	2016—04	38.00	635
向量(第2版)	2018—08	58.00	627
复数及其应用	2014—08	28.00	318
函数	2014—01	38.00	319
集合	2020—01	48.00	320
直线与平面	2014—01	28.00	321
立体几何(第2版)	2016—04	38.00	629
解三角形	即将出版		323
直线与圆(第2版)	2016—11	38.00	631
圆锥曲线(第2版)	2016—09	48.00	632
解题通法(一)	2014—07	38.00	326
解题通法(二)	2014—07	38.00	327
解题通法(三)	2014—05	38.00	328
概率与统计	2014—01	28.00	329
信息迁移与算法	即将出版		330

刘培杰数学工作室
已出版(即将出版)图书目录——初等数学

书　　名	出版时间	定　价	编号
IMO 50 年.第 1 卷(1959—1963)	2014—11	28.00	377
IMO 50 年.第 2 卷(1964—1968)	2014—11	28.00	378
IMO 50 年.第 3 卷(1969—1973)	2014—09	28.00	379
IMO 50 年.第 4 卷(1974—1978)	2016—04	38.00	380
IMO 50 年.第 5 卷(1979—1984)	2015—04	38.00	381
IMO 50 年.第 6 卷(1985—1989)	2015—04	58.00	382
IMO 50 年.第 7 卷(1990—1994)	2016—01	48.00	383
IMO 50 年.第 8 卷(1995—1999)	2016—06	38.00	384
IMO 50 年.第 9 卷(2000—2004)	2015—04	58.00	385
IMO 50 年.第 10 卷(2005—2009)	2016—01	48.00	386
IMO 50 年.第 11 卷(2010—2015)	2017—03	48.00	646
数学反思(2006—2007)	2020—09	88.00	915
数学反思(2008—2009)	2019—01	68.00	917
数学反思(2010—2011)	2018—05	58.00	916
数学反思(2012—2013)	2019—01	58.00	918
数学反思(2014—2015)	2019—03	78.00	919
数学反思(2016—2017)	2021—03	58.00	1286
数学反思(2018—2019)	2023—01	88.00	1593
历届美国大学生数学竞赛试题集.第一卷(1938—1949)	2015—01	28.00	397
历届美国大学生数学竞赛试题集.第二卷(1950—1959)	2015—01	28.00	398
历届美国大学生数学竞赛试题集.第三卷(1960—1969)	2015—01	28.00	399
历届美国大学生数学竞赛试题集.第四卷(1970—1979)	2015—01	18.00	400
历届美国大学生数学竞赛试题集.第五卷(1980—1989)	2015—01	28.00	401
历届美国大学生数学竞赛试题集.第六卷(1990—1999)	2015—01	28.00	402
历届美国大学生数学竞赛试题集.第七卷(2000—2009)	2015—08	18.00	403
历届美国大学生数学竞赛试题集.第八卷(2010—2012)	2015—01	18.00	404
新课标高考数学创新题解题诀窍:总论	2014—09	28.00	372
新课标高考数学创新题解题诀窍:必修 1～5 分册	2014—08	38.00	373
新课标高考数学创新题解题诀窍:选修 2—1,2—2,1—1,1—2分册	2014—09	38.00	374
新课标高考数学创新题解题诀窍:选修 2—3,4—4,4—5分册	2014—09	18.00	375
全国重点大学自主招生英文数学试题全攻略:词汇卷	2015—07	48.00	410
全国重点大学自主招生英文数学试题全攻略:概念卷	2015—01	28.00	411
全国重点大学自主招生英文数学试题全攻略:文章选读卷(上)	2016—09	38.00	412
全国重点大学自主招生英文数学试题全攻略:文章选读卷(下)	2017—01	58.00	413
全国重点大学自主招生英文数学试题全攻略:试题卷	2015—07	38.00	414
全国重点大学自主招生英文数学试题全攻略:名著欣赏卷	2017—03	48.00	415
劳埃德数学趣题大全.题目卷.1:英文	2016—01	18.00	516
劳埃德数学趣题大全.题目卷.2:英文	2016—01	18.00	517
劳埃德数学趣题大全.题目卷.3:英文	2016—01	18.00	518
劳埃德数学趣题大全.题目卷.4:英文	2016—01	18.00	519
劳埃德数学趣题大全.题目卷.5:英文	2016—01	18.00	520
劳埃德数学趣题大全.答案卷:英文	2016—01	18.00	521

刘培杰数学工作室
已出版（即将出版）图书目录——初等数学

书 名	出版时间	定 价	编号
李成章教练奥数笔记.第1卷	2016—01	48.00	522
李成章教练奥数笔记.第2卷	2016—01	48.00	523
李成章教练奥数笔记.第3卷	2016—01	38.00	524
李成章教练奥数笔记.第4卷	2016—01	38.00	525
李成章教练奥数笔记.第5卷	2016—01	38.00	526
李成章教练奥数笔记.第6卷	2016—01	38.00	527
李成章教练奥数笔记.第7卷	2016—01	38.00	528
李成章教练奥数笔记.第8卷	2016—01	48.00	529
李成章教练奥数笔记.第9卷	2016—01	28.00	530
第19~23届"希望杯"全国数学邀请赛试题审题要津详细评注(初一版)	2014—03	28.00	333
第19~23届"希望杯"全国数学邀请赛试题审题要津详细评注(初二、初三版)	2014—03	38.00	334
第19~23届"希望杯"全国数学邀请赛试题审题要津详细评注(高一版)	2014—03	28.00	335
第19~23届"希望杯"全国数学邀请赛试题审题要津详细评注(高二版)	2014—03	38.00	336
第19~25届"希望杯"全国数学邀请赛试题审题要津详细评注(初一版)	2015—01	38.00	416
第19~25届"希望杯"全国数学邀请赛试题审题要津详细评注(初二、初三版)	2015—01	58.00	417
第19~25届"希望杯"全国数学邀请赛试题审题要津详细评注(高一版)	2015—01	48.00	418
第19~25届"希望杯"全国数学邀请赛试题审题要津详细评注(高二版)	2015—01	48.00	419
物理奥林匹克竞赛大题典——力学卷	2014—11	48.00	405
物理奥林匹克竞赛大题典——热学卷	2014—04	28.00	339
物理奥林匹克竞赛大题典——电磁学卷	2015—07	48.00	406
物理奥林匹克竞赛大题典——光学与近代物理卷	2014—06	28.00	345
历届中国东南地区数学奥林匹克试题及解答	2024—06	68.00	1724
历届中国西部地区数学奥林匹克试题集(2001~2012)	2014—07	18.00	347
历届中国女子数学奥林匹克试题集(2002~2012)	2014—08	18.00	348
数学奥林匹克在中国	2014—06	98.00	344
数学奥林匹克问题集	2014—01	38.00	267
数学奥林匹克不等式散论	2010—06	38.00	124
数学奥林匹克不等式欣赏	2011—09	38.00	138
数学奥林匹克超级题库(初中卷上)	2010—01	58.00	66
数学奥林匹克不等式证明方法和技巧(上、下)	2011—08	158.00	134,135
他们学什么:原民主德国中学数学课本	2016—09	38.00	658
他们学什么:英国中学数学课本	2016—09	38.00	659
他们学什么:法国中学数学课本.1	2016—09	38.00	660
他们学什么:法国中学数学课本.2	2016—09	28.00	661
他们学什么:法国中学数学课本.3	2016—09	38.00	662
他们学什么:苏联中学数学课本	2016—09	28.00	679

刘培杰数学工作室
已出版（即将出版）图书目录——初等数学

书　名	出版时间	定　价	编号
高中数学题典——集合与简易逻辑·函数	2016—07	48.00	647
高中数学题典——导数	2016—07	48.00	648
高中数学题典——三角函数·平面向量	2016—07	48.00	649
高中数学题典——数列	2016—07	58.00	650
高中数学题典——不等式·推理与证明	2016—07	38.00	651
高中数学题典——立体几何	2016—07	48.00	652
高中数学题典——平面解析几何	2016—07	78.00	653
高中数学题典——计数原理·统计·概率·复数	2016—07	48.00	654
高中数学题典——算法·平面几何·初等数论·组合数学·其他	2016—07	68.00	655
台湾地区奥林匹克数学竞赛试题.小学一年级	2017—03	38.00	722
台湾地区奥林匹克数学竞赛试题.小学二年级	2017—03	38.00	723
台湾地区奥林匹克数学竞赛试题.小学三年级	2017—03	38.00	724
台湾地区奥林匹克数学竞赛试题.小学四年级	2017—03	38.00	725
台湾地区奥林匹克数学竞赛试题.小学五年级	2017—03	38.00	726
台湾地区奥林匹克数学竞赛试题.小学六年级	2017—03	38.00	727
台湾地区奥林匹克数学竞赛试题.初中一年级	2017—03	38.00	728
台湾地区奥林匹克数学竞赛试题.初中二年级	2017—03	38.00	729
台湾地区奥林匹克数学竞赛试题.初中三年级	2017—03	28.00	730
不等式证题法	2017—04	28.00	747
平面几何培优教程	2019—08	88.00	748
奥数鼎级培优教程.高一分册	2018—09	88.00	749
奥数鼎级培优教程.高二分册.上	2018—04	68.00	750
奥数鼎级培优教程.高二分册.下	2018—04	68.00	751
高中数学竞赛冲刺宝典	2019—04	68.00	883
初中尖子生数学超级题典.实数	2017—07	58.00	792
初中尖子生数学超级题典.式、方程与不等式	2017—08	58.00	793
初中尖子生数学超级题典.圆、面积	2017—08	38.00	794
初中尖子生数学超级题典.函数、逻辑推理	2017—08	48.00	795
初中尖子生数学超级题典.角、线段、三角形与多边形	2017—07	58.00	796
数学王子——高斯	2018—01	48.00	858
坎坷奇星——阿贝尔	2018—01	48.00	859
闪烁奇星——伽罗瓦	2018—01	58.00	860
无穷统帅——康托尔	2018—01	48.00	861
科学公主——柯瓦列夫斯卡娅	2018—01	48.00	862
抽象代数之母——埃米·诺特	2018—01	48.00	863
电脑先驱——图灵	2018—01	58.00	864
昔日神童——维纳	2018—01	48.00	865
数坛怪侠——爱尔特希	2018—01	68.00	866
传奇数学家徐利治	2019—09	88.00	1110

刘培杰数学工作室
已出版(即将出版)图书目录——初等数学

书　名	出版时间	定　价	编号
当代世界中的数学.数学思想与数学基础	2019—01	38.00	892
当代世界中的数学.数学问题	2019—01	38.00	893
当代世界中的数学.应用数学与数学应用	2019—01	38.00	894
当代世界中的数学.数学王国的新疆域(一)	2019—01	38.00	895
当代世界中的数学.数学王国的新疆域(二)	2019—01	38.00	896
当代世界中的数学.数林撷英(一)	2019—01	38.00	897
当代世界中的数学.数林撷英(二)	2019—01	48.00	898
当代世界中的数学.数学之路	2019—01	38.00	899
105个代数问题:来自AwesomeMath夏季课程	2019—02	58.00	956
106个几何问题:来自AwesomeMath夏季课程	2020—07	58.00	957
107个几何问题:来自AwesomeMath全年课程	2020—07	58.00	958
108个代数问题:来自AwesomeMath全年课程	2019—01	68.00	959
109个不等式:来自AwesomeMath夏季课程	2019—04	58.00	960
110个几何问题:选自各国数学奥林匹克竞赛	2024—04	58.00	961
111个代数和数论问题	2019—05	58.00	962
112个组合问题:来自AwesomeMath夏季课程	2019—05	58.00	963
113个几何不等式:来自AwesomeMath夏季课程	2020—08	58.00	964
114个指数和对数问题:来自AwesomeMath夏季课程	2019—09	48.00	965
115个三角问题:来自AwesomeMath夏季课程	2019—09	58.00	966
116个代数不等式:来自AwesomeMath全年课程	2019—04	58.00	967
117个多项式问题:来自AwesomeMath夏季课程	2021—09	58.00	1409
118个数学竞赛不等式	2022—08	78.00	1526
119个三角问题	2024—05	58.00	1726
119个三角问题	2024—05	58.00	1726
紫色彗星国际数学竞赛试题	2019—02	58.00	999
数学竞赛中的数学:为数学爱好者、父母、教师和教练准备的丰富资源.第一部	2020—04	58.00	1141
数学竞赛中的数学:为数学爱好者、父母、教师和教练准备的丰富资源.第二部	2020—07	48.00	1142
和与积	2020—10	38.00	1219
数论:概念和问题	2020—12	68.00	1257
初等数学问题研究	2021—03	48.00	1270
数学奥林匹克中的欧几里得几何	2021—10	68.00	1413
数学奥林匹克题解新编	2022—01	58.00	1430
图论入门	2022—09	58.00	1554
新的、更新的、最新的不等式	2023—07	58.00	1650
几何不等式相关问题	2024—04	58.00	1721
数学归纳法——一种高效而简捷的证明方法	2024—06	48.00	1738
数学竞赛中奇妙的多项式	2024—01	78.00	1646
120个奇妙的代数问题及20个奖励问题	2024—04	48.00	1647
几何不等式相关问题	2024—04	58.00	1721
数学竞赛中的十个代数主题	2024—10	58.00	1745
AwesomeMath入学测试题:前九年:2006—2014	2024—11	38.00	1644
AwesomeMath入学测试题:接下来的七年:2015—2021	2024—12	48.00	1782

刘培杰数学工作室
已出版（即将出版）图书目录——初等数学

书　　名	出版时间	定　价	编号
澳大利亚中学数学竞赛试题及解答(初级卷)1978～1984	2019－02	28.00	1002
澳大利亚中学数学竞赛试题及解答(初级卷)1985～1991	2019－02	28.00	1003
澳大利亚中学数学竞赛试题及解答(初级卷)1992～1998	2019－02	28.00	1004
澳大利亚中学数学竞赛试题及解答(初级卷)1999～2005	2019－02	28.00	1005
澳大利亚中学数学竞赛试题及解答(中级卷)1978～1984	2019－03	28.00	1006
澳大利亚中学数学竞赛试题及解答(中级卷)1985～1991	2019－03	28.00	1007
澳大利亚中学数学竞赛试题及解答(中级卷)1992～1998	2019－03	28.00	1008
澳大利亚中学数学竞赛试题及解答(中级卷)1999～2005	2019－03	28.00	1009
澳大利亚中学数学竞赛试题及解答(高级卷)1978～1984	2019－05	28.00	1010
澳大利亚中学数学竞赛试题及解答(高级卷)1985～1991	2019－05	28.00	1011
澳大利亚中学数学竞赛试题及解答(高级卷)1992～1998	2019－05	28.00	1012
澳大利亚中学数学竞赛试题及解答(高级卷)1999～2005	2019－05	28.00	1013
天才中小学生智力测验题.第一卷	2019－03	38.00	1026
天才中小学生智力测验题.第二卷	2019－03	38.00	1027
天才中小学生智力测验题.第三卷	2019－03	38.00	1028
天才中小学生智力测验题.第四卷	2019－03	38.00	1029
天才中小学生智力测验题.第五卷	2019－03	38.00	1030
天才中小学生智力测验题.第六卷	2019－03	38.00	1031
天才中小学生智力测验题.第七卷	2019－03	38.00	1032
天才中小学生智力测验题.第八卷	2019－03	38.00	1033
天才中小学生智力测验题.第九卷	2019－03	38.00	1034
天才中小学生智力测验题.第十卷	2019－03	38.00	1035
天才中小学生智力测验题.第十一卷	2019－03	38.00	1036
天才中小学生智力测验题.第十二卷	2019－03	38.00	1037
天才中小学生智力测验题.第十三卷	2019－03	38.00	1038
重点大学自主招生数学备考全书:函数	2020－05	48.00	1047
重点大学自主招生数学备考全书:导数	2020－08	48.00	1048
重点大学自主招生数学备考全书:数列与不等式	2019－10	78.00	1049
重点大学自主招生数学备考全书:三角函数与平面向量	2020－08	68.00	1050
重点大学自主招生数学备考全书:平面解析几何	2020－07	58.00	1051
重点大学自主招生数学备考全书:立体几何与平面几何	2019－08	48.00	1052
重点大学自主招生数学备考全书:排列组合·概率统计·复数	2019－09	48.00	1053
重点大学自主招生数学备考全书:初等数论与组合数学	2019－08	48.00	1054
重点大学自主招生数学备考全书:重点大学自主招生真题.上	2019－04	68.00	1055
重点大学自主招生数学备考全书:重点大学自主招生真题.下	2019－04	58.00	1056
高中数学竞赛培训教程:平面几何问题的求解方法与策略.上	2018－05	68.00	906
高中数学竞赛培训教程:平面几何问题的求解方法与策略.下	2018－06	78.00	907
高中数学竞赛培训教程:整除与同余以及不定方程	2018－01	88.00	908
高中数学竞赛培训教程:组合计数与组合极值	2018－04	48.00	909
高中数学竞赛培训教程:初等代数	2019－04	78.00	1042
高中数学讲座:数学竞赛基础教程(第一册)	2019－06	48.00	1094
高中数学讲座:数学竞赛基础教程(第二册)	即将出版		1095
高中数学讲座:数学竞赛基础教程(第三册)	即将出版		1096
高中数学讲座:数学竞赛基础教程(第四册)	即将出版		1097

刘培杰数学工作室
已出版(即将出版)图书目录——初等数学

书　名	出版时间	定　价	编号
新编中学数学解题方法 1000 招丛书.实数(初中版)	2022—05	58.00	1291
新编中学数学解题方法 1000 招丛书.式(初中版)	2022—05	48.00	1292
新编中学数学解题方法 1000 招丛书.方程与不等式(初中版)	2021—04	58.00	1293
新编中学数学解题方法 1000 招丛书.函数(初中版)	2022—05	38.00	1294
新编中学数学解题方法 1000 招丛书.角(初中版)	2022—05	48.00	1295
新编中学数学解题方法 1000 招丛书.线段(初中版)	2022—05	48.00	1296
新编中学数学解题方法 1000 招丛书.三角形与多边形(初中版)	2021—04	48.00	1297
新编中学数学解题方法 1000 招丛书.圆(初中版)	2022—05	48.00	1298
新编中学数学解题方法 1000 招丛书.面积(初中版)	2021—07	28.00	1299
新编中学数学解题方法 1000 招丛书.逻辑推理(初中版)	2022—06	48.00	1300
高中数学题典精编.第一辑.函数	2022—01	58.00	1444
高中数学题典精编.第一辑.导数	2022—01	68.00	1445
高中数学题典精编.第一辑.三角函数・平面向量	2022—01	68.00	1446
高中数学题典精编.第一辑.数列	2022—01	58.00	1447
高中数学题典精编.第一辑.不等式・推理与证明	2022—01	58.00	1448
高中数学题典精编.第一辑.立体几何	2022—01	58.00	1449
高中数学题典精编.第一辑.平面解析几何	2022—01	68.00	1450
高中数学题典精编.第一辑.统计・概率・平面几何	2022—01	58.00	1451
高中数学题典精编.第一辑.初等数论・组合数学・数学文化・解题方法	2022—01	58.00	1452
历届全国初中数学竞赛试题分类解析.初等代数	2022—09	98.00	1555
历届全国初中数学竞赛试题分类解析.初等数论	2022—09	48.00	1556
历届全国初中数学竞赛试题分类解析.平面几何	2022—09	38.00	1557
历届全国初中数学竞赛试题分类解析.组合	2022—09	38.00	1558
从三道高三数学模拟题的背景谈起:兼谈傅里叶三角级数	2023—03	48.00	1651
从一道日本东京大学的入学试题谈起:兼谈 π 的方方面面	2025—01	68.00	1652
从两道 2021 年福建高三数学测试题谈起:兼谈球面几何学与球面三角学	即将出版		1653
从一道湖南高考数学试题谈起:兼谈有界变差数列	2024—01	48.00	1654
从一道高校自主招生试题谈起:兼谈詹森函数方程	即将出版		1655
从一道上海高考数学试题谈起:兼谈有界变差函数	即将出版		1656
从一道北京大学金秋营数学试题的解法谈起:兼谈伽罗瓦理论	2024—10	38.00	1657
从一道北京高考数学试题的解法谈起:兼谈毕克定理	即将出版		1658
从一道北京大学金秋营数学试题的解法谈起:兼谈帕塞瓦尔恒等式	2024—10	68.00	1659
从一道高三数学模拟测试题的背景谈起:兼谈等周问题与等周不等式	即将出版		1660
从一道 2020 年全国高考数学试题的解法谈起:兼谈斐波那契数列和纳卡穆拉定理及奥斯图达定理	即将出版		1661
从一道高考数学附加题谈起:兼谈广义斐波那契数列	2025—01	68.00	1662

刘培杰数学工作室
已出版(即将出版)图书目录——初等数学

书 名	出版时间	定 价	编号
从一道普通高中学业水平考试中数学卷的压轴题谈起——兼谈最佳逼近理论	2024-10	58.00	1759
从一道高考数学试题谈起——兼谈李普希兹条件	即将出版		1760
从一道北京市朝阳区高二期末数学考试题的解法谈起——兼谈希尔宾斯基垫片和分形几何	即将出版		1761
从一道高考数学试题谈起——兼谈巴拿赫压缩不动点定理	即将出版		1762
从一道中国台湾地区高考数学试题谈起——兼谈费马数与计算数论	即将出版		1763
从2022年全国高考数学压轴题的解法谈起——兼谈数值计算中的帕德逼近	2024-10	48.00	1764
从一道清华大学2022年强基计划数学测试题的解法谈起——兼谈拉马努金恒等式	即将出版		1765
从一篇有关数学建模的讲义谈起——兼谈信息熵与信息论	即将出版		1766
从一道清华大学自主招生的数学试题谈起——兼谈格点与闵可夫斯基定理	即将出版		1767
从一道1979年高考数学试题谈起——兼谈勾股定理和毕达哥拉斯定理	即将出版		1768
从一道2020年北京大学"强基计划"数学试题谈起——兼谈微分几何中的包络问题	即将出版		1769
从一道高考数学试题谈起——兼谈香农的信息理论	即将出版		1770
代数学教程.第一卷,集合论	2023-08	58.00	1664
代数学教程.第二卷,抽象代数基础	2023-08	68.00	1665
代数学教程.第三卷,数论原理	2023-08	58.00	1666
代数学教程.第四卷,代数方程式论	2023-08	48.00	1667
代数学教程.第五卷,多项式理论	2023-08	58.00	1668
代数学教程.第六卷,线性代数原理	2024-06	98.00	1669
中考数学培优教程——二次函数卷	2024-05	78.00	1718
中考数学培优教程——平面几何最值卷	2024-05	58.00	1719
中考数学培优教程——专题讲座卷	2024-05	58.00	1720

联系地址:哈尔滨市南岗区复华四道街10号　哈尔滨工业大学出版社刘培杰数学工作室
邮　　编:150006
联系电话:0451-86281378　　13904613167
E-mail:lpj1378@163.com